液压气动标准汇编

液压传动和控制卷（下）

中国标准出版社　编

中国标准出版社

北　京

图书在版编目(CIP)数据

液压气动标准汇编. 液压传动和控制卷. 下/中国标准出版社编. —北京:中国标准出版社,2019. 3
ISBN 978-7-5066-9175-8

Ⅰ. ①液… Ⅱ. ①中… Ⅲ. ①液压传动—标准—汇编—中国②气压传动—标准—汇编—中国 Ⅳ. ①TH137-65 ②TH138-65

中国版本图书馆 CIP 数据核字(2018)第 281225 号

中国标准出版社出版发行
北京市朝阳区和平里西街甲 2 号(100029)
北京市西城区三里河北街 16 号(100045)
网址 www.spc.net.cn
总编室:(010)68533533 发行中心:(010)51780238
读者服务部:(010)68523946
中国标准出版社秦皇岛印刷厂印刷
各地新华书店经销
*
开本 880×1230 1/16 印张 31.25 字数 946 千字
2019 年 3 月第一版 2019 年 3 月第一次印刷
*
定价 160.00 元

出 版 说 明

随着我国机械工业的繁荣发展，液压气动行业也取得了长足的进步。与此同时，液压气动行业的标准化工作也已形成比较完善的、适合行业发展并逐步与国际标准接轨的液压气动标准体系。

在液压气动行业快速发展的同时，相关标准的制修订速度也大大加快。为使液压气动行业的相关单位更为方便地使用和学习标准，提升标准化水平，创造更大的经济效益和社会效益，中国标准出版社对液压气动国家标准和部分重要行业标准进行了梳理，并汇编出版了《液压气动标准汇编》。

本汇编共6卷，分别为：通用卷、液压传动和控制卷(上)、液压传动和控制卷(下)、气压传动和控制卷、密封装置卷、液压污染控制卷。本卷为液压传动和控制卷(下)，收集了截至2018年10月发布的国家标准24项、行业标准2项，可供液压气动行业科研院所、企业和高校的相关人员学习使用。

鉴于本汇编收集的标准发布年代不尽相同，汇编时对标准中所用计量单位、符号未做改动。本汇编收集的国家标准的属性已在目录上标明(GB或GB/T)，年号用四位数字表示。鉴于部分国家标准是在标准清理整顿前出版的，故正文部分仍保留原样；读者在使用这些标准时，其属性以目录上标明的为准(标准正文“引用标准”中标准的属性请读者注意查对)。行业标准类同。

编 者

2018年10月

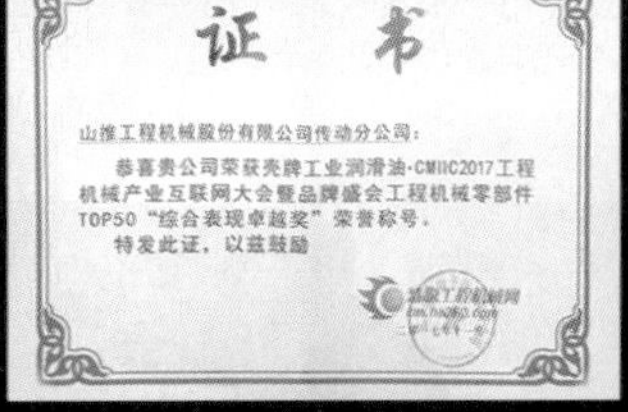

邢台中伟卓特液压科技有限公司

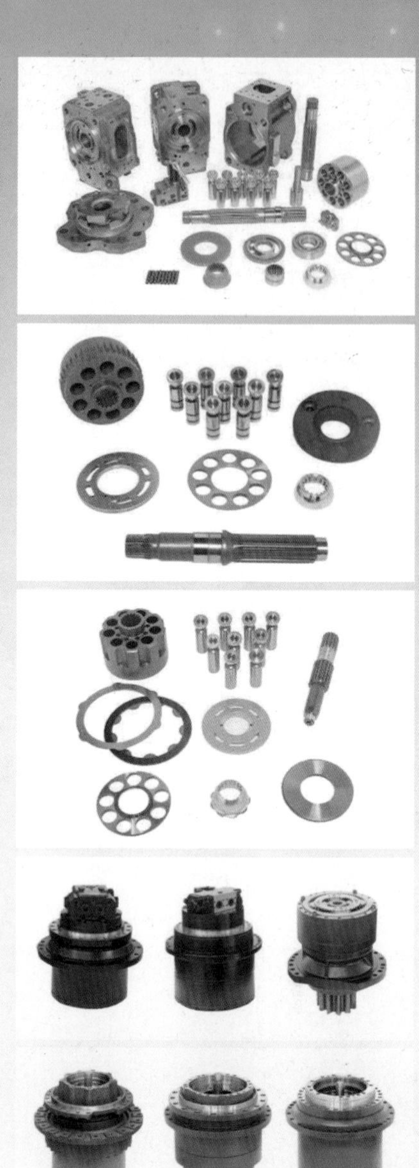

邢台中伟卓特液压科技有限公司是一家以高端液压产品为主，集科技研发。制造销售为一体的高新现代化企业。坐落于河北省邢台市，地处两省三地交界处，交通便利，物华天宝；东临京杭大运河，风景秀丽，人杰地灵，又是求真务实的玉兰精神发源地。公司占地面积约 140000m^2，建筑面积约 102300m^2，绿化面积约 11620m^2，是典型的以人（仁）为本的“花园式”工厂。引进国内外先进的高端数控生产加工设备 500 余台，打造出了一条崭新的高端生产流水线。同时拥有雄厚的技术力量，人才济济，各类专业技术人员 76 人（本科学历 58 人、研究生学历 12 人、博士后学历 6 人），职工 1200 余人，并聘请多名国外液压专家担任技术顾问。

公司创立于 2005 年，以生产挖掘机轴承为开拓起点，潜心努力研究市场，2012 年，公司进入到减速机领域，并完成了批量化生产，以高性价比的特点实现了国内挖掘机用户“以换代修”的梦想，成为国内挖掘机工程机械行业唯一一家将减速机研制推向产业化发展的高新技术企业。2014 年，公司又投入大量资金，调动国内外最具实力的技术团队，成功研发了行走马达，及时填补了市场的对产品需求的空缺。公司在对减速机和行走马达等产品不断完善的基础上，同时又进行了回转马达和液压泵的研发工作，并于 2016 年正式成立了邢台中伟卓特液压科技有限公司，从德国、日本引进 200 余台高端生产、检测设备，打造出了名副其实的“液压件自动化无尘生产车间”，专业生产回转马达和液压泵，年产量共计 15 万余台。

公司为了奠定发展基础，与国外知名液压科技研究所建立长期战略合作伙伴关系；并与燕山大学合作成立了专门的液压科研机构，在工厂内成立技术培训基地，培训输送专业定向人才。同时还是当地国家省级重点项目参与方，上级政府认定的“省级高新技术企业”，拥有发明和实用新型等专利 26 项。

公司生产制造的产品广泛适用于斗山、现代、小松、日立、神钢、住友、山推、卡特、力士乐、三一、徐工、柳工等国内外知名品牌履带式挖掘机等工程机械车辆。产品替代进口，填补了国内市场的空白。公司销售网络遍布全国各地省会城市，远销东南亚、南非、俄罗斯等地，赢得了广大用户的广泛好评。

公司以员工满意、客户满意、社会满意为宗旨，依靠广大员工，勇于承担社会责任，立志成为业内最受尊重的液压传动件制造企业。本公司热忱期望与各界同仁同心协力，共同为推动国内液压传动件行业的不断发展不懈努力。本着以技术为根基、以市场为核心、以专业的服务打造出让客户最满意的产品。

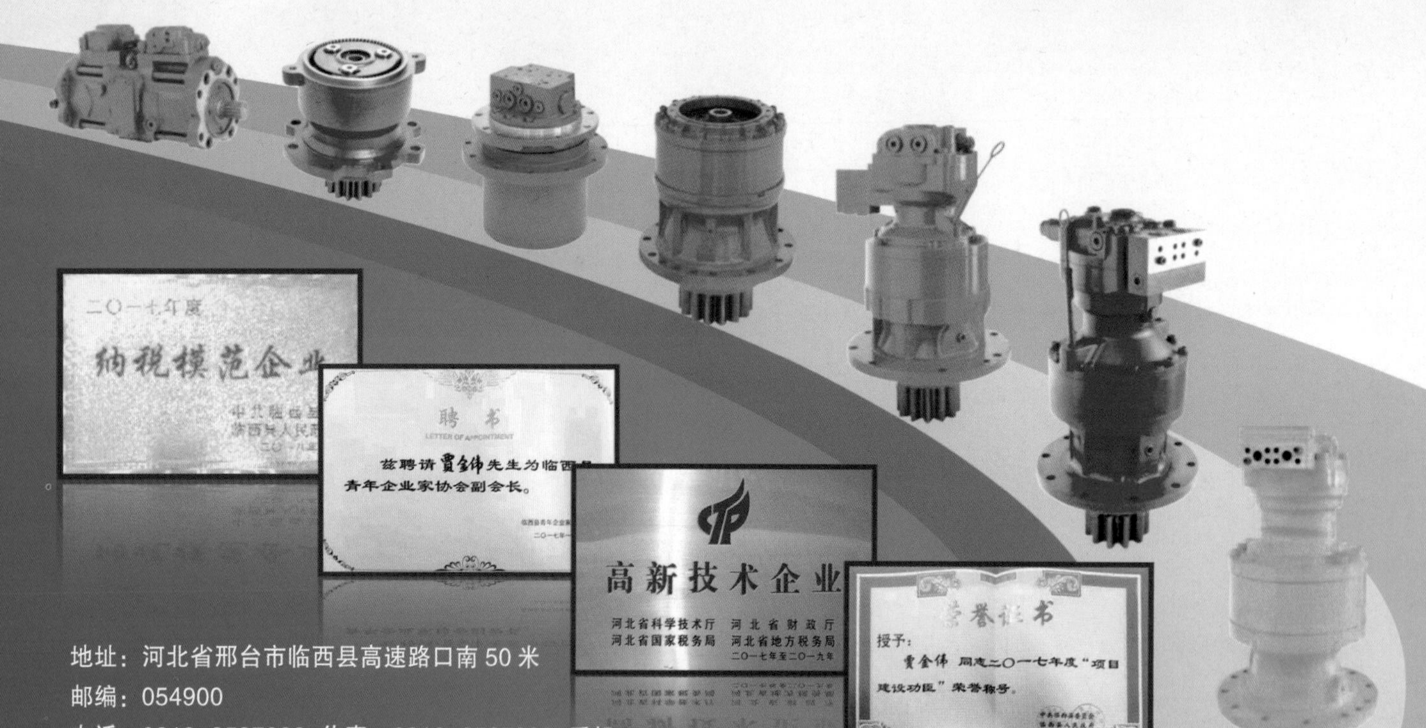

地址：河北省邢台市临西县高速路口南 50 米

邮编：054900

电话：0319-8587333 传真：0319-8587888 手机：15369966766

目　录

产　品

试验方法

其　他

目　录

[illegible]

试验方法

[illegible]

产　品

ICS 23.100.40
J 20

中华人民共和国国家标准

GB/T 2878.1—2011/ISO 6149-1:2006
代替 GB/T 2878—1993

液压传动连接　带米制螺纹和 O 形圈密封的油口和螺柱端 第 1 部分:油口

Connections for hydraulic fluid power—Ports and stud ends with metric threads and O-ring sealing—Part 1:Ports

(ISO 6149-1:2006,Connections for hydraulic fluid power and general use—Ports and stud ends with ISO 261 metric threads and O-ring sealing—Part 1:Ports with truncated housing for O-ring seal,IDT)

2011-12-30 发布　　2012-10-01 实施

中华人民共和国国家质量监督检验检疫总局
中国国家标准化管理委员会　发布

前　言

GB/T 2878《液压传动连接　带米制螺纹和O形圈密封的油口和螺柱端》分为4部分：

——第1部分：油口；

——第2部分：重型螺柱端(S系列)；

——第3部分：轻型螺柱端(L系列)；

——第4部分：六角螺塞。

本部分为GB/T 2878的第1部分。

本部分按照GB/T 1.1—2009给出的规则起草。

本部分代替GB/T 2878—1993《液压元件螺纹连接　油口型式和尺寸》。与GB/T 2878—1993相比，除编辑性修改外主要技术变化如下：

——改变了标准中、英文名称；

——"工作压力不大于40 MPa"提高为"最高工作压力为63 MPa"(见第1章)；

——删除了液压元件油口型式B；

——删除了液压元件油口尺寸M5×0.8(见表1)；

——增加了试验方法、油口命名和标识等章节；

——增加了油口锪孔直径的宽系列(见表1)；

——删除了附录A液压元件螺纹连接油口用O形橡胶密封圈。

本部分使用翻译法等同采用ISO 6149-1:2006《用于液压传动和一般用途的管接头　带ISO 261米制螺纹和O形圈密封的油口和螺柱端　第1部分：带O形圈用锪孔沟槽的油口》。

本部分与ISO 6149-1:2006在结构上和技术内容上相同，本部分作了下列编辑性修改：

——改变标准名称以便与现有的标准系列一致；

——在"1　范围"中第二段第一句按意译表达，使叙述更简单、明确；

——删除国际标准中的5个脚注。

与本部分中规范性引用的国际文件有一致性对应关系的我国文件如下：

GB/T 193—2003　普通螺纹　直径与螺距系列(ISO 261:1998,MOD)

GB/T 197—2003　普通螺纹　公差(ISO 965-1:1998,MOD)

GB/T 2878.2—2011　液压传动连接　带米制螺纹和O形圈密封的油口和螺柱端　第2部分：重型螺柱端(S系列)(ISO 6149-2:2006,IDT)

GB/T 2878.3—2011　液压传动连接　带米制螺纹和O形圈密封的油口和螺柱端　第3部分：轻型螺柱端(L系列)(ISO 6149-3:2006,IDT)

GB/T 17446—1998　流体传动系统及元件　术语(idt ISO 5598:1985)

GB/T 20330—2006　攻丝前钻孔用麻花钻直径(ISO 2306:1972,MOD)

本部分由中国机械工业联合会提出。

本部分由全国液压气动标准化技术委员会(SAC/TC 3)归口。

本部分负责起草单位：浙江苏强格液压股份有限公司、江苏省机械研究设计院有限责任公司、中机生产力促进中心。

本部分参加起草单位：海盐管件制造有限公司、上海立新液压有限公司、中船重工集团第704研究所、浙江华夏阀门有限公司、宁波市恒通液压科技有限公司。

本部分主要起草人：罗学荣、牛月军、杨永军、冯峰、耿志学、朱旭初、杨茅、彭沪海、邹昌建、韦彬、洪超、梁勇。

本部分所代替标准的历次版本发布情况为：

——GB/T 2878—1993。

引　言

在液压传动系统中,功率是通过封闭回路内的受压流体传递和控制。在一般应用中,流体(液体或气体)可以在压力下输送。

液压元件通过其螺纹油口用管接头与硬管或软管连接。

油口是液压传动元件(泵、马达、阀、缸等)的组成部分。

建议新设计的液压系统和元件优先采用 GB/T 2878 系列的螺纹油口和螺柱端,因为这一系列规定的油口和螺柱端采用米制螺纹和 O 形圈密封。希望借此推荐能帮助使用者进行选择。

液压传动连接 带米制螺纹和 O形圈密封的油口和螺柱端 第1部分:油口

1 范围

GB/T 2878 的本部分规定了液压传动连接用米制螺纹油口的尺寸和要求,适用于与 GB/T 2878.2 和 GB/T 2878.3 中规定的螺柱端连接。

本部分所规定的油口适用的最高工作压力为 63 MPa(630 bar)。许用工作压力应根据油口尺寸、材料、结构、工况、应用等因素来确定。

本部分的使用者宜确保油口周边的材料足以承受最高工作压力。

2 规范性引用文件

下列文件对于本文件的应用是必不可少的。凡是注日期的引用文件,仅注日期的版本适用于本文件。凡是不注日期的引用文件,其最新版本(包括所有的修改单)适用于本文件。

ISO 261 ISO 普通米制螺纹 总方案(ISO general purpose metric screw threads—General plan)

ISO 965-1 ISO 普通米制螺纹 公差 第1部分:原则与基本数据 (ISO general purpose metric screw threads—Tolerances—Part 1:Principles and basic data)

ISO 2306 攻丝前钻孔用钻头(Drills for use prior to tapping screw threads)

ISO 5598 流体传动系统及元件 词汇(Fluid power systems and components—Vocabulary)

ISO 6149-2 用于液压传动和一般用途的管接头 带 ISO 261 螺纹和 O 形圈密封的油口和螺柱端 第2部分:重型(S系列)螺柱端的尺寸、型式、试验方法和技术要求(Connections for hydraulic fluid power and general use—Ports and stud ends with ISO 261 metric threads and O-ring sealing—Part 2:Dimensions,design,test methods and requirements for heavyduty (S series) stud ends)

ISO 6149-3 用于液压传动和一般用途的管接头 带 ISO 261 螺纹和 O 形圈密封的油口和螺柱端 第3部分:轻型(L系列)螺柱端的尺寸、型式、试验方法和技术要求(Connections for fluid power and general use—Ports and stud ends with ISO 261 metric threads and O-ring sealing—Part 3:Dimensions,design,test methods and requirements for light-duty (L series) stud ends)

3 术语和定义

ISO 5598 中界定的术语和定义适用于本部分。

4 尺寸

油口尺寸应符合图1和表1的规定。

单位为毫米

表面粗糙度单位为微米

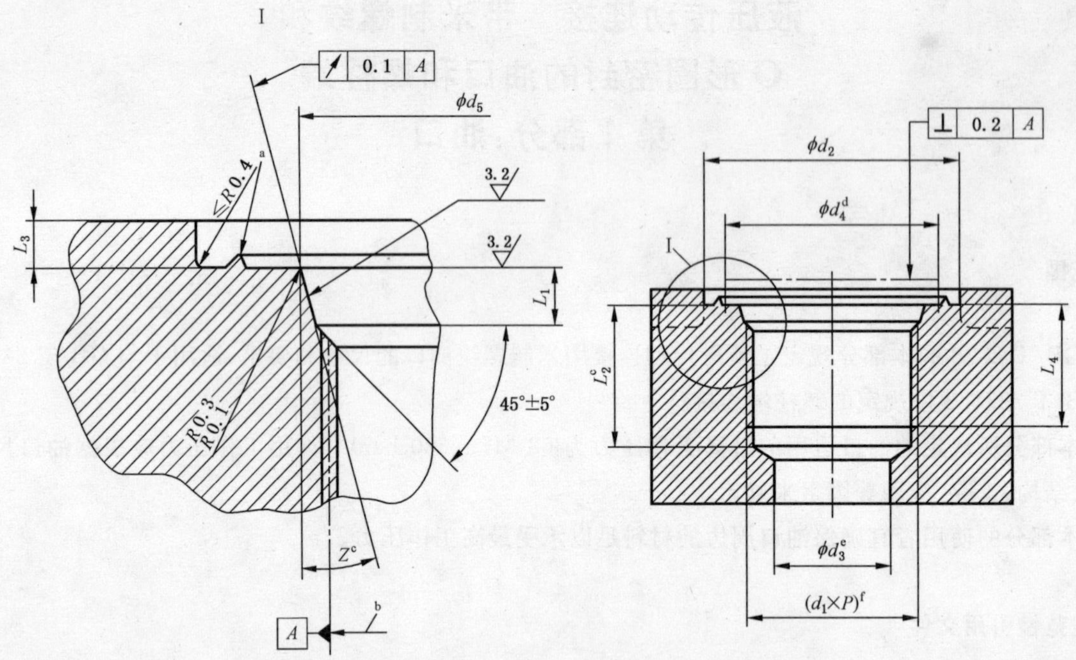

[a] 可选择的油口标识，见图2和第7章；

[b] 螺纹中径；

[c] 该尺寸仅适用于丝锥不能贯通时；

[d] 测量范围尺寸；

[e] 仅供参考；

[f] 螺纹。

图1 油口

表1 油口尺寸

单位为毫米

螺纹[a] ($d_1 \times P$)	d_2 宽的[d] min	d_2 窄的[e] min	d_3[b] 参考	d_4	d_5 $^{+0.1}_{0}$	L_1 $^{+0.4}_{0}$	L_2[c] min	L_3 max	L_4 min	Z (°) ±1°
M8×1	17	14	3	12.5	9.1	1.6	11.5	1	10	12
M10×1	20	16	4.5	14.5	11.1	1.6	11.5	1	10	12
M12×1.5	23	19	6	17.5	13.8	2.4	14	1.5	11.5	15
M14×1.5[f]	25	21	7.5	19.5	15.8	2.4	14	1.5	11.5	15
M16×1.5	28	24	9	22.5	17.8	2.4	15.5	1.5	13	15
M18×1.5	30	26	11	24.5	19.8	2.4	17	2	14.5	15
M20×1.5[g]	33	29	—	27.5	21.8	2.4	—	2	14.5	15
M22×1.5	33	29	14	27.5	23.8	2.4	18	2	15.5	15

表 1 (续)

单位为毫米

螺纹[a] ($d_1 \times P$)	d_2		d_3[b] 参考	d_4	d_5 $^{+0.1}_{0}$	L_1 $^{+0.4}_{0}$	L_2[c] min	L_3 max	L_4 min	Z (°) ±1°
	宽的[d] min	窄的[e] min								
M27×2	40	34	18	32.5	29.4	3.1	22	2	19	15
M30×2	44	38	21	36.5	32.4	3.1	22	2	19	15
M33×2	49	43	23	41.5	35.4	3.1	22	2.5	19	15
M42×2	58	52	30	50.5	44.4	3.1	22.5	2.5	19.5	15
M48×2	63	57	36	55.5	50.4	3.1	25	2.5	22	15
M60×2	74	67	44	65.5	62.4	3.1	27.5	2.5	24.5	15

[a] 符合 ISO 261,公差等级按照 ISO 965-1 的 6H。钻头按照 ISO 2306 的 6H 等级。

[b] 仅供参考。连接孔可以要求不同的尺寸。

[c] 此攻丝底孔深度需使用平底丝锥才能加工出规定的全螺纹长度。在使用标准丝锥时,应相应增加攻丝底孔深度,采用其他方式加工螺纹时,应保证表中螺纹和沉孔深度。

[d] 带凸环标识的孔口平面直径。

[e] 没有凸环标识的孔口平面直径。

[f] 测试用油口首选。

[g] 仅适用于插装阀阀孔(参见 ISO 7789)。

5 试验方法

油口应与螺柱端一起按照 ISO 6149-2 和 ISO 6149-3 所给的试验方法和要求进行试验。对于最高工作压力低于 ISO 6149-2 和 ISO 6149-3 规定值的情况,试验压力应由制造商和用户商定。

6 油口的命名

油口应按以下方式命名:

——提及 GB/T 2878 的油口,例如:GB/T 2878.1;

——螺纹规格($d_1 \times P$)。

示例:符合 GB/T 2878 本部分的油口,螺纹尺寸为 M18×1.5,命名如下:

油口 GB/T 2878.1-M18×1.5

7 标识

符合本部分的油口在结构尺寸允许的情况下宜采用符合图 2 和表 2 的凸环标识,或在元件上用永久的标识标明油口规格,如“GB/T 2878.1-M18×1.5”。

单位为毫米

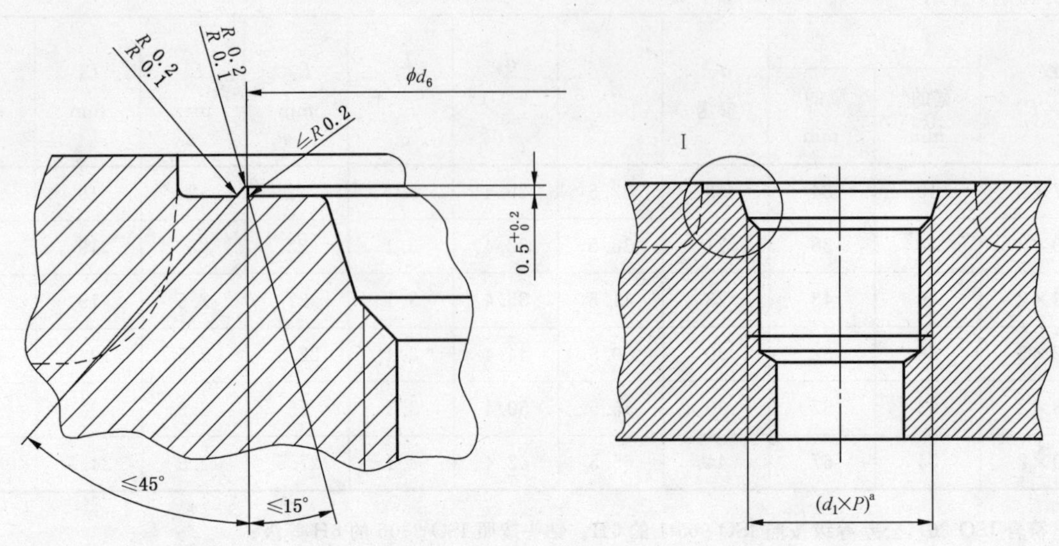

ᵃ 螺纹。

图 2 可选择的油口标识

表 2 可选择的油口标识 单位为毫米

螺纹 ($d_1 \times P$)	$d_6\ ^{+0.5}_{0}$
M8×1	14
M10×1	16
M12×1.5	19
M14×1.5	21
M16×1.5	24
M18×1.5	26
M20×1.5[a]	29
M22×1.5	29
M27×2	34
M30×2	38
M33×2	43
M42×2	52
M48×2	57
M60×2	67

[a] 仅适用于插装阀阀孔(参见 ISO 7789)。

8 标注说明(引用 GB/T 2878 的本部分)

当选择遵守本部分时,建议制造商在试验报告、产品目录和销售文件中使用以下说明:"油口符合 GB/T 2878.1—2011《液压传动连接 带米制螺纹和 O 形圈密封的油口和螺柱端 第 1 部分:油口》的规定"。

参 考 文 献

[1] ISO 1101 Technical drawings—Geometrical tolerancing—Tolerances of form, orientation, location and run-out—Generalities, definitions, symbols, indications on drawings

[2] ISO 1179-1 Connections for general use and fluid power—Ports and stud ends with ISO 228-1 threads with elastomeric or metal-to-metal sealing—Part 1: Threaded ports

[3] ISO 1179-2 Connections for general use and fluid power—Ports and stud ends with ISO 228-1 threads with elastomeric or metal-to-metal sealing—Part 2: Heavy-duty (S series) and light-duty (L series) stud ends and elastomeric sealing (type E)

[4] ISO 1179-3 Connections for general use and fluid power—Ports and stud ends with ISO 228-1 threads with elastomeric or metal-to-metal sealing—Part 3: Light-duty (L series) stud ends with sealing by O-ring with retaining ring (types G and H)

[5] ISO 1179-4 Connections for general use and fluid power—Ports and stud ends with ISO 228-1 threads with elastomeric or metal-to-metal sealing—Part 4: Stud ends for general use only with metal-to-metal sealing (type B)

[6] ISO 1302 Geometrical Product Specifications (GPS)—Indication of surface texture in technical product documentation

[7] ISO 6410-1 Technical drawings—Screw threads and threaded parts—Part 1: General conventions

[8] ISO 7789 Hydraulic fluid power—Two-, three- and four-port screw-in cartridge valves—Cavities

[9] ISO 9974-1 Connections for general use and fluid power—Ports and stud ends with ISO 261 threads or elastomeric or metal-to-metal sealing—Part 1: Threaded ports

[10] ISO 9974-2 Connections for general use and fluid power—Ports and stud ends with ISO 261 threads or elastomeric or metal-to-metal sealing—Part 2: Stud ends with elastomeric sealing (type E)

[11] ISO 9974-3 Connections for general use and fluid power—Ports and stud ends with ISO 261 threads or elastomeric or metal-to-metal sealing—Part 3: Stud ends with metal-to-metal sealing (type B)

[12] ISO 11926-1 Connections for general use and fluid power—Ports and stud ends with ISO 725 threads and O-ring sealing—Part 1: Ports with O-ring seal in truncated housing

[13] ISO 11926-2 Connections for general use and fluid power—Ports and stud ends with ISO 725 threads and O-ring sealing—Part 2: Heavy-duty (S series) stud ends

[14] ISO 11926-3 Connections for general use and fluid power—Ports and stud ends with ISO 725 threads and O-ring sealing—Part 3: Light-duty (L series) stud ends

ICS 23.100.40
J 20

中华人民共和国国家标准

GB/T 2878.2—2011

液压传动连接　带米制螺纹和O形圈密封的油口和螺柱端 第2部分：重型螺柱端(S系列)

Connections for hydraulic fluid power—Ports and stud ends with metric threads and O-ring sealing—Part 2：Heavy-duty stud ends (S series)

(ISO 6149-2：2006，Connections for hydraulic fluid power and general use—Ports and stud ends with ISO 261 metric threads and O-ring sealing—Part 2：Dimensions，design，test methods and requirements for heavy-duty (S series) stud ends，MOD)

2011-12-30 发布　　　　2012-10-01 实施

中华人民共和国国家质量监督检验检疫总局
中国国家标准化管理委员会　发布

前　言

GB/T 2878《液压传动连接　带米制螺纹和O形圈密封的油口和螺柱端》分为4部分：

——第1部分：油口；

——第2部分：重型螺柱端(S系列)；

——第3部分：轻型螺柱端(L系列)；

——第4部分：六角螺塞。

本部分为GB/T 2878的第2部分。

本部分按照GB/T 1.1—2009给出的规则起草。

本部分使用重新起草法修改采用ISO 6149-2:2006《用于液压传动和一般用途的管接头　带ISO 261米制螺纹和O形圈密封的油口和螺柱端　第2部分：重型(S系列)螺柱端的尺寸、型式、试验方法和技术要求》。

本部分与ISO 6149-2:2006的技术性差异及其原因如下：

——关于规范性引用文件，本部分做了具有技术性差异的调整，以适应我国的技术条件，调整情况集中反映在第2章中，具体调整如下：

- 用修改采用国际标准的GB/T 193代替了ISO 261(见表1)；
- 用修改采用国际标准的GB/T 197代替了ISO 965-1(见表1)；
- 用等同采用国际标准的GB/T 3103.1代替了ISO 4759-1(见第4章)；
- 用等同采用国际标准的GB/T 3452.2代替了ISO 3601-3(见第6章)；
- 用等同采用国际标准的GB/T 6031代替了ISO 48(见第6章)；
- 用等同采用国际标准的GB/T 17446代替了ISO 5598(见第3章)；
- 用等同采用国际标准的GB/T 26143代替了ISO 19879(见第7章)；

——5.1中将螺柱端的材质由低碳钢改为碳钢；

——第8章中，删除螺柱端标记中的名称标注；

——第9章中，将螺柱端标识要求叙述中的“应”改为“宜”。

本部分做了下列编辑性修改：

——标准名称简化；

——删除国际标准7个脚注。

本部分由中国机械工业联合会提出。

本部分由全国液压气动标准化技术委员会(SAC/TC 3)归口。

本部分负责起草单位：浙江苏强格液压股份有限公司、江苏省机械研究设计院有限责任公司、中机生产力促进中心。

本部分参加起草单位：海盐管件制造有限公司，上海立新液压有限公司，中船重工集团第704研究所，浙江华夏阀门有限公司、宁波市恒通液压科技有限公司。

本部分主要起草人：罗学荣、牛月军、杨永军、冯峰、耿志学、朱旭初、彭沪海、邹昌建、韦彬、洪超、杨茅、梁勇。

引　言

在液压传动系统中，功率是通过封闭回路内的受压流体传递和控制的。在一般应用中，流体（液体或气体）可以在压力下输送。

液压元件通过其螺纹油口用管接头的螺柱端与硬管或软管连接。

建议新设计的液压系统和元件优先采用 GB/T 2878 系列的螺纹油口和螺柱端，因为这一系列规定的油口和螺柱端采用米制螺纹和 O 形圈密封。希望借此推荐帮助使用者进行合理选择。

液压传动连接　带米制螺纹和O形圈密封的油口和螺柱端 第2部分:重型螺柱端(S系列)

1　范围

GB/T 2878 的本部分规定了米制可调节和不可调节重型(S系列)柱端及O形圈的尺寸、性能要求和试验程序。

符合本部分的不可调节螺柱端适用于最高工作压力 63 MPa(630 bar),可调节螺柱端适用于最高工作压力 40 MPa(400 bar)。许用工作压力应根据螺柱端尺寸、材料、结构、工作条件和应用场合等条件来确定。

仅符合本部分尺寸的产品不能保证能达到额定性能。制造商宜按照本部分所包含的规范进行试验,以确保元件符合额定性能。

注1:需要进行有效次数的试验,以确认碳钢制造的管接头的性能要求。

注2:本部分适用于 GB/T 14034.1—2010、ISO 8434-3 中所述的管接头和符合 GB/T 2878.4 的螺塞。相关的软管接头技术规范参见 ISO 12151-4。

注3:本部分的引言提供了对于液压传动应用新设计上使用的油口和螺柱端的建议。

2　规范性引用文件

下列文件对于本文件的应用是必不可少的。凡是注日期的引用文件,仅注日期的版本适用于本文件。凡是不注日期的引用文件,其最新版本(包括所有的修改单)适用于本文件。

GB/T 193　普通螺纹　直径与螺距系列

GB/T 197　普通螺纹　公差

GB/T 3103.1—2002　紧固件公差　螺栓、螺钉、螺柱和螺母(ISO 4759-1)

GB/T 3452.2—2007　液压气动用O形橡胶密封圈　第2部分:外观质量检验规范(ISO 3601-3)

GB/T 6031　硫化橡胶或热塑性橡胶硬度的测定(10～100 IRHD)(ISO 48)

GB/T 17446　流体传动系统及元件　术语(ISO 5598)

GB/T 26143　液压管接头　试验方法(ISO 19879)

3　术语和定义

GB/T 17446 中界定的以及下列术语和定义适用于本部分。

3.1

可调节螺柱端　adjustable stud end

在拧紧连接螺母期间,允许管接头调整方向以完成连接定位的螺柱端管接头。

注:这种类型的螺柱端主要用于异形管接头(如T形、十字形和弯头)。

3.2

不可调节螺柱端　non-adjustable stud end

在拧紧连接螺母期间,不需要专门调整方向的螺柱端管接头。仅用于直通式管接头。

4 尺寸

重型(S系列)螺柱端应符合图1、图2和表1所给尺寸。六角对边宽度的公差应符合GB/T 3103.1—2002规定的C级。

单位为毫米
表面粗糙度单位为微米

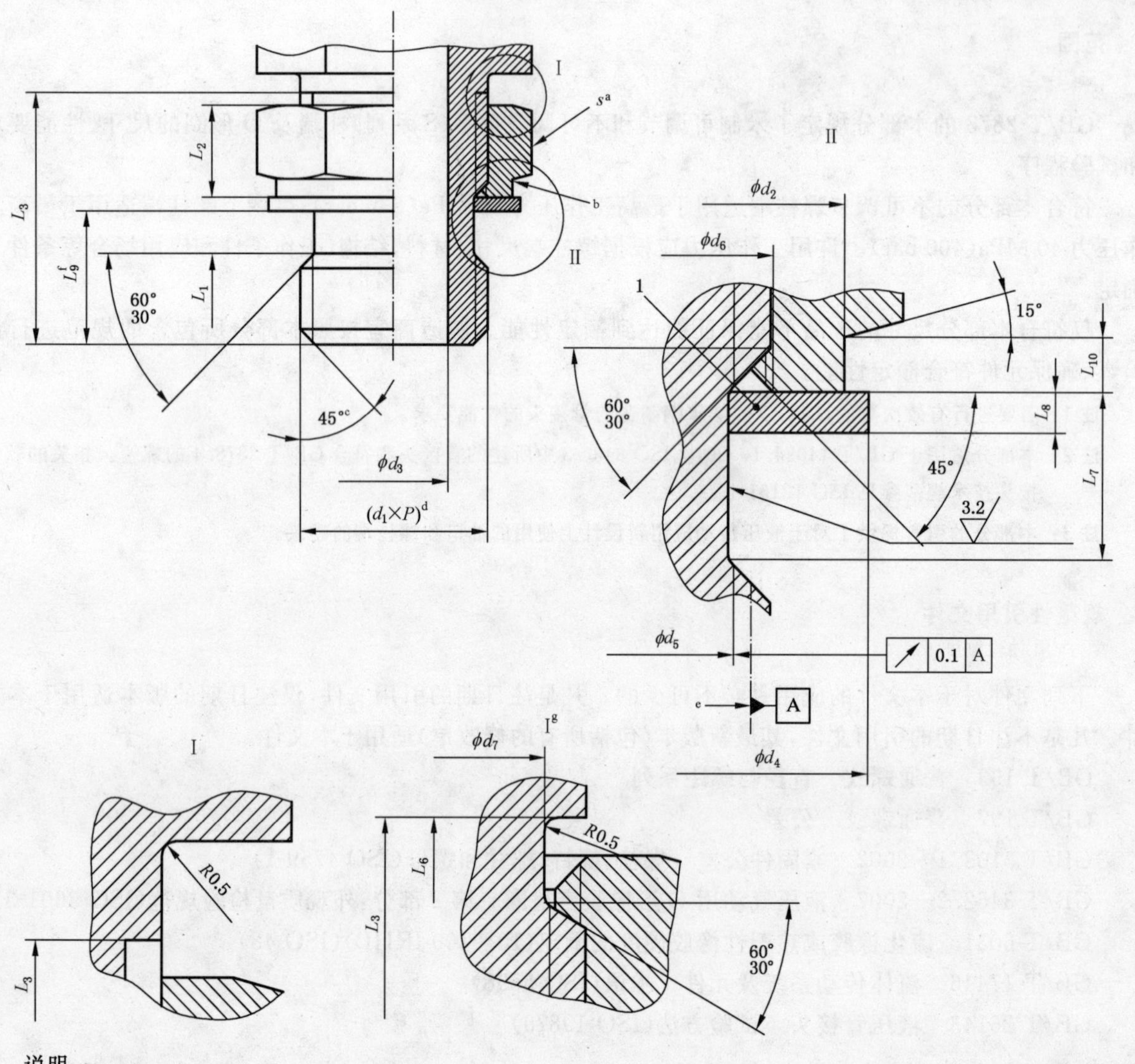

说明：

1——垫片。

[a] 六角对边宽度；

[b] 螺柱端标识(见第9章)；

[c] 倒角至螺纹底径；

[d] 螺纹；

[e] 螺纹中径；

[f] 可调节；

[g] 任选结构。

图 1 可调节重型(S系列)螺柱端

单位为毫米

表面粗糙度单位为微米

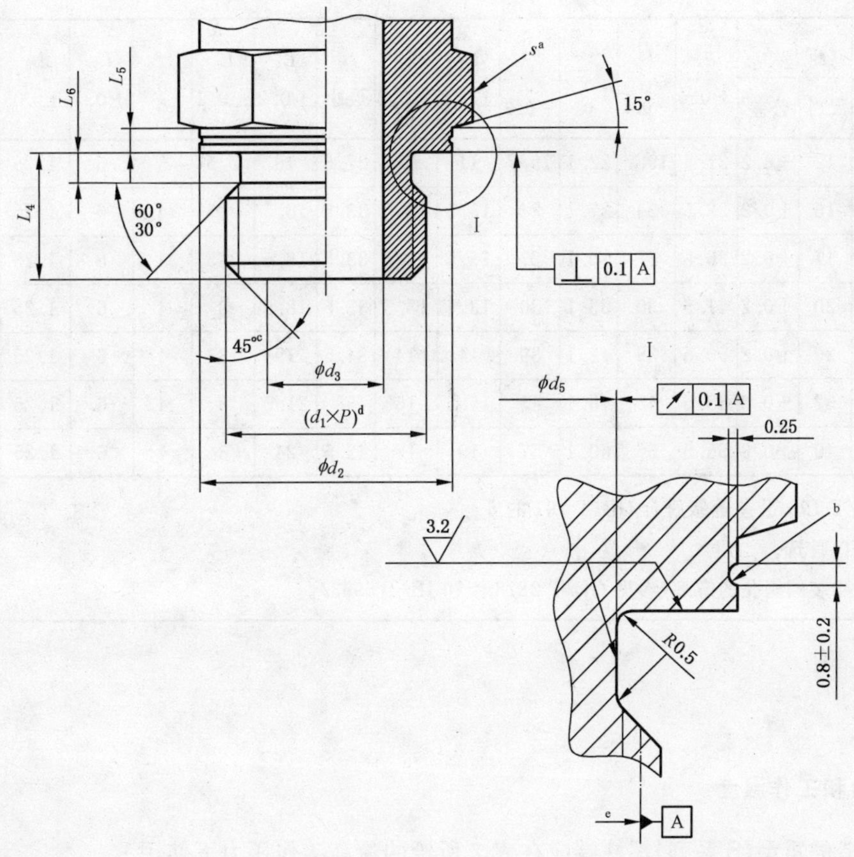

[a] 六角对边宽度；

[b] 可选凹槽，位于 L_5 的中间；螺柱端标识(见第 9 章)；

[c] 倒角至螺纹底径；

[d] 螺纹；

[e] 螺纹中径。

图 2　不可调节重型(S 系列)螺柱端

表 1　重型(S 系列)螺柱端的尺寸　　单位为毫米

螺纹[a] $(d_1 \times p)$	d_2 ±0.2	d_3 尺寸	d_3 公差	d_4 ±0.4	d_5 $^{0}_{-0.1}$	d_6 $^{+0.4}_{0}$	d_7 $^{0}_{-0.3}$	L_1 ±0.2	L_2 ±0.2	L_3 最小	L_4 ±0.2	L_5 ±0.1	L_6 $^{+0.3}_{0}$	L_7 ±0.1	L_8 ±0.08	L_9 参考	L_{10} ±0.1	S
M8×1	11.8	2	±0.1	12.5	6.4	8.1	6.4	6.5	7	18	9.5	1.6	2	4	0.9	9.6	1.5	12
M10×1	13.8	3	±0.1	14.5	8.4	10.1	8.4	6.5	7	18	9.5	1.6	2	4	0.9	9.6	1.5	14
M12×1.5	16.8	4	±0.1	17.5	9.7	12.1	9.7	7.5	8.5	21	11	2.5	3	4.5	0.9	11.1	2	17
M14×1.5[b]	18.8	6	±0.1	19.5	11.7	14.1	11.7	7.5	8.5	21	11	2.5	3	4.5	0.9	11.1	2	19
M16×1.5	21.8	7	±0.2	22.5	13.7	16.1	13.7	9	9	23	12.5	2.5	3	4.5	0.9	12.6	2	22
M18×1.5	23.8	9	±0.2	24.5	15.7	18.1	15.7	10.5	10.5	26	14	2.5	3	4.5	0.9	14.1	2.5	24
M20×1.5[c]	26.8	—	±0.2	—	17.7	—	17.7	—	—	—	14	2.5	3	—	—	—	2.5	—

表 1（续） 单位为毫米

螺纹[a] ($d_1 \times p$)	d_2 ±0.2	d_3 尺寸	d_3 公差	d_4 ±0.4	d_5 0 −0.1	d_6 +0.4 0	d_7 0 −0.3	L_1 ±0.2	L_2 ±0.2	L_3 最小	L_4 ±0.2	L_5 ±0.1	L_6 +0.3 0	L_7 ±0.1	L_8 ±0.08	L_9 参考	L_{10} ±0.1	S
M22×1.5	26.8	12	±0.2	27.5	19.7	22.1	19.7	11	11	27.5	15	2.5	3	5	1.25	14.8	2.5	27
M27×2	31.8	15	±0.2	32.5	24	27.1	24	13.5	13.5	33.5	18.5	2.5	4	6	1.25	18.3	2.5	32
M30×2	35.8	17	±0.2	36.5	27	30.1	27	13.5	13.5	33.5	18.5	2.5	4	6	1.25	18.3	2.5	36
M33×2	40.8	20	±0.2	41.5	30	33.1	30	13.5	13.5	33.5	18.5	3	4	6	1.25	18.3	3	41
M42×2	49.8	26	±0.2	50.5	39	42.1	39	14	14	34.5	19	3	4	6	1.25	18.8	3	50
M48×2	54.8	32	±0.3	55.5	45	48.1	45	16.5	15	38	21.5	3	4	6	1.25	21.3	3	55
M60×2	64.8	40	±0.3	65.5	57	60.1	57	19	17	42.5	24	3	4	6	1.25	23.8	3	65

[a] 符合 GB/T 193，公差等级符合 GB/T 197 的 6 g。

[b] 测试用油口首选。

[c] 仅适用于插装阀阀孔的螺塞（参见 GB/T 2878.4 和 JB/T 5963）。

5 要求

5.1 工作压力和工作温度

用碳钢制造的重型（S 系列）螺柱端应在表 2 所给的最高工作压力下使用。

5.2 性能

当以表 5 中的扭矩进行装配并按照第 7 章进行爆破或循环耐久性（脉冲）试验时，用碳钢制造的重型（S 系列）螺柱端应达到或超过表 2 给出的爆破和脉冲压力。

表 2 重型（S 系列）螺柱端适用的压力

螺纹	螺柱端类型											
	不可调节						可调节					
	最高工作压力		试验压力				最高工作压力		试验压力			
			爆破		脉冲[a]				爆破		脉冲[a]	
	MPa	(bar)	MPa	(bar)	MPa	(bar)	MPa	(bar)	MPa	(bar)	MPa	(bar)
M8×1	63	(630)	252	(2 520)	83.8	(838)	40	(400)	160	(1 600)	53.2	(532)
M10×1	63	(630)	252	(2 520)	83.8	(838)	40	(400)	160	(1 600)	53.2	(532)
M12×1.5	63	(630)	252	(2 520)	83.8	(838)	40	(400)	160	(1 600)	53.2	(532)
M14×1.5	63	(630)	252	(2 520)	83.8	(838)	40	(400)	160	(1 600)	53.2	(532)
M16×1.5	63	(630)	252	(2 520)	83.8	(838)	40	(400)	160	(1 600)	53.2	(532)
M18×1.5	63	(630)	252	(2 520)	83.8	(838)	40	(400)	160	(1 600)	53.2	(532)
M20×1.5[b]	40	(400)	160	(1 600)	53.2	(532)	—	—	—	—	—	—

表 2（续）

螺纹	螺柱端类型											
	不可调节						可调节					
	最高工作压力		试验压力				最高工作压力		试验压力			
	MPa	(bar)	爆破		脉冲[a]		MPa	(bar)	爆破		脉冲[a]	
			MPa	(bar)	MPa	(bar)			MPa	(bar)	MPa	(bar)
M22×1.5	63	(630)	252	(2 520)	83.8	(838)	40	(400)	160	(1 600)	53.2	(532)
M27×2	40	(400)	160	(1 600)	53.2	(532)	40	(400)	160	(1 600)	53.2	(532)
M30×2	40	(400)	160	(1 600)	53.2	(532)	35	(350)	140	(1 400)	46.5	(465)
M33×2	40	(400)	160	(1 600)	53.2	(532)	35	(350)	140	(1 400)	46.5	(465)
M42×2	25	(250)	100	(1 000)	33.2	(332)	25	(250)	100	(1 000)	33.2	(332)
M48×2	25	(250)	100	(1 000)	33.2	(332)	20	(200)	80	(800)	26.6	(266)
M60×2	25	(250)	100	(1 000)	33.2	(332)	16	(160)	64	(640)	21.3	(213)

注：以上确定的压力适用于碳钢制造的管接头和按 GB/T 26143 进行的试验。

[a] 循环耐久性试验压力。

[b] 仅适用于插装阀阀孔的螺塞(参见 GB/T 2878.4 和 JB/T 5963)。

5.3 可调节螺柱端垫片的安装和平面度

应以适当的方式将垫片安装在螺柱上。此安装应足够紧,使垫片不会因振动从最高位置靠自重落下,但移动垫片所需的锁母最大扭矩应不超过表 3 给出的扭矩值。

垫片装配后表面形状应凹凸一致(即没有波状)并且凹面朝向螺柱端,其平面度应符合表 3 的规定。

表 3 可调节螺柱端的垫片推动扭矩和平面度允差

螺纹	推动垫片所需的最大扭矩/(N·m)	垫片的平面度允差/mm
M8×1	1	0.25
M10×1	3	0.25
M12×1.5	4	0.25
M14×1.5	5	0.25
M16×1.5	7	0.25
M18×1.5	10	0.25
M22×1.5	12	0.25
M27×2	15	0.4
M30×2	18	0.4
M33×2	20	0.4
M42×2	25	0.5
M48×2	30	0.5
M60×2	40	0.5

6 O形圈

适用于重型(S系列)螺柱端的O形圈应符合图3所示和表4所给的尺寸。

除非另有规定,在第5章和表2要求的压力下,当与石油基液压油一起使用和试验时,所用O形圈应由丁腈橡胶制造,硬度为(90±5)IRHD(按照GB/T 6031测定),并且应符合表4所给尺寸,质量等级应不低于GB/T 3452.2—2007规定的O形圈质量验收标准的N级要求。在实际工作压力和系统的液压油与表2及本章规定不同或工作温度超过丁腈橡胶的适用温度范围的情况下,应向密封件制造商咨询,以保证选择适当材料的O形圈。

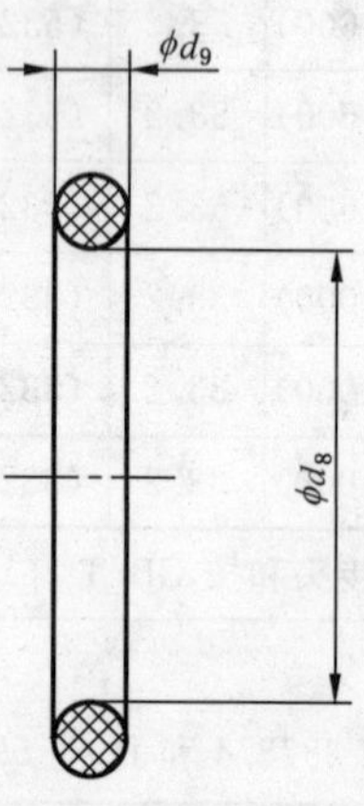

图3 O形圈

表4 重型(S系列)螺柱端配用的O形圈尺寸

单位为毫米

螺纹	内径 d_8		截面直径 d_9	
	尺寸	公差	尺寸	公差
M8×1	6.1	±0.2	1.6	±0.08
M10×1	8.1	±0.2	1.6	±0.08
M12×1.5	9.3	±0.2	2.2	±0.08
M14×1.5	11.3	±0.2	2.2	±0.08
M16×1.5	13.3	±0.2	2.2	±0.08
M18×1.5	15.3	±0.2	2.2	±0.08
M20×1.5[a]	17.3	±0.22	2.2	±0.08
M22×1.5	19.3	±0.22	2.2	±0.08
M27×2	23.6	±0.24	2.9	±0.09
M30×2	26.6	±0.26	2.9	±0.09
M33×2	29.6	±0.29	2.9	±0.09
M42×2	38.6	±0.37	2.9	±0.09
M48×2	44.6	±0.43	2.9	±0.09
M60×2	56.6	±0.51	2.9	±0.09

[a] 仅适用于插装阀阀孔的螺塞(参见GB/T 2878.4和JB/T 5963)。

表 5　螺柱端合格判定试验扭矩

螺纹	螺柱端合格判定试验扭矩 N·m +10% 0
M8×1	10
M10×1	20
M12×1.5	35
M14×1.5	45
M16×1.5	55
M18×1.5	70
M20×1.5[a]	80
M22×1.5	100
M27×2	170
M30×2	215
M33×2	310
M42×2	330
M48×2	420
M60×2	500

[a] 仅适用于插装阀阀孔的螺塞(参见 GB/T 2878.4 和 JB/T 5963)。

7　试验方法

爆破和循环耐久性(脉冲)试验应按 GB/T 26143 进行。

8　螺柱端的命名

重型(S 系列)螺柱端应按以下方式命名：

——提及 GB/T 2878 的重型(S 系列)螺柱端，即：GB/T 2878.2；

——螺纹尺寸($d_1 \times p$)。

示例：符合 GB/T 2878 本部分的螺柱端，螺纹尺寸为 M18×1.5，命名如下：

螺柱端 GB/T 2878.2-M18×1.5

9　标识

重型(S 系列)螺柱端在规格尺寸允许的情况下宜按图 1 和图 2 所示做出标识，并符合表 1 给出的尺寸。不可调节(直通)螺柱端在规格尺寸允许的情况下，宜通过靠近螺纹 d_1 的圆柱形加工面(直径 d_2，宽度 L_5)和其上的凹槽进行识别。可调节螺柱端在规格尺寸允许的情况下，宜通过锁母靠近垫片一端的圆柱形加工面(直径 d_2，宽度 L_{10})识别。

10 标注说明(引用 GB/T 2878 的本部分)

当选择遵守本部分时,建议制造商在试验报告、产品目录和销售文件中使用以下说明:"重型(S系列)螺柱端符合 GB/T 2878.2—2011《液压传动连接 带米制螺纹和O形圈密封的油口和螺柱端 第2部分:重型螺柱端(S系列)》的规定"。

参 考 文 献

［1］ GB/T 3 普通螺纹收尾、肩距、退刀槽和倒角

［2］ GB/T 131 产品几何技术规范(GPS) 技术产品文件中表面结构的表示法

［3］ GB/T 1182 形状和位置公差 通则、定义、符号和图样表示法

［4］ GB/T 2878.4 液压传动连接 带米制螺纹和O形圈密封的油口和螺柱端 第4部分:六角螺塞

［5］ GB/T 14034-1 流体传动金属管连接 第1部分:24°锥形管接头

［6］ GB/T 19674.1 液压管接头用螺纹油口和柱端 螺纹油口

［7］ GB/T 19674.2 液压管接头用螺纹油口和柱端 填料密封柱端(A型和E型)

［8］ GB/T 19674.3 液压管接头用螺纹油口和柱端 金属对金属密封柱端(B型)

［9］ JB/T 5963 二通、三通、四通螺纹式插装阀阀孔尺寸

［10］ ISO 1179-1 Connections for general use and fluid power—Ports and stud ends with ISO 228-1 threads with elastomeric or metal-to-metal sealing—Part 1:Threaded ports

［11］ ISO 1179-2 Connections for general use and fluid power—Ports and stud ends with ISO 228-1 threads with elastomeric or metal-to-metal sealing—Part 2:Heavy-duty (S series) and light-duty (L series) stud ends and elastomeric sealing (type E)

［12］ ISO 1179-3 Connections for general use and fluid power—Ports and stud ends with ISO 228-1 threads with elastomeric or metal-to-metal sealing—Part 3:Light-duty (L series) stud ends with sealing by O-ring with retaining ring (types G and H)

［13］ ISO 1179-4 Connections for general use and fluid power—Ports and stud ends with ISO 228-1 threads with elastomeric or metal-to-metal sealing—Part 4:Stud ends for general use only with metal-to-metal sealing (type B)

［14］ ISO 8434-3 Metallic tube connections for fluid power and general use—Part 3:O-ring face seal fittings

［15］ ISO 11926-1 Connections for general use and fluid power—Ports and stud ends with ISO 725 threads and O-ring sealing—Part 1:Parts with O-ring seal in truncated housing

［16］ ISO 11926-2 Connections for general use and fluid power—Ports and stud ends with ISO 725 threads and O-ring sealing—Part 2:Heavy-duty (S series) stud ends

［17］ ISO 11926-3 Connections for general use and fluid power—Ports and stud ends with ISO 725 threads and O-ring sealing—Part 3:Light-duty (L series) stud ends

［18］ ISO 12151-4 Connections for hydraulic fluid power and general use—Hose fittings—Part 4:Hose fittings with ISO 6149 metric stud ends

ICS 23.100.40
J 20

中华人民共和国国家标准

GB/T 2878.3—2017

液压传动连接 带米制螺纹和O形圈密封的油口和螺柱端 第3部分:轻型螺柱端(L系列)

Connections for hydraulic fluid power—Ports and stud ends with metric threads and O-ring sealing—Part 3: Light-duty stud ends (L series)

[ISO 6149-3:2006, Connections for hydraulic fluid power and general use—Ports and stud ends with ISO 261 metric threads and O-ring sealing—Part 3: Dimensions, design, test methods and requirements for light-duty (L series) stud ends, MOD]

2017-05-12 发布　　　　2017-12-01 实施

中华人民共和国国家质量监督检验检疫总局
中国国家标准化管理委员会　发布

前　言

GB/T 2878《液压传动连接　带米制螺纹和O形圈密封的油口和螺柱端》分为4部分：

——第1部分：油口；

——第2部分：重型螺柱端(S系列)；

——第3部分：轻型螺柱端(L系列)；

——第4部分：六角螺塞。

本部分为GB/T 2878的第3部分。

本部分按照GB/T 1.1—2009给出的规则起草。

本部分使用重新起草法修改采用ISO 6149-3:2006《用于液压传动和一般用途的螺柱端　带ISO 261米制螺纹和O形圈密封的油口和螺柱端　第3部分：轻型(L系列)螺柱端的尺寸、型式、试验方法和技术要求》。

本部分与ISO 6149-3:2006的技术性差异及其原因如下：

——关于规范性引用文件，本部分做了具有技术性差异的调整，以适应我国的技术条件，调整情况集中反映在第2章"规范性引用文件"中，具体调整如下：

- 用修改采用国际标准的GB/T 193代替了ISO 261(见表1)；
- 用修改采用国际标准的GB/T 197代替了ISO 965-1(见表1)；
- 用修改采用国际标准的GB/T 2878.2代替了ISO 6149-2(见表1)；
- 用等同采用国际标准的GB/T 3103.1—2002代替了ISO 4759-1(见第4章)；
- 用等同采用国际标准的GB/T 6031代替了ISO 48(见第6章)；
- 用等同采用国际标准的GB/T 17446代替了ISO 5598(见第3章)；
- 用等同采用国际标准的GB/T 26143代替了ISO 19879(见第7章)。

——将螺柱端的材质由低碳钢改为碳钢(见5.1，ISO 6149-3:2006的5.1)。

——将螺柱端标识要求改为推荐(见第9章，ISO 6149-3:2006的第9章)。

本部分做了下列编辑性修改：

——删除国际标准文字叙述中的6个脚注；

——按照出现的先后顺序，将ISO 6149-3:2006的表5、表4、表3调整为本部分的表3、表5、表4；

——删除了ISO 6149-3:2006中压力的等效单位"bar"，只保留"MPa"。

本部分由中国机械工业联合会提出。

本部分由全国液压气动标准化技术委员会(SAC/TC 3)归口。

本部分负责起草单位：浙江苏强格液压股份有限公司。

本部分参加起草单位：海盐管件制造有限公司、宁波广天赛克思液压有限公司、攀钢集团工程技术有限公司实业分公司液压附件厂、伊顿液压(宁波)有限公司。

本部分主要起草人：罗学荣、吴节刚、耿志学、朱旭初、梁勇、官柏平、梁恩国、唐海龙、周舜华。

引　言

在液压传动系统中，功率是通过封闭回路内的受压流体传递和控制的。在一般应用中，流体(液体或气体)可以在压力下输送。

液压元件通过其螺纹油口用管接头的螺柱端与硬管或软管连接。

建议新设计的液压系统和元件优先采用GB/T 2878系列的螺纹油口和螺柱端，因为这一系列规定的油口和螺柱端采用米制螺纹和O形圈密封。希望借此推荐帮助使用者进行合理选择。

液压传动连接 带米制螺纹和O形圈密封的油口和螺柱端 第3部分:轻型螺柱端(L系列)

1 范围

GB/T 2878的本部分规定了米制可调节和不可调节轻型螺柱端(L系列)及O形圈的尺寸、性能要求和试验程序。

符合本部分的不可调节螺柱端适用的最高工作压力为40 MPa,可调节螺柱端适用的最高工作压力为31.5 MPa。许用工作压力宜根据螺柱端尺寸、材料、结构、工作条件和应用场合等条件来确定。

仅符合本部分尺寸的产品不能保证能达到规定性能。制造商宜按照本部分所包含的规范进行试验,以确保元件符合规定性能。

注1:需要进行有效次数的试验,以确认碳钢制造的管接头的性能要求。

注2:本部分适用于GB/T 14034.1—2010和ISO 8434-2所述的管接头及GB/T 2878.4的螺塞。相关的软管接头技术规范参见ISO 12151-4。

注3:本部分的引言推荐了适用于液压传动新设计的油口和螺柱端。

2 规范性引用文件

下列文件对于本文件的应用是必不可少的。凡是注日期的引用文件,仅注日期的版本适用于本文件。凡是不注日期的引用文件,其最新版本(包括所有的修改单)适用于本文件。

GB/T 193 普通螺纹 直径与螺距系列(GB/T 193—2003,ISO 261:1998,MOD)

GB/T 197 普通螺纹 公差(GB/T 197—2003,ISO 965-1:1998,MOD)

GB/T 3103.1—2002 紧固件公差 螺栓、螺钉、螺柱和螺母(idt ISO 4759-1:2000)

GB/T 3452.2—2007 液压气动用O形橡胶密封圈 第2部分:外观质量检验规范(ISO 3601-3:2005,IDT)

GB/T 6031 硫化橡胶或热塑性橡胶硬度的测定(10～100 IRHD)(GB/T 6031—1998,idt ISO 48:1994)

GB/T 17446 流体传动系统及元件 词汇(GB/T 17446—2012, ISO 5598:2008,IDT)

GB/T 2878.2 液压传动连接 带米制螺纹和O形圈密封的油口和螺柱端 第2部分:重型螺柱端(S系列)(GB/T 2878.2—2011,ISO 6149-2:2006,IDT)

GB/T 26143 液压管接头 试验方法(GB/T 26143—2010,ISO 19879:2010,IDT)

3 术语和定义

GB/T 17446界定的以及下列术语和定义适用于本文件。

3.1

可调节螺柱端 adjustable stud end

在拧紧连接螺母期间,允许管接头调整方向以完成连接定位的螺柱端管接头。

注:这种类型的螺柱端主要用于异形管接头(如:T形、十字形和弯头)。

3.2

不可调节螺柱端　non-adjustable stud end

在拧紧连接螺母期间，不需要调整管接头方向的螺柱端接头。

4　尺寸

轻型螺柱端(L系列)应符合图1、图2和表1所给尺寸。六角对边宽度的公差应符合GB/T 3103.1—2002规定的C级。

5　要求

5.1　工作压力

用碳钢制造的轻型螺柱端(L系列)工作压力不应超过表2所给出的最高工作压力。

5.2　性能

当按表3中的扭矩进行装配并按第7章进行爆破或循环耐久性(脉冲)试验时，用碳钢制造的轻型螺柱端(L系列)工作压力不应超过表2所给出的最高工作压力。

5.3　可调节螺柱端垫片的安装和平面度

应以适当的方式将垫片安装在螺柱上，确保垫片不会因振动从最高位置受自重下落，但移动垫片所需的锁紧螺母最大扭矩应不超过表4给出的扭矩值。

垫片装配后表面形状应凹凸一致(即没有波状)，并且凹面朝向螺柱端，其平面度应符合表4的规定。

6　O形圈

适用于轻型螺柱端(L系列)的O形圈应符合图3和表5所给的尺寸。

除非另有规定，对于在第5章和表2要求的压力和温度下与石油基液压油一起使用和试验时，所用O形圈应由丁腈橡胶制造，硬度为(90±5)IRHD(按照GB/T 6031测定)，并且应符合表5所给尺寸，质量等级应不低于GB/T 3452.2—2007规定的O形圈质量验收标准的N级要求。当实际工作压力和系统的液压油与表2及本章规定不同，或工作温度超过丁腈橡胶的适用温度范围时，应向密封件制造商咨询，以保证选择适当材料的O形圈。

7　试验方法

爆破和循环耐久性(脉冲)试验应按GB/T 26143进行。

8　螺柱端的命名

轻型螺柱端(L系列)应按以下方式命名：

——“螺柱端”；

——提及 GB/T 2878 的轻型螺柱端(L 系列)，即：GB/T 2878.3；

——螺纹尺寸($d_1 \times p$)。

示例：符合 GB/T 2878 本部分的螺柱端，螺纹尺寸为 M18×1.5，命名如下：

螺柱端 GB/T 2878.3-M18×1.5

9 标识

轻型螺柱端(L 系列)在规格尺寸允许的情况下宜按图 1 和图 2 所示做出标识，并符合表 1 给出的尺寸。不可调节(直通)螺柱端在规格尺寸允许的情况下，宜通过靠近螺纹 d_1 的圆柱形加工面(直径 d_2，宽度 L_5)和其上的凹槽进行识别。可调节螺柱端在规格尺寸允许的情况下，宜通过锁紧螺母靠近垫片一端的圆柱形加工面(直径 d_2，宽度 L_{10})识别。

10 标注说明(引用 GB/T 2878 的本部分)

当选择遵守 GB/T 2878 本部分时，建议制造商在试验报告、产品目录和销售文件中使用以下说明：“轻型螺柱端(L 系列)符合 GB/T 2878.3—2017《液压传动连接　带米制螺纹和 O 形圈密封的油口和螺柱端　第 3 部分：轻型螺柱端(L 系列)》的规定”。

尺寸单位为毫米

表面粗糙度单位为微米

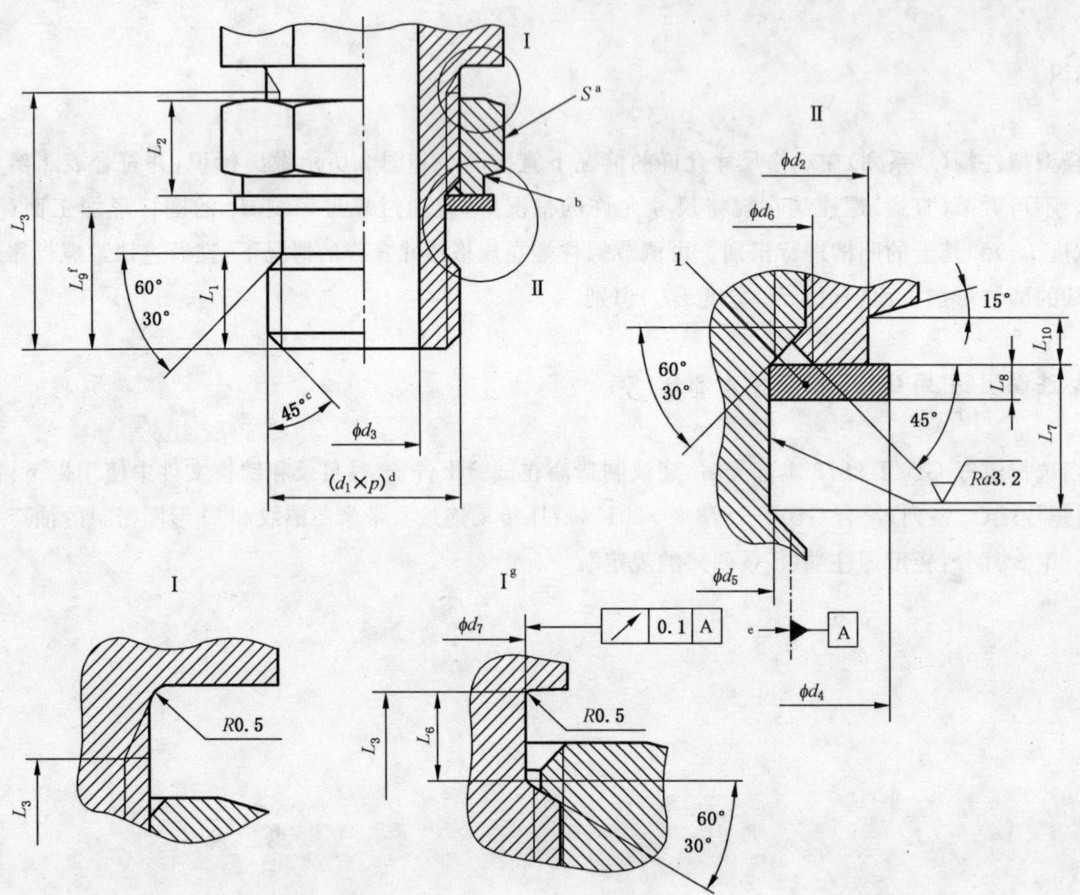

说明：

1——垫片(见 5.3)。

[a] 锁紧螺母六角对边宽度。

[b] 螺柱端标识(见第 9 章)。

[c] 倒角至螺纹小径。

[d] 螺纹。

[e] 螺纹中径。

[f] 可调节。

[g] 可选结构。

图 1　可调节轻型螺柱端(L 系列)

尺寸单位为毫米

表面粗糙度单位为微米

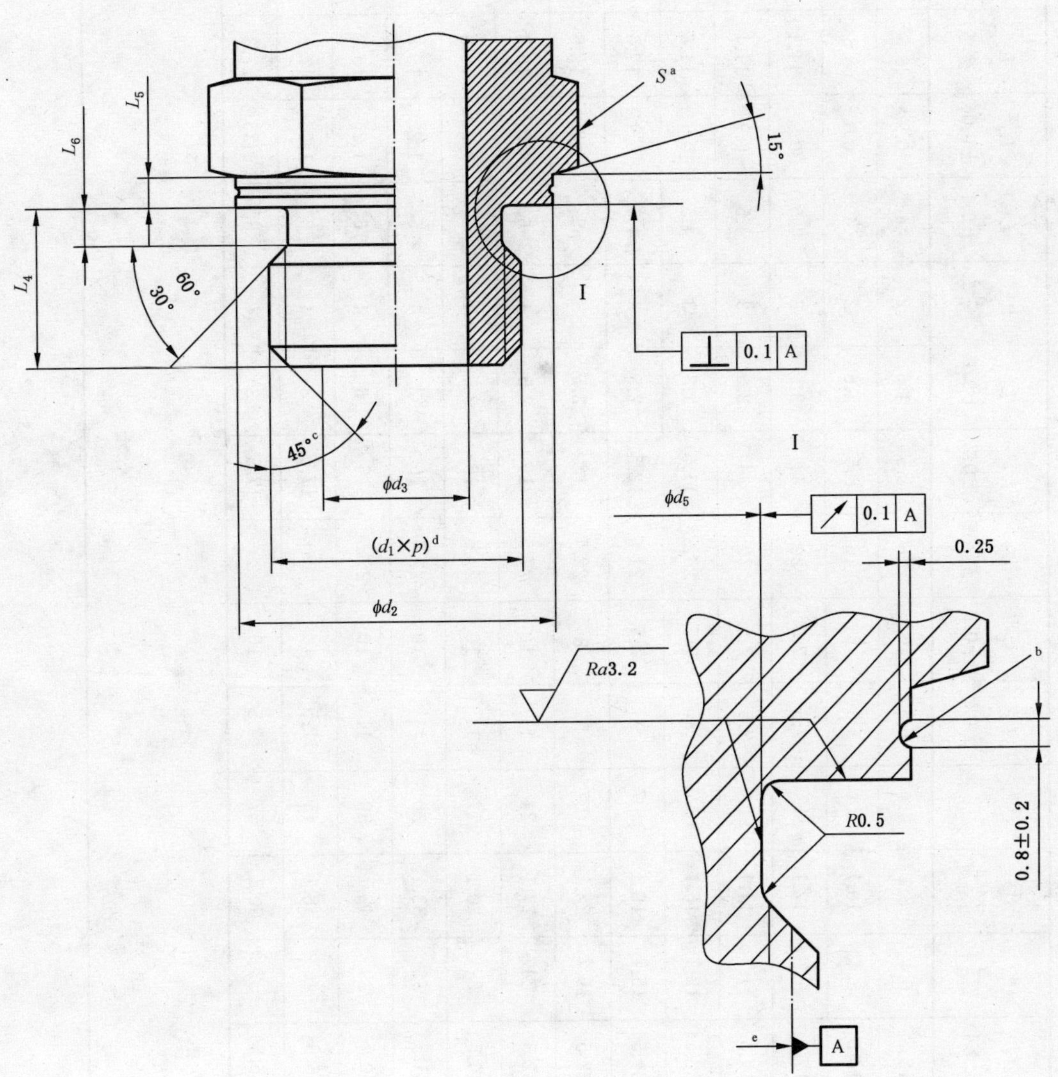

a 六角对边宽度。

b 可选凹槽,位于 L_5 的中间;螺柱端标识(见第 9 章)。

c 倒角至螺纹小径。

d 螺纹。

e 螺纹中径。

图 2 不可调节轻型螺柱端(L 系列)

表 1 轻型螺柱端(L 系列)的尺寸

单位为毫米

螺纹[a] ($d_1 \times p$)	d_2 ±0.2	d_3		d_4 ±0.4	d_5 $^{0}_{-0.1}$	d_6 $^{+0.4}_{0}$	d_7 $^{0}_{-0.3}$	L_1 ±0.2	L_2 ±0.2	L_3 最小	L_4[b] ±0.2	L_5 ±0.1	L_6 $^{+0.3}_{0}$	L_7 ±0.1	L_8 ±0.08	L_9 参考	L_{10} ±0.1	S
		尺寸	公差															
M8×1	11.8	3	±0.1	12.5	6.4	8.1	6.4	5.5	6	16	8.5	1.6	2	4	0.9	8.6	1.5	12
M10×1	13.8	4.5	±0.1	14.5	8.4	10.1	8.4	5.5	6	16	8.5	1.6	2	4	0.9	8.6	1.5	14
M12×1.5	16.8	6	±0.1	17.5	9.7	12.1	9.7	7.5	7.5	20	11	2.5	3	4.5	0.9	11.1	2	17
M14×1.5[c]	18.8	7.5	±0.2	19.5	11.7	14.1	11.7	7.5	7.5	20	11	2.5	3	4.5	0.9	11.1	2	19
M16×1.5	21.8	9	±0.2	22.5	13.7	16.1	13.7	8	7.5	20.5	11.5	2.5	3	4.5	0.9	11.6	2	22
M18×1.5	23.8	11	±0.2	24.5	15.7	18.1	15.7	9	7.5	21.5	12.5	2.5	3	4.5	0.9	12.6	2.5	24
M22×1.5	26.8	14	±0.2	27.5	19.7	22.1	19.7	9	8	22.5	13	2.5	3	5	1.25	12.8	2.5	27
M27×2	31.8	18	±0.2	32.5	24	27.1	24	11	10	27.5	16	2.5	4	6	1.25	15.8	2.5	32
M30×2	35.8	21	±0.2	36.5	27	30.1	27	11	10	27.5	16	2.5	4	6	1.25	15.8	2.5	36
M33×2	40.8	23	±0.2	41.5	30	33.1	30	11	10	27.5	16	3	4	6	1.25	15.8	3	41
M42×2	49.8	30	±0.2	50.5	39	42.1	39	11	10	27.5	16	3	4	6	1.25	15.8	3	50
M48×2	54.8	36	±0.3	55.5	45	48.1	45	12.5	10	29	17.5	3	4	6	1.25	17.3	3	55
M60×2	64.8	44	±0.3	65.5	57	60.1	57	12.5	10	29	17.5	3	4	6	1.25	17.8	3	65

[a] 符合 GB/T 193,公差等级符合 GB/T 197 的 6 g。

[b] 可选用 GB/T 2878.2 中 L_4 尺寸。

[c] 测试用油口首选。

表2　轻型螺柱端(L系列)适用的压力

<table>
<tr><th rowspan="4">螺纹
($d_1 \times p$)</th><th colspan="6">螺柱端类型</th></tr>
<tr><th colspan="3">不可调节</th><th colspan="3">可调节</th></tr>
<tr><th rowspan="2">最高工作压力
MPa</th><th colspan="2">试验压力</th><th rowspan="2">最高工作压力
MPa</th><th colspan="2">试验压力</th></tr>
<tr><th>爆破
MPa</th><th>脉冲[a]
MPa</th><th>爆破
MPa</th><th>脉冲[a]
MPa</th></tr>
<tr><td>M8×1</td><td>40</td><td>160</td><td>53.2</td><td>31.5</td><td>126</td><td>41.9</td></tr>
<tr><td>M10×1</td><td>40</td><td>160</td><td>53.2</td><td>31.5</td><td>126</td><td>41.9</td></tr>
<tr><td>M12×1.5</td><td>40</td><td>160</td><td>53.2</td><td>31.5</td><td>126</td><td>41.9</td></tr>
<tr><td>M14×1.5</td><td>40</td><td>160</td><td>53.2</td><td>31.5</td><td>126</td><td>41.9</td></tr>
<tr><td>M16×1.5</td><td>31.5</td><td>126</td><td>41.9</td><td>25</td><td>100</td><td>33.2</td></tr>
<tr><td>M18×1.5</td><td>31.5</td><td>126</td><td>41.9</td><td>25</td><td>100</td><td>33.2</td></tr>
<tr><td>M22×1.5</td><td>31.5</td><td>126</td><td>41.9</td><td>25</td><td>100</td><td>33.2</td></tr>
<tr><td>M27×2</td><td>20</td><td>80</td><td>26.6</td><td>16</td><td>64</td><td>21.3</td></tr>
<tr><td>M30×2</td><td>20</td><td>80</td><td>26.6</td><td>16</td><td>64</td><td>21.3</td></tr>
<tr><td>M33×2</td><td>20</td><td>80</td><td>26.6</td><td>16</td><td>64</td><td>21.3</td></tr>
<tr><td>M42×2</td><td>20</td><td>80</td><td>26.6</td><td>16</td><td>64</td><td>21.3</td></tr>
<tr><td>M48×2</td><td>20</td><td>80</td><td>26.6</td><td>16</td><td>64</td><td>21.3</td></tr>
<tr><td>M60×2</td><td>16</td><td>64</td><td>21.3</td><td>10</td><td>40</td><td>13.3</td></tr>
<tr><td colspan="7">注：以上确定的压力适用于碳钢制造的管接头和按 GB/T 26143 进行的试验。</td></tr>
<tr><td colspan="7">[a] 循环耐久性试验压力。</td></tr>
</table>

表3　螺柱端验证试验用扭矩

螺纹 ($d_1 \times p$)	螺柱端验证试验用扭矩 N·m $^{+10\%}_{0}$
M8×1	8
M10×1	15
M12×1.5	25
M14×1.5	35
M16×1.5	40
M18×1.5	45
M22×1.5	60
M27×2	100
M30×2	130

表 3（续）

螺纹 ($d_1 \times p$)	螺柱端验证试验用扭矩 N·m $^{+10\%}_{0}$
M33×2	160
M42×2	210
M48×2	260
M60×2	315

表 4　可调节螺柱端的垫片推动扭矩和平面度允差

螺纹 ($d_1 \times p$)	推动垫片所需的螺母最大扭矩 N·m	垫片的平面度允差 mm
M8×1	1	0.25
M10×1	3	0.25
M12×1.5	4	0.25
M14×1.5	5	0.25
M16×1.5	7	0.25
M18×1.5	10	0.25
M22×1.5	12	0.25
M27×2	15	0.4
M30×2	18	0.4
M33×2	20	0.4
M42×2	25	0.5
M48×2	30	0.5
M60×2	40	0.5

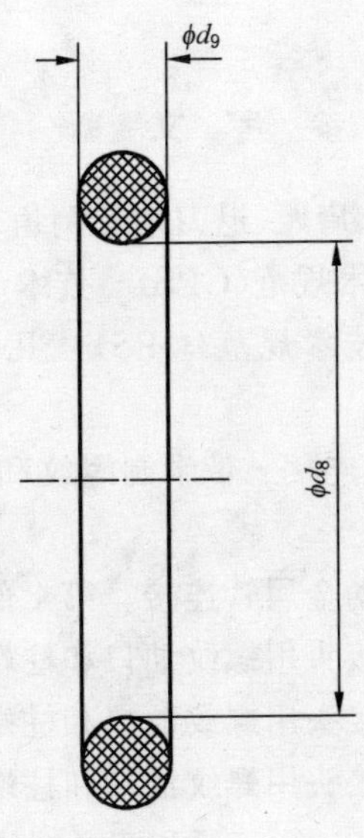

图 3　O 形圈

表 5　轻型螺柱端(L 系列)配用的 O 形圈尺寸

单位为毫米

螺纹 ($d_1 \times p$)	内径 d_8		截面直径 d_9	
	尺寸	公差	尺寸	公差
M8×1	6.1	±0.2	1.6	±0.08
M10×1	8.1	±0.2	1.6	±0.08
M12×1.5	9.3	±0.2	2.2	±0.08
M14×1.5	11.3	±0.2	2.2	±0.08
M16×1.5	13.3	±0.2	2.2	±0.08
M18×1.5	15.3	±0.2	2.2	±0.08
M22×1.5	19.3	±0.22	2.2	±0.08
M27×2	23.6	±0.24	2.9	±0.09
M30×2	26.6	±0.26	2.9	±0.09
M33×2	29.6	±0.29	2.9	±0.09
M42×2	38.6	±0.37	2.9	±0.09
M48×2	44.6	±0.43	2.9	±0.09
M60×2	56.6	±0.51	2.9	±0.09

参 考 文 献

［1］ GB/T 3—1997 普通螺纹收尾、肩距、退刀槽和倒角

［2］ GB/T 131—2006 产品几何技术规范(GPS) 技术产品文件中表面结构的表示法

［3］ GB/T 1182—2008 产品几何技术规范(GPS) 几何公差 形状、方向、位置和跳动公差标注

［4］ GB/T 2878.4—2011 液压传动连接 带米制螺纹和O形圈密封的油口和螺柱端 第4部分:六角螺塞

［5］ GB/T 14034.1—2010 流体传动金属管连接 第1部分:24°锥形管接头

［6］ GB/T 19674.1—2005 液压管接头用螺纹油口和柱端 螺纹油口

［7］ GB/T 19674.2—2005 液压管接头用螺纹油口和柱端 填料密封柱端(A型和E型)

［8］ GB/T 19674.3—2005 液压管接头用螺纹油口和柱端 金属对金属密封柱端(B型)

［9］ JB/T 5963—2014 液压传动 二通、三通和四通螺纹插装阀 插装孔

［10］ JB/T 966—2005 用于流体传动和一般用途的金属管接头 O形圈平面密封接头

［11］ ISO 1179-1:2013 Connections for general use and fluid power—Ports and stud ends with ISO 228-1 threads with elastomeric or metal-to-metal sealing—Part 1:Threaded ports

［12］ ISO 1179-2:2013 Connections for general use and fluid power—Ports and stud ends with ISO 228-1 threads with elastomeric or metal-to-metal sealing—Part 2:Heavy-duty (S series) and light-duty (L series) stud ends and elastomeric sealing (type E)

［13］ ISO 1179-3:2007 Connections for general use and fluid power—Ports and stud ends with ISO 228-1 threads with elastomeric or metal-to-metal sealing—Part 3:Light-duty (L series) stud ends with sealing by O-ring with retaining ring (types G and H)

［14］ ISO 1179-4:2007 Connections for general use and fluid power—Ports and stud ends with ISO 228-1 threads with elastomeric or metal-to-metal sealing—Part 4:Stud ends for general use only with metal-to-metal sealing (type B)

［15］ ISO 11926-1:1995 Connections for general use and fluid power—Ports and stud ends with ISO 725 threads and O-ring sealing—Part 1:Parts with O-ring seal in truncated housing

［16］ ISO 11926-2:1995 Connections for general use and fluid power—Ports and stud ends with ISO 725 threads and O-ring sealing—Part 2:Heavy-duty (S series) stud ends

［17］ ISO 11926-3:1995 Connections for general use and fluid power—Ports and stud ends with ISO 725 threads and O-ring sealing—Part 3:Light-duty (L series) stud ends

［18］ ISO 12151-4:2007 Connections for hydraulic fluid power and general use—Hose fittings—Part 4:Hose fittings with ISO 6149 metric stud ends

ICS 23.100.40
J 20

中华人民共和国国家标准

GB/T 2878.4—2011

液压传动连接 带米制螺纹和 O形圈密封的油口和螺柱端 第4部分:六角螺塞

**Connections for hydraulic fluid power—
Ports and stud ends with metric threads and O-ring sealing—
Part 4:Hex plugs**

(ISO 6149-4:2006,Connections for fluid power and general use—Ports and stud ends with ISO 261 metric threads and O-ring sealing—Part 4:Dimensions,design,test methods and requirements for external hex and internal hex port plugs,MOD)

2011-12-30 发布 2012-10-01 实施

中华人民共和国国家质量监督检验检疫总局
中国国家标准化管理委员会 发布

前　言

GB/T 2878《液压传动连接　带米制螺纹和O形圈密封的油口和螺柱端》分为4部分：

——第1部分：油口；

——第2部分：重型螺柱端(S系列)；

——第3部分：轻型螺柱端(L系列)；

——第4部分：六角螺塞。

本部分为GB/T 2878的第4部分。

本部分按照GB/T 1.1—2009给出的规则起草。

本部分使用重新起草法修改采用ISO 6149-4:2006《用于液压传动和一般用途的管接头　带ISO 261米制螺纹和O形圈密封的油口和螺柱端　第4部分：外六角和内六角螺塞的尺寸、型式、试验方法和技术要求》。

本部分与ISO 6149-4:2006的技术性差异及其原因如下：

——关于规范性引用文件，本部分做了具有技术性差异的调整，以适应我国的技术条件，调整情况集中反映在第2章；

——将螺塞材质由低碳钢改为碳钢(见10.1)；

——取消了螺塞标记中的名称标注(见第8章)；

——将螺塞的标识改为在规格尺寸允许的情况下宜做出标识(见第9章)；

——增加了螺塞各种成形方法中应满足性能要求(见第10章)；

——增加了密封面表面粗糙度为$Ra \leqslant 3.2\ \mu m$(见10.2)；

——增加了外六角右视图(见图1)。

本部分做了下列编辑性修改：

——标准名称简化；

——将“国际标准的本部分”改为“本部分”；

——增加“参考文献”。

本部分由中国机械工业联合会提出。

本部分由全国液压气动标准化技术委员会(SAC/TC 3)归口。

本部分负责起草单位：浙江苏强格液压股份有限公司、江苏省机械研究设计院有限责任公司、中机生产力促进中心。

本部分参加起草单位：海盐管件制造有限公司、上海立新液压有限公司、中船重工集团第704研究所、浙江华夏阀门有限公司、宁波市恒通液压科技有限公司。

本部分主要起草人：罗学荣、牛月军、杨永军、冯峰、耿志学、朱旭初、彭沪海、邹昌建、韦彬、洪超、杨茅、梁勇。

引　　言

在流体传动系统中，功率是通过在封闭回路内的受压流体（液体或气体）传递和控制的。在一般应用中，流体可以在压力下输送。

元件通过管接头或软管接头将其螺纹油口与硬管或软管连接。通过拧入螺塞可以封闭油口。

液压传动连接　带米制螺纹和 O 形圈密封的油口和螺柱端 第 4 部分:六角螺塞

1　范围

GB/T 2878 的本部分规定了适用于 GB/T 2878.1 中规定的油口的外六角和内六角螺塞的尺寸和性能要求。

符合本部分的螺塞适用于最高工作压力 63 MPa(630 bar)。许用工作压力应根据螺塞的末端尺寸、材料、结构、工作条件和应用场合等条件来确定。

仅符合本部分规定尺寸的六角螺塞不能保证达到本部分规定的额定性能。为确保六角螺塞符合其额定性能,制造商应按照本部分规定的技术规范进行检测。

2　规范性引用文件

下列文件对于本文件的应用是必不可少的。凡是注日期的引用文件,仅注日期的版本适用于本文件。凡是不注日期的引用文件,其最新版本(包括所有的修改单)适用于本文件。

GB/T 193　普通螺纹　直径与螺距系列

GB/T 197—2003　普通螺纹　公差

GB/T 2878.2　液压传动连接　带米制螺纹和 O 形圈密封的油口和螺柱端　第 2 部分:重型螺柱端(S 系列)(ISO 6149-2)

GB/T 3103.1—2002　紧固件公差　螺栓、螺钉、螺柱和螺母(ISO 4759-1)

GB/T 3452.2—2007　液压气动用 O 形橡胶密封圈　第 2 部分:外观质量检验规范(ISO 3601-3)

GB/T 5267.1　紧固件　电镀层(ISO 4092)

GB/T 5267.2　紧固件　非电解锌片涂层(ISO 10683)

GB/T 5576　橡胶与胶乳　命名法(ISO 1629)

GB/T 6031　硫化橡胶或热塑性橡胶硬度的测定(10～100 IRHD)(ISO 48)

GB/T 10125　人造气氛腐蚀试验　盐雾试验

GB/T 17446　流体传动系统及元件　术语(ISO 5598)

GB/T 26143　液压管接头　试验方法(ISO 19879)

3　术语和定义

GB/T 17446 中界定的以及下列术语和定义适用于本部分。

3.1

螺塞　plug

不带流体通道的螺柱端,用于封堵油液。

4 尺寸

4.1 螺塞尺寸

外六角和内六角螺塞应分别符合图1和图2所示及表1和表2所给的尺寸。

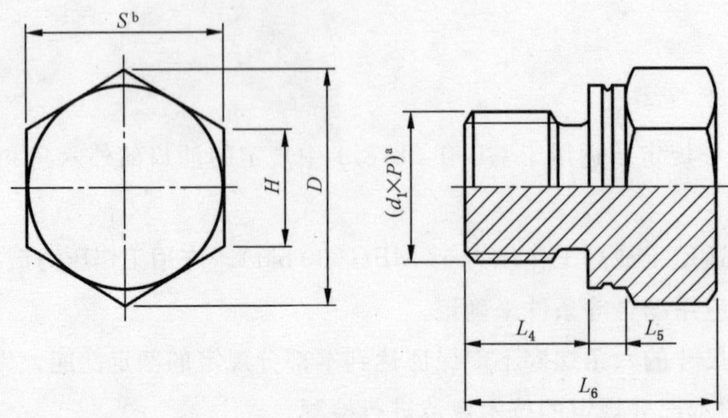

注：螺柱端应符合GB/T 2878.2不可调节重型(S系列)螺柱端规定。

a 螺纹。

b 外六角对边宽度。

图1 外六角螺塞(PLEH)

表1 外六角螺塞尺寸

单位为毫米

螺纹 $(d_1\times P)$	L_4 参考	L_5 参考	L_6 ±0.5	s[a]
M8×1	9.5	1.6	16.5	12
M10×1	9.5	1.6	17	14
M12×1.5	11	2.5	18.5	17
M14×1.5	11	2.5	19.5	19
M16×1.5	12.5	2.5	22	22
M18×1.5	14	2.5	24	24
M20×1.5[b]	14	2.5	25	27
M22×1.5	15	2.5	26	27
M27×2	18.5	2.5	31.5	32
M30×2	18.5	2.5	33	36
M33×2	18.5	3	34	41
M42×2	19	3	36.5	50
M48×2	21.5	3	40	55
M60×2	24	3	44.5	65

a 公差见4.2。

b 仅适用于插装阀的插装孔(参见JB/T 5963)。

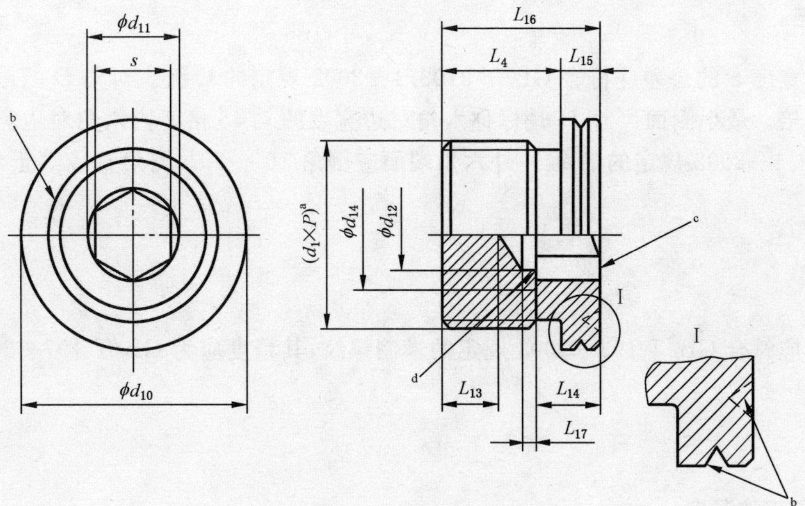

螺柱端应符合 GB/T 2878.2 不可调节重型(S系列)螺柱端规定。

[a] 螺纹。

[b] 标识凹槽:1 mm(宽)×0.25 mm(深),形状可选择,标识位置可于直径 d_{10} 的肩部接近宽度 L_{15} 的中点。亦可位于螺塞的顶面。

[c] 孔口倒角:90°×d_{11}(直径)。

[d] 可选择的沉孔的底孔:d_{14}×L_{17}。

图 2　内六角螺塞(PLIH)

表 2　内六角螺塞尺寸

单位为毫米

螺纹 ($d_1 \times P$)	d_{10} ±0.2	d_{11} $^{+0.25}_{0}$	d_{12} $^{+0.13}_{0}$	d_{14} $^{+0.25}_{0}$	L_4	L_{13}	L_{14}	L_{15}	L_{16}	L_{17}	s[a]
M8×1	11.8	4.6	4	4.7	9.5	3	5	3.5	13	2.1	4
M10×1	13.8	5.8	5	5.9	9.5	3	5.5	4	13.5	2.1	5
M12×1.5	16.8	6.9	6	7	11	3	7.5	4.5	15.5	2.5	6
M14×1.5	18.8	6.9	6	7	11	3	7.5	5	16	2.5	6
M16×1.5	21.8	9.2	8	9.3	12.5	3	8.5	5	17.5	2.5	8
M18×1.5	23.8	9.2	8	9.3	14	3	8.5	5	19	2.5	8
M20×1.5[b]	26.8	11.5	10	11.6	14	3	8.5	5	19	2.9	10
M22×1.5	26.8	11.5	10	11.6	15	3	8.5	5	20	2.9	10
M27×2	31.8	13.9	12	14	18.5	3	10.5	5	23.5	3.7	12
M30×2	35.8	16.2	14	16.3	18.5	3	11	6	24.5	3.7	14
M33×2	40.8	16.2	14	16.3	18.5	3	11	6	24.5	3.7	14
M42×2	49.8	19.6	17	19.7	19	3	11	6	25	3.7	17
M48×2	54.8	19.6	17	19.7	21.5	3	11	6	27.5	3.7	17
M60×2	64.8	21.9	19	22	24	3	12	6	30	3.7	19

[a] 公差见 4.2。

[b] 仅适用于插装阀的插装孔(参见 JB/T 5963)。

4.2 六角形公差

外六角对边宽度 S 的公差应符合 GB/T 3103.1—2002 规定的 C 级。对角 D 的最小尺寸是相对平面尺寸的 1.092 倍。最小侧面尺寸 H 是标称六角对边宽度的 0.43 倍。内六角对边宽度的尺寸公差应符合 GB/T 3103.1—2002 规定的 A 级。外六角端面应倒角 10°～30°,倒角直径等于六角对边宽度,公差为 $_{-0.4}^{\ 0}$ mm。

4.3 螺纹

螺塞的螺纹应符合 GB/T 193—2003 规定的米制螺纹,其精度应为 GB/T 197—2003 规定的 6 g。

5 要求

5.1 工作压力和工作温度

符合本部分的外六角和内六角螺塞适合在表 3 给出的最高工作压力下和－40 ℃～＋120 ℃的温度范围内使用。用于此范围之外的压力和/或温度时,应向制造商咨询。

符合本部分的螺塞可以带有橡胶密封件。螺塞制造和交付时应带有适用于石油基液压油的橡胶密封件,并标明密封件适用的工作温度范围。这类螺塞和密封件若用于其他介质,可能导致工作温度范围缩小或不适合应用。根据需要,制造商可以提供带有适用于除石油基液压油之外的油液并满足螺塞指定工作温度范围的橡胶密封件的螺塞。

5.2 性能

符合本部分的外六角和内六角螺塞应满足表 3 给出的爆破和脉冲压力,当按照第 7 章试验时应能承受 6.5 kPa(0.065 bar)的绝对真空压力。

表 3 外六角和内六角螺塞的压力

螺纹	外六角螺塞			内六角螺塞		
	最高工作压力[a]	试验压力		最高工作压力[a]	试验压力	
		爆破	脉冲[b]		爆破	脉冲[b]
	MPa(bar)	MPa(bar)	MPa(bar)	MPa(bar)	MPa(bar)	MPa(bar)
M8×1	63(630)	252(2 520)	84(840)	42(420)	168(1 680)	56(560)
M10×1	63(630)	252(2 520)	84(840)	42(420)	168(1 680)	56(560)
M12×1.5	63(630)	252(2 520)	84(840)	42(420)	168(1 680)	56(560)
M14×1.5	63(630)	252(2 520)	84(840)	63(630)	252(2 520)	84(840)
M16×1.5	63(630)	252(2 520)	84(840)	63(630)	252(2 520)	84(840)
M18×1.5	63(630)	252(2 520)	84(840)	63(630)	252(2 520)	84(840)
M20×1.5[c]	40(400)	160(1 600)	52(520)	40(400)	160(1 600)	52(520)
M22×1.5	63(630)	252(2 520)	84(840)	63(630)	252(2 520)	84(840)
M27×2	40(400)	160(1 600)	52(520)	40(400)	160(1 600)	52(520)
M30×2	40(400)	160(1 600)	52(520)	40(400)	160(1 600)	52(520)
M33×2	40(400)	160(1 600)	52(520)	40(400)	160(1 600)	52(520)

表 3（续）

螺纹	外六角螺塞			内六角螺塞		
	最高工作压力[a]	试验压力		最高工作压力[a]	试验压力	
		爆破	脉冲[b]		爆破	脉冲[b]
	MPa(bar)	MPa(bar)	MPa(bar)	MPa(bar)	MPa(bar)	MPa(bar)
M42×2	25(250)	100(1 000)	33(330)	25(250)	100(1 000)	33(330)
M48×2	25(250)	100(1 000)	33(330)	25(250)	100(1 000)	33(330)
M60×2	25(250)	100(1 000)	33(330)	25(250)	100(1 000)	33(330)

[a] 适用于碳钢制造的螺塞。

[b] 循环耐久性试验压力。

[c] 仅适用于插装阀阀孔(参见 JB/T 5963)。

6 O形圈

除非另有规定，当用于按 5.1 和表 3 要求的压力以及试验时，O 形圈应：

——采用硬度为(90±5)IRHD 的丁腈橡胶(NBR)制成，按照 GB/T 6031 检测；

——符合图 3 所示及表 4 所给的尺寸；

——满足或超过 GB/T 3452.2—2007 中 N 级 O 形圈质量验收标准。

O 形圈的尺寸公差应按照 GB/T 2878.2 的规定。

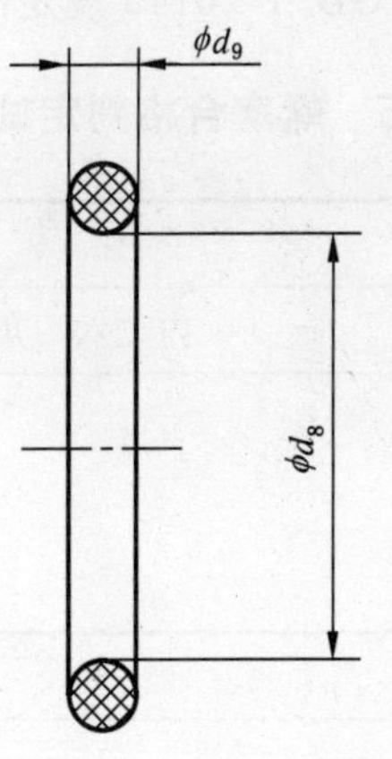

图 3 O 形圈

表 4 O 形圈规格

单位为毫米

螺纹	内径 d_8		截面直径 d_9	
	尺寸	公差	尺寸	公差
M8×1	6.1	±0.2	1.6	±0.08
M10×1	8.1	±0.2	1.6	±0.08
M12×1.5	9.3	±0.2	2.2	±0.08

表 4（续）

单位为毫米

螺　纹	内径 d_8		截面直径 d_9	
	尺寸	公差	尺寸	公差
M14×1.5	11.3	±0.2	2.2	±0.08
M16×1.5	13.3	±0.2	2.2	±0.08
M18×1.5	15.3	±0.2	2.2	±0.08
M20×1.5[a]	17.3	±0.22	2.2	±0.08
M22×1.5	19.3	±0.22	2.2	±0.08
M27×2	23.6	±0.24	2.9	±0.09
M30×2	26.6	±0.26	2.9	±0.09
M33×2	29.6	±0.29	2.9	±0.09
M42×2	38.6	±0.37	2.9	±0.09
M48×2	44.6	±0.43	2.9	±0.09
M60×2	56.6	±0.51	2.9	±0.09

[a] 仅适用于插装阀阀孔的螺塞(参见 JB/T 5963)。

7　试验方法

应按照 GB/T 26143 的规定，对螺塞进行爆破、耐久性(脉冲)和真空试验。在试验中应使用表 5 给出的扭矩进行安装。试验结果应记录在 GB/T 26143 规定的试验数据表中。

表 5　螺塞合格判定试验扭矩

螺　纹	螺　塞	
	内　六　角	外　六　角
	扭矩 N·m $^{+10}_{0}$ %	
M8×1	8	10
M10×1	15	20
M12×1.5	22	35
M14×1.5	45	45
M16×1.5	55	55
M18×1.5	70	70
M20×1.5[a]	80	80
M22×1.5	100	100
M27×2	170	170
M30×2	215	215

表 5（续）

螺纹	螺塞	
	内六角	外六角
	扭矩 N·m $^{+10}_{0}$ %	
M33×2	310	310
M42×2	330	330
M48×2	420	420
M60×2	500	500
[a] 仅适用于插装阀阀孔(参见 JB/T 5963)。		

8 螺塞的命名

为了方便订购，应使用代号命名螺塞。用“GB/T 2878.4”作区分，然后是连字符，后接形状代号，对于外六角用“PLEH”，或内六角用“PLIH”，然后是连字符，后接螺塞螺纹尺寸，对于交付带有符合第 6 章要求的 O 形圈的螺塞，后接 O 形圈代号 NBR。如果需要，可以对代号补充，用连字符后跟符合 GB/T 5267.1 或 GB/T 5267.2 规定的镀层代号，后接符合 GB/T 5576 规定的 O 形圈材料代号。

示例 1：用于 GB/T 2878.1 油口，螺纹尺寸为 M12×1.5 的外六角螺塞，命名如下：

螺塞 GB/T 2878.4-PLEH-M12

示例 2：用于 GB/T 2878.1 油口，螺纹尺寸为 M12×1.5，订货带有符合第 6 章要求的 O 形圈的外六角螺塞，命名如下：

螺塞 GB/T 2878.4-PLEH-M12-NBR

示例 3：用于 GB/T 2878.1 油口，螺纹尺寸为 M12×1.5，订货带有符合第 6 章要求且用 FKM(氟橡胶)代替 NBR 制作的 O 形圈的外六角螺塞，命名如下：

螺塞 GB/T 2878.4-PLEH-M12-FKM

示例 4：用于 GB/T 2878.1 油口，螺纹尺寸为 M12×1.5，订货带有符合 GB/T 5267.1 规定的镀锌层以及装有符合第 6 章要求且用 FKM 代替 NBR 制作的 O 形圈的外六角螺塞，命名如下：

螺塞 GB/T 2878.4-PLEH-M12-A3C-FKM

9 标识

外六角螺塞在规格尺寸允许的情况下宜做出符合 GB/T 2878.2 中对不可调节螺柱端要求的标识。内六角螺塞在规格尺寸允许的情况下宜做出图 2 所示的标识。

10 加工

10.1 结构

除非另有要求，通常螺塞可以用碳钢通过锻造、冷成型制造或用棒料通过机加工而成，其性能应满足第 5 章规定的要求。

10.2 工艺

工艺应符合制造高质量螺塞的大批量生产要求。螺塞应无可视的污染物和所有在使用中会被冲出的毛刺、切屑和碎片，以及其他任何会影响到螺塞功能的缺陷。除非另有规定，密封面表面粗糙度应为 $Ra \leqslant 3.2\ \mu m$，其余表面的粗糙度应为 $Ra \leqslant 6.3\ \mu m$。

10.3 表面处理

所有碳钢螺塞的外表面和螺纹应镀上或涂以合适的材料。除非供需双方另有协议，螺塞应按照GB/T 10125 的要求通过 72 h 中性盐雾试验。除下列指定部位外，在盐雾试验期间，螺塞的任何部位出现红色铁锈都应视为失效。

——棱边，如六角形的尖点、螺纹的齿牙和齿顶，由于批量生产和运输的影响使得镀层和涂层产生机械损伤处。

——由于卷曲、扩口、弯曲和其他后续金属加工引起的镀层或涂层机械变形的部位。

——试验箱中零件悬挂或固定处，这些位置可能聚集冷凝液。

在贮存过程中，应避免受到腐蚀。

考虑到对环境的影响，按照本部分制造的零件不应采用镉镀层。

在应用过程中，镀层的变化会影响安装力矩，需要重新验证。

11 采购信息

当用户咨询或订购时，宜使用与第 8 章中螺塞的命名一致的描述。如果材料、压力和温度等选择与本部分要求不一致时，应向制造商咨询。

12 标记

螺塞宜永久性地标注出制造商名称或商标。

13 标注说明（引用 GB/T 2878 的本部分）

当选择遵守本部分时，建议制造商在试验报告、产品目录和销售文件中使用以下说明："螺塞符合GB/T 2878.4—2011《液压传动连接　带米制螺纹和 O 形圈密封的油口和螺柱端　第 4 部分：六角螺塞》的规定"。

参 考 文 献

［1］ GB/T 2878.1 液压传动连接 带米制螺纹和 O 形圈密封的油口和螺柱端 第 1 部分：油口

［2］ JB/T 5963 液压二通、三通、四通螺纹式插装阀插装孔

ICS 23.100.40
J 20

中华人民共和国国家标准

GB/T 9065.1—2015
代替 GB/T 9065.3—1988

液压软管接头 第1部分:O形圈端面密封软管接头

Hydraulic hose fittings—Part 1:Hose fittings with O-ring face seal ends

(ISO 12151-1:2010,Connections for hydraulic fluid power and general use—Hose fittings—Part 1:Hose fittings with ISO 8434-3 O-ring face seal ends,MOD)

2015-12-31 发布 2016-07-01 实施

中华人民共和国国家质量监督检验检疫总局
中国国家标准化管理委员会 发布

前言

GB/T 9065《液压软管接头》分为以下 6 个部分：

——第 1 部分：O 形圈端面密封软管接头；

——第 2 部分：24°锥密封端软管接头；

——第 3 部分：法兰端软管接头；

——第 4 部分：螺柱端软管接头；

——第 5 部分：37°扩口端软管接头；

——第 6 部分：60°锥形端软管接头。

本部分为 GB/T 9065 的第 1 部分。

本部分按照 GB/T 1.1—2009 给出的规则起草。

本部分代替 GB/T 9065.3—1988《液压软管接头　连接尺寸　焊接式或快换式》。与 GB/T 9065.3—1988 相比主要技术变化如下：

——增加了性能要求、命名、设计、制造工艺、组装规程、采购信息和标识；

——增加了米制螺纹的公称尺寸规格，增加了米制 45°弯和 90°弯回转式软管接头的图示和尺寸要求；

——增加了统一螺纹的软管接头规格、型式和尺寸要求。

本部分使用重新起草法修改采用 ISO 12151-1:2010《用于液压传动和一般用途的管接头　软管接头　第 1 部分：带 ISO 8434-3 O 形圈端面密封的软管接头》(英文版)。

本部分与 ISO 12151-1:2010 的技术性差异及其原因如下：

——关于规范性引用文件，本部分做了具有技术性差异的调整，以适应我国的技术条件，调整情况集中反映在第 2 章“规范性引用文件”中，具体调整如下：

- 用等同采用国际标准的 GB/T 2351 代替了 ISO 4397(见第 1 章)；
- 用等同采用国际标准的 GB/T 2878.1 代替了 ISO 6149-1(见图 1)；
- 用等同采用国际标准的 GB/T 3103.1 代替了 ISO 4759-1(见 6.2，表 2～表 9)；
- 用修改采用国际标准的 GB/T 7939 代替了 ISO 6605(见 4.1、4.3)；
- 用等同采用国际标准的 GB/T 10125 代替了 ISO 9227(见 7.3)；
- 用等同采用国际标准的 GB/T 17446 代替了 ISO 5598(见第 3 章)；
- 用修改采用国际标准的 GB/T 20666 代替了 ISO 5864(见 6.5、表 3、表 5、表 7、表 9)；
- 用修改采用国际标准的 GB/T 20669 代替了 ISO 68-2(见 6.5、表 3、表 5、表 7、表 9)；
- 用修改采用国际标准的 GB/T 20670 代替了 ISO 263(见 6.5、表 3、表 5、表 7、表 9)；
- 用等同采用国际标准的 GB/T 26143 代替了 ISO 19879(见 4.3)；
- 增加引用了 GB/T 3(见 6.5)、GB/T 196(见 6.5)、GB/T 197—2003(见 6.5)；

——增加了米制螺纹的直通外螺纹软管接头、内螺纹回转式直通软管接头和内螺纹回转式 45°弯及 90°弯软管接头(见图 2 与表 2、图 4 与表 4、图 6 与表 6、图 8 与表 8)。

——更正 ISO 12151-1:2010 中表 3、表 4、表 5 螺母长度尺寸 L_3 的错误(见表 5、表 7、表 9)。

——更正 ISO 12151-1:2010 中表 2、表 3、表 4、表 5 螺纹单位为(mm)的错误(见表 3、表 5、表 7、表 9 和表 A.1)。

——增加了规范性附录 A，提供了统一内螺纹回转接头采用扣压式螺母的六角头最小宽度尺寸和图示。

本部分还做了下列编辑性修改：

——按我国标准命名规则简化标准名称；

——增加了资料性附录B，提供了本部分与ISO标准的图、表编号对照表。

——更正了ISO 12151-1：2010中内螺纹回转式接头螺纹部分的绘图错误(见图5、图7、图9)。

本部分由中国机械工业联合会提出。

本部分由全国液压气动标准化技术委员会(SAC/TC 3)归口。

本部分负责起草单位：天津市精研工程机械传动有限公司、海盐管件制造有限公司。

本部分参加起草单位：浙江苏强格液压股份有限公司、伊顿液压(宁波)有限公司、攀钢集团冶金工程技术有限公司实业分公司。

本部分主要起草人：冯国勋、耿志学、朱旭初、罗学荣、周舜华、张隐、张乃旗、刘会进。

本部分所代替标准的历次版本发布情况为：

——GB/T 9065.3—1988。

液压软管接头
第1部分:O形圈端面密封软管接头

1 范围

GB/T 9065的本部分规定了O形圈端面密封软管接头设计和性能的一般要求及尺寸要求。这类软管接头由碳钢制成,适用于符合GB/T 2351规定的软管内径,其包括两种连接螺纹:一种是符合ISO 8434-3:2005规定的O形圈端面密封端,采用统一螺纹,适用的软管公称内径为6.3 mm～38 mm;另一种采用普通(米制)螺纹,适用的软管公称内径为5 mm～51 mm。

注1:经制造商和用户商定,可以采用碳钢以外的材料。

注2:对用于道路车辆上液压或气动制动装置的软管接头,参见ISO 4038、ISO 4039-1和ISO 4039-2。

这类软管接头(典型示例见图1)与满足相应软管标准要求的软管装配后适用于液压传动系统,与适当的软管装配后可用于一般应用。

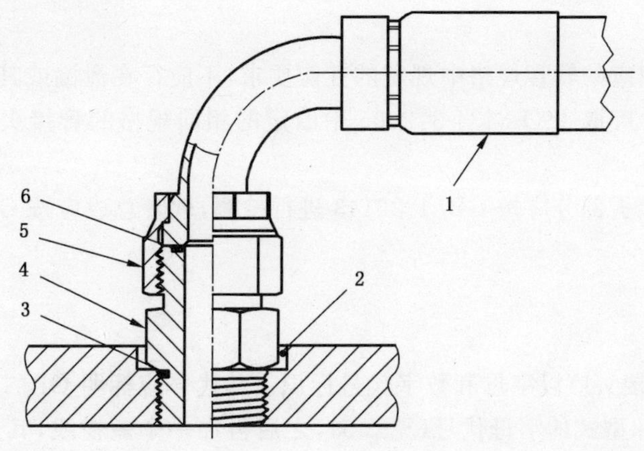

说明:

1——软管接头;
2——符合GB/T 2878.1规定的油口;
3——O形圈;
4——管接头;
5——螺母;
6——O形圈。

图1 O形圈端面密封软管接头连接的典型示例

2 规范性引用文件

下列文件对于本文件的应用是必不可少的。凡是注日期的引用文件,仅注日期的版本适用于本文件。凡是不注日期的引用文件,其最新版本(包括所有的修订单)适用于本文件。

GB/T 3 普通螺纹收尾、肩距、退刀槽和倒角(GB/T 3—1997,eqv ISO 3508:1976和ISO 4755:1983)

GB/T 196 普通螺纹 基本尺寸(GB/T 196—2003,ISO 724:1993,MOD)

GB/T 197—2003 普通螺纹 公差(ISO 965-1:1998,MOD)

GB/T 2351 液压气动系统用硬管外径和软管内径(GB/T 2351—2005,ISO 4397:1993,IDT)

GB/T 2878.1 液压传动连接 米制螺纹和O形圈密封的油口和螺柱端 第1部分:油口(GB/T 2878.1—2011,ISO 6149-1:2006,IDT)

GB/T 3103.1—2002 紧固件公差 螺栓、螺钉、螺柱和螺母(ISO 4759-1:2000,IDT)

GB/T 7939 液压软管总成 试验方法(GB/T 7939—2008,ISO 6605:2002,MOD)

GB/T 10125 人造气氛腐蚀试验 盐雾试验(GB/T 10125—2012,ISO 9227:2006,IDT)

GB/T 17446 流体传动系统及元件 词汇(GB/T 17446—2012,ISO 5598:2008,IDT)

GB/T 20666 统一螺纹 公差 (GB/T 20666—2006,ISO 5864:1993,MOD)

GB/T 20669 统一螺纹 牙型 (GB/T 20669—2006,ISO 68-2:1998,MOD)

GB/T 20670 统一螺纹 直径与牙数系列 (GB/T 20670—2006,ISO 263:1973,MOD)

GB/T 26143 液压管接头 试验方法(GB/T 26143—2010,ISO 19879:2010,IDT)

ISO 8434-3:2005 用于流体传动和一般用途的金属管接头 第3部分:O形圈端面密封管接头(Metallic tube connections for fluid power and general use—Part 3:O-ring face seal connectors)

3 术语和定义

GB/T 17446 界定的术语和定义适用于本文件。

4 性能要求

4.1 软管总成应满足在相应的软管规格中规定的性能要求,不应存在泄漏或其他异常现象。

4.2 软管总成的工作压力应取 ISO 8434-3:2005 中给定的相同规格的管接头压力和相同软管规格压力的最低值。

4.3 软管总成中的软管接头部分应按 GB/T 26143 进行检测,软管总成应按 GB/T 7939 进行检测。

5 软管接头的命名

5.1 为了便于订货,软管接头应以字母和数字代号标识。其代号应标明 GB/T 9065.1,后接短横线,然后是连接端的类型、形状和型式的字母代号(见5.5),之后再加一个短横线,其后是O形圈端面密封端规格(与 ISO 8434-3:2005 的硬管公称外径一致)以及软管规格(与 GB/T 2351 的软管公称内径一致),二者之间用乘号(×)分隔。

示例:对用于外径 12 mm 硬管和内径 12.5 mm 软管连接的,带45°中弯头的回转式软管接头,其命名如下:

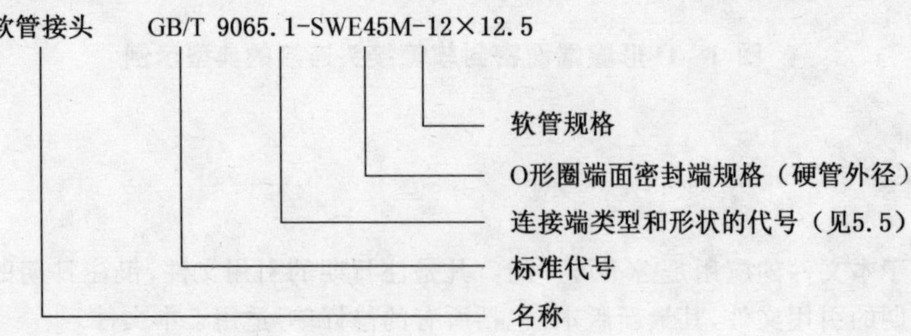

5.2 软管接头的代号应由连接端类型代号与紧接的软管接头形状和螺母型式代号组成(视具体情况而定)。

5.3 如果管端是外螺纹端,则其不必包含在代号中。但是,如果关系到另一端,则应标明。

5.4 软管接头螺纹应优先选用米制。选用螺纹时,应在软管规格后标明螺纹规格。

示例1:软管接头 GB/T 9065.1-SWE45M-12×12.5-M22×1.5

示例2:软管接头 GB/T 9065.1-SWE45M-12×12.5-13/16-16 UN

5.5 软管接头连接端类型和形状应使用表1中给出的代号表示。

表 1 软管接头命名中所用代号

<table>
<tr><th colspan="2">管端类型</th><th>代号</th></tr>
<tr><td>回转</td><td>—</td><td>SW</td></tr>
<tr><td rowspan="7">形状</td><td>直通</td><td>S</td></tr>
<tr><td>90°短弯头</td><td>ES</td></tr>
<tr><td>90°中弯头</td><td>EM</td></tr>
<tr><td>90°长弯头</td><td>EL</td></tr>
<tr><td>45°短弯头</td><td>E45S</td></tr>
<tr><td>45°中弯头</td><td>E45M</td></tr>
<tr><td rowspan="2">螺母密封面</td><td>密封面不外露</td><td>A</td></tr>
<tr><td>密封面外露</td><td>B</td></tr>
</table>

6 设计

6.1 在图2～图9中所示软管接头的尺寸，应符合表2～表9中给定的尺寸数值及ISO 8434-3:2005中的相关尺寸。

6.2 六角形相对平面的公差应符合GB/T 3103.1—2002规定的产品等级C。六角形最小对角尺寸是标称对边尺寸的1.092倍。最小边长尺寸是标称对边尺寸的0.43倍。

6.3 所有规格弯头两端轴线的夹角公差应为±3°。

6.4 软管接头的尺寸按照表2～表9的规格，其外形细节可由制造商自行决定。

6.5 软管接头连接端的螺纹可采用符合GB/T 196的普通螺纹或符合GB/T 20670的统一螺纹。

普通螺纹公差应符合GB/T 197—2003的规定，内螺纹为6H，外螺纹为6f或6g。

统一螺纹公差应符合GB/T 20666的规定，内螺纹为2B级，外螺纹为2A级。螺纹收尾、肩距、退刀槽和倒角尺寸应按GB/T 3的规定。

外螺纹侧面的表面粗糙度为 $Ra \leqslant 3.2\ \mu m$，内螺纹侧面的表面粗糙度为 $Ra \leqslant 6.3\ \mu m$。

7 制造

7.1 结构

软管接头可以由棒料通过锻造、冷成型或机加工制造，也可以由多个零件组装成。

7.2 制造工艺

应使用最经济有效的工艺生产高质量的软管接头。软管接头中应避免存在可见的污染物、毛刺、氧化皮和碎屑(使用中会脱落)，以及其他任何会影响软管接头功能的缺陷。除非另有说明，所有机加工表面的粗糙度应为 $Ra \leqslant 6.3\ \mu m$。

7.3 表面处理

除非制造商和用户另有商定，所有碳钢零件的外表面和螺纹都应选择适当的材料进行电镀或涂覆，并按 GB/T 10125 规定通过 72 h 的中性盐雾试验。在盐雾试验过程中任何部位出现了红色的锈斑，应视为不合格，下列指定部位除外：

——所有内部流道；

——棱角，如六角形尖端、锯齿状和螺纹牙顶，这些会因批量生产或运输的影响使电镀层或涂层产生机械变形的部位；

——由于扣压、扩口、弯曲或其他电镀后的金属成形操作所引起的机械变形区域；

——零件在盐雾试验箱中悬挂或固定处出现冷凝物凝聚的部位。

零件的内部流道应采取保护措施，以防贮存期间被腐蚀。

注：出于对环境的考虑，不赞成镀镉。电镀的改变可能影响装配力矩，需重新验证。

7.4 软管接头保护

采用供应商和买方商定的方法，制造商应对软管接头的表面及螺纹(包括内螺纹和外螺纹)进行保护，防止其表面出现会对软管接头功能造成影响的刻痕和划伤。内部流道应严格防护，以免灰尘或其他污染物进入。

8 组装规程

软管接头与其他接头或管道进行组装时，应在没有外部载荷的情况下进行。软管接头的制造商应为软管接头的使用拟定组装规程，这种规程应至少包括如下所述的信息：

——关于软管接头组装的规程，如拧紧圈数或拧紧扭矩；

——建议使用的组装工具。

当软管接头与硬管一起使用时，酌情按照 ISO 8434-3:2005 中有关材料、设备以及连接的规定处理。

9 采购信息

当买方在询价或订购时，应至少提供以下信息：

——对软管接头进行描述(使用第 5 章的标识)；

——如果不采用碳钢，应说明软管接头的材质；

——软管的类型及尺寸；

——所输送流体；

——工作压力；

——工作温度(环境温度和流体温度)。

10 标识

在软管接头产品上应永久性标记制造商名称或商标。

11 标注说明

当选择遵守 GB/T 9065 的本部分时，建议制造商在其试验报告、产品目录以及销售文件中作出如下说明："带有 O 形圈端面密封端的软管接头符合 GB/T 9065.1—2015《液压软管接头　第 1 部分：O 形圈端面密封软管接头》"。

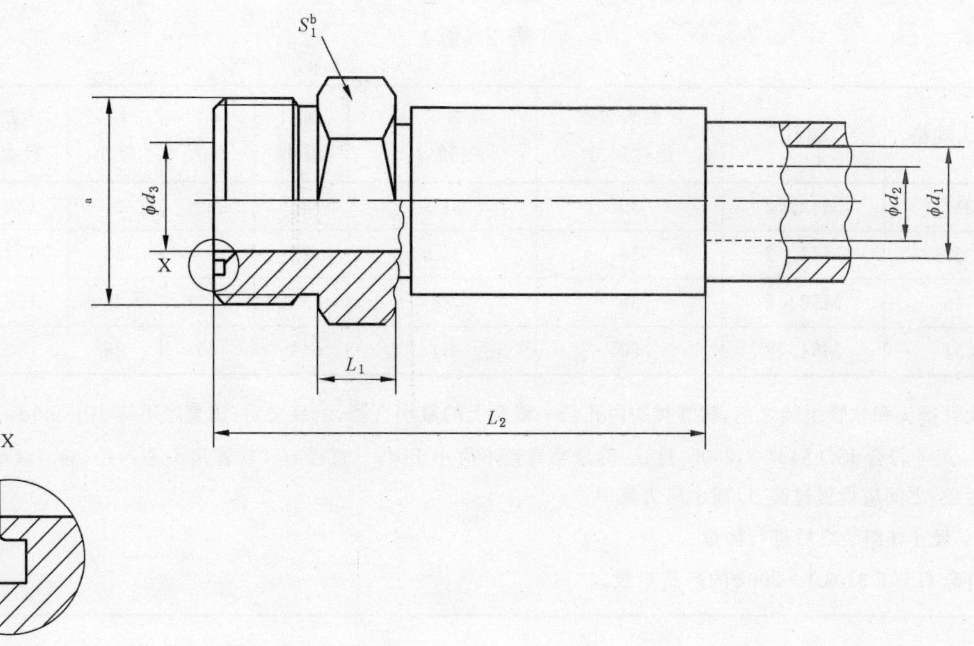

注 1：参考 ISO 8434-3:2005 的接头细节和 O 形圈。

注 2：软管接头和软管之间的连接方法可以选择。

[a] 螺纹。

[b] 对边宽度。

图 2　米制外螺纹直通软管接头(S)

表 2　米制外螺纹直通软管接头尺寸(S)

单位为毫米

软管接头规格	螺纹	管接头公称 连接尺寸	软管公称 内径 d_1	d_2^a 最小	d_3^b 最大	L_1 最小	L_2^c 最大	S_1^d
6×5	M12×1.25	6	5	2.5	3.2	6	55	14
6 ×6.3	M14×1.5	6	6.3	3	5.2	10	60	17
6×8	M14×1.5	6	8	5	5.2	10	65	17
10×8	M18×1.5	10	8	5	6.7	10	67	19
10×10	M18×1.5	10	10	6	6.7	10	70	19
12×10	M22×1.5	12	10	6	9.7	11	73	24
12×12.5	M22×1.5	12	12.5	8	9.7	11	80	24
16×12.5	M27×1.5	16	12.5	8	12.8	13	85	30
16×16	M27×1.5	16	16	11	12.8	13	90	30
20×16	M30×1.5	20	16	11	15.8	15	94	32
20×19	M30×1.5	20	19	14	15.8	15	95	32
25×19	M36×2	25	19	14	20.8	19	100	41
25×25	M36×2	25	25	19	20.8	19	100	41
30×25	M42×2	30	25	19	26.3	21	108	46

表 2(续)

单位为毫米

软管接头规格	螺纹	管接头公称连接尺寸	软管公称内径 d_1	d_2^{a} 最小	d_3^{b} 最大	L_1 最小	L_2^{c} 最大	S_1^{d}
30×31.5	M42×2	30	31.5	25	26.3	21	120	46
38×31.5	M52×2	38	31.5	25	32.4	25	132	55
38×38	M52×2	38	38	31	32.4	25	150	55
50×51	M64×2	50	51	42	45	25	180	70

[a] 软管接头和软管组装之前,软管接头内孔任一截面上的最小直径;组装之后,该直径不应小于 $0.9d_2$。

[b] d_3 尺寸符合 ISO 8434-3:2005,且 d_3 的最小直径不应小于 d_2。直径 d_2(软管接头芯内径)和 d_3(端面密封端通径)之间应设置过渡,以减小应力集中。

[c] L_2 尺寸在组装之后进行测量。

[d] 符合 GB/T 3103.1—2002 的产品 C 级。

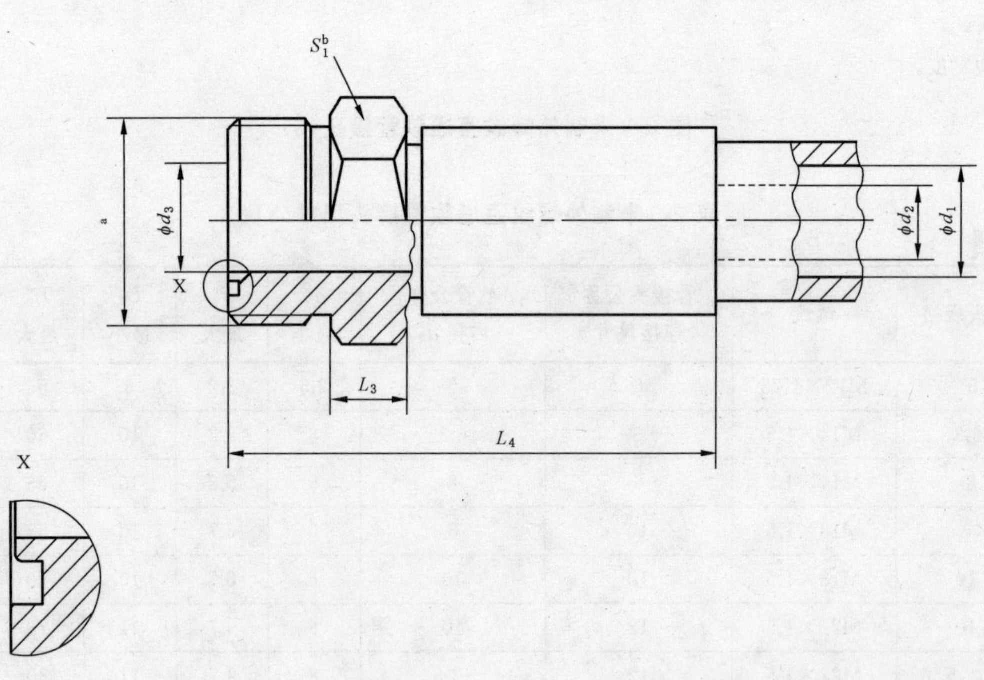

注 1:符合 ISO 8434-3:2005 的接头细节和 O 形圈。

注 2:软管接头和软管之间的连接方法可以选择。

[a] 螺纹。

[b] 对边宽度。

图 3　统一外螺纹直通软管接头(S)

表 3 统一外螺纹直通软管接头尺寸(S)

软管接头规格 mm	螺纹[a] in	管接头公称 连接尺寸 mm	软管公称 内径 d_1 mm	d_2^b 最小 mm	d_3^c 最大 mm	L_3 最小 mm	L_4^d 最大 mm	S_1^e mm
6×6.3	9/16-18 UNF	6	6.3	3	5.2	10	60	17
6×8	9/16-18 UNF	6	8	5	5.2	10	65	17
10×6.3	11/16-16 UNF	10	6.3	3	6.7	10	63	19
10×8	11/16-16 UNF	10	8	5	6.7	10	67	19
10×10	11/16-16 UNF	10	10	6	6.7	10	70	19
12×10	13/16-16 UN	12	10	6	9.7	11	73	22
12×12.5	13/16-16 UN	12	12.5	8	9.7	11	80	22
16×12.5	1-14 UNS	16	12.5	8	12.8	13	85	27
16×16	1-14 UNS	16	16	11	12.8	13	90	27
20×16	1 3/16-12 UN	20	16	11	15.8	15	94	32
20×19	1 3/16-12 UN	20	19	14	15.8	15	95	32
25×19	1 7/16-12 UN	25	19	14	20.8	19	100	41
25×25	1 7/16-12 UN	25	25	19	20.8	19	100	41
30×25	1 11/16-12 UN	30	25	19	26.3	21	108	46
30×31.5	1 11/16-12 UN	30	31.5	25	26.3	21	120	46
38×31.5	2-12 UN	38	31.5	25	32.4	25	132	55
38×38	2-12 UN	38	38	31	32.4	25	150	55

[a] 符合 GB/T 20669、GB/T 20670 和 GB/T 20666 中 2A(不包括 1-14 UNS-2A 螺纹,此螺纹的尺寸在 ISO 8434-3:2005 附录 A 中提供)。

[b] 软管接头和软管组装之前,软管接头内孔任一截面上的最小直径;组装之后,该直径不应小于 $0.9d_2$。

[c] d_3 尺寸符合 ISO 8434-3:2005,且 d_3 的最小直径不应小于 d_2。直径 d_2(软管芯内径)和 d_3(端面密封端通径)之间应设置过渡,以减小应力集中。

[d] L_4 尺寸在组装之后进行测量。

[e] 符合 GB/T 3103.1—2002 的产品 C 级和 ISO 8434-3:2005。

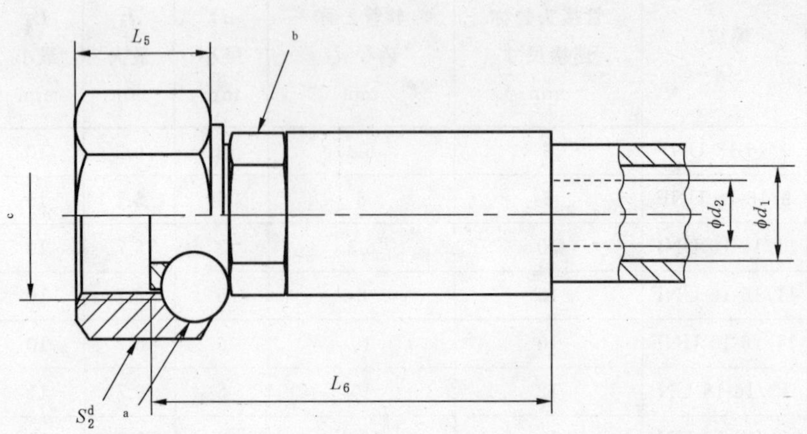

注：软管接头和软管之间的连接方法可以选择。

[a] 回转螺母的连接方法由制造商和用户协商确定。

[b] 需要六角头时，其尺寸可以选择。

[c] 螺纹。

[d] 对边宽度。

图 4　米制内螺纹回转式直通软管接头(SWS)

表 4　米制内螺纹回转式直通软管接头尺寸(SWS)

单位为毫米

软管接头规格	螺纹	管接头公称连接尺寸	软管公称内径 d_1	d_2^a 最小	L_5^b 最小	L_6^c 最大	S_2^d
6×5	M12×1.25	6	5	2.5	14	65	14
6×6.3	M14×1.5	6	6.3	3	15	70	17
6×8	M14×1.5	6	8	5	15	75	17
8×8	M16×1.5	8	8	5	15.5	75	19
10×8	M18×1.5	10	8	5	17	78	22
10×10	M18×1.5	10	10	6	17	80	22
12×10	M22×1.5	12	10	6	19	85	27
12×12.5	M22×1.5	12	12.5	8	19	90	27
16×12.5	M27×1.5	16	12.5	8	21	93	32
16×16	M27×1.5	16	16	11	21	95	32
20×16	M30×1.5	20	16	11	22	100	36
20×19	M30×1.5	20	19	14	22	100	36
25×19	M36×2	25	19	14	24	105	41
25×25	M36×2	25	25	19	24	105	41

表 4（续） 单位为毫米

软管接头规格	螺纹	管接头公称连接尺寸	软管公称内径 d_1	d_2^{a} 最小	L_5^{b} 最小	L_6^{c} 最大	S_2^{d}
28×25	M39×2	28	25	19	26	110	46
30×25	M42×2	30	25	19	27	115	50
30×31.5	M42×2	30	31.5	25	27	135	50
38×31.5	M52×2	38	31.5	25	30	135	60
38×38	M52×2	38	38	31	30	150	60
50×51	M64×2	50	51	42	37	180	75

[a] 软管接头和软管组装之前，软管接头内孔任一截面上的最小直径；组装之后，该直径不应小于 $0.9d_2$。

[b] 允许扣压式螺母，六角头宽度可参考附录 A 中 L_{18} 最小。

[c] L_6 尺寸在组装之后进行测量。

[d] 符合 GB/T 3103.1—2002 的产品 C 级。

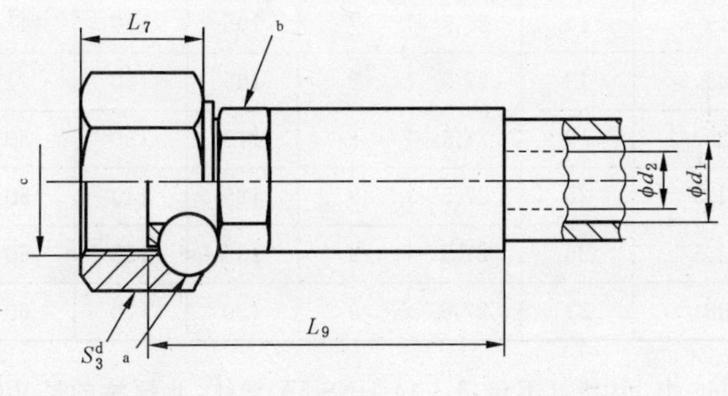

a) A 型

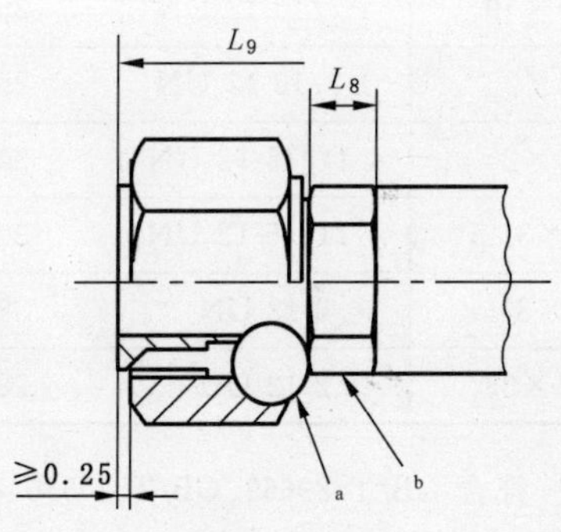

b) B 型(密封面外露)

注 1：NA 或 NB 螺母与接头芯连接的细节按 ISO 8434-3:2005。

注 2：软管接头和软管之间的连接方法可以选择。

[a] 回转螺母的连接方法由制造商和用户协商确定。

[b] 需要六角头时，其尺寸可以选择。

[c] 螺纹。

[d] 对边宽度。

图 5 统一内螺纹回转式直通软管接头，A 型(SWSA)和 B 型(SWSB)

表 5　统一内螺纹回转式直通软管接头尺寸，A 型(SWSA)和 B 型(SWSB)

软管接头规格 mm	螺纹[a] in	管接头公称连接尺寸 mm	软管公称内径 d_1 mm	d_2[b] 最小 mm	L_7[c] 最小 mm	L_8 最小 mm	L_9[d] 最大 mm		S_3[e] mm
							SWSA	SWSB	
6×6.3	9/16-18 UNF	6	6.3	3	15	6	70	80	17
6×8	9/16-18 UNF	6	8	5	15	6	75	85	17
10×6.3	11/16-16 UNF	10	6.3	3	17	6	73	83	22
10×8	11/16-16 UNF	10	8	5	17	6	78	88	22
10×10	11/16-16 UNF	10	10	6	17	6	80	90	22
12×10	13/16-16 UN	12	10	6	20	6	85	95	24
12×12.5	13/16-16 UN	12	12.5	8	20	6	90	100	24
16×12.5	1-14 UNS	16	12.5	8	24	6	93	108	30
16×16	1-14 UNS	16	16	11	24	6	95	110	30
20×16	1 3/16-12 UN	20	16	11	26.5	6	100	115	36
20×19	1 3/16-12 UN	20	19	14	26.5	7	100	115	36
25×19	1 7/16-12 UN	25	19	14	27.5	7	105	120	41
25×25	1 7/16-12 UN	25	25	19	27.5	8	105	120	41
30×25	1 11/16-12 UN	30	25	19	27.5	8	115	130	50
30×31.5	1 11/16-12 UN	30	31.5	25	27.5	9	125	140	50
38×31.5	2-12 UN	38	31.5	25	27.5	9	135	155	60
38×38	2-12 UN	38	38	31	27.5	9	150	170	60

[a] 符合 GB/T 20669、GB/T 20670 和 GB/T 20666 中 2B 级（不包括 1-14 UNS-2A 螺纹，此螺纹的尺寸在 ISO 8434-3:2005 附录 A 中提供）。

[b] 软管接头和软管组装之前，软管接头内孔任一截面上的最小直径；组装之后，该直径不应小于 $0.9d_2$。

[c] 允许扣压式螺母，但六角头宽度应满足附录 A 中 L_{18} 最小。

[d] L_9 尺寸在组装之后进行测量。

[e] 符合 GB/T 3103.1—2002 的产品 C 级和 ISO 8434-3:2005。

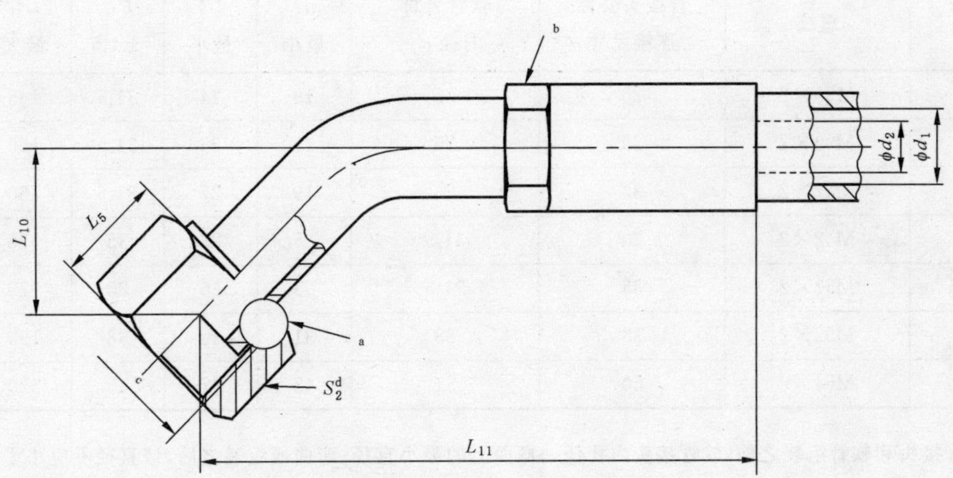

注：软管接头和软管之间的连接方法可以选择。

[a] 回转螺母的连接方法由制造商和用户协商确定。

[b] 需要六角头时，其尺寸可以选择。

[c] 螺纹。

[d] 对边宽度。

图 6　米制内螺纹回转螺母软管接头，45°弯头(SWE45)

表 6　米制内螺纹回转螺母软管接头，45°弯头尺寸(SWE45)　　单位为毫米

软管接头规格	螺纹	管接头公称连接尺寸	软管公称内径 d_1	d_2^a 最小	L_5^b 最小	L_{10} ±1.5	L_{11}^c 最大	S_2^d
6×5	M12×1.25	6	5	2.5	14	18.5	90	14
6×6.3	M14×1.5	6	6.3	3	15	18.5	90	17
6×8	M14×1.5	6	8	5	15	19.5	95	17
8×8	M16×1.5	8	8	5	15.5	20	95	19
10×8	M18×1.5	10	8	5	17	20	98	22
10×10	M18×1.5	10	10	6	17	21.5	100	22
12×10	M22×1.5	12	10	6	19	21.5	105	27
12×12.5	M22×1.5	12	12.5	8	19	24	110	27
16×12.5	M27×1.5	16	12.5	8	21	24	118	32
16×16	M27×1.5	16	16	11	21	24	120	32
20×16	M30×1.5	20	16	11	22	24	124	36
20×19	M30×1.5	20	19	14	22	30	125	36
25×19	M36×2	25	19	14	24	30	130	41

表 6（续）

单位为毫米

软管接头规格	螺纹	管接头公称连接尺寸	软管公称内径 d_1	d_2^a 最小	L_5^b 最小	L_{10} ±1.5	L_{11}^c 最大	S_2^d
25×25	M36×2	25	25	19	24	31.5	145	41
28×25	M39×2	28	25	19	26	31.5	150	46
30×25	M42×2	30	25	19	27	31.5	160	50
30×31.5	M42×2	30	31.5	25	27	35	170	50
38×31.5	M52×2	38	31.5	25	30	35	175	60
38×38	M52×2	38	38	31	30	38	190	60
50×51	M64×2	50	51	42	37	45	220	75

[a] 软管接头和软管组装之前，软管接头内孔任一截面上的最小直径；弯曲或组装之后，该直径不应小于 $0.9d_2$。

[b] 允许扣压式螺母，六角头宽度可参考附录 A 中 L_{18} 最小。

[c] L_{11} 尺寸在组装之后进行测量。

[d] 符合 GB/T 3103.1—2002 的产品 C 级。

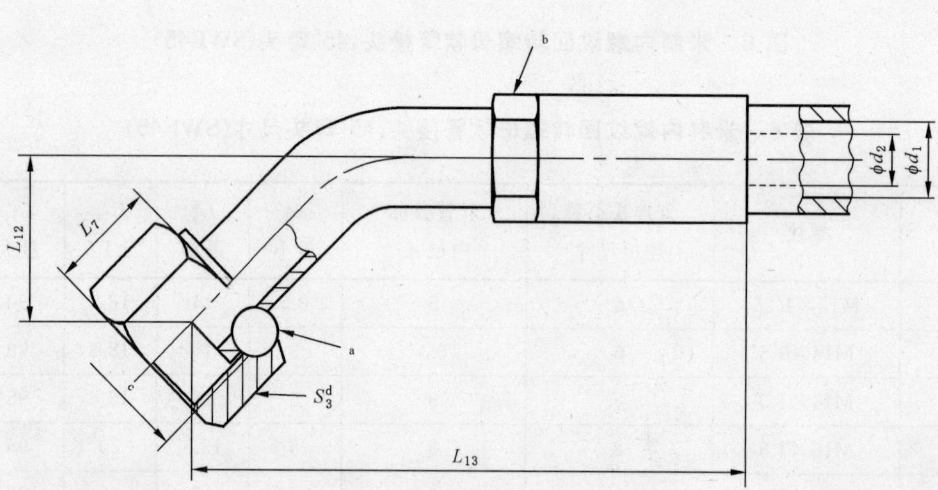

注 1：NA 或 NB 螺母与接头芯连接的细节按 ISO 8434-3:2005。

注 2：软管接头和软管之间的连接方法可以选择。

[a] 回转螺母的连接方法由制造商和用户协商确定。

[b] 需要六角头时，其尺寸可以选择。

[c] 螺纹。

[d] 对边宽度。

图 7　统一内螺纹回转螺母软管接头，45°短弯头(SWE45S)和中弯头(SWE45M)

表7 统一内螺纹回转螺母软管接头尺寸,45°短弯头(SWE45S)和中弯头(SWE45M)

软管接头规格 mm	螺纹[a] in	管接头公称连接尺寸 mm	软管公称内径 d_1 mm	d_2[b] 最小 mm	L_7[c] 最小 mm	L_{12}[d] ±1.5 mm		L_{13}[e] 最大 mm		S_3[f] mm
						SWE45S	SWE45M	SWE45S	SWE45M	
6×6.3	9/16-18 UNF	6	6.3	3	15	10	—	90	—	17
6×8	9/16-18 UNF	6	8	5	15	10	—	95	—	17
10×6.3	11/16-16 UNF	10	6.3	3	17	11	—	93	—	22
10×8	11/16-16 UNF	10	8	5	17	11	—	98	—	22
10×10	11/16-16 UNF	10	10	6	17	11	—	100	—	22
12×10	13/16-16 UN	12	10	6	20	15	—	105	—	24
12×12.5	13/16-16 UN	12	12.5	8	20	15	—	110	—	24
16×12.5	1-14 UNS	16	12.5	8	24	16	—	118	—	30
16×16	1-14 UNS	16	16	11	24	16	—	120	—	30
20×16	1 3/16-12 UN	20	16	11	26.5	21	—	124	—	36
20×19	1 3/16-12 UN	20	19	14	26.5	21	—	125	—	36
25×19	1 7/16-12 UN	25	19	14	27.5	24	—	130	—	41
25×25	1 7/16-12 UN	25	25	19	27.5	24	—	130	—	41
30×25	1 11/16-12 UN	30	25	19	27.5	25	32	160	167	50
30×31.5	1 11/16-12 UN	30	31.5	25	27.5	25	32	170	177	50
38×31.5	2-12 UN	38	31.5	25	27.5	27	42	175	190	60
38×38	2-12 UN	38	38	31	27.5	27	42	190	205	60

[a] 符合 GB/T 20669、GB/T 20670 和 GB/T 20666 中 2B 级(不包括 1-14 UNS-2A 螺纹,此螺纹的尺寸在 ISO 8434-3:2005 附录 A 中提供)。

[b] 软管接头和软管组装之前,软管接头内孔任一截面上的最小直径;弯曲或组装之后,该直径不应小于 $0.9d_2$。

[c] 允许扣压式螺母,但六角头宽度应满足附录 A 中 L_{18} 最小。

[d] 短弯头(SWE45S)软管接头可能不是采用优选的方法制造,使其达到高压缠绕软管的使用要求。对于尺寸为 25、31.5 和 38 的高压软管,其典型的工作压力分别为 28 MPa(280 bar)、21 MPa(210 bar)和 17.5 MPa(175 bar)以及更高压力。宜优先选用中弯头(SWE45M)软管接头,或询问制造商。

[e] L_{13} 尺寸在组装之后进行测量。

[f] 符合 GB/T 3103.1—2002 的产品 C 级和 ISO 8434-3:2005。

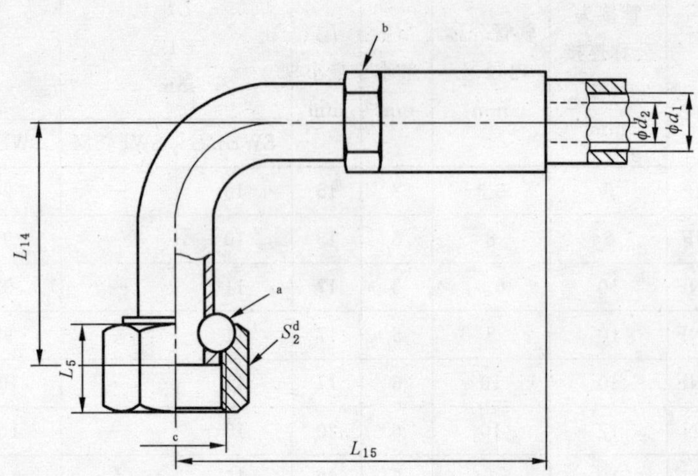

注：软管接头和软管之间的连接方法可以选择。

a 回转螺母的连接方法由制造商和用户协商选择。

b 需要六角头时，其尺寸可以选择。

c 螺纹。

d 对边宽度。

图 8　米制内螺纹回转螺母软管接头，90°弯头(SWE)

表 8　米制内螺纹回转螺母软管接头尺寸，90°弯头(SWE)　　单位为毫米

软管接头规格	螺纹	管接头公称连接尺寸	软管公称内径 d_1	d_2^a 最小	L_5^b 最小	L_{14} ±1.5	L_{15}^c 最大	S_2^d
6×5	M12×1.25	6	5	2.5	14	34	90	14
6×6.3	M14×1.5	6	6.3	3	15	34	90	17
6×8	M14×1.5	6	8	5	15	37	95	17
8×8	M16×1.5	8	8	5	15.5	38	95	19
10×8	M18×1.5	10	8	5	17	38	98	22
10×10	M18×1.5	10	10	6	17	41	100	22
12×10	M22×1.5	12	10	6	19	41	105	27
12×12.5	M22×1.5	12	12.5	8	19	48	110	27
16×12.5	M27×1.5	16	12.5	8	21	48	118	32
16×16	M27×1.5	16	16	11	21	51	120	32
20×16	M30×1.5	20	16	11	22	51	124	36
20×19	M30×1.5	20	19	14	22	64	125	36

表 8（续） 单位为毫米

软管接头规格	螺纹	管接头公称连接尺寸	软管公称内径 d_1	d_2^a 最小	L_5^b 最小	L_{14} ±1.5	L_{15}^c 最大	S_2^d
25×19	M36×2	25	19	14	24	64	130	41
25×25	M36×2	25	25	19	24	70	140	41
28×25	M39×2	28	25	19	26	70	150	46
30×25	M42×2	30	25	19	27	70	160	50
30×31.5	M42×2	30	31.5	25	27	80	170	50
38×31.5	M52×2	30	31.5	25	30	80	175	60
38×38	M52×2	38	38	31	30	92	190	60
50×51	M64×2	50	51	42	37	113	220	75

[a] 软管接头和软管组装之前，软管接头内孔任一截面上的最小直径；弯曲或组装之后，直径不得小于 $0.9d_2$。

[b] 允许扣压式螺母，六角头的宽度可参考附录 A 中 L_{18} 最小。

[c] L_{15} 尺寸在组装之后测量。

[d] 符合 GB/T 3103.1—2002 的产品 C 级。

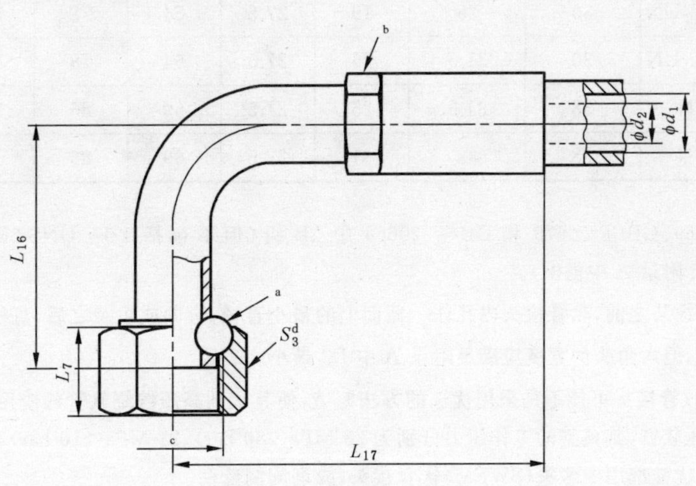

注 1：NA 或 NB 螺母与接头芯连接的细节与 ISO 8434-3:2005 一致。

注 2：软管接头和软管的连接方法可以选择。

[a] 回转螺母的连接方法由制造商和用户协商选择。

[b] 需要六角头时，其尺寸可以选择。

[c] 螺纹。

[d] 对边宽度。

图 9 统一内螺纹回转螺母软管接头，90°短弯头（SWES）、中弯头（SWEM）、长弯头（SWEL）

表 9　统一内螺纹回转螺母软管接头尺寸，90°短弯头(SWES)、中弯头(SWEM)、长弯头(SWEL)

软管接头规格 mm	螺纹[a] in	管接头公称连接尺寸 mm	软管公称内径 d_1 mm	d_2^b 最小 mm	L_7^c 最小 mm	L_{16}^d ±1.5 mm			L_{17}^h 最大 mm	S_3^i mm
						SWES[e]	SWEM[f]	SWEL[g]		
6×6.3	9/16-18 UNF	6	6.3	3	15	21	32	46	90	17
6×8	9/16-18 UNF	6	8	5	15	21	32	46	95	17
10×6.3	11/16-16 UNF	10	6.3	3	17	23	38	54	93	22
10×8	11/16-16 UNF	10	8	5	17	23	38	54	98	22
10×10	11/16-16 UNF	10	10	6	17	23	38	54	100	22
12×10	13/16-16 UN	12	10	6	20	29	41	64	105	24
12×12.5	13/16-16 UN	12	12.5	8	20	29	41	64	110	24
16×12.5	1-14 UNS	16	12.5	8	24	32	47	70	118	30
16×16	1-14 UNS	16	16	11	24	32	47	70	120	30
20×16	1 3/16-12 UN	20	16	11	26.5	48	58	96	124	36
20×19	1 3/16-12 UN	20	19	14	26.5	48	58	96	125	36
25×19	1 7/16-12 UN	25	19	14	27.5	56	71	114	130	41
25×25	1 7/16-12 UN	25	25	19	27.5	56	71	114	130	41
30×25	1 11/16-12 UN	30	25	19	27.5	64	78	129	160	50
30×31.5	1 11/16-12 UN	30	31.5	25	27.5	64	78	129	170	50
38×31.5	2-12 UN	38	31.5	25	27.5	69	86	141	175	60
38×38	2-12 UN	38	38	31	27.5	69	86	141	190	60

[a] 根据 GB/T 20669、GB/T 20670 和 GB/T 20666 中 2B 级(但不包括 1-14 UNS-2B 螺纹，此螺纹的尺寸 ISO 8434-3:2005 附录 A 中提供)。

[b] 软管接头和软管组装之前，软管接头内孔任一截面上的最小直径；弯曲或组装之后，直径不得小于 $0.9d_2$。

[c] 允许扣压式螺母，但六角头的宽度应满足附录 A 中 L_{18} 最小。

[d] 短弯头(SWES)软管接头可能不是采用优选的方法制造，使其达到高压缠绕软管的使用要求。对于尺寸为 25、31.5 和 38 的高压软管，其典型的工作压力分别为 28 MPa(280 bar)、21 MPa(210 bar)和 17.5 MPa(175 bar)以及更高压力。宜优先选用中弯头(SWEM)软管接头，或询问制造商。

[e] 短弯头(SWES)尺寸。参见附录 C。

[f] 中弯头(SWEM)尺寸。中弯头软管接头和 90°可调向弯头(SDE)间隔应符合 ISO 8434-3:2005。参见附录 C。

[g] 长弯头(SWEL)尺寸。长弯头软管接头和短弯头(SWES)软管接头间隔。参见附录 C。

[h] L_{17} 尺寸在组装之后测量。

[i] 根据 GB/T 3103.1—2002 中 C 级产品和 ISO 8434-3:2005。

附 录 A
(规范性附录)
统一内螺纹回转接头采用扣压式螺母的六角头最小宽度

统一内螺纹回转接头采用的扣压式螺母的结构型式参见图 A.1,扣压式螺母的六角头最小宽度 L_{18} 见表 A.1。

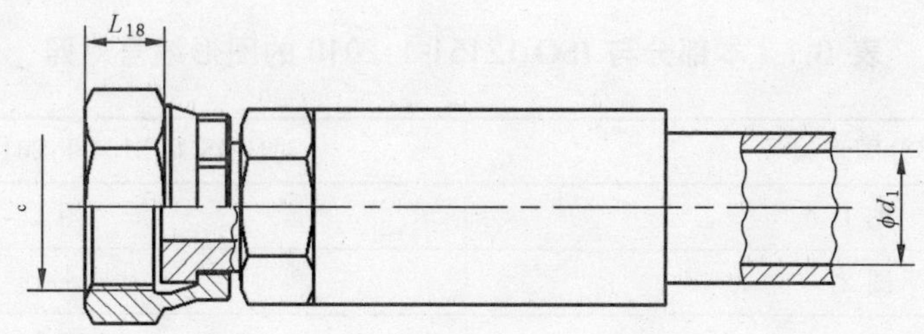

图 A.1 扣压式螺母的结构型式

表 A.1 采用扣压式螺母的六角头最小宽度 L_{18}

软管接头规格 mm	螺纹 c in	管接头公称连接尺寸 mm	软管公称内径 d_1 mm	L_{18}(最小) mm
6×6.3	9/16-18 UNF	6	6.3	6.5
6×8	9/16-18 UNF	6	8	6.5
10×6.3	11/16-16 UNF	10	6.3	6.5
10×8	11/16-16 UNF	10	8	6.5
10×10	11/16-16 UNF	10	10	6.5
12×10	13/16-16 UN	12	10	8
12×12.5	13/16-16 UN	12	12.5	8
16×12.5	1-14 UNS	16	12.5	9.5
16×16	1-14 UNS	16	16	9.5
20×16	1 3/16-12 UN	20	16	9.5
20×19	1 3/16-12 UN	20	19	9.5
25×19	1 7/16-12 UN	25	19	11
25×25	1 7/16-12 UN	25	25	11
30×25	1 11/16-12 UN	30	25	12.5
30×31.5	1 11/16-12 UN	30	31.5	12.5
38×31.5	2-12 UN	38	31.5	15.5
38×38	2-12 UN	38	38	15.5
注:L_{18}尺寸值与 ISO 12151-1:2010 中表 3～表 5 L_3 对应尺寸值相同。				

附 录 B
（资料性附录）
本部分与 ISO 标准的图、表编号对照

本部分与 ISO 12151-1:2010 相比增加了米制螺纹连接产品，在图、表编排上有些调整，具体图、表编号的对照情况见表 B.1 和表 B.2。

表 B.1 本部分与 ISO 12151-1:2010 的图形编号对照

本部分图形编号	对应 ISO 12151-1:2010 的图形编号
图 1	图 1
图 2	—
图 3	图 2
图 4	—
图 5	图 3
图 6	—
图 7	图 4
图 8	—
图 9	图 5
图 A.1	—
图 C.1	—(在附录 A 中)

表 B.2 本部分与 ISO 12151-1:2010 的表格编号对照

本部分表格编号	对应 ISO 12151-1:2010 的表格编号
表 1	表 1
表 2	—
表 3	表 2
表 4	—
表 5	表 3
表 6	—
表 7	表 4
表 8	—
表 9	表 5
表 A.1	—
表 B.1	—
表 B.2	—

附 录 C
(资料性附录)
本部分软管接头的应用说明

图 C.1 给出了本部分软管接头的应用示例。

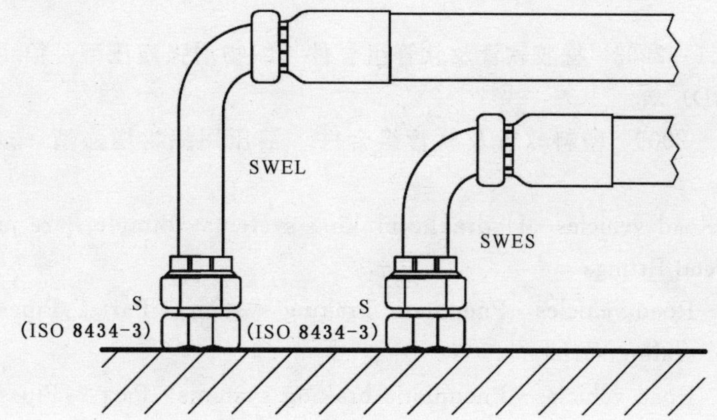

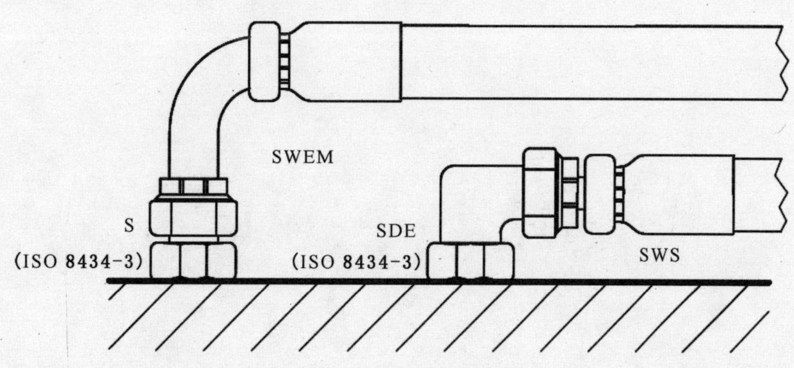

图 C.1 软管接头应用示例

参 考 文 献

[1] GB/T 3683—2011 橡胶软管及软管组合件 油基或水基流体适用的钢丝编织增强液压型 规范(ISO 1436:2009,IDT)

[2] GB/T 10544—2013 钢丝缠绕增强外覆橡胶的液压橡胶软管和软管组合件(ISO 3862:2009,IDT)

[3] GB/T 15329.1—2003 橡胶软管及软管组合件 织物增强液压型 第1部分:油基流体用(ISO 4079-1:2001,MOD)

[4] GB/T 15908—2009 塑料软管及软管组合件 液压用织物增强型 规范 (ISO 3949:2004,IDT)

[5] ISO 4038 Road vehicles—Hydraulic braking systems—Simple flare pipes,tapped holes,male fittings and hose end fittings

[6] ISO 4039-1 Road vehicles—Pneumatic braking systems—Part 1:Pipes,male fittings and tapped holes with facial sealing surface

[7] ISO 4379-2 Road vehicles—Pneumatic braking systems—Part 2:Pipes,male fittings and holes with conical sealing surface

ICS 23.100.40
J 20

中华人民共和国国家标准

GB/T 9065.2—2010
代替 GB/T 9065.2—1988

液压软管接头 第2部分:24°锥密封端软管接头

Connections for hydraulic fluid power and general use—Hose fittings—Part 2:Hose fittings with 24°cone connector ends

(ISO 12151-2:2003,MOD)

2010-09-26 发布　　2011-02-01 实施

中华人民共和国国家质量监督检验检疫总局
中国国家标准化管理委员会　发布

前　言

GB/T 9065《液压软管接头》分为5部分：

——第1部分：O形圈端面密封软管接头；

——第2部分：24°锥密封端软管接头；

——第3部分：法兰端软管接头；

——第4部分：螺柱端软管接头；

——第5部分：37°扩口端软管接头。

本部分为GB/T 9065的第2部分。

本部分修改采用ISO 12151-2:2003《用于液压传动和一般用途的管接头　软管接头　第2部分：带ISO 8434-1和ISO 8434-4的24°锥形管接头末端的软管接头》(英文版)。

本部分根据ISO 12151-2:2003重新起草。

本部分与ISO 12151-2:2003存在以下技术性差异：

——在"2 规范性引用文件"中，以对应的国家标准代替国际标准；增加引用标准GB/T 3、GB/T 196、GB/T 197及相关技术要求；用ISO 19879代替ISO 8434-5。

——保留了前版GB/T 9065.2中卡套式软管接头的内容(图6、表5)。

——5.1，软管接头标识中以中文和国家标准编号代替英文及国际标准编号。

本部分还做了下列编辑性修改：

——删除国际标准的前言和引言；

——将"国际标准的本部分"改为"本部分"；

——用小数点符号"."代替作为小数点的逗号","。

本部分是对GB/T 9065.2—1988的修订，与GB/T 9065.2—1988相比主要变化如下：

——标准名称改为"液压软管接头　第2部分：24°锥密封端软管接头"；

——增加性能要求，制造工艺要求，表面处理要求，保护条件及采购信息；

——增加直通卡套式软管接头之外的四种型式(图2～图5)及相关尺寸规定(表1～表4)。

本部分由中国机械工业联合会提出。

本部分由全国液压气动标准化技术委员会(SAC/TC 3)归口。

本部分负责起草单位：天津工程机械研究院。

本部分参加起草单位：北京机械工业自动化研究所、浙江苏强格液压有限公司、盐城华兴液压机械有限公司、攀钢冶金工程技术有限公司实业开发分公司液压附件厂、天津市精研工程机械传动有限公司。

本部分主要起草人：冯国勋、赵曼琳、周舜华、罗学荣、卞才昌、唐涛、张乃旗、刘会进。

本部分所替代标准的历次版本发布情况为：

——GB/T 9065.2—1988。

液压软管接头 第2部分:24°锥密封端软管接头

1 范围

GB/T 9065 的本部分规定了24°锥形连接端(符合 ISO 8434-1 和 ISO 8434-4)的软管接头其设计和性能的基本要求和尺寸要求,这类软管接头以碳钢制成,与公称内径为5 mm～38 mm 的软管配合使用。

注:若选用其他材料,由供需双方协商。

本部分规定的软管接头(见图1)与符合不同软管标准要求的软管一起应用于液压系统。

2 规范性引用文件

下列文件中的条款通过 GB/T 9065 的本部分的引用而成为本部分的条款。凡是注日期的引用文件,其随后所有的修改单(不包括勘误的内容)或修订版均不适用于本部分,然而,鼓励根据本部分达成协议的各方研究是否可使用这些文件的最新版本。凡是不注日期的引用文件,其最新版本适用于本部分。

GB/T 3 普通螺纹收尾、肩距、退刀槽和倒角(GB/T 3—1997,eqv ISO 3508:1976 和 ISO 4577:1983)

GB/T 196 普通螺纹 基本尺寸(GB/T 196—2003,ISO 724:1993,MOD)

GB/T 197 普通螺纹 公差(GB/T 197—2003,ISO 965-1:1998,MOD)

GB/T 2351 液压气动系统用硬管外径和软管内径(GB/T 2351—2005,ISO 4397:1993,IDT)

GB/T 3103.1—2002 紧固件公差 螺栓、螺钉、螺柱和螺母(ISO 4759-1:2000,IDT)

GB/T 7939 液压软管总成 试验方法(GB/T 7939—2008,ISO 6605:2002 MOD)

GB/T 10125 人造气氛腐蚀试验 盐雾试验(GB/T 10125—1997,eqv ISO 9227:1990)

GB/T 17446 流体传动系统及元件 术语(GB/T 17446—1998,idt ISO 5598:1985)

ISO 8434-1 用于流体传动和一般用途的金属管连接 第1部分:24°锥形管接头

ISO 8434-4 用于流体传动和一般用途的金属管连接 第4部分:带O形圈焊接接头体的24°锥形管接头

ISO 19879 用于流体传动和一般用途的金属管连接 液压管接头的试验方法

3 术语和定义

GB/T 17446 确立的术语和定义适用于 GB/T 9065 的本部分。

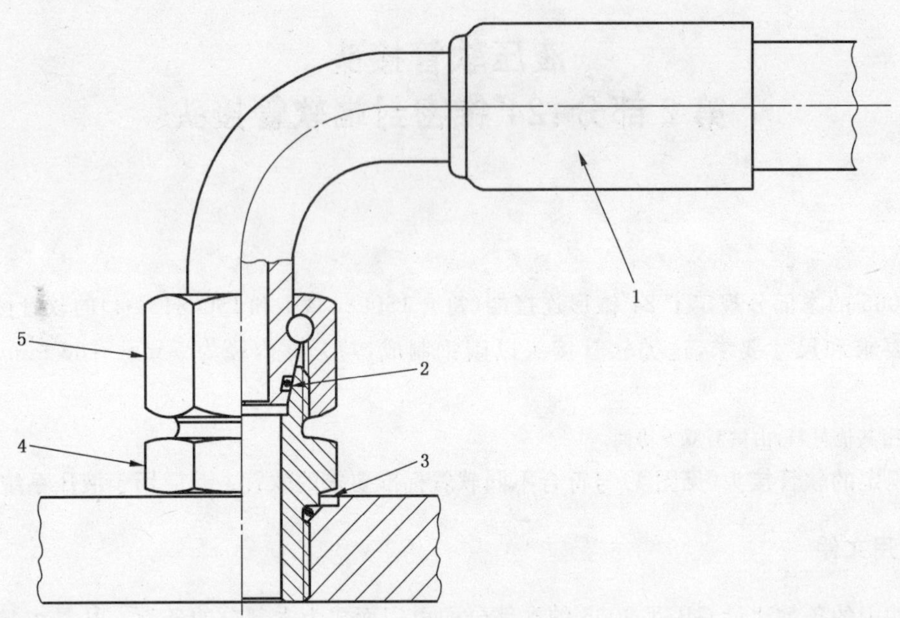

1——软管接头；

2——O 形圈；

3——油口；

4——管接头；

5——螺母。

图 1 24°锥密封端软管接头的典型连接示例

4 性能要求

4.1 按 GB/T 7939 测试时，软管总成应满足相应的软管规格所规定的性能要求，并无泄漏、无失效。

4.2 软管总成的工作压力应取 ISO 8434-1 中给定的相同规格的管接头压力和软管压力的最低值。

4.3 软管接头的工作压力应按 ISO 19879 进行试验检测。软管总成应按 GB/T 7939 进行测试。在循环耐久性试验过程中，软管总成应能承受相关的软管技术规范规定的循环次数。

5 软管接头的标识

5.1 为便于分类，应以文字与数字组成的代号作为软管接头的标识。其标识应为：文字“软管接头”，后接 GB/T 9065.2，后接间隔短横线，然后为连接端类型和形状的字母符号，后接另一个间隔短横线，后接 24°锥形端规格（标称连接规格）和软管规格（标称软管内径），两规格之间用乘号（×）隔开。

示例：与外径 22 mm 硬管和内径 19 mm 软管配用的回转、直通、轻型系列软管接头，标识如下：

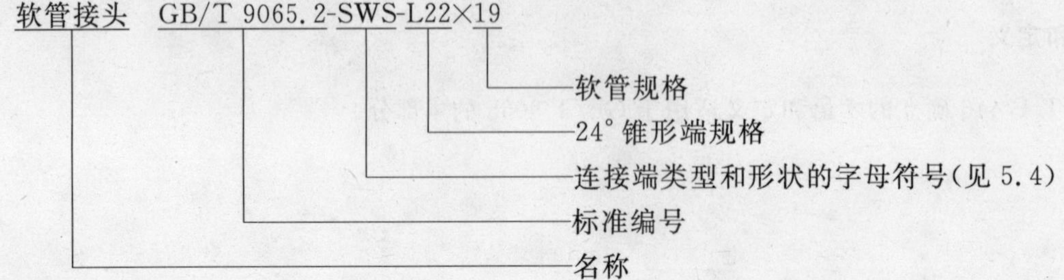

5.2 在适用的情况下，软管接头的字母符号标识应由连接端类型，软管接头形状和螺母类型组成。

5.3 如果硬管端头为阳端，则其不必包括在代号中。但是如果是其他硬管端头，应予命名。

5.4 应使用下列字母符号：

连接端类型/符号	形状/符号
回转/SW	直通/S
	90°弯头/E
	45°弯头/E45

系列	符号
轻型	L
重型	S

6 设计

6.1 图 2～图 6 中的软管接头尺寸应符合表 1～表 5 中给定的尺寸，并符合 ISO 8434-1 中给定的相关尺寸。

6.2 六角形相对平面的公差应符合 GB/T 3103.1—2002 规定的产品等级 C。六角形的最小对角尺寸是标称相对平面宽度的 1.092 倍。最小侧面尺寸是标称相对平面宽度的 0.43 倍。

6.3 对所有规格的弯头，其两端轴线夹角公差应为±3°。

6.4 外形的细节应由制造商选择，并保持表 1～表 4 中给出的尺寸。

6.5 螺纹

6.5.1 普通螺纹基本尺寸按 GB/T 196 的规定。

6.5.2 普通螺纹公差按 GB/T 197 的规定：内螺纹为 6H，外螺纹为 6f 或 6 g。

6.5.3 螺纹收尾、肩距、退刀槽、倒角尺寸按 GB/T 3 的规定。

6.5.4 外螺纹侧面表面粗糙度应为 $Ra \leqslant 3.2\ \mu m$，内螺纹侧面表面粗糙度应为 $Ra \leqslant 6.3\ \mu m$。

7 制造

7.1 结构

软管接头可热锻、冷成型加工、棒料切削加工而成。

7.2 制造工艺

应用最经济有效的工艺来生产高质量的软管接头。软管接头应没有可见污染物、毛刺、氧化皮和碎屑以及其他可能影响零件功能的缺陷。除非另有规定，所有加工表面的粗糙度应为 $Ra \leqslant 6.3\ \mu m$。

7.3 表面处理

所有碳钢部件的外表面和螺纹应镀上或涂以适当的材料，应按 GB/T 10125 的规定通过 72 h 的中性盐雾试验，除非制造商和用户另有协议。除下列指定的部位外，在盐雾试验过程中任何部位出现红色铁锈都应视为失效。

——所有内部流道；

——棱角，如六角形尖端、螺纹的齿牙和齿顶，这些部位由于批量生产或运输的影响使镀层或涂层产生机械损伤；

——由于卷曲、扩口弯曲和其他后续金属加工引起的镀层或涂层机械变形的部位；

——试验箱中零件悬挂或固定处，这些位置可能聚积冷凝液。

在贮存期间，内部流道应避免受到腐蚀。

注：考虑到对环境的影响，镀镉不是首选。在应用过程中，镀层的变化会影响装配力矩，需要重新验证。

7.4 保护

应以供需双方商定的方法保护软管接头和内外螺纹的表面不遭受刻痕和刮伤。刻痕和刮伤会影响软管接头的功能。内部流道应严格防护，以防止受到污垢和其他污染物的污染。

8 采购信息

当用户咨询或订购时，应提供以下信息：

——描述软管接头(使用第5章的标识)；

——软管接头的材料(如果不是碳钢)；

——软管类型和尺寸；

——要传输的流体；

——工作压力；

——工作温度(包括环境温度和流体温度)。

9 标志

软管接头应永久性的标识制造商名称或商标。

10 标注说明(引用 GB/T 9065 的本部分)

当选择遵守 GB/T 9065 的本部分时，在试验报告、产品目录和销售文件中使用以下说明："带24°锥密封端软管接头符合 GB/T 9065.2—2010《液压软管接头　第2部分：24°锥密封端软管接头》"。

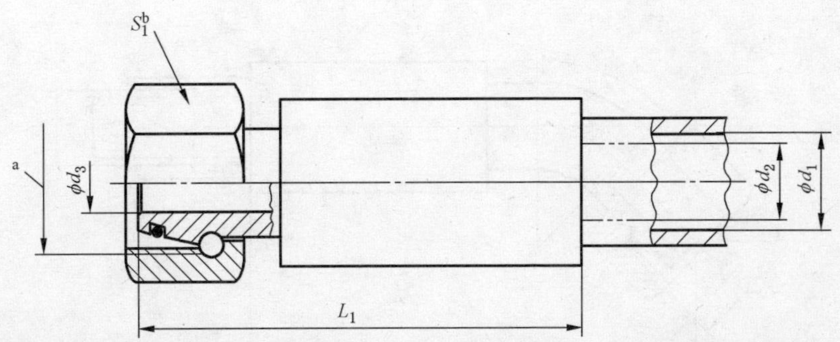

注 1：在更换 O 形圈时，管子的自由长度宜位于左侧，以便螺母可以向 O 形圈沟槽后面移动。

注 2：软管接头与软管之间的扣压方法是可选的。

注 3：管接头的细节符合 ISO 8434-1 和 ISO 8434-4。

[a] 螺纹。

[b] 六角形相对平面间宽度(扳手尺寸)。

图 2　直通内螺纹回转软管接头(SWS)

表 1　直通内螺纹回转软管接头(SWS)的尺寸

单位为毫米

系列	软管接头规格	螺纹	接头公称尺寸	公称软管内径 d_1^a	d_2^b 最小	d_3^c 最大	S_1^d 最小	L_1^e 最大
轻型系列(L)	6×5	M12×1.5	6	5	2.5	3.2	14	59
	8×6.3	M14×1.5	8	6.3	3	5.2	17	59
	10×8	M16×1.5	10	8	5	7.2	19	61
	12×10	M18×1.5	12	10	6	8.2	22	65
	15×12.5	M22×1.5	15	12.5	8	10.2	27	68
	18×16	M26×1.5	18	16	11	13.2	32	68
	22×19	M30×2	22	19	14	17.2	36	74
	28×25	M36×2	28	25	19	23.2	41	85
	35×31.5	M45×2	35	31.5	25	29.2	50	105
	42×38	M52×2	42	38	31	34.3	60	110
重型系列(S)	8×5	M16×1.5	8	5	2.5	4.2	19	59
	10×6.3	M18×1.5	10	6.3	3	6.2	22	67
	12×8	M20×1.5	12	8	5	8.2	24	68
	12×10	M20×1.5	12	10	6	8.2	24	72
	16×12.5	M24×1.5	16	12.5	8	11.2	30	80
	20×16	M30×2	20	16	11	14.2	36	93
	25×19	M36×2	25	19	14	18.2	46	102
	30×25	M42×2	30	25	19	23.2	50	112
	38×31.5	M52×2	38	31.5	25	30.3	60	126

[a] 符合 GB/T 2351。

[b] 在与软管装配前，软管接头的最小通径。装配后，此通径不小于 $0.9d_2$。

[c] d_3 尺寸符合 ISO 8434-1，且 d_3 的最小值应不小于 d_2。在直径 d_2(软管接头尾芯的内径)和 d_3(管接头端的通径)之间应设置过渡，以减小应力集中。

[d] 直通内螺纹回转软管接头的六角形螺母选择。

[e] 尺寸 L_1 组装后测量。

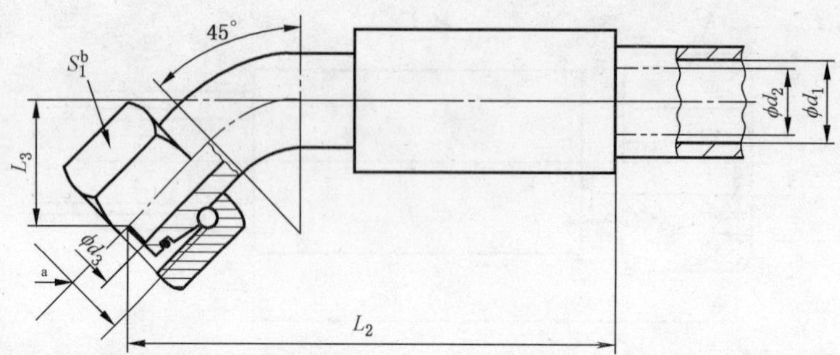

注 1：在更换 O 形圈时，管子的自由长度宜位于左侧，以便螺母可以向 O 形圈沟槽后面移动。

注 2：软管接头与软管之间的扣压方法是可选的。

注 3：管接头的细节符合 ISO 8434-1 和 ISO 8434-4。

[a] 螺纹。

[b] 六角形相对平面间宽度(扳手尺寸)。

图 3 45°弯曲内螺纹回转软管接头(SWE45)

表 2 45°弯曲内螺纹回转软管接头(SWE45)尺寸

单位为毫米

系列	软管接头规格	螺纹	接头公称尺寸	公称软管内径 d_1^a	d_2^b 最小	d_3^c 最大	S_1	L_2^d 最大	L_3 标称	L_3 公差
轻型系列(L)	6×5	M12×1.5	6	5	2.5	3.2	14	80	15	±3
	8×6.3	M14×1.5	8	6.3	3	5.2	17	80	16	±4
	10×8	M16×1.5	10	8	5	7.2	19	80	17	±4
	12×10	M18×1.5	12	10	6	8.2	22	90	18.5	±4
	15×12.5	M22×1.5	15	12.5	8	10.2	27	100	19.5	±4
	18×16	M26×1.5	18	16	11	13.2	32	110	23.5	±6
	22×19	M30×2	22	19	14	17.2	36	130	25.5	±6
	28×25	M36×2	28	25	19	23.2	41	133	32	±6
	35×31.5	M45×2	35	31.5	25	29.2	50	165	38	±7
	42×38	M52×2	42	38	31	34.3	60	185	44.5	±10
重型系列(S)	8×5	M16×1.5	8	5	2.5	4.2	19	75	17	±3
	10×6.3	M18×1.5	10	6.3	3	6.2	22	75	17	±3
	12×8	M20×1.5	12	8	5	8.2	24	85	18	±3
	12×10	M20×1.5	12	10	6	8.2	24	90	18.5	±3
	16×12.5	M24×1.5	16	12.5	8	11.2	30	110	21	±4
	20×16	M30×2	20	16	11	14.2	36	115	25	±4
	25×19	M36×2	25	19	14	18.2	46	135	30.5	±4
	30×25	M42×2	30	25	19	23.2	50	145	35.5	±5
	38×31.5	M52×2	38	31.5	25	30.3	60	195	42	±6

[a] 符合 GB/T 2351。

[b] 在与软管装配前，软管接头的最小通径。装配后，此通径不小于 $0.9d_2$。

[c] d_3 尺寸符合 ISO 8434-1，且 d_3 的最小值应不小于 d_2。在直径 d_2(软管接头尾芯的内径)和 d_3(管接头端的通径)之间应设置过渡，以减小应力集中。

[d] 尺寸 L_2 组装后测量。

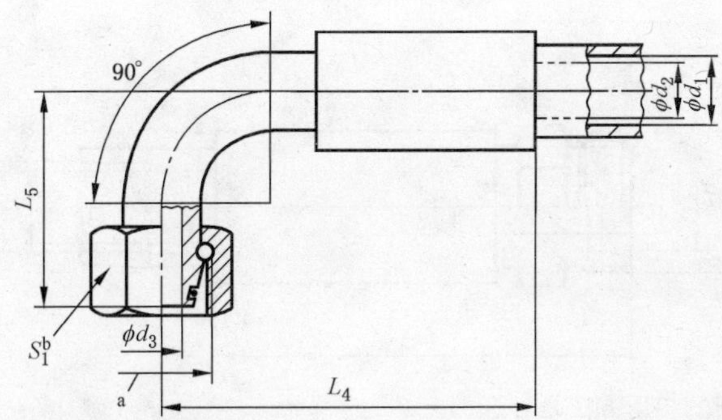

注 1：在更换 O 形圈时，管子的自由长度宜位于左侧，以便螺母可以向 O 形圈沟槽后面移动。

注 2：软管接头与软管之间的扣压方法是可选的。

注 3：管接头的细节符合 ISO 8434-1 和 ISO 8434-4。

[a] 螺纹。

[b] 六角形相对平面间宽度（扳手尺寸）。

图 4　90°弯曲内螺纹回转软管接头（SWE）

表 3　90°弯曲内螺纹回转软管接头（SWE）

单位为毫米

系列	软管接头规格	螺纹	接头公称尺寸	公称软管内径 d_1^a	d_2^b 最小	d_3^c 最大	S_1	L_4^d 最大	L_5 标称	L_5 公差
轻型系列（L）	6×5	M12×1.5	6	5	2.5	3.2	14	65	30	±5
	8×6.3	M14×1.5	8	6.3	3	5.2	17	65	30.5	±5
	10×8	M16×1.5	10	8	5	7.2	19	75	33	±5
	12×10	M18×1.5	12	10	6	8.2	22	85	36	±5
	15×12.5	M22×1.5	15	12.5	8	10.2	27	90	40.5	±6
	18×16	M26×1.5	18	16	11	13.2	32	95	51.5	±10
	22×19	M30×2	22	19	14	17.2	36	100	56	±10
	28×25	M36×2	28	25	19	23.2	41	120	68.5	±10
	35×31.5	M45×2	35	31.5	25	29.2	50	147	78.5	±10
	42×38	M52×2	42	38	31	36.2	60	170	95	±13
重型系列（S）	8×5	M16×1.5	8	5	2.5	4.2	19	65	32	±4
	10×6.3	M18×1.5	10	6.3	3	6.2	22	65	32	±6
	12×8	M20×1.5	12	8	5	8.2	24	70	34	±6
	12×10	M20×1.5	12	10	6	8.2	24	85	35.5	±6
	16×12.5	M24×1.5	16	12.5	8	11.2	30	100	43	±8
	20×16	M30×2	20	16	11	14.2	36	100	49.5	±8
	25×19	M36×2	25	19	14	19.2	46	120	59	±8
	30×25	M42×2	30	25	19	24.2	50	135	70	±8
	38×31.5	M52×2	38	31.5	25	32.2	60	180	87	±11

[a] 符合 GB/T 2351。

[b] 在与软管装配前，软管接头的最小通径。装配后，此通径不小于 $0.9d_2$。

[c] d_3 尺寸符合 ISO 8434-1，且 d_3 的最小值不应小于 d_2。在直径 d_2（软管接头尾芯的内径）和 d_3（管接头端的通径）之间应设置过渡，以减小应力集中。

[d] 尺寸 L_4 组装后测量。

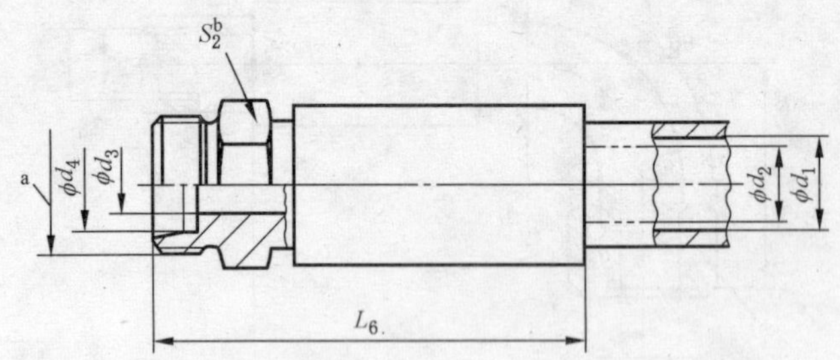

注 1：软管接头与软管之间的扣压方法是可选的。

注 2：管接头的细节符合 ISO 8434-1 和 ISO 8434-4。

[a] 螺纹。

[b] 六角形相对平面间宽度(扳手尺寸)。

图 5 直通外螺纹软管接头(S)

表 4 直通外螺纹软管接头(S)的尺寸

单位为毫米

系列	管接头规格	螺纹	接头公称尺寸	公称软管内径 d_1^a	d_2^b 最小	d_3^c 最大	d_4^d B11	d_4^d $^{+0.1}_{0}$	S_2^e	L_6^f 最大
轻型系列(L)	6×5	M12×1.5	6	5	2.5	4.2	6	—	14	59
	8×6.3	M14×1.5	8	6.3	3	6.2	8	—	17	59
	10×8	M16×1.5	10	8	5	8.2	10	—	17	60
	12×10	M18×1.5	12	10	6	10.2	12	—	19	62
	15×12.5	M22×1.5	15	12.5	8	12.2	15	—	24	70
	18×16	M26×1.5	18	16	11	15.2	18	—	27	75
	22×19	M30×2	22	19	14	19.2	22	—	32	78
	28×25	M36×2	28	25	19	24.2	28	—	41	90
	35×31.5	M45×2	35	31.5	25	30.3	—	35.3	46	108
	42×38	M52×2	42	38	31	36.3	—	42.3	55	110
重型系列(S)	8×5	M16×1.5	8	5	2.5	5.1	8	—	17	62
	10×6.3	M18×1.5	10	6.3	3	7.2	10	—	19	65
	12×8	M20×1.5	12	8	5	8.2	12	—	22	66
	12×10	M20×1.5	12	10	6	8.2	14	—	22	68
	16×12.5	M24×1.5	16	12.5	8	12.2	16	—	27	76
	20×16	M30×2	20	16	11	16.2	20	—	32	82
	25×19	M36×2	25	19	14	20.2	25	—	41	97
	30×25	M42×2	30	25	19	25.2	30	—	46	108
	38×31.5	M52×2	38	31.5	25	32.3	—	38.3	55	120

[a] 符合 GB/T 2351。

[b] 在与软管装配前，软管接头的最小通径。装配后，此通径不小于 $0.9d_2$。

[c] d_3 尺寸符合 ISO 8434-1，且 d_3 的最小值不应小于 d_2。在直径 d_2(软管接头尾芯的内径)和 d_3(管接头端的通径)之间应设置过渡，以减小应力集中。

[d] 见 ISO 8434-1。

[e] 允许较小的六角形。

[f] 尺寸 L_6 组装后的测量。

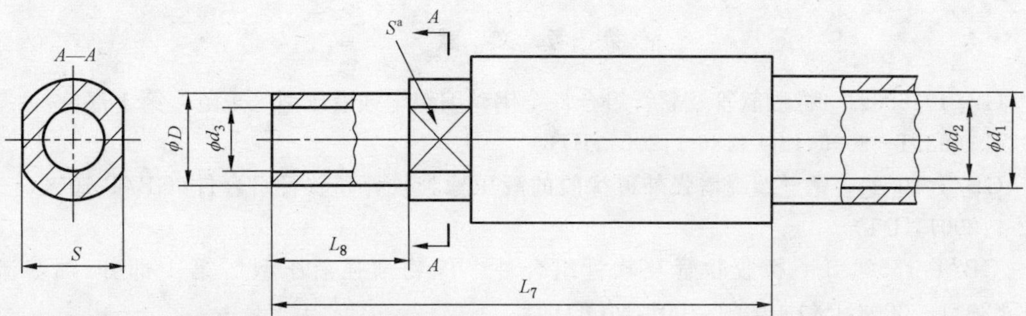

注 1：软管接头与软管之间的扣压方法是可选的。

[a] 相对平面尺寸(扳手尺寸)。

图 6　直通卡套式软管接头(SWS)

表 5　直通卡套式软管接头(SWS)的尺寸

单位为毫米

系列	软管接头规格	接头公称尺寸		公称软管内径	d_2[b]	d_3[c]	L_7[d]	L_8	S
		D	公差	d_1[a]	最小	最大			
轻型系列(L)	6×5	6	±0.060	5	2.5	3.2	59.5	22	8
	8×6.3	8	±0.075	6.3	3	5.2	61.5	23	10
	10×8	10	±0.075	8	5	7.2	63	23	12
	12×10	12	±0.090	10	6	8.2	63.5	24	14
	15×12.5	15	±0.090	12.5	8	10.2	68.5	25	17
	18×16	18	±0.090	16	11	13.2	74	26	20
	22×19	22	±0.105	19	14	17.2	81.5	28	24
	28×25	28	±0.105	25	19	23.2	92	30	30
	35×31.5	35	±0.125	31.5	25	29.2	107	36	38
	42×38	42	±0.125	38	31	34.3	128	40	46
重型系列(S)	8×5	8	±0.060	5	2.5	4.2	61.5	24	10
	10×6.3	10	±0.075	6.3	3	6.2	71.5	26	12
	12×8	12	±0.075	8	5	8.2	66.5	26	14
	12×10	14	±0.090	10	6	8.2	76.5	29	15
	16×12.5	16	±0.090	12.5	8	11.2	79.5	30	17
	20×16	20	±0.090	16	11	14.2	88	36	22
	25×19	25	±0.105	19	14	18.2	101.5	40	27
	30×25	30	±0.105	25	19	23.2	117.5	44	34
	38×31.5	38	±0.125	31.5	25	33	123.5	50	42

[a] 符合 GB/T 2351。

[b] 在与软管装配前，软管接头的最小通径。装配后，此通径不小于 $0.9d_2$。

[c] d_3 尺寸符合 ISO 8434-1，除最小直径外，d_3 应不小于 d_2。在直径 d_2(软管接头尾芯的内径)和 d_3(管接头端的通径)之间应设置过渡，以减小应力集中。

[d] 尺寸 L_7 组装后测量。

参 考 文 献

[1] GB/T 3683.1 橡胶软管及软管组合件 钢丝编织增强液压型 规范 第1部分:油基流体适用(GB/T 3683.1—2006,ISO 1436-1:2001,IDT)

[2] GB/T 10544 钢丝缠绕增强外覆橡胶的液压橡胶软管和软管组合件(GB/T 10544—2003,ISO 3862-1:2001,IDT)

[3] GB/T 15329.1 橡胶软管及软管组合件 织物增强液压型 第1部分:油基流体用(GB/T 15329.1—2003,ISO 4079-1:2001,MOD)

[4] GB/T 15908 织物增强液压型热塑性塑料软管和软管组合件(GB/T 15908—1995,eqv ISO 3949:1991)

[5] ISO 4038 道路车辆 液压制动系统 普通扩口管、螺纹孔、阳接头和软管接头

[6] ISO 4039-1 道路车辆 气动制动系统 第1部分:用于端面密封的管子、阳接头和螺纹孔

[7] ISO 4039-2 道路车辆 气动制动系统 第2部分:用于锥面密封的管子、阳接头和螺纹孔

ICS 23.100.40
J 20

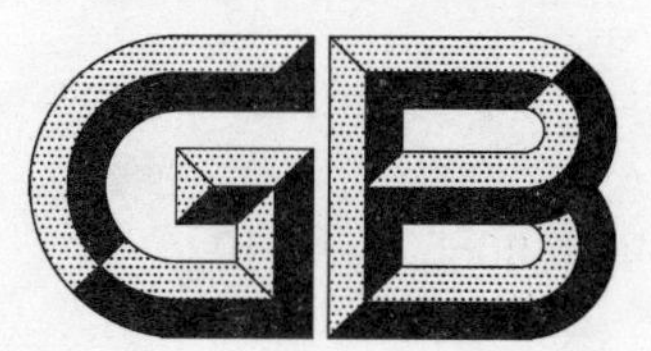

中华人民共和国国家标准

GB/T 9065.5—2010
代替 GB/T 9065.1—1988

液压软管接头 第5部分:37°扩口端软管接头

Connections for hydraulic fluid power and general use—Hose fittings—Part 5: Hose fittings with 37° degree flared ends

(ISO 12151-5:2007,MOD)

2010-09-26 发布　　　　2011-02-01 实施

中华人民共和国国家质量监督检验检疫总局
中国国家标准化管理委员会　发布

前　言

GB/T 9065《液压软管接头》分为5部分：

——第1部分：O形圈端面密封软管接头；

——第2部分：24°锥密封端软管接头；

——第3部分：法兰端软管接头；

——第4部分：螺柱端软管接头；

——第5部分：37°扩口端软管接头。

本部分为GB/T 9065的第5部分。

本部分修改采用ISO 12151-5:2007《用于液压传动和一般用途的管接头　软管接头　第5部分：带ISO 8434-2　37°扩口端的软管接头》(英文版)。

本部分根据ISO 12151-5:2007重新起草。

本部分与ISO 12151-5:2007存在以下技术性差异：

——在“2 规范性引用文件”中以相应的国家标准代替国际标准；增加GB/T 3、GB/T 196和GB/T 197。

——在表1至表4中，增加米制螺纹，并优先选用。

本部分还做了下列编辑性修改：

——删除ISO 12151-5:2007的前言和引言；

——将“国际标准的本部分”改为“本部分”；

——用小数点符号“.”代替作为小数点的逗号“,”；

——删除ISO 12151-5:2007第1章中的“注2”；

——删除第2章中ISO 8434-2的脚注。

本部分是对GB/T 9065.1—1988《液压软管接头　连接尺寸　扩口式》的修订。与GB/T 9065.1—1988相比主要变化如下：

——标准名称改为“液压软管接头　第5部分：37°扩口端软管接头”；

——增加软管接头的标识；增加美制UNF螺纹尺寸；

——软管接头规格删除4和22两种；增加38和50两种规格；

——增加第4章、第5章、第7章、第8章内容及第6章中的技术要求。

本部分的附录A为资料性附录。

本部分由中国机械工业联合会提出。

本部分由全国液压气动标准化技术委员会(SAC/TC 3)归口。

本部分负责起草单位：天津工程机械研究院。

本部分参加起草单位：北京机械工业自动化研究所、浙江苏强格液压有限公司、盐城华兴液压机械有限公司、攀钢冶金工程技术有限公司实业开发分公司液压附件厂、天津市精研工程机械传动有限公司。

本部分主要起草人：冯国勋、赵曼琳、周舜华、牛月军，严亚东、王俊、张乃旗、刘会进。

本部分所替代标准的历次版本发布情况为：

——GB/T 9065.1—1988。

液压软管接头 第5部分:37°扩口端软管接头

1 范围

GB/T 9065 的本部分规定了以碳钢制成的,标称软管尺寸符合 GB/T 2351 在 6.3 mm~51 mm 范围内,带 ISO 8434-2 37°扩口端的软管接头设计和性能的基本要求和尺寸要求。

注:若选用其他材料,由供需双方协商。

本部分规定的软管接头(见图 1)与符合不同软管标准要求的软管一起应用于液压系统。

2 规范性引用文件

下列文件中的条款通过 GB/T 9065 本部分的引用而成为本部分的条款。凡是注日期的引用文件,其随后所有的修改单(不包括勘误的内容)或修订版均不适用于本部分,然而,鼓励根据本部分达成协议的各方研究是否可使用这些文件的最新版本。凡是不注日期的引用文件,其最新版本适用于本部分。

GB/T 3　普通螺纹收尾、肩距、退刀槽和倒角(GB/T 3—1997,eqv ISO 3508:1976,ISO 4755:1983)

GB/T 196　普通螺纹　基本尺寸(GB/T 196—2003,ISO 724:1993,MOD)

GB/T 197　普通螺纹　公差(GB/T 197—2003,ISO 965-1:1998,MOD)

GB/T 2351　液压气动系统用硬管外径和软管内径(GB/T 2351—2005,ISO 4397:1993,IDT)

GB/T 3103.1—2002　紧固件公差　螺栓、螺钉、螺柱和螺母(ISO 4759-1:2000,IDT)

GB/T 7939　液压软管总成　试验方法(GB/T 7939—2008,ISO 6605:2002,MOD)

GB/T 10125　人造气氛腐蚀试验　盐雾试验(GB/T 10125—1997,eqv ISO 9227:1990)

GB/T 17446　流体传动系统及元件　术语(GB/T 17446—1998,idt ISO 5598:1985)

ISO 68-2　ISO 普通螺纹　基本牙型　第 2 部分:英制螺纹

ISO 263　ISO 英制螺纹　螺钉、螺栓和螺母的总方案及选择　直径 0.06 至 6 英寸

ISO 6149-1　用于流体传动和一般用途的管接头　带 ISO 261 米制螺纹及 O 形圈密封的油口和螺柱端　第 1 部分:带 O 形圈用锪孔沟槽的油口

ISO 8434-2　用于流体传动和一般用途的金属管连接　第 2 部分:37°扩口管接头

ISO 19879　用于流体传动和一般用途的金属管连接　液压管接头的试验方法

3 术语和定义

GB/T 17446 确立的术语和定义适用于 GB/T 9065 的本部分。

4 性能要求

4.1　按 GB/T 7939 测试时,软管总成应满足相应软管规格所规定的性能要求,并无泄漏、无失效。

4.2　软管总成的工作压力应取 ISO 8434-2 中给定的相同规格的管接头压力和软管压力中的最低值。

4.3　软管接头的工作压力应按 ISO 19879 进行试验检测,软管总成应按 GB/T 7939 进行测试。在循环耐久性试验过程中,软管接头应能承受相关软管技术规范规定的循环次数。

5 软管接头的标识

5.1　为便于分类,应以文字与数字组成的代号作为软管接头的标识,其标识应为:文字“软管接头”,后

接GB/T 9065.5，后接间隔短横线，然后为连接端类型和形状的字母符号，后接另一个间隔短横线，后接37°扩口端规格(符合ISO 8434-2的标称硬管外径)和软管规格(符合GB/T 2351的标称软管内径)，扩口端规格与软管规格之间用乘号(×)隔开。

示例：用于外径12 mm硬管和内径12.5 mm软管的45°内螺纹回转弯头，标识如下：

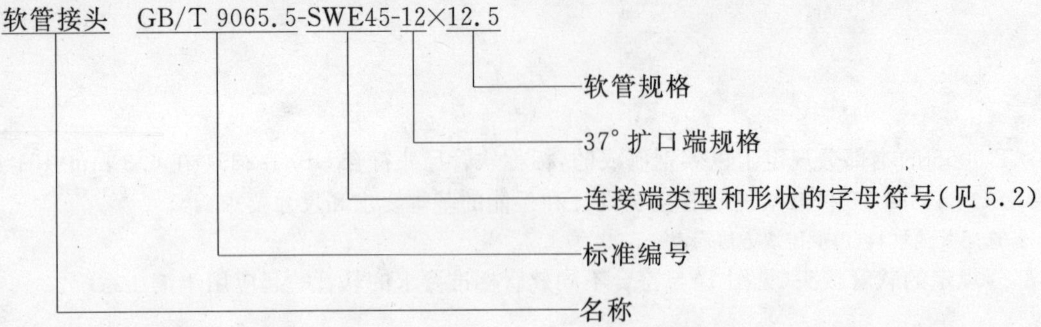

5.2 应使用下列字母符号：

连接端类型	符　号
回转	SW

形　状	符　号
直通	S
45°弯曲	E45
90°弯曲-短	ES
90°弯曲-中	EM
90°弯曲-长	EL

5.3 若管接头为外螺纹形式，应在代号中用文字注明。

6 设计

6.1 图1为37°扩口端软管接头的典型示例。

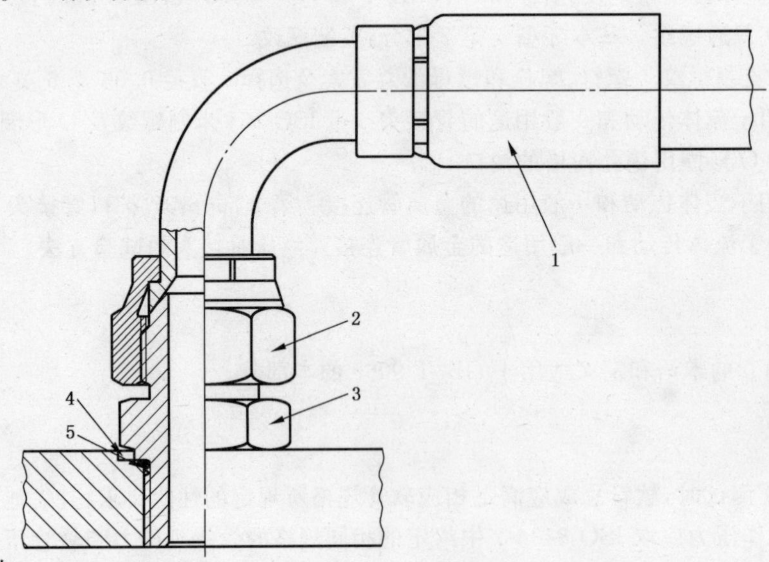

1——软管接头；
2——螺母；
3——直通螺柱端接头体(ISO 8434-2)；
4——油口(ISO 6149-1)；
5——O形密封圈。

图1 37°扩口端软管接头连接的典型示例

6.2 图2～图5中的软管接头尺寸应符合表1～表4中给定的尺寸，并符合ISO 8434-2中给定的相关尺寸。

6.3 六角形相对平面的公差应符合GB/T 3103.1—2002规定的产品等级C。

6.4 对所有规格的弯头，其两端轴线夹角公差应为±3°。

6.5 外形的细节应由制造商选择，并保持表1～表4中给出的尺寸。

6.6 螺纹

6.6.1 普通螺纹基本尺寸按GB/T 196的规定。英制螺纹应符合ISO 68-2和ISO 263的规定。

6.6.2 普通螺纹公差按GB/T 197的规定：内螺纹为6H，外螺纹为6f或6g。

6.6.3 螺纹收尾、肩距、退刀槽、倒角尺寸按GB/T 3的规定。

6.6.4 外螺纹侧面的表面粗糙度应为$Ra \leqslant 3.2\ \mu m$，内螺纹侧面的表面粗糙度应为$Ra \leqslant 6.3\ \mu m$。

7 制造

7.1 结构

软管接头可热锻、冷成型加工、棒料切削加工而成。

7.2 制造工艺

应用最经济有效的工艺来生产高质量的软管接头。软管接头应没有可见污染物、毛刺，氧化皮和碎屑以及其他可能影响零件功能的缺陷。除非另有规定，所有加工表面的表面粗糙度应为$Ra_{max} \leqslant 6.3\ \mu m$。

7.3 表面处理

所有碳钢部件的外表面和螺纹应镀上或涂以适当的材料，应按GB/T 10125的规定通过72 h的中性盐雾试验，除非制造商和用户另有约定。除下列指定的部位外，在盐雾试验过程中任何部位出现红色铁锈都应视为失效。

——所有内部流道。

——棱角，如六角形尖端、螺纹的齿牙和齿顶，这些部位会因批量生产或运输的影响使镀锌层产生机械损伤。

——由于卷曲，弯曲和其他后续金属加工引起的镀层或涂层机械变形的部位。

——试验箱中零件悬挂或固定处，这些位置可能聚集冷凝液。

在贮存期间，内部流道应避免受到腐蚀。

注：考虑到对环境的影响，镀镉不是首选。在应用过程中，镀层的变化会影响装配力矩，需要重新验证。

7.4 保护

应以供需双方商定的方法保护软管接头表面不遭受刻痕和刮伤，刻痕和刮伤将会影响软管接头的功能。内部流道应严格防护，以防止受到污垢和其他污染物的污染。

8 采购信息

当用户咨询或订购时，应提供以下信息：

——描述软管接头(使用第5章的标识)；

——软管接头的材料(如果不是碳钢)；

——软管类型和尺寸；

——要传送的流体；

——工作压力；

——工作温度(包括环境温度和流体温度)。

9 标志

软管接头应永久性地标明制造商名称或商标。

10 标注说明(引用 GB/T 9065 的本部分)

当选择遵守 GB/T 9065 的本部分时,在试验报告、产品目录和销售文件中使用以下说明:“37°扩口端软管接头符合 GB/T 9065.5—2010《液压软管接头 第 5 部分:37°扩口端软管接头》”。

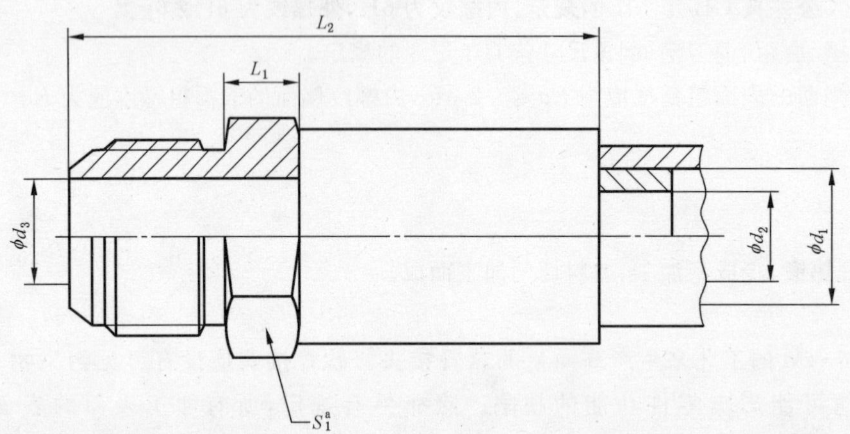

注 1:连接部位的细节符合 ISO 8434-2;

注 2:软管接头与软管之间的连接方法是可选的。

[a] 六角形相对平面尺寸(扳手尺寸)。

图 2 直通外螺纹软管接头(S)

表 1 直通外螺纹软管接头(S)尺寸

单位为毫米

软管接头规格	螺纹		管接头公称尺寸	公称软管内径 d_1	d_2^a 最小	d_3^b 最大	L_1 最小	L_2^c 最大	S_1	
	米制	ISO 12151-5							米制	ISO 12151-5
6×6.3	M14×1.5	7/16-20UNF	6	6.3	3	4.6	5.5	75	14	12
8×8	M16×1.5	1/2-20UNF	8	8	5	6.2	6	80	17	14
10×10	M18×1.5	9/16-18UNF	10	10	6	7.7	6.5	85	19	17
12×12.5	M22×1.5	3/4-16UNF	12	12.5	8	10.1	7.5	100	22	19
16×16	M27×1.5	7/8-14UNF	16	16	11	12.6	9.5	110	27	24
20×19	M30×1.5	1 1/16-12UNF	20	19	14	15.8	10.5	120	32	27
25×25	M39×2	1 5/16-12UNF	25	25	19	21.8	13.5	135	41	36
32×31.5	M42×2	1 5/8-12UNF	32	31.5	25	27.8	16	145	46	46
38×38	M52×2	1 7/8-12UNF	38	38	31	33.4	17	160	55	50
50×51	M64×2	2 1/2-12UNF	50	51	42	45.4	20	225	65	65

[a] d_2 为软管接头与软管装配前的接头尾芯的最小通径,装配后该尺寸不应该小于 $0.9d_2$。

[b] d_3 的尺寸应符合 ISO 8434-2,且 d_3 的最小值不能小于 d_2,直径 d_2(软管接头芯的内径)和 d_3(37°扩口端的通径)之间应设置过渡,以减少应力集中。

[c] 尺寸 L_2 组装后测量。

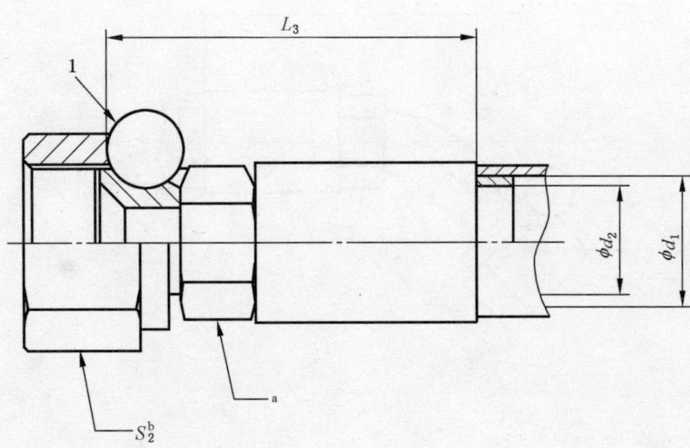

注 1：连接部位的细节符合 ISO 8434-2；

注 2：软管接头与软管之间的连接方法是可选的；

注 3：旋转螺母的连接方法由制造商选择。

1——旋转螺母。

[a] 六角形(可选择的)；

[b] 六角形相对平面尺寸(扳手尺寸)。

图 3 直通内螺纹回转软管接头(SWS)

表 2 直通内螺纹回转软管接头(SWS)尺寸

单位为毫米

软管接头规格	螺纹		管接头公称尺寸	公称软管内径 d_1	d_2^a 最小	L_3^b 最大	S_2^c	
	米制	ISO 标准螺纹					米制	ISO 标准
6×6.3	M14×1.5	7/16-20UNF	6	6.3	3	75	17	14
8×8	M16×1.5	1/2-20UNF	8	8	5	80	19	17
10×10	M18×1.5	9/16-18UNF	10	10	6	85	22	19
12×12.5	M22×1.5	3/4-16UNF	12	12.5	8	100	27	22
16×16	M27×1.5	7/8-14UNF	16	16	11	110	32	27
20×19	M30×1.5	1 1/16-12UNF	20	19	14	115	36	32
25×25	M39×2	1 5/16-12UNF	25	25	19	140	46	41
32×31.5	M42×2	1 5/8-12UNF	32	31.5	25	160	50	50
38×38	M52×2	1 7/8-12UNF	38	38	31	175	60	60
50×51	M64×2	2 1/2-12UNF	50	51	42	210	75	75

[a] d_2 为软管接头与软管装配前的接头尾芯的最小通径，装配后该尺寸不应该小于 $0.9d_2$。

[b] 尺寸 L_3 组装后测量。

[c] 符合 GB/T 3103.1—2002，产品等级 C。

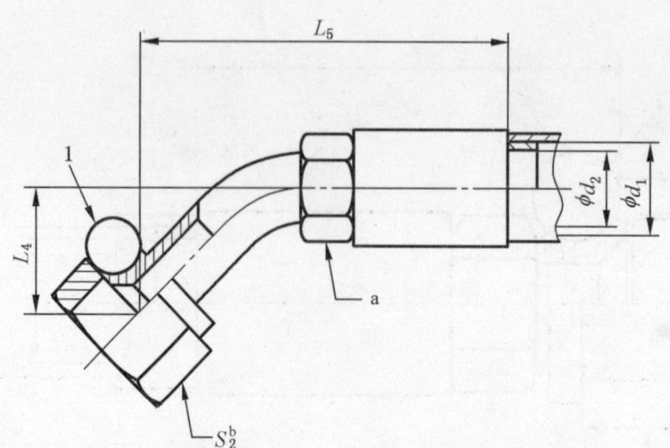

注 1：连接部位的细节符合 ISO 8434-2；

注 2：软管接头与软管之间的连接方法是可选的；

注 3：旋转螺母的连接方法由制造商选择。

1——旋转螺母。

a 六角形(可选择的)；

b 六角形相对平面尺寸(扳手尺寸)。

图 4　45°弯曲内螺纹回转软管接头(SWE45)

表 3　45°弯曲内螺纹回转软管接头(SWE45)尺寸

单位为毫米

软管接头规格	螺纹		管接头公称尺寸	公称软管内径 d_1	d_2[a] 最小	L_4		L_5[b] 最大	S_2[c]	
	米制	ISO 标准螺纹				SWE45S ±1.5	SWE45M ±1.5		米制	ISO 标准
6×6.3	M14×1.5	7/16-20UNF	6	6.3	3	10	—	90	17	14
8×8	M16×1.5	1/2-20UNF	8	8	5	10	—	90	19	17
10×10	M18×1.5	9/16-18UNF	10	10	6	11	—	95	22	19
12×12.5	M22×1.5	3/4-16UNF	12	12.5	8	15	—	110	27	22
16×16	M27×1.5	7/8-14UNF	16	16	11	16	—	120	32	27
20×19	M30×1.5	1 1/16-12UNF	20	19	14	21	—	145	36	32
25×25	M39×2	1 5/16-12UNF	25	25	19	24	—	175	46	41
32×31.5	M42×2	1 5/8-12UNF	32	31.5	25	25[d]	32	200	50	50
38×38	M52×2	1 7/8-12UNF	38	38	31	27[d]	42	240	60	60
50×51	M64×2	2 1/2-12UNF	50	51	42	34	—	290	75	75

a d_2 为软管接头在弯曲或与软管装配前的最小通径，弯曲或装配后该尺寸不应该小于 $0.9d_2$。

b 尺寸 L_5 组装后测量。

c 符合 GB/T 3103.1—2002，产品等级 C。

d 软管接头尺寸为(32×31.5)mm 和(38×38)mm 的短弯曲软管接头不适于在高压(尺寸 31.5 mm 和 38 mm 软管设计工作压力为 21 MPa 或 17.5 MPa)下与钢丝缠绕胶管一起使用。应优先使用中弯曲软管接头或咨询制造商。

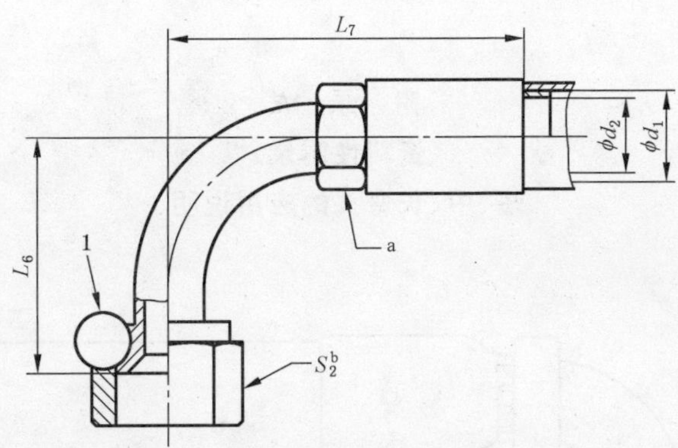

注 1：连接部位的细节符合 ISO 8434-2；

注 2：软管接头与软管之间的连接方法是可选的；

注 3：旋转螺母的连接方法由制造商选择。

1——旋转螺母。

[a] 六角形(可选择的)；

[b] 六角形相对平面尺寸(扳手尺寸)。

图 5　90°弯曲内螺纹回转软管接头[短(SWES)、中(SWEM) 和长(SWEL)]

表 4　90°弯曲内螺纹回转软管接头尺寸[短(SWES)、中(SWEM) 和长(SWEL)]单位为毫米

软管接头规格	螺纹		管接头公称尺寸	公称软管内径 d_1	d_2^a 最小	L_6			L_7^e 最大	S_2^f	
	米制	ISO 标准螺纹				SWES[b] ±1.5	SWEM[c] ±1.5	SWEL[d] ±1.5		米制	ISO 标准
6×6.3	M14×1.5	7/16-20UNF	6	6.3	3	21	32	46	85	17	14
8×8	M16×1.5	1/2-20UNF	8	8	5	21	32	46	85	19	17
10×10	M18×1.5	9/16-18UNF	10	10	6	23	38	54	90	22	19
12×12.5	M22×1.5	3/4-16UNF	12	12.5	8	29	41	64	100	27	22
16×16	M27×1.5	7/8-14UNF	16	16	11	32	47	70	110	32	27
20×19	M30×1.5	1 1/16-12UNF	20	19	14	48	58	96	140	36	32
25×25	M39×2	1 5/16-12UNF	25	25	19	56	71	114	170	46	41
32×31.5	M42×2	1 5/8-12UNF	32	31.5	25	64[g]	78	129	200	50	50
38×38	M52×2	1 7/8-12UNF	38	38	31	69[g]	86	141	230	60	60
50×51	M64×2	2 1/2-12UNF	50	51	42	88	140	222	280	75	75

[a] d_2 为软管接头在弯曲或与软管装配前的最小通径，弯曲或装配后该尺寸不应该小于 $0.9d_2$。

[b] 短弯曲软管接头(SWES)尺寸见附录 A。

[c] 中弯曲软管接头(SWEM)尺寸。中弯曲软管接头将越过而不碰到 ISO 8434-2 每一种 90°可调节的螺柱端弯头(SDE)，见附录 A。

[d] 长弯曲软管接头(SWEL)尺寸。长弯曲软管接头将越过而不碰到短弯曲软管接头(SWES)，见附录 A。

[e] 尺寸 L_7 组装后测量。

[f] 符合 GB/T 3103.1—2002，产品等级 C。

[g] 软管接头尺寸为(32×31.5)mm 和(38×38)mm 的短弯曲软管接头不适于在高压(尺寸 31.5 mm 和 38 mm 软管的设计工作压力为 21 MPa 或 17.5 MPa)下与钢丝缠绕胶管一起使用。应优先使用中弯曲软管接头或咨询制造商。

附 录 A
（资料性附录）
短、中、长弯头的应用说明

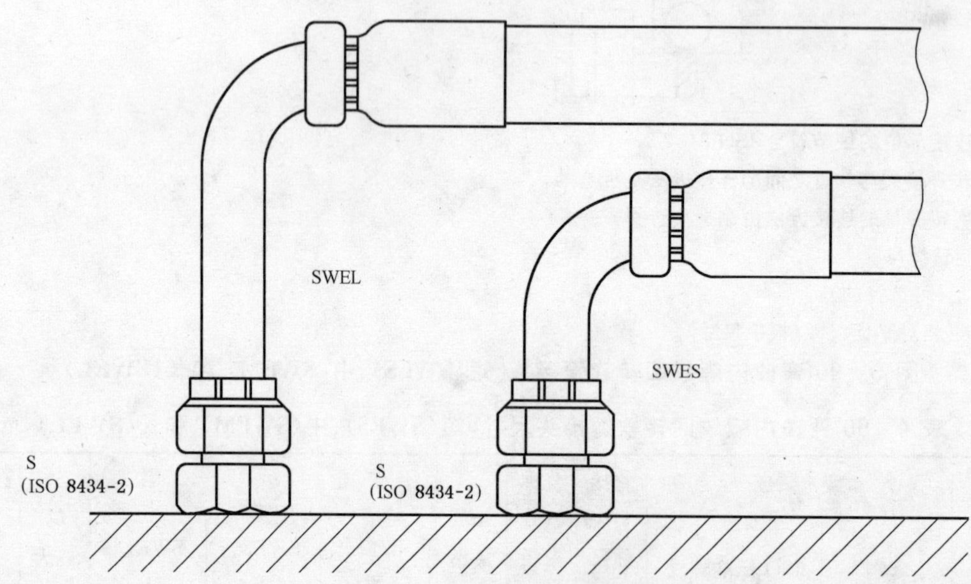

图 A.1 短回转弯曲软管接头安装在长回转弯曲软管接头旁边

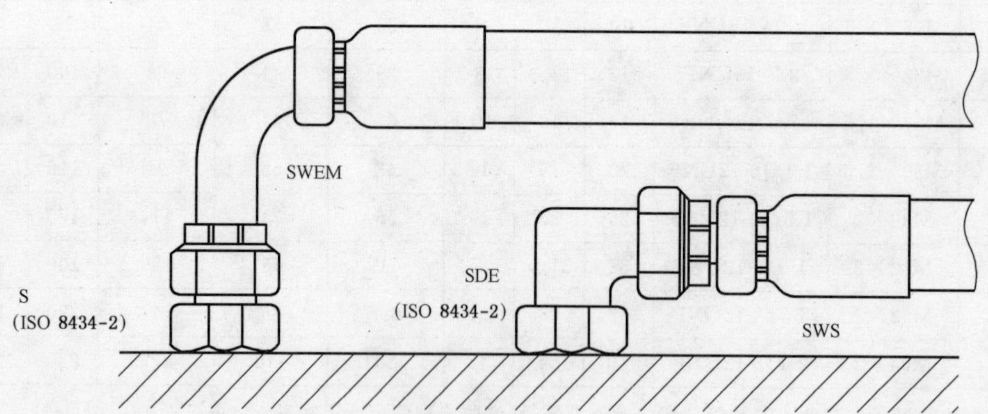

图 A.2 螺柱端弯头和回转直通软管接头组合安装在中回转弯曲软管接头旁边

参 考 文 献

[1] GB/T 3683.1 橡胶软管及软管组合件 钢丝编织增强液压型 规范 第1部分:油基流体适用(GB/T 3683.1—2006,ISO 1436-1:2001,IDT).

[2] GB/T 10544 钢丝缠绕增强外覆橡胶的液压橡胶软管和软管组合件(GB/T 10544—2003,ISO 3862-1:2001,IDT)

[3] GB/T 15329.1 橡胶软管及软管组合件 织物增强液压型 第1部分:油基流体用(GB/T 15329.1—2003,ISO 4079-1:2001,MOD)

[4] GB/T 15908 织物增强液压型热塑性塑料软管和软管组合件(GB/T 15908—1995,eqv ISO 3949:1991)

[5] ISO 4038 道路车辆 液压制动系统 普通扩口管、螺纹孔、阳接头和软管接头

[6] ISO 4039-1 道路车辆 气动制动系统 第1部分:用于端面密封的管、阳接头、和螺纹孔

[7] ISO 4039-2 道路车辆 气动制动系统 第2部分:用于锥面密封的管、阳接头、和螺纹孔

[8] ISO 5864:1993 ISO英制螺纹 允差和公差

[9] ISO 11237-1 橡胶软管及软管组件 用于液压领域的丝编织增强紧凑类 技术规范 第1部分:油基流体的应用

ICS 23.100.40
J 20

中华人民共和国国家标准

GB/T 14034.1—2010
代替 GB/T 14034—1993

流体传动金属管连接 第1部分:24°锥形管接头

Metallic tube connections for fluid power and general use— Part 1:24° cone connectors

(ISO 8434-1:2007,MOD)

2010-12-23 发布

2011-06-01 实施

中华人民共和国国家质量监督检验检疫总局
中国国家标准化管理委员会 发布

前　言

GB/T 14034《流体传动金属管连接》分为5部分：

——第1部分：24°锥形管接头；

——第2部分：37°扩口管接头；

——第3部分：O形圈端面密封管接头；

——第4部分：带O形圈焊接接头体的24°锥形管接头；

——第5部分：带或不带O形圈的60°锥形管接头。

本部分为GB/T 14034的第1部分，修改采用ISO 8434-1:2007《用于流体传动和一般用途的金属管接头　第1部分：24°锥形管接头》(英文版)。

本部分代替GB/T 14034—1993《24°非扩口液压管接头连接尺寸》。

本部分与ISO 8434-1:2007的主要技术内容相同，但存在以下差异：

——在“1 范围”中，增加“注3”；

——在“2 规范性引用文件”中，以部分相应的国家标准代替国际标准；

——在“7 对管子的要求”中，增加叙述“对管子的要求也可由制造商与用户商定，但应保证设计及使用要求。”；

——更正表6脚注a中的错误，d_2 改为 d_{11}；

——更正4.5中叙述错误，“表5”改为“表7”；

——6.10中管接头型号示例中给出引线说明；

——第7章给出NBK的注释“(交货状态为正火)”；

——第8章的叙述加图示说明(图6)，其他图号顺延；

——图11中O形圈的剖面线改为非金属剖面线。

本部分与前版GB/T 14034—1993的变化如下：

——标准名称改为：《流体传动金属管连接　第1部分：24°锥形管接头》。

——按照压力和应用条件，将管接头分为三个系列：LL，超轻型；L，轻型；S，重型。

——原标准中只给出接头体的型式和尺寸，修订后增加“第3章　术语和定义”、“第4章　材料”、“第5章　压力和温度要求”、“第6章　管接头命名”、“第7章　对管子的要求”、“第8章　六角形相对平面的尺寸和公差”、“第9章　设计”、“第10章　螺纹”、“第11章　加工”、“第12章　安装规程”、“第13章　采购信息”、“第14章　元件标记”、“第15章　性能和合格判定试验”、“第16章　标注说明”。

本部分由中国机械工业联合会提出。

本部分由全国液压气动标准化技术委员会(SAC/TC 3)归口。

本部分起草单位：北京机械工业自动化研究所、天津工程机械研究院。

本部分主要起草人：赵曼琳、刘新德、冯国勋、刘会进。

本部分所代替标准的历次版本发布情况为：

——GB/T 14034—1993。

流体传动金属管连接
第1部分:24°锥形管接头

1 范围

GB/T 14034 的本部分规定了利用卡套或O形圈密封的24°锥形管接头的一般要求和尺寸要求,以及性能和合格判定试验。此类管接头适合与外径为4 mm～42 mm 的黑色金属及有色金属硬管配用,适用于本部分规定的压力范围和温度内的流体传动系统。

此类管接头用于将平端硬管或软管与符合 ISO 6149-1、ISO 1179-1 和 ISO 9974-1 的油口连接。(相关软管技术要求见 GB/T 9065.2)。

当流体传动系统工作在表1所示工作压力下,此类管接头可提供全流量连接。由于系统工作压力受很多因素影响,所以表1所示压力值不能推断为最低保证。对于各种应用,用户和制造商需要进行充分的试验和检查,以保证所要求的性能得到满足。

注1:对用于新设计的流体传动系统,见9.6的要求。在应用要求允许使用橡胶密封件的地方,应首选符合国家标准并包含橡胶密封件的管接头设计。

注2:对于规定压力和/或温度范围之外的使用条件,见5.4。

注3:本部分所涉及的管子规格均指外径。

2 规范性引用文件

下列文件中的条款通过 GB/T 14034 的本部分的引用而成为本部分的条款。凡是注日期的引用文件,其随后所有的修改单(不包括勘误的内容)或修订版均不适用于本部分,然而,鼓励根据本部分达成协议的各方研究是否可使用这些文件的最新版本。凡是不注日期的引用文件,其最新版本适用于本部分。

GB/T 193　普通螺纹　直径与螺距系列(GB/T 193—2003,ISO 261:1998,MOD)

GB/T 197—2003　普通螺纹　公差(ISO 965-1:1998,MOD)

GB/T 3103.1—2002　紧固件公差　螺栓、螺钉、螺柱和螺母(ISO 4759-1:2000,IDT)

GB/T 3452.2—2007　液压气动用O形橡胶密封圈　第2部分:外观质量检验规范(ISO 3601-3:2005,IDT)

GB/T 6031　硫化橡胶或热塑性橡胶硬度的测定(10～100 IRHD)(GB/T 6031—1998,idt ISO 48:1994)

GB/T 7307—2001　55°非密封管螺纹(eqv ISO 228-1:1994)

GB/T 9065.2　液压软管接头　连接尺寸　卡套式

GB/T 10125　人造气氛腐蚀试验　盐雾试验(GB/T 10125—1997,eqv ISO 9227:1990)

GB/T 17446　流体传动系统及元件　术语(GB/T 17446—1998,idt ISO 5598:1985)

GB/T 19674.3　液压管接头用螺纹油口和柱端　金属对金属密封柱端(B型)(GB/T 19674.3—2005,ISO 9974-3:1996,IDT)

ISO 1127　不锈钢管　尺寸、公差和单位长度的惯用质量

ISO 1179-1　用于流体传动和一般用途的管接头　带ISO 228-1螺纹及合成橡胶或金属对金属密封的油口和螺纹端头　第1部分:螺纹油口

ISO 1179-2　用于流体传动和一般用途的管接头　带ISO 228-1螺纹及合成橡胶或金属对金属密封的油口和螺纹端头　第2部分:重型(S系列)和轻型(L系列)带橡胶密封的螺纹端头(E型)

ISO 1179-4　用于流体传动和一般用途的管接头　带ISO 228-1螺纹及合成橡胶或金属对金属密

封的油口和螺纹端头　第4部分:仅限于金属对金属密封一般用途的螺纹端头(B型)

ISO 3304　平端精密无缝钢管　交货的技术条件

ISO 3305　平端焊接精密钢管　交货的技术条件

ISO 6149-1　用于流体传动和一般用途的管接头　带ISO 261米制螺纹和O形圈密封的油口和螺柱端　第1部分:带O形密封圈用锪孔沟槽的油口

ISO 6149-2　用于流体传动和一般用途的管接头　带ISO 261螺纹和O形圈密封的油口和螺纹收尾　第2部分:重型(S系列)螺纹收尾　尺寸,型式,试验方法和技术要求

ISO 6149-3　用于流体传动和一般用途的管接头　带ISO 261螺纹和O形圈密封的油口和螺柱端　第3部分:轻型(L系列)螺纹收尾　尺寸,型式,试验方法和技术要求

ISO 9974-1　用于一般用途和流体传动的管接头　带ISO 261螺纹用橡胶或金属密封的油口和螺柱端　第1部分:螺纹油口

ISO 9974-2　用于一般用途和流体传动的管接头　带ISO 261螺纹用橡胶或金属密封的油口和螺柱端　第2部分:带橡胶密封的螺杆端

ISO 19879:2005　用于流体传动和一般用途的管接头　液压传动用管接头的试验方法

3　术语和定义

GB/T 17446确立的以及下列术语和定义适用于本部分。

3.1

管接头　connector,connection

用于管路(导管)之间或管路与设备之间防泄漏连接的元件。

注:GB/T 17446—1998的5.2.2的定义适用。

3.2

紧固螺纹　fastening thread

成品管接头的末端螺纹。

3.3

主路　run

T字形或十字形的两个主要的轴向通流管路。

3.4

支路　branch

T字形或十字形的一端出口。

3.5

倒角　chamfer

在螺纹端部或零件棱角部位,根据要求切削成锥面或倒钝,以保证其具有较好的装配工艺性。

3.6

面到面尺寸相对平面间的尺寸　face-to-face dimension

管接头轴向上两个接口的平行面之间的距离。

3.7

面到中心尺寸　face-to-centre dimension

从一个接口平面至另一个成角度的接口中心轴线的距离。

3.8

装配扭矩　assembly torque

为达到满意的最终装配所施加的安装扭矩。

3.9

最高工作压力　maximum working pressure

系统及其部件在稳态工况下运行所预期的最高压力。

4　材料

4.1　一般要求

图1和图2所示是典型的24°锥形管接头的剖面和组成零件。

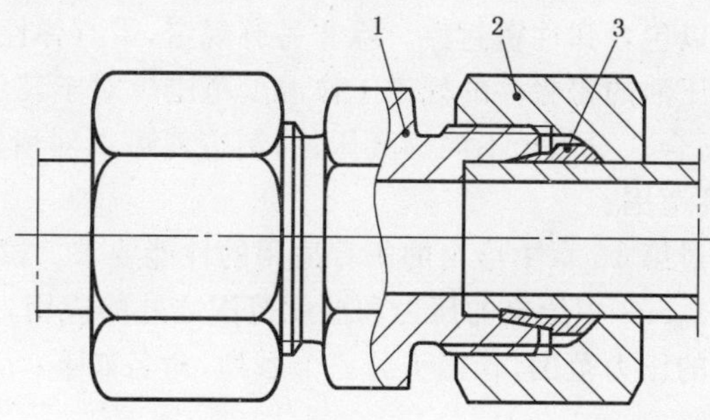

1——接头体；
2——螺母；
3——卡套。

图1　带卡套的典型24°锥形管接头的剖面

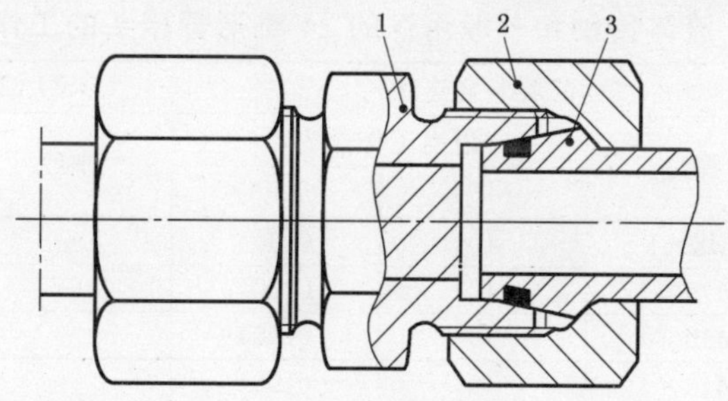

1——接头体；
2——螺母；
3——带O形圈的24°锥形管端。

图2　带O形圈的典型24°锥形管接头的剖面

4.2　管接头体

管接头体一般用碳钢制造，以满足第5章中规定的最低压力和温度要求。它们应具有与输送的流体相适应的特性并能提供有效的连接。焊接式管接头和焊接接管应用适合焊接的材料制造。

对于用不锈钢和铜合金制造的管接头体，要求的额定压力和温度由制造商确定。

4.3　螺母

除非另有规定，与碳钢接头体配用的螺母应用碳钢制造，与不锈钢接头体配用的螺母应用不锈钢制造。与铜合金接头体配用的螺母应用与接头体相似的材料制造。

4.4　卡套

4.4.1　卡套的材料应与所传输的流体相容，并可提供有效连接。

4.4.2　钢卡套应与其他钢制管接头组件和钢管配用。

4.4.3　不锈钢卡套应与其他不锈钢管接头组件和不锈钢管配用。

4.4.4　黄铜卡套应与其他黄铜管接头组件和铜管配用。

4.4.5　其他材料的组合应由买方和制造商协商。

4.5　O形圈

除非另有规定，在第5章和表1给出的压力和温度要求下，使用石油基液压油，与符合本部分的管接头配用的O形圈应采用丁腈橡胶(NBR)制造，其硬度按GB/T 6031测量为(90±5)IRHD，并应符合

表 7 所给尺寸，满足或超过 GB/T 3452.2—2007 规定的 O 形圈质量验收标准的 N 级。当实际系统与第 5 章和表 1 规定的压力和温度要求以及系统用的流体不同的情况下，管接头制造商应考虑确保选择适当的 O 形圈材料。

5 压力和温度要求

5.1 当温度在 −40 ℃～120 ℃之间，用于石油基液压油时，用碳钢制造的符合本部分的管接头应满足或超过在 6.5 kPa(0.065 bar)绝对压力的真空度到表 1～表 3 所给工作压力下无泄漏的要求。

5.2 遵守本部分的管接头可以包含弹性密封件。除非另有规定，带有弹性密封件的管接头在制造和交货时，应提供适用于石油基液压油的密封件的规定工作温度范围。对于其他流体，这类管接头的工作温度范围可能会减小或完全不适合。对用于不同的液压油，制造商可以对所需的管接头提供适当的弹性密封件以满足要求的工作温度范围。

5.3 管接头总成应满足或超过第 15 章中给出的所有适用的性能要求。试验应在室温下进行。

5.4 对于在表 1～表 3 和 5.1、5.3 中给出的压力和温度范围之外的应用，应向制造商咨询。

5.5 按照不同的应用和不同的压力范围，管接头分三个系列，命名如下：

——LL，超轻型；

——L，轻型；

——S，重型。

注：管子外径范围和压力要求见表 1～表 3。

表 1 流体传动和一般用途的 24°锥形管接头的工作压力

系列	管子外径 OD/mm	锥形卡套连接			ISO 6149-2 或 ISO 6149-3 螺柱端		
		螺纹	最高工作压力[a]		螺纹	最高工作压力[a]	
			MPa	(bar[b])		MPa	(bar[b])
LL	4	M8×1	10	(100)	—	—	—
	5	M10×1	10	(100)	—	—	—
	6	M10×1	10	(100)	—	—	—
	8	M12×1	10	(100)	—	—	—
L	6	M12×1.5	25	(250)	M10×1	25	(250)
	8	M14×1.5	25	(250)	M12×1.5	25	(250)
	10	M16×1.5	25	(250)	M14×1.5	25	(250)
	12	M18×1.5	25	(250)	M16×1.5	25	(250)
	15	M22×1.5	25	(250)	M18×1.5	25	(250)
	18	M26×1.5	16	(160)	M22×1.5	16	(160)
	22	M30×2	16	(160)	M27×2	16	(160)
	28	M36×2	10	(100)	M33×2	10	(100)
	35	M45×2	10	(100)	M42×2	10	(100)
	42	M52×2	10	(100)	M48×2	10	(100)
S	6	M14×1.5	63	(630)	M12×1.5	63	(630)
	8	M16×1.5	63	(630)	M14×1.5	63	(630)
	10	M18×1.5	63	(630)	M16×1.5	63	(630)
	12	M20×1.5	63	(630)	M18×1.5	63	(630)
	16	M24×1.5	40	(400)	M22×1.5	40	(400)
	20	M30×2	40	(400)	M27×2	40	(400)
	25	M36×2	40	(400)	M33×2	40	(400)
	30	M42×2	25	(250)	M42×2	25	(250)
	38	M52×2	25	(250)	M48×2	25	(250)

注：更高额定压力和动态工况，应向制造商咨询。

[a] 设计倍数是 4 比 1。

[b] bar=10^5 N/m^2=10^5 Pa=0.1 MPa。

表 2　一般用途的 24°锥形管接头的工作压力

系列	管子外径/mm	锥形和卡套连接			ISO 9974 螺柱端					ISO 1179 螺柱端				
		螺纹	最高工作压力[a]		螺纹	最高工作压力[a]				螺纹	最高工作压力[a]			
						ISO 9974-2(E 型)[b]		GB/T 19674.3 (B 型)[c]			ISO 1179-2(E 型)[b]		ISO 1179-4(B 型)[c]	
			MPa	(bar)		MPa	(bar)	MPa	(bar)		MPa	(bar)	MPa	(bar)
LL	4	M8×1	10	(100)	M8×1	—	—	10		G 1/8A	—	—	10	(100)
	5	M10×1	10	(100)	M8×1	—	—	10		—	—	—	—	—
	6	M10×1	10	(100)	M10×1	—	—	10		—	—	—	—	—
	8	M12×1	10	(100)	M10×1	—	—	10		—	—	—	—	—
L	6	M12×1.5	25	(250)	M10×1	25	(250)	25	(250)	G 1/8A	25	(250)	25	(250)
	8	M14×1.5	25	(250)	M12×1.5	25	(250)	25	(250)	G 1/4A	25	(250)	25	(250)
	10	M16×1.5	25	(250)	M14×1.5	25	(250)	25	(250)	G 1/4A	25	(250)	25	(250)
	12	M18×1.5	25	(250)	M16×1.5	25	(250)	25	(250)	G 3/8A	25	(250)	25	(250)
	15	M22×1.5	25	(250)	M18×1.5	25	(250)	25	(250)	G 1/2A	25	(250)	25	(250)
	18	M26×1.5	16	(160)	M22×1.5	16	(160)	16	(160)	G 1/2A	16	(160)	16	(160)
	22	M30×2	16	(160)	M26×1.5	16	(160)	16	(160)	G 3/4A	16	(160)	16	(160)
	28	M36×2	10	(100)	M33×2	10	(100)	10	(100)	G 1A	10	(100)	10	(100)
	35	M45×2	10	(100)	M42×2	10	(100)	10	(100)	G 1 1/4A	10	(100)	10	(100)
	42	M52×2	10	(100)	M48×2	10	(100)	10	(100)	G 1 1/2A	10	(100)	10	(100)
S	6	M14×1.5	63	(630)	M12×1.5	63	(630)	40	(400)	G 1/4A	63	(630)	40	(400)
	8	M16×1.5	63	(630)	M14×1.5	63	(630)	40	(400)	G 1/4A	63	(630)	40	(400)
	10	M18×1.5	63	(630)	M16×1.5	63	(630)	40	(400)	G 3/8A	63	(630)	40	(400)

表 2（续）

系列	管子外径/mm	锥形和卡套连接			ISO 9974 螺柱端					ISO 1179 螺柱端				
		螺纹	最高工作压力[a]		螺纹	最高工作压力[a]				螺纹	最高工作压力[a]			
						ISO 9974-2(E 型)[b]		GB/T 19674.3 (B 型)[c]			ISO 1179-2(E 型)[b]		ISO 1179-4(B 型)[c]	
			MPa	(bar)		MPa	(bar)	MPa	(bar)		MPa	(bar)	MPa	(bar)
S	12	M20×1.5	63	(630)	M18×1.5	63	(630)	40	(400)	G 3/8A	63	(630)	40	(400)
	16	M24×1.5	40	(400)	M22×1.5	40	(400)	40	(400)	G 1/2A	40	(400)	40	(400)
	20	M30×2	40	(400)	M27×2	40	(400)	40	(400)	G 3/4A	40	(400)	40	(400)
	25	M36×2	40	(400)	M33×2	40	(400)	25	(250)	G 1A	40	(400)	25	(250)
	30	M42×2	25	(250)	M42×2	25	(250)	16	(160)	G 1 1/4A	25	(250)	16	(160)
	38	M52×2	25	(250)	M48×2	25	(250)	16	(160)	G 1 1/2A	25	(250)	16	(160)

注：对于较高的额定压力和动态工况，应向制造商咨询。

[a] 设计倍数是 4 比 1。

[b] 带弹性密封的 E 型。

[c] 带金属对金属密封的 B 型。

表 3 24°焊接接头体的工作压力对应的不同管壁厚度 单位为毫米

系列	管子外径	最高工作压力											
		10 MPa (100 bar)		16 MPa (160 bar)		25 MPa (250 bar)		31.5 MPa (315 bar)		40 MPa (400 bar)		63 MPa (630 bar)	
		管子内径	T	管子内径	T	管子内径	T	管子内径	T	管子内径	T	管子内径	T
L	6	3	1.5	3	1.5	3	1.5						
	8	5	1.5	5	1.5	5	1.5						
	10	7	1.5	7	1.5	7	1.5						
	12	8	2	8	2	8	2						
	15	10	2.5	10	2.5	10	2.5						
	18	13	2.5	13	2.5								
	22	17	2.5	17	2.5								
	28	23	2.5										
	35	29	3										
	42	36	3										
S	6	2.5	1.75	2.5	1.75	2.5	1.75	2.5	1.75	2.5	1.75	2.5	1.75
	8	4	2	4	2	4	2	4	2	4	2	4	2
	10	6	2	6	2	6	2	6	2	6	2	5	2.5
	12	8	2	8	2	8	2	8	2	7	2.5	6	3
	16	11	2.5	11	2.5	11	2.5	11	2.5	10	3		
	20	14	3	14	3	14	3	14	3	12	4		
	25	19	3	19	3	19	3	17	4	16	4.5		
	30	24	3	24	3	22	4						
	38	32	3	32	3	28	5						

注 1：对于本部分所给之外的压力和/或温度，应向制造商咨询。

注 2：T——管壁厚度。

6 管接头命名

6.1 为简化订货，管接头应以包括文字(字母)和数字的代号命名。其命名方式如下：文字“管接头”，后接“GB/T 14034.1”；后接连字符，管接头类型字母符号(见 6.2)；后接连字符，系列字母符号(见 5.5)，后紧接被连接的管子外径尺寸；之后，对于焊接接管，后面跟一个乘号(×)，后接管子壁厚，在乘号的前后不应有空格；对于螺柱端(管接头的端部)，后面跟一个乘号(×)，其后是螺柱端的螺纹名称；最后接连字符，密封件类型。

6.2 管接头类型的字母符号应包括三部分：连接端类型；管接头形状；管接头订货的完整性指示。

6.3 管子端部是假定的，因此不需要包括在代号中。但是，如果涉及到另一种端部类型，应予命名。

6.4 变径管接头和变径弯头命名时应把大的管端放在前面。

6.5 螺柱端管接头(见图 3 和图 4)命名时，应先规定管子端，然后是螺柱端规格和密封类型。

6.6 对于 T 形管接头，连接端名称的顺序应按主路由大到小排列，然后是支路端。

6.7 对于十字形管接头，其大端在左侧和顶端，连接端名称的顺序应由左到右，由上到下。

6.8 如果管接头有一个过渡接头，它应先命名。然后命名应按顺时针进行。

6.9 应使用下列字母符号。

连接端类型	**符号**
隔壁型	BH
带O形圈回转型	SWO
焊接型	WD
螺柱型	SD
变径型	RD

形状	**符号**
直通的	S
弯头	E
45°弯头	E45
T形	T
主路T形	RT
支路T形	BT
十字形	K

组件类型	**符号**
螺母	N
卡套	CR
锁紧螺母	LN
接管	NP
堵头	PL

完整性指示	**符号**
完整的管接头	C

螺柱端密封类型	**符号**
金属对金属密封	B
弹性密封	E
O形圈密封	F

6.10 下面及图3～图5中给出了挤压式管接头及其名称的示例。

示例1：螺柱型直通管接头，包括O形圈，不带卡套和螺母，带有符合ISO 6149-2规定的M 18×1.5螺纹的重型螺柱连接端，与外径12 mm的管子连接，其命名如下：

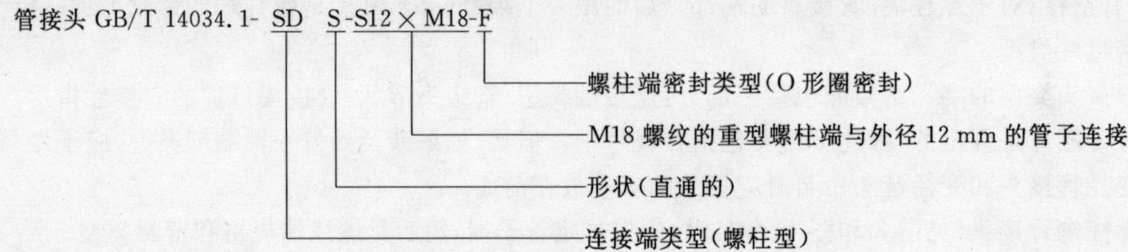

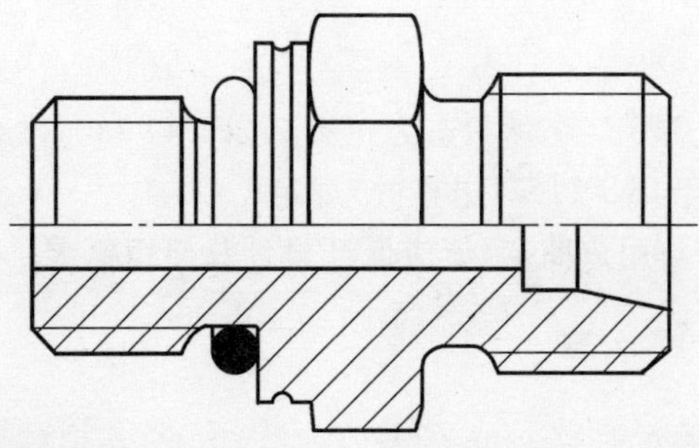

注：非完整的管接头通常称为接头体。

图 3　螺柱型直通管接头(SDS)(带 ISO 6149-2 规定的螺柱端，密封类型 F)

示例 2：完整的螺柱型直通管接头，包括 O 形圈，带卡套和螺母，带有符合 ISO 6149-2 规定的 M18×1.5 螺纹的重型螺柱端管接头，与外径 12 mm 的管子连接，其命名如下：

管接头 GB/T 14034.1- SD S C-S12×M18-F

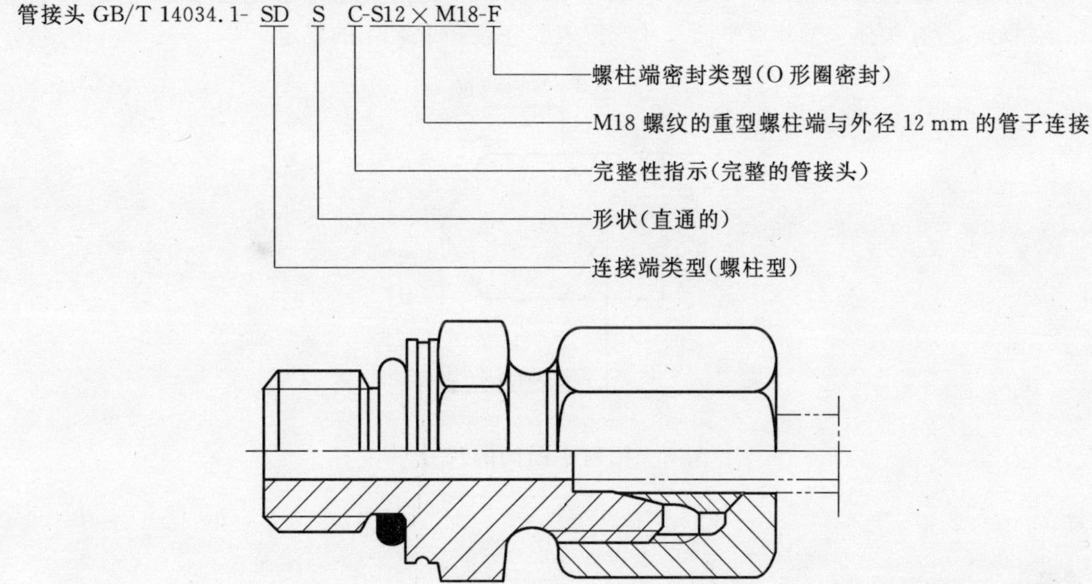

图 4　完整的螺柱型直通管接头(SDSC)(带 ISO 6149-2 规定的螺柱端，密封类型 F)

示例 3：完整的焊接接管，包括 O 形圈，带轻型连接端，焊接到壁厚 1.5 mm、外径 15 mm 的管子上，其命名如下：

接管 GB/T 14034.1- WD NP-L15×1.5

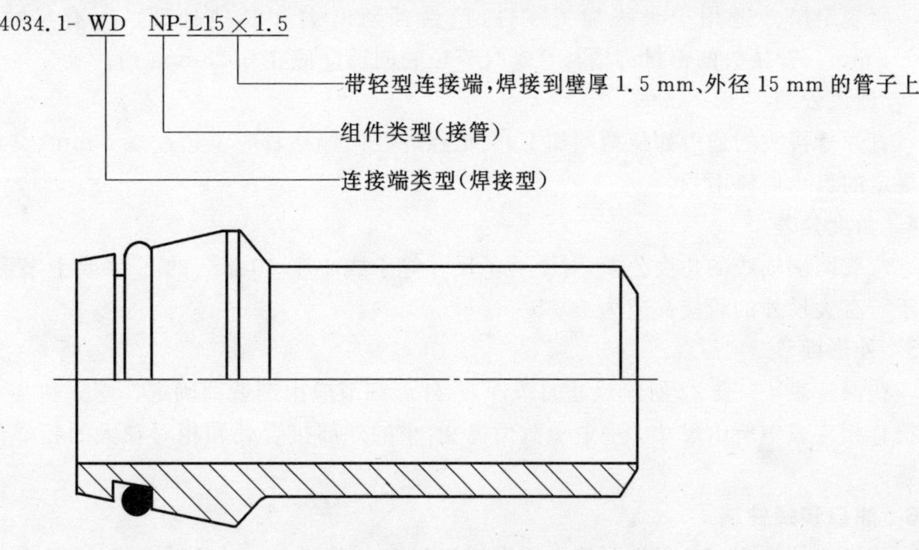

图 5　带 O 形圈的焊接接管(WDNP)

7 对管子的要求

碳钢管应遵守交货条件 R37 NBK(交货状态为正火),如 ISO 3304(标准冷拔管)和 ISO 3305(标准焊接管)的规定。不锈钢管应符合 ISO 1127(退火的)规定。

对管子的要求也可由制造商与用户商定,但应保证设计及使用要求。

8 相对平面间的尺寸(扳手尺寸)和公差

8.1 锻件相对平面间的尺寸小于等于 24 mm,公差应为 $^{0}_{-0.8}$ mm;其相对平面间的尺寸大于 24 mm,公差应为 $^{0}_{-1}$ mm。

8.2 六角形相对平面的公差应符合 GB/T 3103.1—2002 规定的产品等级 B。六角形对角尺寸最小应为其相对平面间尺寸的 1.092 倍。最小侧平面长度(六角形边长)是相对平面间的名义尺寸的 0.43 倍(见图 6)。除非另有规定或表示,六角形应倒角 10°～30°,倒角直径等于相对平面间尺寸,公差为 $^{0}_{-0.4}$ mm。螺母和管接头体上的相对平面尺寸应按表 5 和表 9～表 21 的规定。

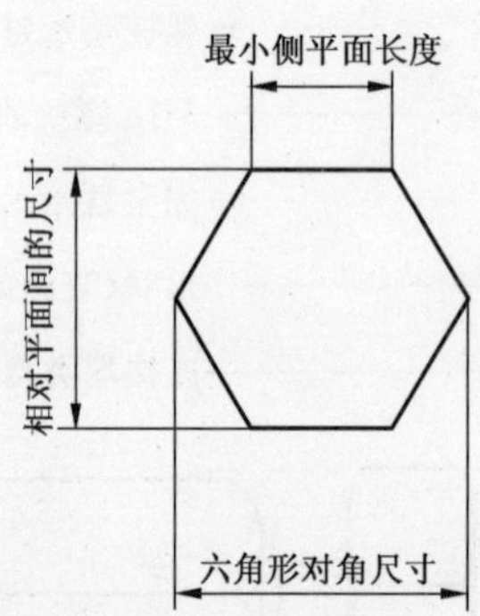

图 6 相对平面间的尺寸

9 设计

9.1 管接头

管接头应符合图 7～图 26 和表 4～表 22 给出的要求。其设计应使流动阻力减到最低。

9.2 尺寸

所规定尺寸适用于最终加工零件,包括任何电镀和其他处理。所有尺寸的未注公差值应为 ±0.4 mm。管接头的密封沟槽与直螺纹节径的同轴度应在 0.25 mm 内。

9.3 通道公差

直通管接头的通道如从两端加工,交汇点的径向偏移量应不超过 0.4 mm,交汇处的通流面积应大于规定的最小通流面积。

9.4 角度公差

弯头两端轴线的角度公差,对于管子尺寸等于或小于 10 mm 的 T 字或十字形管接头应为±2.5°,对于所有大尺寸的管接头应为±1.5°。

9.5 外形细节

在保持表 4～表 22 所给尺寸的条件下,外形细节应由制造商确定。弯头和 T 字形管接头的扳手面应符合相应表中所给尺寸。应避免截面突变,小的外部接合处和相对较大的相邻部分应采用充分圆角过渡。

9.6 油口和螺柱端

这类管接头用于将平端硬管和软管接头与符合 ISO 6149-1、ISO 1179-1 及 ISO 9974-1 规定的油口连接。对新设计的液压系统,仅应采用符合 ISO 6149 相关部分的油口和螺柱端。

9.7 螺柱端密封

除非供应商与买方另有协议，螺柱端和焊接接头体的密封件应包括在交货中。

10 螺纹

10.1 锥端和螺母

管接头锥端和螺母的螺纹应是符合 GB/T 193 的普通螺纹，公差符合 GB/T 197—2003 的外螺纹 6g 内螺纹 6H 等级。

在管接头端面螺纹应倒角成 45°。倒角的直径应等于螺纹底径，公差为 $_{-0.4}^{\ 0}$ mm。

10.2 螺柱端(连接端)

管接头螺柱端(连接端)的螺纹应选择 GB/T 7307—2001 的 A 级或 GB/T 193，公差符合 GB/T 197—2003 的 6g 等级。螺柱端尺寸应符合表 11～表 13 及相关螺柱端标准。

注：除非螺柱端设计用于金属对金属密封，圆柱螺纹根部需要有退刀槽，用于安装密封垫片、O 形圈或类似装置，以保证无泄漏连接。

11 加工

11.1 结构

碳钢管接头是多个零件组合在一起，使用材料的熔点不低于 1 000 ℃。

11.2 工艺

管接头应无裂纹、疏松等缺陷，且应去除毛刺。外形的锐边应倒钝。除非设计另有规定，所有已加工表面的粗糙度应为 Ra_{max}≤6.3 μm。

11.3 表面处理

除非制造商与用户另有协议，所有碳钢零件的外表面和螺纹应以适当材料电镀或涂覆，电镀或涂层应按 GB/T 10125 通过 72 h 的中性盐雾试验。在盐雾试验期间，零件外观上有任何红色锈蚀应视为失效。下列区域除外：

——所有内部流道；

——棱边，如六角形顶点、螺纹的锯齿形和齿顶，这些位置可能因批量生产或运输影响产生电镀或涂层的机械变形；

——由于折边、扩口、弯曲和其他电镀、金属加工引起的电镀或涂层的机械变形区域；

——在试验箱中零件悬挂或固定处，这些位置可能聚积冷凝物。

在贮存期间，内部流道应有防腐蚀保护。焊接零件应以油膜或磷酸脂涂层及其他不影响焊接性的方法进行保护。

按本部分制造的零件不应镀镉。

11.4 尖角

除非另有说明，所有尖角应倒钝为 R_{max}0.15 mm。

12 安装规程

管接头与管子的连接安装应在无外载荷作用下进行。

制造商应编写管接头使用的安装说明，该说明应至少包括以下内容：

——对相配硬管材料和质量的详细要求；

——有关所选硬管制备的细节；

——有关管接头安装的说明，如拧紧圈数或安装扭矩；

——有关安装工具的推荐。

13 采购信息

买方在咨询或定货时，应提供以下信息：

——管接头描述；

——管接头材料；

——硬管材料和规格；

——传输的流体；

——工作压力；

——流体工作温度范围；

——环境温度范围。

14 元件标记

除非用户与制造商另有协议，管接头体、卡套、焊接接管和螺母应以制造商的名称、商标或识别代码做出永久性标记。螺母还应做出管接头规格和系列标记。

15 性能和合格判定试验

15.1 一般要求

当按下面条款试验时，管接头应满足或超过表1给出的压力要求。

15.2 重复安装试验

管接头应通过 ISO 19879:2005 中第5章规定的重复安装试验。

15.3 耐压试验

管接头应通过 ISO 19879:2005 中第7章规定的耐压试验。

15.4 爆破压力试验

管接头应通过 ISO 19879:2005 中第8章规定的爆破压力试验。

15.5 循环耐久性(脉冲)试验

管接头应通过 ISO 19879:2005 中第9章规定的循环耐久性试验。ISO 19879:2005 中规定的带振动的循环耐久性试验可以代替单独的循环耐久性试验和振动试验。

15.6 振动试验

管接头应通过 ISO 19879:2005 中第12章规定的振动试验。ISO 19879 中规定的带振动的循环耐久性试验可以代替单独的循环耐久性试验和振动试验。

15.7 气密性试验

15.7.1 应对三个试件进行试验，以确定他们具有经受 15.7.2～15.7.4 所述试验的能力。

15.7.2 将试件安装在注满水的水槽中。

15.7.3 安装后，给试件充入空气、氮气或氦气，达到 10 MPa(100 bar)压力。

15.7.4 试件在压力下保持 3 min，观察有无上升气泡出现。

15.7.5 试件应能经受 10 MPa 压力，3 min 内没有泄漏，即没有出现上升气泡。

15.7.6 试验气体(空气、氮气或氦气)应记录在试验报告中。

15.8 过度拧紧试验

15.8.1 带卡套的管接头

15.8.1.1 对于每种规格，应对每个卡套连接端的三个试件进行试验。

15.8.1.2 从手拧紧位置再拧 1.5 圈旋紧卡套连接端后，管接头应能经受住继续旋紧 90°的过度拧紧，没有下列失效迹象：

——在连接脱开后，螺母不能移动和自由旋转；

——出现可见的裂纹或严重变形，致使管接头不能使用。

15.8.2 带O形圈密封锥体的管接头

对于每种规格，应按照ISO 19879：2005对带O形圈密封锥体的三个试件进行试验。

16 标注说明(引用本部分)

当选择遵守本部分时，应在试验报告、产品目录和销售文件中使用以下说明："24°锥形管接头的尺寸和设计符合GB/T 14034.1—2010《流体传动金属管连接　第1部分：24°锥形管接头》"。

表面粗糙度单位为微米

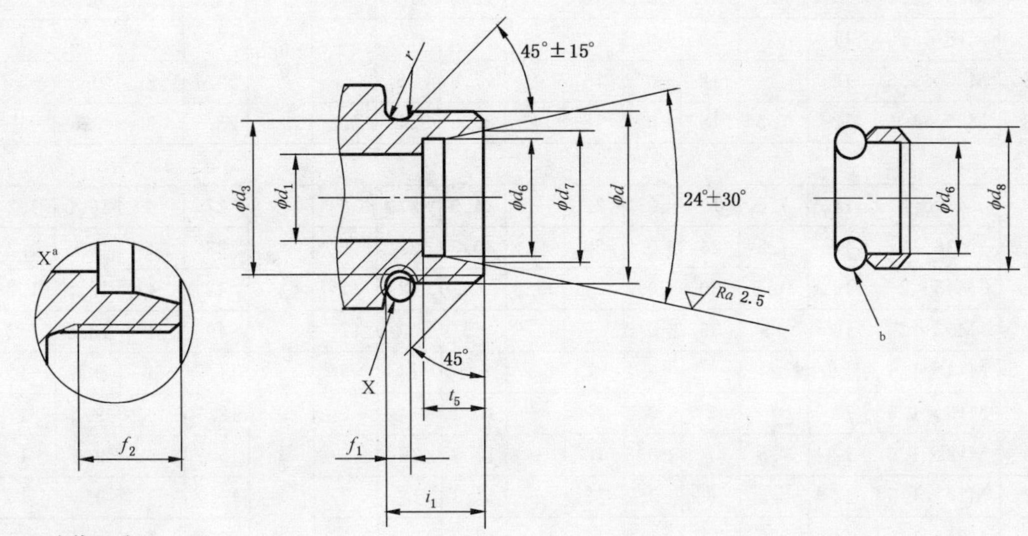

注：尺寸值见表4。

[a] 可选择螺纹退刀槽。

[b] 由制造商选择的接口。

图7　卡套(CR)和24°锥形端头

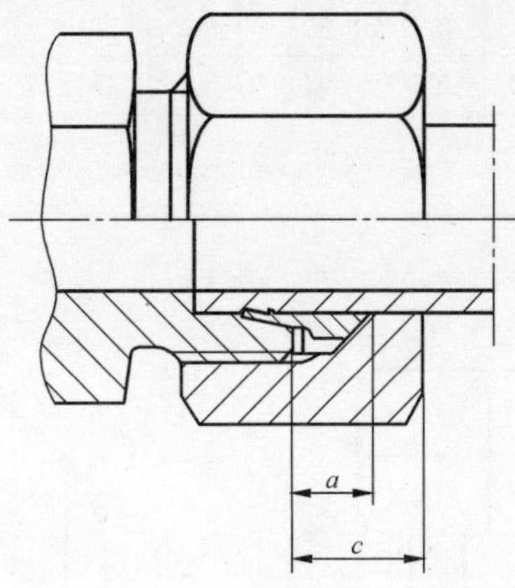

注：尺寸值见表4。

图8　安装

表4　锥形端头和卡套的尺寸

单位为毫米

系列	管子外径	螺纹 d	i_1 ±0.2	t_5 +0.3 0	d_1		d_6		d_7 +0.1 0	d_8 max.	a[a]		d_3 0 −0.2	f_1 +0.3 0	f_2 min.	r ±0.2	c[a] ≈
					标称	公差	B11[b]	+0.1 0			标称	公差					
LL	4	M8×1	8	4	3	±1	4	—	5	6.5	3.5	+0.1 0	6.4	2	6	0.8	6
	5	M10×1	8	5.5	3.5	±1	5	—	6.5	8.5	4		8.4	2	6	0.8	6
	6	M10×1	8	5.5	4.5	±1	6	—	7.5	8.5	4		8.4	2	6	0.8	6
	8	M12×1	9	5.5	6	±1	8	—	9.5	10.5	4		10.4	2	8	0.8	6

表 4（续）

单位为毫米

系列	管子外径	螺纹 d	i_1 ±0.2	t_5 +0.3 0	d_1 标称	d_1 公差	d_6 B11[b]	d_6 +0.1 0	d_7 +0.1 0	d_8 max.	a^a 标称	a^a 公差	d_3 0 −0.2	f_1 +0.3 0	f_2 min.	r ±0.2	c^a ≈
L	6	M12×1.5	10	7	4	±1	6	—	8.1	10	5	+0.1 0	9.7	3	7.5	1	8
	8	M14×1.5	10	7	6	±1	8	—	10.1	12	5		11.7	3	7.5	1	8
	10	M16×1.5	11	7	8	±0.2	10	—	12.3	14	5	+0.15 0	13.7	3	8.5	1	8
	12	M18×1.5	11	7	10	±0.2	12	—	14.3	16	5		15.7	3	8.5	1	8
	15	M22×1.5	12	7	12	±0.2	15	—	17.3	20	5		19.7	3	9.5	1	8
	18	M26×1.5	12	7.5	15	±0.2	18	—	20.3	24	5.5		23.7	3	9.5	1	9
	22	M30×2	14	7.5	19	±0.2	22	—	24.3	27	6	+2 0	27	4	10.5	1.2	9
	28	M36×2	14	7.5	24	±0.2	28	—	30.3	33	6		33	4	10.5	1.2	9
	35	M45×2	16	10.5	30	±0.3	—	35.3	38	42	7		42	4	12.5	1.2	11
	42	M52×2	16	11	36	±0.3	—	42.3	45	49	7		49	4	12.5	1.2	12
S	6	M14×1.5	12	7	4	±0.1	6	—	8.1	12	5	+1.5 0	11.7	3	9.5	1	8
	8	M16×1.5	12	7	5	±0.2	8	—	10.1	14	5		13.7	3	9.5	1	8
	10	M18×1.5	12	7.5	7	±0.2	10	—	12.3	16	5		15.7	3	9.5	1	9
	12	M20×1.5	12	7.5	8	±0.2	12	—	14.3	18	5		17.7	3	9.5	1	9
	16	M24×1.5	14	8.5	12	±0.2	16	—	18.3	22	5		21.7	3	11.5	1	10
	20	M30×2	16	10.5	16	±0.2	20	—	22.9	27	6.5	+2 0	27	4	12.5	12	11
	25	M36×2	18	22	20	±0.2	25	—	27.9	33	6.5		33	4	14.5	12	12
	30	M42×2	20	13.5	25	±0.2	30	—	33	39	7		39	4	16.5	12	13
	38	M52×2	22	16	32	±0.3	—	38.3	41	49	7.5		49	4	18.5	12	15

[a] 当完全拧紧时测量 a 和 c 尺寸。

[b] 公差符合 GB/T 1800.4。

单位为毫米

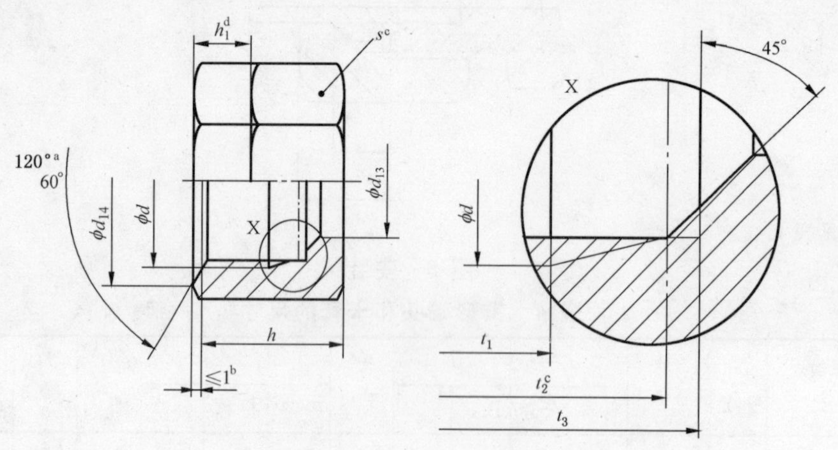

[a] 内倒角。

[b] 对冷成形螺母允许。

[c] 二选一的全倒角。

[d] 可选择的加工台肩。

[e] 相对平面尺寸。

图 9　管子螺母（N）

表 5　管子螺母的尺寸

单位为毫米

系列	管子外径	螺纹 d	d_{13}		d_{14}[a] 参考	t_1 min.	h $^{+0.5}_{-0.2}$	h_1 ±0.1	s	t_2 $^{+0.2}_{0}$	t_3 $^{+0.2}_{0}$
			B11[b]	$^{+0.1}_{0}$							
LL	4	M8×1	4	—	9.8	5	11	3.5	10	7.5	8
	5	M10×1	5	—	11.8	5.5	11.5	3.5	12	7.8	8.5
	6	M10×1	6	—	11.8	5.5	11.5	3.5	12	8.2	8.5
	8	M12×1	8	—	13.8	6	12	3.5	14	8.7	9
L	6	M12×1.5	6	—	13.8	7	14.5	4	14	10	10.5
	8	M14×1.5	8	—	16.8	7	14.5	4	17	10	10.5
	10	M16×1.5	10	—	18.8	8	15.5	4	19	11	11.5
	12	M18×1.5	12	—	21.8	8	15.5	5	22	11	11.5
	15	M22×1.5	15	—	26.8	8.5	17	5	27	11.5	12.5
	18	M26×1.5	18	—	31.8	8.5	18	5	32	11.5	13
	22	M30×2	22	—	35.8	9.5	20	7	36	13.5	14.5
	28	M36×2	28	—	40.8	10	21	7	41	14	15
	35	M45×2	—	35.3	49.8	12	24	8	50	16	17
	42	M52×2	—	42.3	59.6	12	24	8	60	16	17
S	6	M14×1.5	6	—	16.8	8.5	16.5	5	17	11	12.5
	8	M16×1.5	8	—	18.8	8.5	16.5	5	19	11	12.5
	10	M18×1.5	10	—	21.8	8.5	17.5	5	22	11	12.5
	12	M20×1.5	12	—	23.8	8.5	17.5	5	24	11	12.5
	16	M24×1.5	16	—	29.8	10.5	20.5	6	30	13	14.5
	20	M30×2	20	—	35.8	12	24	8	36	15.5	17
	25	M36×2	25	—	45.8	14	27	9	46	17	19
	30	M42×2	30	—	49.8	15	29	10	50	18	20
	38	M52×2	—	38.3	59.6	17	32.5	10	60	19.5	22.5

[a] 尺寸 d_{14} 和 h_1 用于可选择的机加工台肩。

[b] 符合 GB/T 1800.4 的公差。

尺寸单位为毫米

表面粗糙度单位为微米

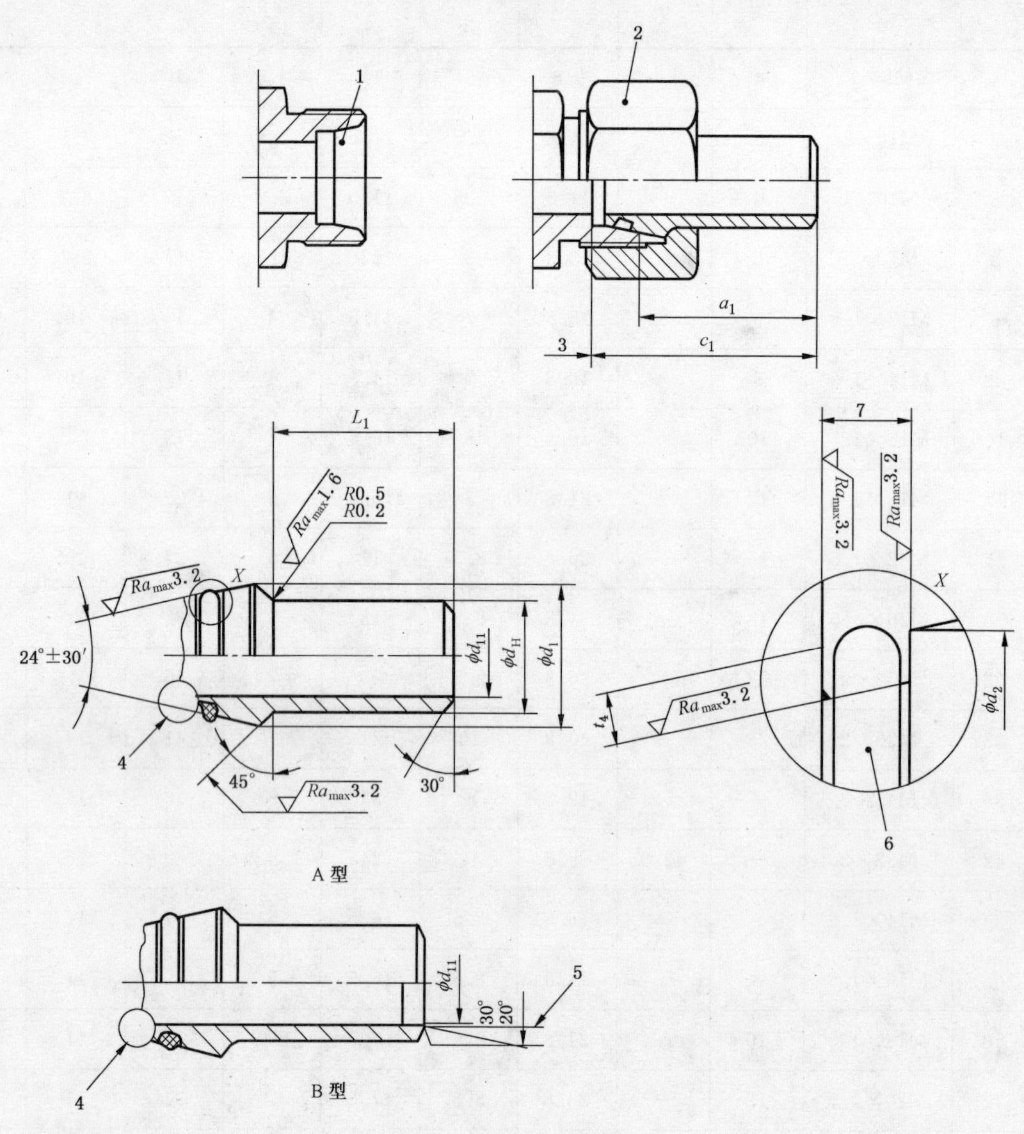

1——24°锥形端头(见图 7)；

2——管子螺母(见图 9)；

3——管子止口；

4——接口,由制造商选择；

5——管子内径；

6——O 形圈；

7——O 形圈沟槽宽度,由制造商选择。

图 10 焊接接管(WDNP)

表 6　焊接接管尺寸

单位为毫米

系列	管子外径	d_{10} ±0.1	d_{11}[a] $^{+0.20}_{-0.05}$	d_9		d_2 max.	L_1 ±0.2	c_1 ±1	a_1 ±1	t_4 ±0.1
				min.	max.					
L	6	6	3	9	11	7.8	19	32	25	1.1
	8	8	5	11	13	9.8	19	32	25	1.1
	10	10	7	14	16	12	20	33.5	26	1.1
	12	12	8	16	18	14	20	33.5	26	1.1
	15	15	10	18	20	17	22	35	28	1.5
	18	18	13	21	24	20	23	37	29.5	1.5
	22	22	17	25	27	24	24.5	39.5	32	1.5
	28	28	23	31	33	30	27.5	42.5	35	1.5
	35	35	29	40	42	37.7	30.5	49.5	39	1.9
	42	42	36	47	49	44.7	30.5	50	39	1.9
S	6	6	2.5	9	11	7.8	19	32	25	1.1
	8	8	4	11	13	9.8	19	32	25	1.1
	10	10	6	14	16	12	20	33.5	26	1.1
	12	12	8	16	18	14	20	33.5	26	1.1
	16	16	11	20	22	18	26	40.5	32	1.5
	20	20	14	24	27	22.6	28.5	47	36.5	1.8
	25	25	19	29	33	27.6	33.5	53.5	41.5	1.8
	30	30	24	35	39	32.7	35.5	57.3	44	1.8
	38	38	32	43	49	40.7	39.5	64.5	48.5	1.8

注：此表给出的尺寸适用于表 3 所给的最低工作压力。用于其他工作压力的管子内径尺寸和壁厚要求见表 3。

[a] A 型焊接接管的最大内径。如果管子内径大于 $d_{11}+0.5$ mm，推荐使用 B 型焊接接管。

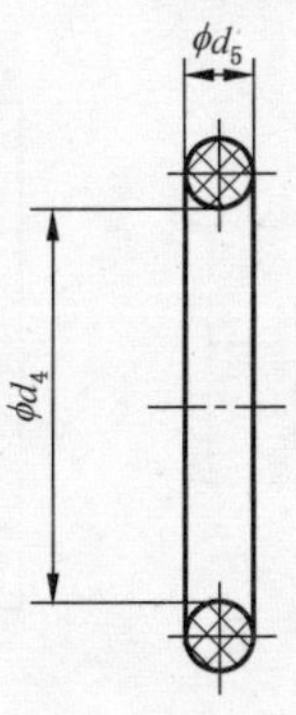

图 11　O 形圈

表 7 O 形圈尺寸

单位为毫米

系列	管子外径	内径 d_4		截面直径 d_5	
		标称	公差	标称	公差
L	6	4	±0.14	1.5	±0.08
	8	6	±0.14	1.5	±0.08
	10	7.5	±0.16	1.5	±0.08
	12	9	±0.16	1.5	±0.08
	15	12	±0.18	2	±0.09
	18	15	±0.18	2	±0.09
	22	20	±0.22	2	±0.09
	28	26	±0.22	2	±0.09
	35	32	±0.31	2.5	±0.09
	42	38	±0.31	2.5	±0.09
S	6	4	±0.14	1.5	±0.08
	8	6	±0.14	1.5	±0.08
	10	7.5	±0.16	1.5	±0.08
	12	9	±0.16	1.5	±0.08
	16	12	±0.18	2	±0.09
	20	16.3	±0.18	2.4	±0.09
	25	20.3	±0.22	2.4	±0.09
	30	25.3	±0.22	2.4	±0.09
	38	33.3	±0.31	2.4	±0.09
注：使用上述 O 形圈的所有设计应满足本部分的性能要求。只要能够保证密封功能，可以使用其他尺寸的 O 形圈。					

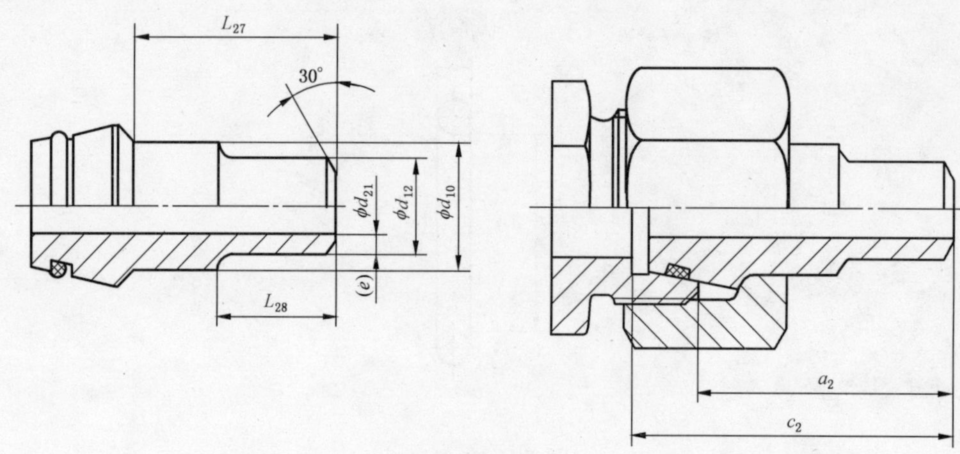

图 12 焊接缩径管接头(WDRDNP)

表 8　L 和 S 系列焊接缩径管接头尺寸

单位为毫米

系列	管子外径		d_{21}		(e)	L_{27}	c_2	a_2	L_{28}
	d_{10} ±0.1	d_{12} ±0.1	标称	公差		±0.2	±1	±1	±0.2
L	8	6	3	±0.1	1.5	19	31.5	24.5	12
	10	8	5	±0.1	1.5	20	33.5	26	12
	12	10	7	±0.2	1.5	20	33.5	26	14
	18	15	12	±0.2	1.5	23	37	29.5	16
	22	15	12	±0.2	1.5	24.5	39.5	32	18
		18	15	±0.2	1.5				
	28	15	12	±0.2	1.5	27.5	42.5	35	20
		18	15	±0.2	1.5				
		22	18	±0.2	2				
	35	15	12	±0.2	1.5	30.5	49.5	39	25
		18	15	±0.2	1.5				
		22	18	±0.2	2				
		28	24	±0.2	2				
	42	15	12	±0.2	1.5	30.5	50	39	28
		18	15	±0.2	1.5				
		22	18	±0.2	2				
		28	24	±0.2	2				
		35	31	±0.3	2				
S	8	6	2	±0.1	2	19	32	25	12
	10	8	3	±0.1	2.5	20	33.5	26	12
		6	2	±0.1	2				
	12	10	4	±0.1	3	20	33.5	26	14
		8	3	±0.1	2.5				
		6	2	±0.1	2				
	16	12	8	±0.2	2	26	40.5	32	15
		10	6	±0.1	2				
		8	5	±0.1	1.5				
		6	3	±0.1	1.5				
	20	16	10	±0.2	3	28.5	47	36.5	17
		12	8	±0.2	2				
		10	6	±0.1	2				
		8	5	±0.1	1.5				
		6	3	±0.1	1.5				

表 8（续） 单位为毫米

系列	管子外径 d_{10} ±0.1	管子外径 d_{12} ±0.1	d_{21} 标称	d_{21} 公差	(*e*)	L_{27} ±0.2	c_2 ±1	a_2 ±1	L_{28} ±0.2
S	25	20	13	±0.2	3.5	33.5	53.5	41.5	20
		16	10	±0.2	3				
		12	8	±0.2	2				
		10	6	±0.1	2				
		8	5	±0.1	1.5				
		6	3	±0.1	1.5				
	30	25	20	±0.2	2.5	35.5	57.5	44	22
		20	16	±0.2	2				
		16	12	±0.2	2				
		12	9	±0.2	1.5				
		10	7	±0.2	1.5				
		8	5	±0.1	1.5				
		6	4	±0.1	1				
	38	30	24	±0.2	3	39.5	64.5	48.5	26
		25	20	±0.2	2.5				
		20	16	±0.2	2				
		16	12	±0.2	2				
		12	9	±0.2	1.5				
		10	7	±0.2	1.5				
		8	5	±0.1	1.5				
		6	4	±0.1	1				
注：工作压力与24°锥形端头相同，见表1或表2。									

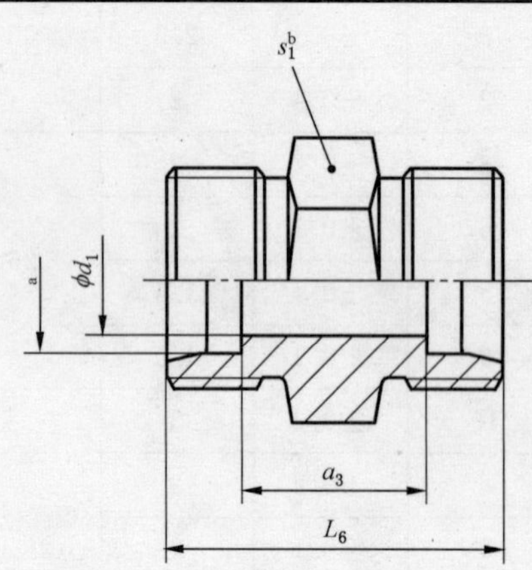

a 管子外径；

b 相对平面尺寸。

图 13 直通中间接头(S)

表 9 直通中间接头尺寸

单位为毫米

系列	管子外径	d_1 参考	L_6 ±0.3	s_1	a_3 参考
LL	4	3	20	9	12
	5	3.5	20	11	9
	6	4.5	20	11	9
	8	6	23	12	12
L	6	4	24	12	10
	8	6	25	14	11
	10	8	27	17	13
	12	10	28	19	14
	15	12	30	24	16
	18	15	31	27	16
	22	19	35	32	20
	28	24	36	41	21
	35	30	41	46	20
	42	36	43	55	21
S	6	4	30	14	16
	8	5	32	17	18
	10	7	32	19	17
	12	8	34	22	19
	16	12	38	27	21
	20	16	44	32	23
	25	20	50	41	26
	30	25	54	46	27
	38	32	61	55	29

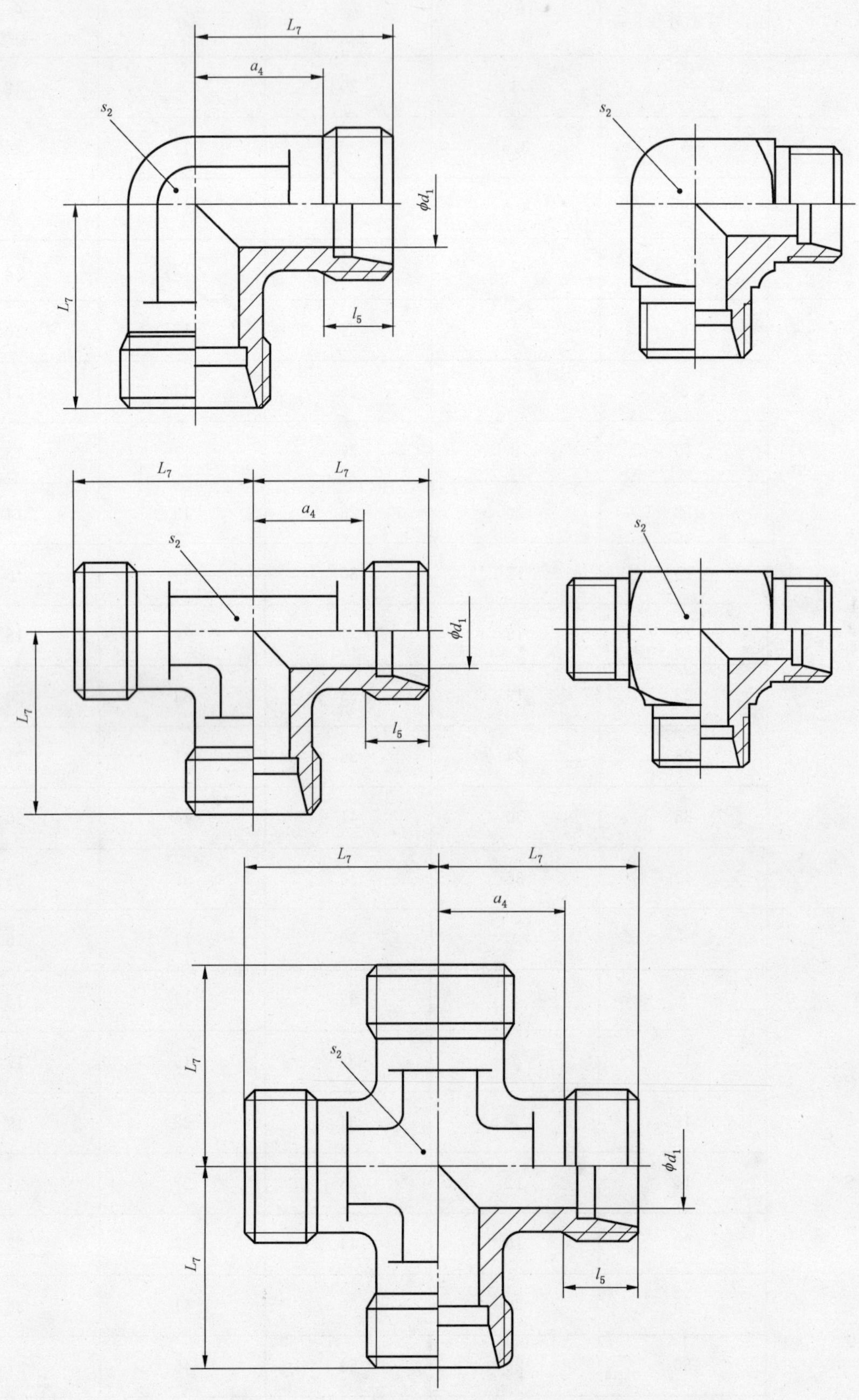

图 14　弯头(E),T 字(T)形和十字(K)形接头

表 10 弯头、T 字形和十字形接头尺寸

单位为毫米

系列	管子外径	d_1 参考	i_5 最小	L_7 ±0.3	s_2 锻制管接头 最小	s_2 用棒料机加工的管接头 最大	a_4 参考
LL	4	3	6	15	9	9	11
	5	3.5	6	15	9	11	9.5
	6	4.5	6	15	9	11	9.5
	8	6	7	17	12	12	11.5
L	6	4	7	19	12	12	12
	8	6	7	21	12	14	14
	10	8	8	22	14	17	15
	12	10	8	24	17	19	17
	15	12	9	28	19	—	21
	18	15	9	31	24	—	23.5
	22	19	10	35	27	—	27.5
	28	24	10	38	36	—	30.5
	35	30	12	45	41	—	34.5
	42	36	12	51	50	—	40
S	6	4	9	23	12	14	16
	8	5	9	24	14	17	17
	10	7	9	25	17	19	17.5
	12	8	9	29	17	22	21.5
	16	12	11	33	24	—	24.5
	20	16	12	37	27	—	26.5
	25	20	14	42	36	—	30
	30	25	16	49	41	—	35.5
	38	32	18	57	50	—	41

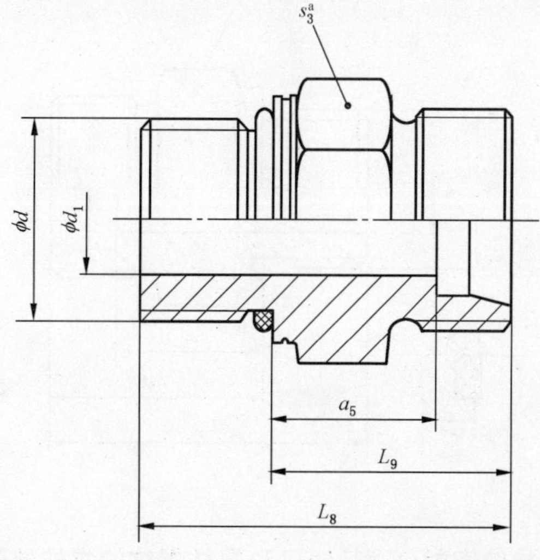

[a] 相对平面尺寸。

图 15 用于符合 ISO 6149-1 的带 O 形圈密封(F 型)油口的螺柱端管接头(SDS)

表 11 用于符合 ISO 6149-1 的带 O 形圈密封(F 型)油口的螺柱端管接头尺寸

单位为毫米

系列	管子外径	d 螺纹[a]	d_1 参考	L_9 参考	L_8 ±0.3	s_3	a_5 参考
L	6	M10×1	4	16.5	25	14	9.5
	8	M12×1.5	6	17	28	17	10
	10	M14×1.5	7	18	29	19	11
	12	M16×1.5	9	19.5	31	22	12.5
	15	M18×1.5	11	20.5	33	24	13.5
	18	M22×1.5	14	22	35	27	14.5
	22	M27×2	18	24	40	32	16.5
	28	M33×2	23	25	41	41	17.5
	35	M42×2	30	28	44	50	17.5
	42	M48×2	36	30	47.5	55	19
S	6	M12×1.5	4	20	31	17	13
	8	M14×1.5	5	22	33	19	15
	10	M16×1.5	7	22.5	35	22	15
	12	M18×1.5	8	24.5	38.5	24	17
	16	M22×1.5	12	27	42	27	18.5
	20	M27×2	15	31	49.5	32	20.5
	25	M33×2	20	35	53.5	41	23
	30	M42×2	25	37	56	50	23.5
	38	M48×2	32	41.5	63.5	55	26

[a] 对于更多详细资料,L 系列见 ISO 6149-3(规定长度),S 系列见 ISO 6149-2。

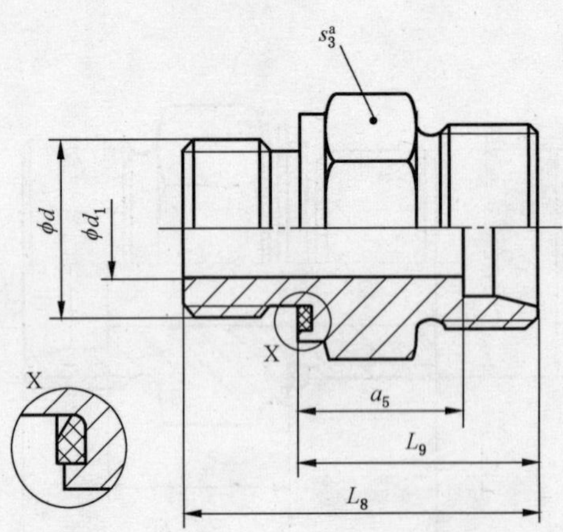

[a] 相对平面尺寸。

图 16 用于橡胶密封(E 型)油口和圆柱螺纹的螺柱端管接头(SDS)

表 12 用于橡胶密封(E型)油口和圆柱螺纹的螺柱端管接头尺寸 单位为毫米

系列	管子外径	ISO 9974-2 [a,b]						ISO 1179-2 [a,b]					
		GB/T 193 螺纹 d	d_1 参考	L_9 参考	L_8 ±0.3	s_3	a_5 参考	GB/T 7307 螺纹 d	d_1 参考	L_9 参考	L_8 ±0.3	s_3	a_5 参考
L	6	M10×1	4	15.5	23.5	14	8.5	G 1/8A	4	15.5	23.5	14	8.5
	8	M12×1.5	6	17	29	17	10	G 1/4A	6	17	29	19	10
	10	M14×1.5	7	18	30	19	11	G 1/4A	6	18	30	19	11
	12	M16×1.5	9	19.5	31.5	22	12.5	G 3/8A	9	19.5	31.5	22	12.5
	15	M18×1.5	11	20.5	32.5	24	13.5	G 1/2A	11	21	35	27	14
	18	M22×1.5	14	22	36	27	14.5	G 1/2A	14	22	36	27	14.5
	22	M26×1.5	18	24	40	32	16.5	G 3/4A	18	24	40	32	16.5
	28	M33×2	23	25	43	41	17.5	G 1A	23	25	43	41	17.5
	35	M42×2	30	28	48	50	17.5	G 1 1/4A	30	28	48	50	17.5
	42	M48×2	36	30	52	55	19	G 1 1/2A	36	30	52	55	19
S	6	M12×1.5	4	20	32	17	13	G 1/4A	4	20	32	19	13
	8	M14×1.5	5	22	34	19	15	G 1/4A	5	22	34	19	15
	10	M16×1.5	7	22.5	34.5	22	15	G 3/8A	7	22.5	34.5	22	15
	12	M18×1.5	8	24.5	36.5	24	17	G 3/8A	8	24.5	36.5	22	17
	12	—	—	—	—	—	—	G 1/2A	8	25	39	27	17.5
	16	M22×1.5	12	27	41	27	18.5	G 1/2A	12	27	41	27	18.5
	16	—	—	—	—	—	—	G 3/4A	12	29	45	32	20.5
	20	M27×2	16	31	47	32	20.5	G 3/4A	16	31	47	32	20.5
	25	M33×2	20	35	53	41	23	G 1A	20	35	53	41	23
	30	M42×2	25	37	57	50	23.5	G 1 1/4A	25	37	57	50	23.5
	38	M48×2	32	42	64	55	26	G 1 1/2A	32	42	64	55	26

[a] 关于密封的更多详细资料见 ISO 9974 和 ISO 1179 的相关部分。

[b] 仅适用于一般应用。对于新设计的液压系统,螺柱端尺寸应与 ISO 6149 的相应部分一致。

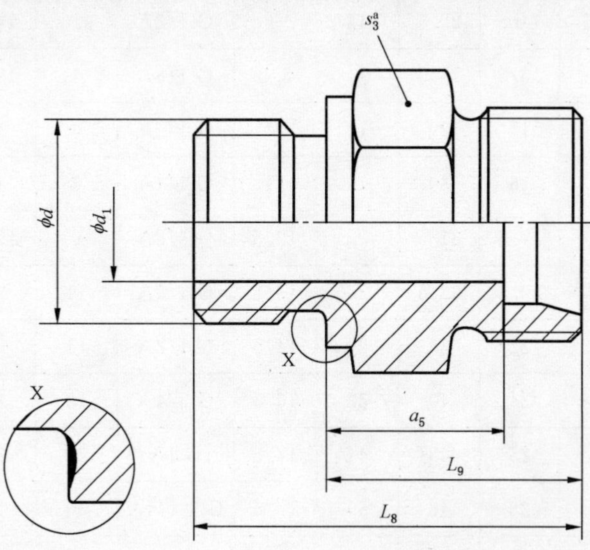

[a] 相对平面尺寸。

图 17 用于金属对金属密封(B型)油口和圆柱螺纹的螺柱端管接头(SDS)

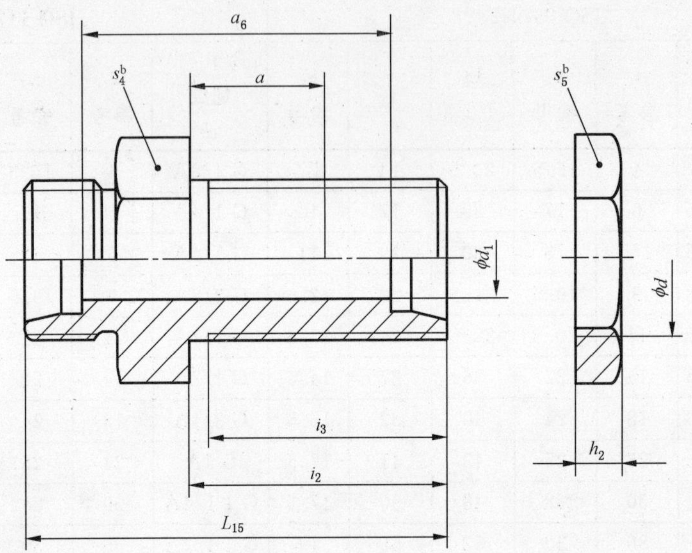

a 最大隔壁厚度：16 mm。

b 相对平面尺寸。

图 18　隔壁直通管接头(BHS)和锁母(LN)

表 13　用于金属对金属密封(B 型)油口和圆柱螺纹的螺柱端管接头尺寸　单位为毫米

系列	管子外径	GB/T 19674.3[a]						ISO 1179-4[a]					
		GB/T 193 螺纹 d	d_1 参考	L_9 参考	L_8 ±0.3	s_3	a_5 参考	GB/T 7307 螺纹 d	d_1 参考	L_9 参考	L_8 ±0.3	s_3	a_5 参考
LL	4	M8×1	3	13.5	21.5	12	9.5	G 1/8A	3	13.5	21.5	14	9.5
	5	M8×1	3	13.5	21.5	12	8	G 1/8A	3	13.5	21.5	14	8
	6	M10×1	4	13.5	21.5	14	8	G 1/8A	4	13.5	21.5	14	8
	8	M10×1	4.5	14.5	22.5	14	9	G 1/8A	4.5	14.5	22.5	14	9
L	6	M10×1	4	15.5	23.5	14	8.5	G 1/8A	4	15.5	23.5	14	8.5
	8	M12×1.5	6	17	29	17	10	G 1/4A	6	17	29	19	10
	10	M14×1.5	7	18	30	19	11	G 1/4A	6	18	30	19	11
	12	M16×1.5	9	19.5	31.5	22	12.5	G 3/8A	9	19.5	31.5	22	12.5
	15	M18×1.5	11	20.5	32.5	24	13.5	G 1/2A	11	21	32.5	27	14
	18	M22×1.5	14	22	36	27	14.5	G 1/2A	14	22	36	27	14.5
	22	M26×1.5	18	24	40	32	16.5	G 3/4A	18	24	40	32	16.5
	28	M33×2	23	25	43	41	17.5	G 1A	23	25	43	41	17.5
	35	M42×2	30	28	48	50	17.5	G 1 1/4A	30	28	48	50	17.5
	42	M48×2	36	30	52	55	19	G 1 1/2A	36	30	52	55	19

表 13（续） 单位为毫米

系列	管子外径	GB/T 19674.3 [a]						ISO 1179-4 [a]					
		GB/T 193 螺纹 d	d_1 参考	L_9 参考	L_8 ±0.3	s_3	a_5 参考	GB/T 7307 螺纹 d	d_1 参考	L_9 参考	L_8 ±0.3	s_3	a_5 参考
S	6	M12×1.5	4	20	32	17	13	G 1/4A	4	20	32	19	13
	8	M14×1.5	5	22	34	19	15	G 1/4A	5	22	34	19	15
	10	M16×1.5	7	22.5	34.5	22	15	G 3/8A	7	22.5	34.5	22	15
	12	M18×1.5	8	24.5	36.5	24	17	G 3/8A	8	24.5	36.5	22	17
	12	—	—	—	—	—	—	G 1/2A	8	25	39	27	17.5
	16	M22×1.5	12	27	41	27	18.5	G 1/2A	12	27	41	27	18.5
	16	—	—	—	—	—	—	G 3/4A	12	29	45	32	20.5
	20	M27×2	16	31	47	32	20.5	G 3/4A	16	31	47	32	20.5
	25	M33×2	20	35	53	41	23	G 1A	20	35	53	41	23
	30	M42×2	25	37	57	50	23.5	G 1 1/4A	25	37	57	50	23.5
	38	M48×2	32	42	64	55	26	G 1 1/2A	32	42	64	55	26

[a] 仅适用于一般应用。对于新设计的液压系统，螺柱端尺寸应与 ISO 6149 的相应部分一致。

表 14 隔壁直通管接头和锁母的尺寸 单位为毫米

系列	管子外径	隔壁式管接头						锁母		
		d_1 参考	i_3 最小	i_2 ±0.2	L_{15} ±0.3	s_4	a_6 参考	d	s_5	h_2 ±0.2
L	6	4	30	34	48	17	34	M12×1.5	17	6
	8	6	30	34	49	19	35	M14×1.5	19	6
	10	8	31	35	52	22	38	M16×1.5	22	6
	12	10	32	36	53	24	39	M18×1.5	24	6
	15	12	34	38	57	27	43	M22×1.5	30	7
	18	15	36	40	61	32	46	M26×1.5	36	8
	22	19	37	42	66	36	51	M30×2	41	8
	28	24	38	43	69	41	54	M36×2	46	9
	35	30	42	47	76	50	55	M45×2	55	9
	42	36	42	47	77	60	55	M52×2	65	10
S	6	4	32	36	55	19	41	M14×1.5	19	6
	8	5	32	36	56	22	42	M16×1.5	22	6
	10	7	33	37	59	24	44	M18×1.5	24	6
	12	8	34	38	60	27	45	M20×1.5	27	6
	16	12	36	40	65	32	48	M24×1.5	32	7
	20	16	39	44	72	41	51	M30×2	41	8
	25	20	42	47	79	46	55	M36×2	46	9
	30	25	46	51	86	50	59	M42×2	50	9
	38	32	48	53	91	65	59	M52×2	65	10

注：在 L 和 S 系列中，用于下列管子外径的锁母尺寸相同：

——L 系列管子外径 8 和 S 系列管子外径 6；L 系列管子外径 10 和 S 系列管子外径 8；

——L 系列管子外径 12 和 S 系列管子外径 10；L 系列管子外径 22 和 S 系列管子外径 20；

——L 系列管子外径 28 和 S 系列管子外径 25；L 系列管子外径 42 和 S 系列管子外径 38。

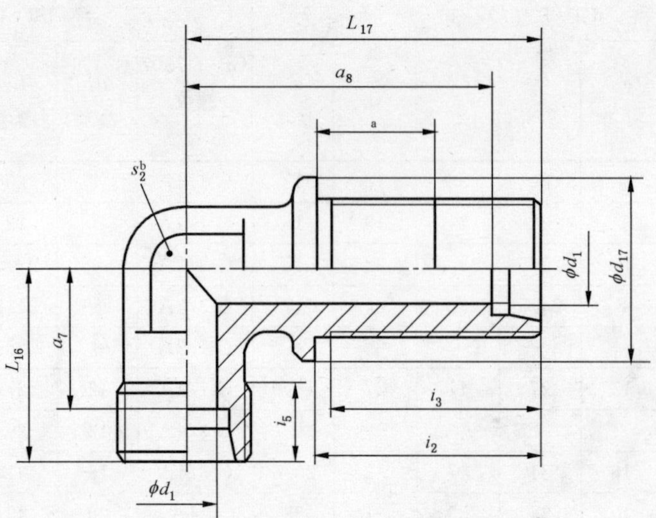

[a] 最大隔壁厚度：16 mm。

[b] 相对平面宽度。

图 19 隔壁式弯头(BHE)

表 15 隔壁式弯头尺寸

单位为毫米

系列	管子外径	d_1 参考	d_{17} ±0.2	i_5 最小	i_3 最小	i_2 ±0.2	L_{16} ±0.3	L_{17} ±0.3	s_2	a_7 参考	a_8 参考
L	6	4	17	7	30	34	19	48	12	12	41
	8	6	19	7	30	34	21	51	12	14	44
	10	8	22	8	31	35	22	53	14	15	46
	12	10	24	8	32	36	24	56	17	17	49
	15	12	27	9	34	38	28	61	19	21	54
	18	15	32	9	36	40	31	64	24	23.5	56.5
	22	19	36	10	37	42	35	72	27	27.5	64.5
	28	24	42	10	38	43	38	77	36	30.5	69.5
	35	30	50	12	42	47	45	86	41	34.5	75.5
	42	36	60	12	42	47	51	90	50	40	79
S	6	4	19	9	32	36	23	53	12	16	46
	8	5	22	9	32	36	24	54	14	17	47
	10	7	24	9	33	37	25	57	17	17.5	49.5
	12	8	27	9	34	38	29	59	17	21.5	51.5
	16	12	30	11	36	40	33	64	24	24.5	55.5
	20	16	36	12	39	44	37	74	27	26.5	63.5
	25	20	42	14	42	47	42	81	36	30	69
	30	25	50	16	46	51	49	90	41	35.5	76.5
	38	32	60	18	48	53	57	96	50	41	80

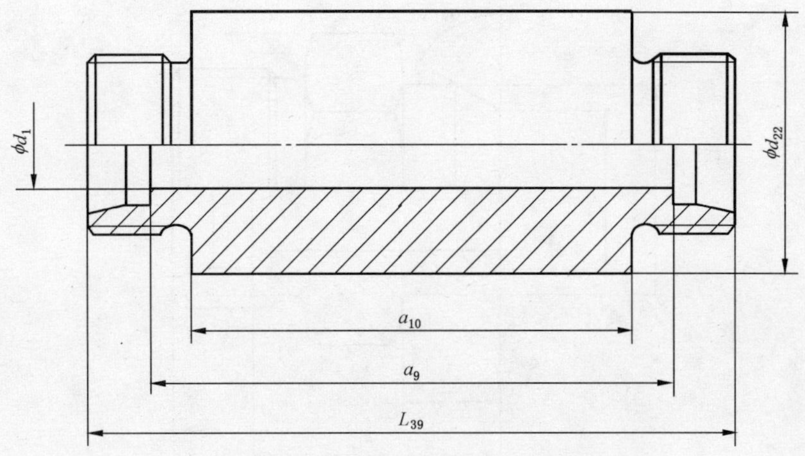

图 20 焊接隔壁式直通管接头(WDBHS)

表 16 焊接隔壁式直通管接头尺寸

单位为毫米

系列	管子尺寸	d_{22} ±0.2	d_1 参考	L_{39} ±0.3	a_9 参考	a_{10} 参考
L	6	18	4	70	56	50
	8	20	6	70	56	50
	10	22	8	72	58	50
	12	25	10	72	58	50
	15	28	12	84	70	60
	18	32	15	84	69	60
	22	36	19	88	73	60
	28	40	24	88	73	60
	35	50	30	92	71	60
	42	60	36	92	70	60
S	6	20	4	74	60	50
	8	22	5	74	50	50
	10	25	7	74	59	50
	12	28	8	74	59	50
	16	35	12	88	71	60
	20	38	16	92	71	60
	25	45	20	96	72	60
	30	50	25	100	73	60
	38	60	32	104	72	60

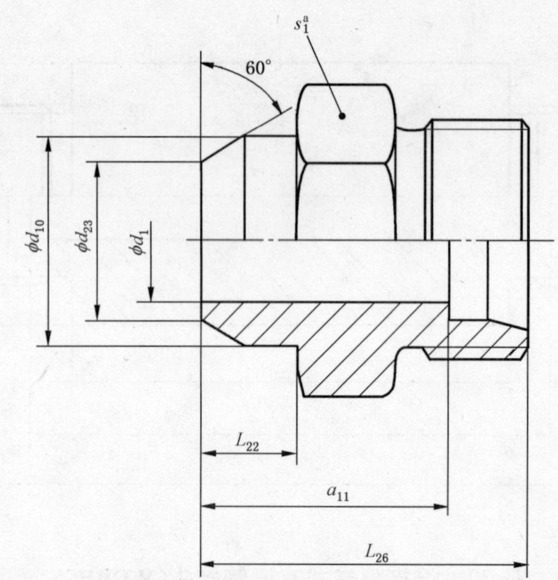

[a] 相对平面尺寸。

图 21 焊接直通管接头(WDS)

表 17 焊接直通管接头尺寸

单位为毫米

系列	管子尺寸	d_{10} ±0.2	d_{23} ±0.2	d_1 参考	L_{22} ±0.2	L_{26} ±0.3	s_1	a_{11} 参考
L	6	10	6	4	7	21	12	14
	8	12	8	6	8	23	14	16
	10	14	10	8	8	25	17	18
	12	16	12	10	8	25	19	18
	15	19	15	12	10	29	22	22
	18	22	18	15	10	31	27	23.5
	22	27	22	19	12	36	32	28.5
	28	32	28	24	12	38	41	30.5
	35	40	35	30	14	43	46	32.5
	42	46	42	36	16	46	55	35
S	6	11	6	4	7	26	14	19
	8	13	8	5	8	28	17	21
	10	15	10	7	8	30	19	22.5
	12	17	12	8	10	32	22	24.5
	16	21	16	12	10	35	27	26.5
	20	26	20	16	12	40	32	29.5
	25	31	24	20	12	44	41	32
	30	36	29	25	14	49	46	35.5
	38	44	36	32	16	54	55	38

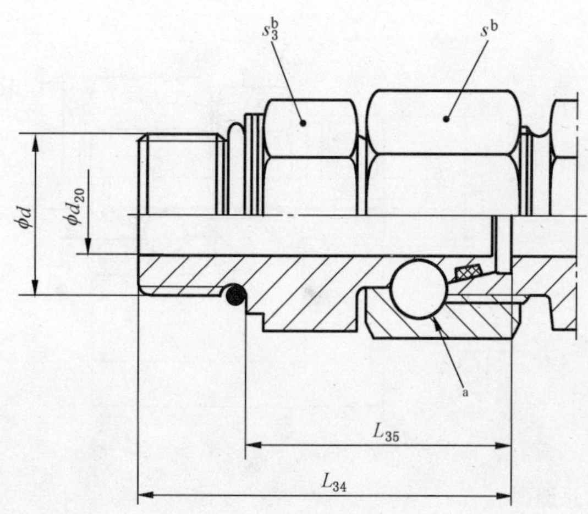

a 旋转螺母的组装方法由制造商选择。

b 相对平面尺寸。

图 22　带 O 形圈及符合 ISO 6149-2(S 系列)或 ISO 6149-3(L 系列)螺柱端的回转螺柱端直通管接头

表 18　带 O 形圈(SWOSDS)及符合 ISO 6149-2(S 系列)或 ISO 6149-3(L 系列)螺柱端的回转螺柱端直通管接头尺寸

单位为毫米

系列	管子尺寸	螺纹 d	d_{20} 最小	L_{34} ±0.5	L_{35} 参考	s_3	s
L	6	M10×1	2.5	33	24.5	14	14
	8	M12×1.5	4	37.5	26.5	17	17
	10	M14×1.5	6	38.5	27.5	19	19
	12	M16×1.5	8	42	30.5	22	22
	15	M18×1.5	10	44	31.5	24	27
	18	M22×1.5	13	44.5	31.5	27	32
	22	M27×2	17	48.5	32.5	32	36
	28	M33×2	22	51	35	41	41[a]
	35	M42×2	28	58.5	42.5	50	50
	42	M48×2	34	64	46.5	55	60
S	6	M12×1.5	2.5	38	27	17	17
	8	M14×1.5	4	40.5	29.5	19	19
	10	M16×1.5	6	44.5	32	22	22
	12	M18×1.5	8	48	34	24	24
	16	M22×1.5	11	52	37	27	30
	20	M27×2	14	61.5	43	32	36
	25	M33×2	18	66.5	48	41	46
	30	M42×2	23	70	51	50	50
	38	M48×2	30	81.5	60	55	60

a 可替换的六角形尺寸:46 mm。

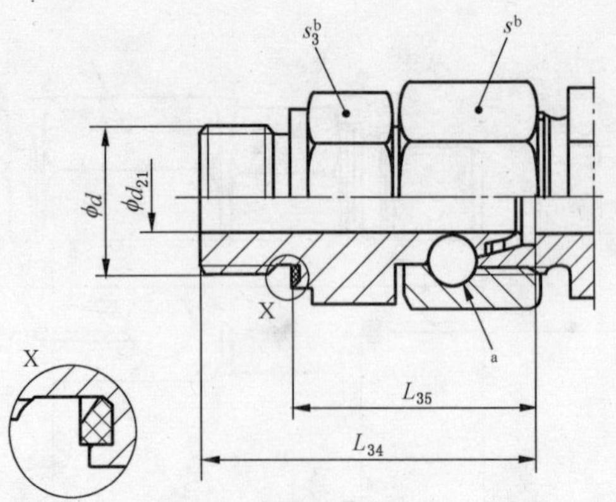

a 旋转螺母组装方法由制造商选择。

b 相对平面尺寸。

图 23 带 O 形圈(SWOSDS)及符合 ISO 1179-2 或 ISO 9974-2 螺柱端的回转螺柱端直通管接头

表 19 带 O 形圈及符合 ISO 1179-2 或 ISO 9974-2 螺柱端的回转螺柱端直通管接头尺寸

单位为毫米

系列	管子尺寸	s	ISO 1179-2 螺柱端					ISO 9974-2 螺柱端				
			GB/T 7307 螺纹 d	d_{20} 最小	L_{34} ±0.5	L_{35} 参考	s_3	GB/T 193[a] 螺纹 d	d_{20} 最小	L_{34} ±0.5	L_{35} 参考	s_3
L	6	14	G 1/8A	2.5	32.5	24.5	14	M10×1	2.5	32.5	24.5	14
	8	17	G 1/4A	4	41.5	29.5	19	M12×1.5	4	38.5	26.5	17
	10	19	G 1/4A	6	39.5	27.5	19	M14×1.5	6	39.5	27.5	19
	12	22	G 3/8A	8	46	34	22	M16×1.5	8	42.5	30.5	22
	15	27	G 1/2A	10	46	32	27	M18×1.5	10	43.5	31.5	24
	18	32	G 1/2A	13	45.5	31.5	27	M22×1.5	13	45.5	31.5	27
	22	36	G 3/4A	17	48.5	32.5	32	M26×1.5	17	48.5	32.5	32
	28	41[b]	G 1A	22	53	35	41	M33×2	22	53	35	41
	35	50	G 1 1/4A	28	62.5	42.5	50	M42×2	28	62.5	42.5	50
	42	60	G 1 1/2A	34	68.5	46.5	55	M48×2	34	68.5	46.5	55
S	6	17	G 1/4A	2.5	39	27	19	M12×1.5	2.5	39	27	17
	8	19	G 1/4A	4	41.5	29.5	19	M14×1.5	4	41.5	29.5	19
	10	22	G 3/8A	6	44	32	22	M16×1.5	6	44	32	22
	12	24	G 3/8A	8	46	34	22	M18×1.5	8	46	34	24
	12	24	G 1/2A	8	48.5	34.5	27	—	—	—	—	—
	16	30	G 1/2A	11	51	37	27	M22×1.5	11	51	37	27
	16	30	G 3/4A	11	55	39	32	—	—	—	—	—
	20	36	G 3/4A	14	59	43	32	M27×2	14	59	43	32
	25	46	G 1A	18	66	48	41	M33×2	18	66	48	41
	30	50	G 1 1/4A	23	71	51	50	M42×2	23	71	51	50
	38	60	G 1 1/2A	30	82	60	55	M48×2	30	82	60	55

a 对于 GB/T 193 螺纹,首选符合图 21 和表 18(ISO 6149-2 和 ISO 6149-3)的管接头。

b 可替换的六角形尺寸:46 mm。

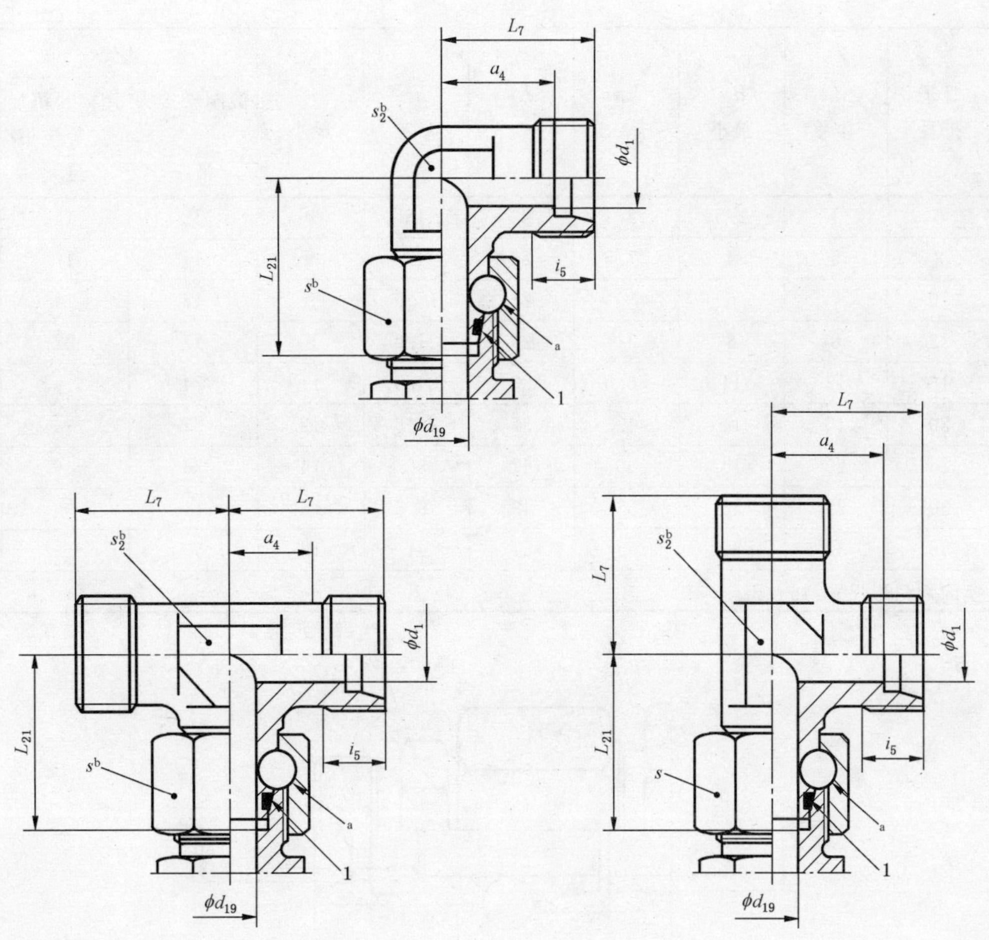

1——O 形圈；

[a] 旋转螺母组装方法由制造商选择。

[b] 相对平面尺寸。

图 24 带 O 形圈的回转弯头(SWOE)、T 形支路(SWOBT)和 T 形主路(SWORT)

表 20 带 O 形圈的回转弯头、T 形支路和 T 形主路的接头尺寸

单位为毫米

系列	管子外径	d_1 参考	d_{19} 最小	L_{21} ±0.5	L_7 ±0.3	a_4 参考	i_5 最小	s_2 锻制管接头 最小	s_2 用棒料机加工管接头 最大	s
L	6	4	2.5	26	19	12	7	12	—	14
	8	6	4	27.5	21	14	7	12	14	17
	10	8	6	29	22	15	8	14	17	19
	12	10	8	29.5	24	17	8	17	19	22
	15	12	10	32.5	28	21	9	19	—	27
	18	15	13	35.5	31	23.5	9	24	—	32
	22	19	17	38.5	35	27.5	10	27	—	36
	28	24	22	41.5	38	30.5	10	36	—	41[a]
	35	30	28	51	45	34.5	12	41	—	50
	42	36	34	56	51	40	12	50	—	60

表 20（续）　　　　单位为毫米

系列	管子外径	d_1 参考	d_{19} 最小	L_{21} ±0.5	L_7 ±0.3	a_4 参考	i_5 最小	s_2 锻制管接头最小	s_2 用棒料机加工管接头最大	s
S	6	4	2.5	27	23	16	9	12	14	17
	8	5	4	27.5	24	17	9	14	17	19
	10	7	6	30	25	17.5	9	17	19	22
	12	8	8	31	29	21.5	9	17	22	24
	16	12	11	36.5	33	24.5	11	24	—	30
	20	16	14	44.5	37	26.5	12	27	—	36
	25	20	18	50	42	30	14	36	—	46
	30	25	23	55	49	35.5	16	41	—	50
	38	32	30	63	57	41	18	50	—	60

[a] 可替换的六角形尺寸：46 mm。

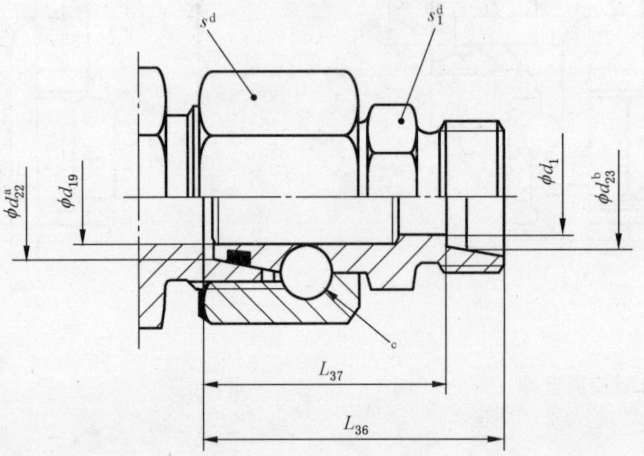

[a] 管子外径（d_{22}）。

[b] 管子外径（d_{23}）。

[c] 旋转螺母组装方法由制造商选择。

[d] 相对平面尺寸。

图 25　带 O 形圈的缩径回转直通管接头（RDSW）

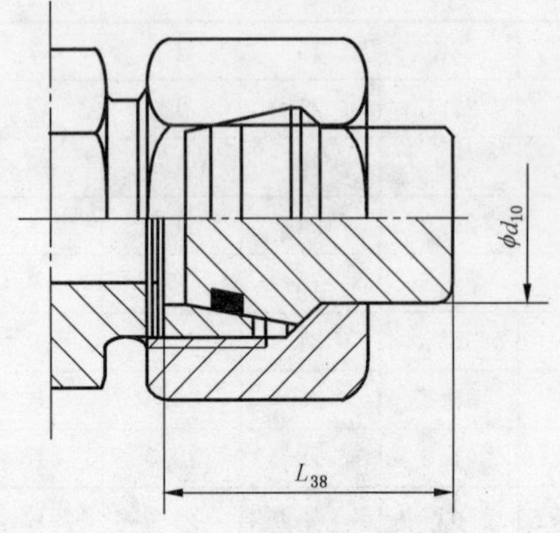

图 26　带 O 形圈的堵头（PL）

表 21 带O形圈的缩径回转管接头尺寸

单位为毫米

系列	管子外径 d_{22} 参考	管子外径 d_{23} 参考	d_1 参考	d_{19} 最小	L_{36} ±0.5	L_{37} 参考	s_1	S
L	8	6	4	4	30.5	23.5	12	17
	10	6	4	6	32	25	14	19
		8	6	6	32	25		
	12	6	4	8	32	25	17	22
		8	6	8	32	25		
		10	8	8	33	26		
	15	10	8	10	36.5	29.5	19(22)	27
		12	10	10	36.5	29.5		
	18	15	12	12	37	30	24	32
	22	15	12	17	41	34	27	36
		18	15	17	41	33.5		
	28	15	12	22	43	36	32(36)	41(46)
		18	15	22	43	35.5		
		22	19	22	45	37.5		
	35	15	12	28	46	39	41(46)	50
		18	15	28	46	38.5		
		22	19	28	48	40.5		
		28	24	28	48	40.5		
	42	15	12	34	49.5	42.5	50	60
		18	15	34	49.5	42		
		22	19	34	51.5	44		
		28	24	34	51.5	44		
		35	30	34	53.5	43		
S	8	6	4	4	34	27	14	19
	10	6	4	6	34.5	27.5	17	22
		8	5	6	34.5	27.5		
	12	6	4	8	37	29	19	24
		8	5	8	37	29		
		10	7	8	37	29.5		
	16	6	4	11	39	32	22	30
		8	5	11	39	32		
		10	7	11	39	31.5		
		12	8	11	39	31.5		

表 21（续）

单位为毫米

系列	管子外径		d_1 参考	d_{19} 最小	L_{36} ±0.5	L_{37} 参考	s_1	S
	d_{22} 参考	d_{23} 参考						
S	20	6	4	14	43	36	27	36
		8	5	14	43	36		
		10	7	14	43	35.5		
		12	8	14	43	35.5		
		16	12	14	45	36.5		
	25	6	4	18	45.5	38.5	32(36)	46
		8	5	18	45.5	38.5		
		10	7	18	45.5	38		
		12	8	18	45.5	38		
		16	12	18	47.5	39		
		20	16	18	49.5	39		
	30	6	4	23	51	44	41	50
		8	5	23	51	44		
		10	7	23	51	43.5		
		12	8	23	51	43.5		
		16	12	23	53	44.5		
		20	16	23	55	44.5		
		25	20	23	57	45		
	38	6	4	30	54.5	47.5	50	60
		8	5	30	54.5	47.5		
		10	7	30	54.5	47		
		12	8	30	54.5	47		
		16	12	30	56.5	48		
		20	16	30	58.5	48		
		25	20	30	60.5	48.5		
		30	25	30	62.5	49		

表 22 带 O 形圈的堵头尺寸

系　　列	管子外径 d_{10}	L_{38} ±0.5
L	6	19.0
	8	19.0
	10	20.5
	12	21.0
	15	21.0
	18	23.5

表 22（续）

系　　列	管子外径 d_{10}	L_{38} ±0.5
L	22	26.0
	28	26.5
	35	32.0
	42	32.5
S	6	19.0
	8	19.0
	10	21.0
	12	21.5
	16	25.0
	20	30.5
	25	32.5
	30	35.5
	38	40.5

参 考 文 献

[1] GB/T 1800.2 极限与配合 基础 第2部分:公差、偏差和配合的基本规定(GB/T 1800.2—1998,eqv ISO 286-1:1988)

[2] GB/T 1800.3 极限与配合 基础 第3部分:标准公差和基本偏差数值表(GB/T 1800.3—1998,eqv ISO 286-1:1988)

[3] GB/T 1800.4 极限与配合 标准公差等级和孔、轴的极限偏差表(GB/T 1800.4—1999,eqv ISO 286-2:1988)

[4] GB/T 2351 液压气动系统用硬管外径和软管内径(GB/T 2351—2005,ISO 4397:1993,IDT)

[5] GB/T 7937 液压气动用管接头及其相关元件公称压力系列(GB/T 7937—2002,eqv ISO 4399:1995)

[6] ISO 228-2 非螺纹密封连接的管螺纹 第2部分:用极限量规的检验方法

[7] ISO 1179-3 一般用途和流体传动用管接头 ISO 228-1 螺纹及橡胶或金属对金属密封件的油口和螺柱端 第3部分:带O形圈及挡圈密封的轻型(L系列)螺柱端

ICS 23.100.01
J 20

中华人民共和国国家标准

GB/T 19925—2005

液压传动 隔离式充气蓄能器优先选择的液压油口

Hydraulic fluid power —Gas-loaded accumulators with separator—Selection of preferred hydraulic port

(ISO 10946:1999,MOD)

2005-09-19 发布 2006-04-01 实施

中华人民共和国国家质量监督检验检疫总局
中国国家标准化管理委员会 发布

前　言

本标准修改采用国际标准 ISO 10946:1999《液压传动　隔离式充气蓄能器　优先选择的液压油口》(英文版)。

本标准在采用 ISO 10946 时做了以下修改:

——将"规范性引用文件"中的 ISO 5596 和 ISO 5598 替换为我国的相应标准 GB/T 2352 和GB/T 17446;

——ISO 10946 中引用了三项修改中的草案:ISO 6164-1、ISO 6164-2、ISO 6164-3,本标准引用了现行版本:ISO 6164:1994;

——将所引用 ISO 标准的相关内容作为附录 A、附录 B、附录 C、附录 D 列于本标准中。

本标准的附录 A、附录 B、附录 C、附录 D 是规范性附录。

本标准由中国机械工业联合会提出。

本标准由全国液压气动标准化技术委员会(SAC/TC3)归口。

本标准起草单位:西安重型机械研究所。

本标准主要起草人:聂延红、祝懋田。

引　言

在液压传动系统中，能量是通过封闭回路内的受压液体进行传递和控制的。

隔离式充气蓄能器是按照气体的可压缩性原理进行能量存储并返还能量的元件。

液压传动 隔离式充气蓄能器 优先选择的液压油口

1 范围

本标准规定了液压传动系统中使用的隔离式充气蓄能器(除第3章外以下简称蓄能器)优先选择的液压油口的型式和尺寸。

2 规范性引用文件

下列文件中的条款通过本标准的引用而成为本标准的条款。凡是注日期的引用文件,其随后所有的修改单(不包括勘误的内容)或修订版均不适用于本标准,然而,鼓励根据本标准达成协议的各方研究是否可使用这些文件的最新版本。凡是不注日期的引用文件,其最新版本适用于本标准。

GB/T 2352 液压传动 隔离式充气蓄能器 压力和容积范围及特征量(GB/T 2352—2003,idt ISO 5596:1999)

GB/T 17446 流体传动系统及元件 术语(GB/T 17446—1998,idt ISO 5598:1985)

ISO 1179-1:—[1] 一般用途和流体传动用管接头 带有ISO 228-1螺纹及弹性密封或金属对金属密封的油口和螺柱端 第1部分:螺纹油口

ISO 6149-1:—[2] 一般用途和流体传动用管接头 带有ISO 261螺纹和O形圈密封的油口和螺柱端 第1部分:在锪孔槽中装有O形密封圈的油口

ISO 6162-1:2002 液压传动 带有分体式或整体式法兰以及米制或英制螺栓的法兰管接头 第1部分:用于3.5 MPa(35 bar)~35 MPa(350bar)压力下,DN13~DN127的法兰管接头

ISO 6162-2:2002 液压传动 带有分体式或整体式法兰以及米制或英制螺栓的法兰管接头 第2部分:用于35 MPa(350 bar)~40 MPa(400 bar)压力下,DN13~DN51的法兰管接头

ISO 6164:1994 液压传动 25 MPa和40 MPa(400bar和250 bar)压力下使用的4螺栓整体方形法兰管接头

3 术语和定义

在GB/T 17446中给出的以及下列的术语和定义,适用于本标准。

3.1

囊式蓄能器 bladder type accumulator

其内部的液体和气体由通常固定在壳体一端的柔性皮囊或胶囊隔离的充气式蓄能器。

3.2

隔膜式蓄能器 diaphragm type accumulator

其内部的液体和气体由通常以其最大直径固定在壳体上的柔性隔膜隔离的充气式蓄能器。

3.3

活塞式蓄能器 piston type accumulator

其内部的液体和气体由刚性的滑动活塞隔离的充气式蓄能器。

---

1) 将发布ISO 1179:1981的修订本。

2) 将发布ISO 6149-1:1993的修订本。

4 型式和尺寸

4.1 一般要求

对于螺纹油口，应优先选择 ISO 6149-1 中规定的型式，见附录 A。对于法兰油口，应优先选择 ISO 6162-1、ISO 6162-2 和 ISO 6164 中规定的型式，见附录 B 和附录 C。在 ISO 1179-1 中规定的螺纹油口，见附录 D，可选择用于现有设备。

4.2 螺纹管接头

螺纹管接头的型式见图 1，d_1 为油口尺寸。

4.3 用于隔膜式蓄能器的油口要求

用于隔膜式蓄能器的油口应从表 1 中选择。

4.4 用于囊式或活塞式蓄能器的油口要求

用于囊式或活塞式蓄能器的油口应从表 2 中选择。

5 标注说明（引用本标准）

当决定遵守本标准时，建议在试验报告、产品目录和销售资料中使用以下说明：

"隔离式充气蓄能器的液压油口符合 GB/T 19925—2005《液压传动 隔离式充气蓄能器 优先选择的液压油口》(ISO 10946:1999,MOD)"。

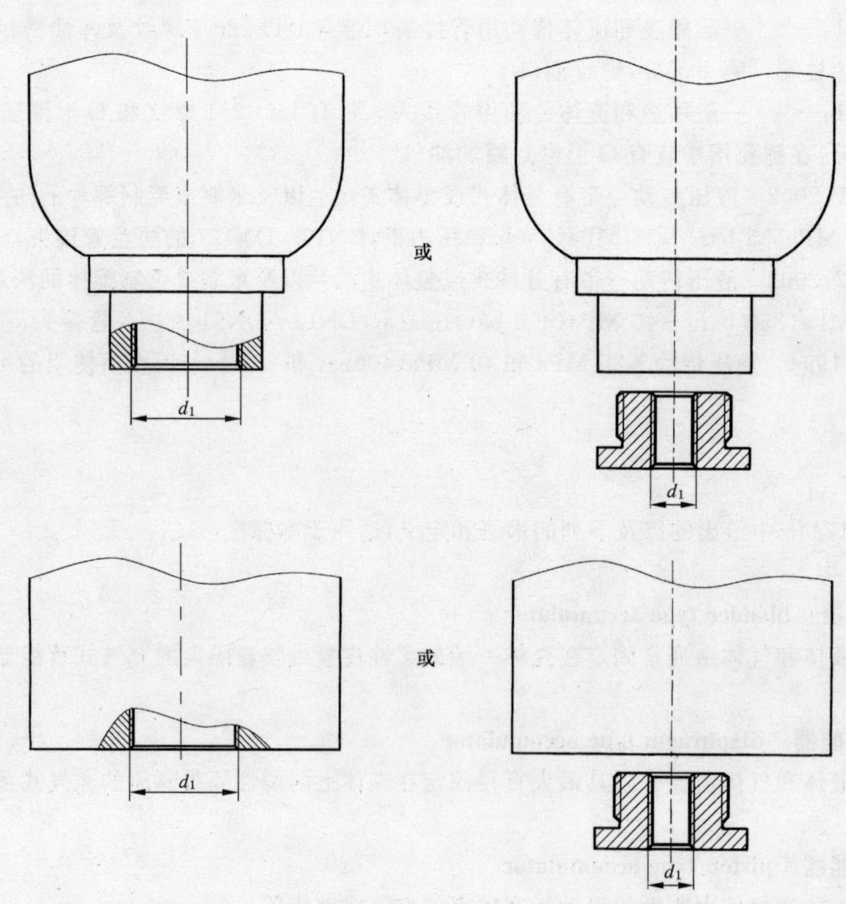

图 1 可选择的螺纹管接头

表 1　隔膜式蓄能器的油口尺寸 d_1

按照 ISO 6149-1 优先选择的油口		M 14×1.5	M 18×1.5	M 22×1.5	M 27×2
现有应用按 ISO 1179-1 选择的油口		G1/4	G3/8	G1/2	G3/4
容积/L	≤0.4				
	>0.4,≤1.6				
	>1.6,≤6.3				
注:阴影部分表示优先选择的油口尺寸。					

表 2　囊式或活塞式蓄能器的油口尺寸 d_1

按照 ISO 6149-1 优先选择的螺纹油口		M 14×1.5	M 18×1.5	M 22×1.5	M 27×2	M 33×2	M 42×2	M 48×2	M 60×2
现有应用按 ISO 1179-1 选择螺纹油口		G1/4	G3/8	G1/2	G3/4	G1	G1 1/4	G1 1/2	G2[b]
按 ISO 6162 或 ISO 6164 选择法兰油口[a] DN		—	—	—	15	20	25	32	40
容积/L	≤0.4								
	>0.4,≤1								
	>1,≤10								
	>10								
注:阴影部分表示优先选择的油口尺寸。									

a　法兰油口系列应按照蓄能器的许用压力(p_4)选择,即蓄能器设计和验证的最高许用压力(见 GB/T 2352)。

b　ISO 1179-1 未指定该油口用于液压系统。

附 录 A
（规范性附录）
ISO 6149-1 油口

A.1 ISO 6149-1 油口型式见图 A.1。

A.2 ISO 6149-1 油口尺寸见表 A.1。

尺寸单位为毫米
表面粗糙度单位为微米

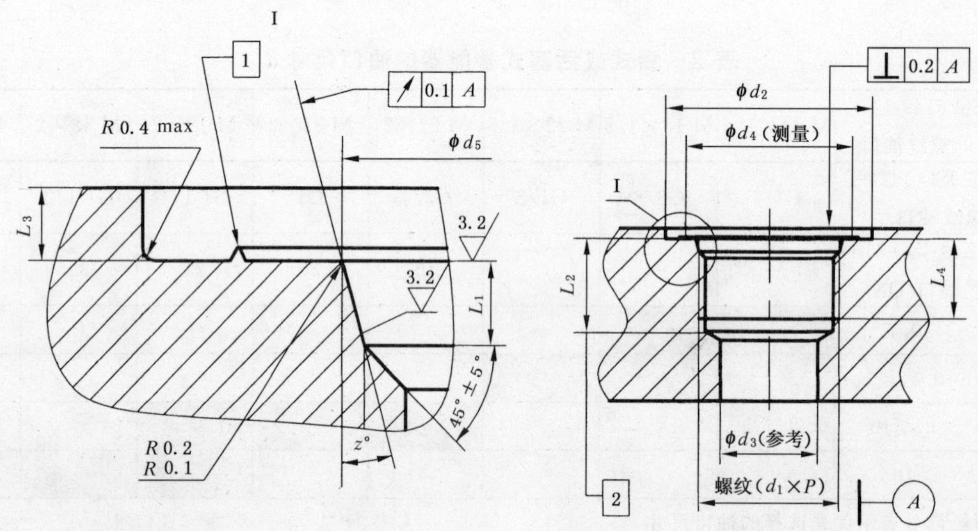

1——可选择的油口型式；
2——该尺寸仅适用于盲孔。
注：可供选择的油口型式和尺寸见图 A.2 和表 A.2。

图 A.1 ISO 6149-1 油口

表 A.1 ISO 6149-1 的油口尺寸 单位为毫米

螺纹[a] ($d_1 \times P$)	d_2		d_3[b] 参考值	d_4	d_5 +0.1 0	L_1 +0.1 0	L_2[c] min	L_3 max	L_4 min	z° ±1°
	宽的[d] min	窄的[e] min								
M 8×1	17	14	3	12.5	9.1	1.6	11.5	1	10	12°
M 10×1	20	16	4.5	14.5	11.1	1.6	11.5	1	10	12°
M 12×1.5	23	19	6	17.5	13.8	2.4	14	1.5	11.5	15°
M 14×1.5[f]	25	21	7.5	19.5	15.8	2.4	14	1.5	11.5	15°
M 16×1.5	28	24	9	22.5	17.8	2.4	15.5	1.5	13	15°
M 18×1.5	30	26	11	24.5	19.8	2.4	17	2	14.5	15°
M 20×1.5[g]	31	27	—	25.5	21.8	2.4	—	2	14.5	15°
M 22×1.5	33	29	14	27.5	23.8	2.4	18	2	15.5	15°
M 27×2	40	34	18	32.5	29.4	3.1	22	2	19	15°
M 30×2	44	38	18	36.5	32.4	3.1	22	2	19	15°
M 33×2	49	43	23	41.5	35.4	3.1	22	2.5	19	15°

表 A.1（续）

单位为毫米

螺纹[a] ($d_1 \times P$)	d_2		d_3[b]	d_4	d_5 $^{+0.1}_{0}$	L_1 $^{+0.1}_{0}$	L_2[c]	L_3	L_4	z°
	宽的[d] min	窄的[e] min	参考值				min	max	min	±1°
M 42×2	58	52	30	50.5	44.4	3.1	22.5	2.5	19.5	15°
M 48×2	63	57	36	55.5	50.4	3.1	25	2.5	22	15°
M 60×2	74	67	44	65.5	62.4	3.1	27.5	2.5	24.5	15°

a 符合 ISO 261 且与 ISO 965-1 6H 级公差一致。螺纹底孔钻头符合 ISO 2306 的 6 H 级；

b 仅供参考。连接孔的应用可能需要不同尺寸；

c 给出的螺纹底孔深度为需要使用盲孔丝锥来加工出规定的螺纹长度，在使用标准丝锥时需适当增加螺纹底孔深度；

d 带凸起标记的锪孔直径；

e 不带凸起标记的锪孔直径；

f 优先用于故障诊断油口；

g 仅适用于插装阀孔(见 ISO 7789)。

尺寸单位为毫米

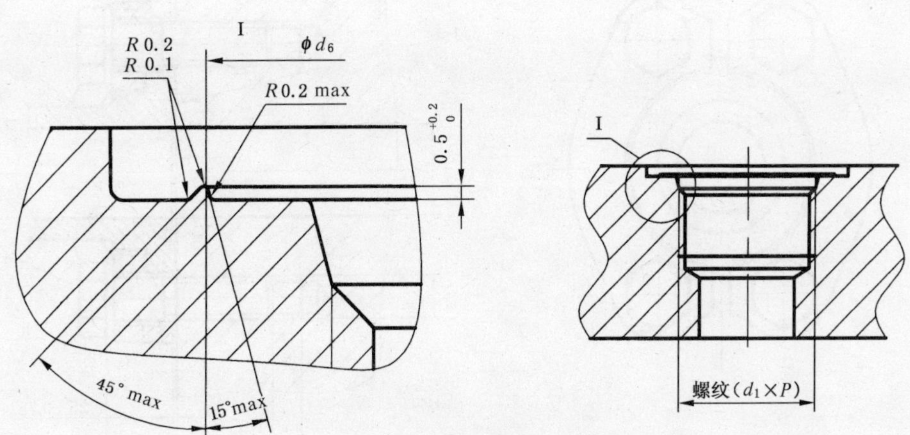

图 A.2 可选择的油口型式

表 A.2 可选择的油口尺寸

单位为毫米

螺纹 ($d_1 \times P$)	d_6 $^{+0.5}_{0}$
M 8×1	14
M 10×1	16
M 12×1.5	19
M 14×1.5	21
M 16×1.5	24
M 18×1.5	26
M 20×1.5[a]	27
M 22×1.5	29
M 27×2	34
M 30×2	38
M 33×2	43
M 42×2	52
M 48×2	57
M 60×2	67

a 仅适用于插装阀孔(见 ISO 7789)。

附　录　B
（规范性附录）
ISO 6162-1 和 ISO 6162-2 法兰

B.1　ISO 6162-1 和 ISO 6162-2 带有分体式法兰的法兰管接头见图 B.1。

B.2　ISO 6162-1 和 ISO 6162-2 带有整体式法兰的法兰管接头见图 B.2。

B.3　符合 ISO 6162-1 使用中等强度米制螺栓的法兰油口的尺寸、螺栓扭矩和压力见表 B.1。

B.4　符合 ISO 6162-1 使用高强度米制螺栓的法兰油口的尺寸、螺栓扭矩和压力见表 B.2。

B.5　符合 ISO 6162-2 使用中等强度米制螺栓的法兰油口的尺寸、螺栓扭矩和压力见表 B.5。

B.6　符合 ISO 6162-2 使用高强度米制螺栓的法兰油口的尺寸、螺栓扭矩和压力见表 B.6。

尺寸单位为毫米

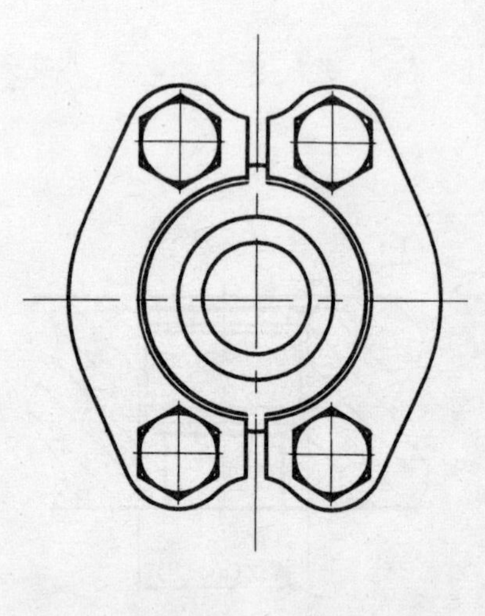

a)　分体式法兰　　b)　分体式法兰安装示意图（拧紧状态）

1——O 形密封圈；
2——分体式法兰瓣；
3——法兰接头；
4——螺栓；
5——垫圈（可选）。
注：a 表示连接板、泵等油口的连接面。

图 B.1　带有分体式法兰的法兰管接头（FCS）

尺寸单位为毫米

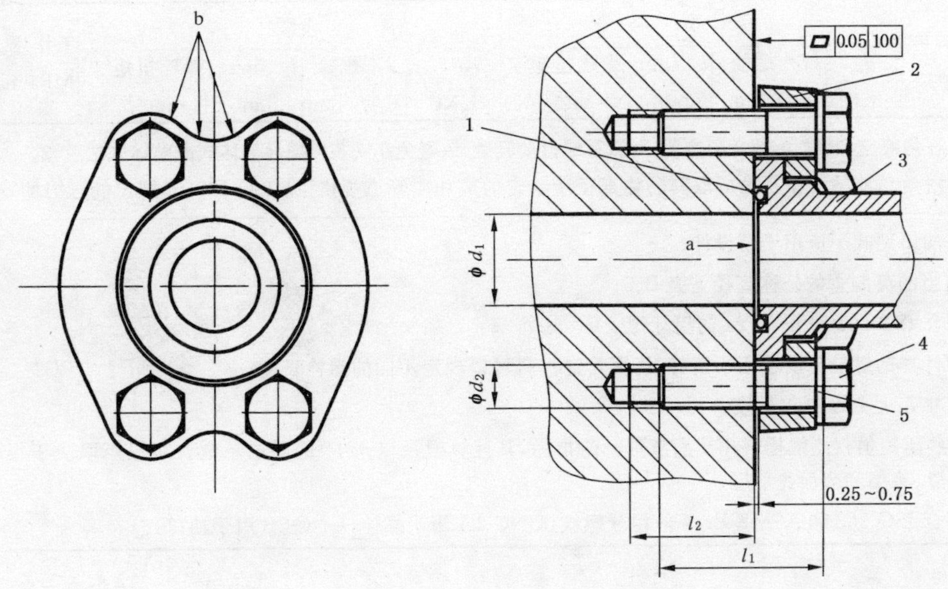

a) 整体式法兰　　b) 整体式法兰安装示意图(拧紧状态)

1——O形密封圈；
2——整体式法兰瓣；
3——法兰接头；
4——螺栓；
5——垫圈(可选)。
a——连接板、泵等油口的连接面；
b——可选择的形状。

图 B.2 带有整体式法兰的法兰管接头(FC)

表 B.1 使用中等强度米制螺栓的法兰油口的尺寸、螺栓扭矩和压力
(强度级别为 8.8 的螺栓见 ISO 898-1)(或级别为 5 的英制螺栓见表 B.4)

公称法兰尺寸[b] DN/mm	d_1/mm max	1型				2型[a]				工作压力/MPa(bar)	最低爆破压力/MPa(bar)
		d_2[c] 米制	l_1[d] 螺栓长度/mm	l_2[e]/mm min	螺栓扭矩[f]/N·m($^{+10}_{0}$%)	d_2[g] UNC	l_1[d] 螺栓长度/mm	l_2[e]/mm min	螺栓扭矩[f]/N·m($^{+10}_{0}$%)		
13	13	M8	25	14	24	5/16-18	32	24	25	35(350)	140(1400)
19	19	M10	30	18	50	3/8-16	32	22	45	35(350)	140(1400)
25	25	M10	30	16	50	3/8-16	32	22	45	25(250)	100(1000)
32	32	M10	30	18	50	7/16-14	38	28	73	20(200)	80(800)
38	38	M12	35	21	92	1/2-13	38	27	110	20(200)	80(800)
51	51	M12	35	21	92	1/2-13	38	27	110	16(160)	64(640)
64	64	M12	40	23	92	1/2-13	44	30	110	10(100)	40(400)
76	76	M16	50	30	210	5/8-11	44	30	220	10(100)	40(400)
89	89	M16	50	30	210	5/8-11	51	33	220	3.5(35)	14(140)
102	102	M16	50	27	210	5/8-11	51	30	220	3.5(35)	14(140)
127	127	M16	55	29	210	5/8-11	57	33	220	3.5(35)	14(140)

表 B. 1（续）

公称法兰尺寸[b] DN/mm	d_1/mm max	1型				2型[a]				工作压力/MPa(bar)	最低爆破压力/MPa (bar)
		d_2[c] 米制	l_1[d] 螺栓长度/mm	l_2[e]/mm min	螺栓扭矩[f]/N·m($^{+10}_{0}$%)	d_2[g] UNC	l_1[d] 螺栓长度/mm	l_2[e]/mm min	螺栓扭矩[f]/N·m($^{+10}_{0}$%)		

注 1：在最终施加推荐的扭矩值之前，对所有螺钉要轻旋，以避免在安装时损坏分体式或整体式法兰，这一点非常重要。

注 2：法兰总成的工作压力应取其公称直径所给定的或相应管道规格（见 ISO 10736）规定的压力的较低值。

a 该油口型式不应用于新设计；

b 相当的英制管的公称直径见表 B.3；

c 符合 ISO 261 和 ISO 724 的粗牙螺纹；

d 所计算的螺栓长度适用于钢材，使用其他材料可以规定不同的螺栓长度；

e 尺寸 l_2 是最小螺纹长度；

f 这些扭矩值仅是螺栓使用了润滑剂时的指标，其计算时乘以 0.17 的阻尼系数。净扭矩取决于很多因素，包括润滑、涂层和表面光洁度；

g 符合 ISO 263 和 ASME B1.1 的粗牙螺纹（UNC-2A 用于螺栓，UNC-2B 用于油口）。

表 B.2　使用高强度米制螺栓的法兰油口的尺寸、螺栓扭矩和压力（强度级别为 10.9 的螺栓见 ISO 898-1）（或级别为 8 的英制螺栓见表 B.4）

公称法兰尺寸[b] DN/mm	d_1/mm max	1型				2型[a]				工作压力/MPa(bar)	最低爆破压力/MPa (bar)
		d_2[c] 米制	l_1[d] 螺栓长度/mm	l_2[e]/mm min	螺栓扭矩[f]/N·m($^{+10}_{0}$%)	d_2[g] UNC	l_1[d] 螺栓长度/mm	l_2[e]/mm min	螺栓扭矩[f]/N·m($^{+10}_{0}$%)		
13	13	M8	25	14	32	5/16-18	32	24	32	35(350)	140(1400)
19	19	M10	30	18	70	3/8-16	32	22	60	35(350)	140(1400)
25	25	M10	30	16	70	3/8-16	32	22	60	31.5(315)	100(1000)
32	32	M10	30	18	70	7/16-14	38	28	92	25(250)	80(800)
38	38	M12	35	21	130	1/2-13	38	27	150	20(200)	80(800)
51	51	M12	35	21	130	1/2-13	38	27	150	16(160)	64(640)
64	64	M12	40	23	130	1/2-13	44	30	150	16(160)	40(400)
76	76	M16	50	30	295	5/8-11	44	30	295	16(160)	40(400)
89	89	M16	50	30	295	5/8-11	51	33	295	3.5(35)	14(140)
102	102	M16	50	27	295	5/8-11	51	30	295	3.5(35)	14(140)
127	127	M16	55	29	295	5/8-11	57	33	295	3.5(35)	14(140)

注 1：在最终施加推荐的扭矩值之前，对所有螺钉要轻旋，以避免在安装时损坏分体式或整体式法兰，这一点非常重要。

注 2：法兰总成的工作压力应取其公称直径所给定的或相应管道规格（见 ISO 10736）规定的压力的较低值。

a 该油口型式不应用于新设计；

b 相当的英制管的公称直径见表 B.3；

c 符合 ISO 261 和 ISO 724 的粗牙螺纹；

d 所计算的螺栓长度适用于钢材，使用其他材料可以规定不同的螺栓长度；

e 尺寸 l_2 是最小螺纹长度；

f 这些扭矩值仅是螺栓使用了润滑剂时的指标，其计算时乘以 0.17 的阻尼系数。净扭矩取决于很多因素，包括润滑、涂层和表面光洁度；

g 符合 ISO 263 和 ASME B1.1 的粗牙螺纹（UNC-2A 用于螺栓，UNC-2B 用于油口）。

表 B.3 列出的 O 形圈符合美国汽车工程师学会标准 SAE J 515，该标准与 ISO6162-1 规定的 O 形圈是等效的，并且符合 ISO3601-1。

表 B.3　O 形圈尺寸

公称法兰尺寸 DN/mm	公称英制管尺寸 DN/英寸	O 形圈 ISO 3601-1/mm	O 形圈 SAE J515/mm	O 形圈尺寸代号 SAE J515
13	1/2	19×3.55	18.64×3.53	210
19	3/4	25×3.55	24.99×3.53	214
25	1	32.5×3.55	32.92×3.53	219
32	1 1/4	37.5×3.55	37.69×3.53	222
38	1 1/2	47.5×3.55	47.22×3.53	225
51	2	56×3.55	56.74×3.53	228
64	2 1/2	69×3.55	69.44×3.53	232
76	3	85×3.55	85.32×3.53	237
89	3 1/2	97.5×3.55	98.02×3.53	241
102	4	112×3.55	110.72×3.53	245
127	5	136×3.55	136.12×3.53	253

表 B.4 所列英制螺栓的级别和最小抗拉强度符合 SAE J 429，并且与 ISO 898-1 米制螺栓特性等级以及 ISO 6162-1 相同。

表 B.4　螺栓强度等级

ISO 898-1 米制螺栓		SAE J 429 英制螺栓	
特性等级	最低抗拉强度(压力)/MPa	等级	最低抗拉强度(压力)/MPa
8.8	800	5	827
10.9	1 040	8	1034
12.9[a]	1 220	12[a]	$d \leqslant 1/2$in：1240 $d \geqslant 5/8$in：1171

[a] 内六角螺栓。SAE J 429 没有规定英制螺栓的相同材料特性，材料特性见 SATM A 574，加工特性见 ASME B 18.3。

表 B.5　使用中等强度米制螺栓的法兰油口的尺寸、螺栓扭矩和压力
（强度级别为 8.8 的螺栓见 ISO 898-1）（或级别为 5 的英制螺栓见表 B.4）

公称法兰尺寸[b] DN/mm	d_1/mm max	1 型				2 型[a]				工作压力/MPa(bar)	最低爆破压力/MPa(bar)
		d_2[c] 米制	l_1[d] 螺栓长度/mm	l_2[e]/mm min	螺栓扭矩[f]/N·m($^{+10}_{0}$%)	d_2[g] UNC	l_1[d] 螺栓长度/mm	l_2[e]/mm min	螺栓扭矩[f]/N·m($^{+10}_{0}$%)		
13	13	M8	30	16	24	5/16-18	32	21	24	35(350)	140(1400)
19	19	M10	35	18	50	3/8-16	38	24	43	35(350)	140(1400)
25	25	M12	45	23	92	7/16-14	44	27	70	35(350)	140(1400)
32	32	M12	45	20	92	1/2-13	44	25	105	35(350)	140(1400)
		M14[g]	45	25	130						
38	38	M16	55	27	210	5/8-11	57	35	210	35(350)	140(1400)
51	51	M20	70	35	400	3/4-10	70	38	360	35(350)	140(1400)

注 1：在最终施加推荐的扭矩值之前，对所有螺钉要轻旋，以避免在安装时损坏分体式或整体式法兰，这一点非常重要。

注 2：法兰总成的工作压力应取其公称直径所给定的或相应管道规格(见 ISO 10736)规定的压力的较低值。

表 B. 5（续）

公称法兰尺寸[b] DN/mm	d_1/mm max	1型				2型[a]				工作压力/MPa(bar)	最低爆破压力/MPa (bar)
		d_2[c] 米制	l_1[d] 螺栓长度/mm	l_2[e]/mm min	螺栓扭矩[f]/N·m($^{+10}_{0}$%)	d_2[g] UNC	l_1[d] 螺栓长度/mm	l_2[e]/mm min	螺栓扭矩[f]/N·m($^{+10}_{0}$%)		

[a] 该油口型式不应用于新设计；

[b] 相当的英制管的公称直径见表 B.3；

[c] 符合 ISO 261 和 ISO 724 的粗牙螺纹；

[d] 所计算的螺栓长度适用于钢材，使用其他材料可以规定不同的螺栓长度；

[e] 尺寸 l_2 是最小螺纹长度；

[f] 这些扭矩值仅是螺栓使用了润滑剂时的指标，其计算时乘以 0.17 的阻尼系数。净扭矩取决于很多因素，包括润滑、涂层和表面光洁度；

[g] 符合 ISO 263 和 ASME B1.1 的粗牙螺纹(UNC-2A 用于螺栓，UNC-2B 用于油口)。

表 B.6 使用高强度米制螺栓的法兰油口的尺寸、螺栓扭矩和压力
（强度级别为 10.9 的螺栓见 ISO 898-1)(或级别为 8 的英制螺栓见表 B.4)

公称法兰尺寸[b] DN/mm	d_1/mm max	1型				2型[a]				工作压力/MPa(bar)	最低爆破压力/MPa (bar)
		d_2[c] 米制	l_1[d] 螺栓长度/mm	l_2[e]/mm min	螺栓扭矩[f]/N·m($^{+10}_{0}$%)	d_2[g] UNC	l_1[d] 螺栓长度/mm	l_2[e]/mm min	螺栓扭矩[f]/N·m($^{+10}_{0}$%)		
13	13	M8	30	16	32	5/16-18	32	21	32	40(400)	160(1600)
19	19	M10	35	18	70	3/8-16	38	24	60	40(400)	160(1600)
25	25	M12	45	23	130	7/16-14	44	27	92	40(400)	160(1600)
32	32	M12	45	20	130	1/2-13	44	25	150	40(400)	160(1600)
		M14[g]	45	25	180						
38	38	M16	55	27	295	5/8-11	57	35	295	40(400)	160(1600)
51	51	M20	70	35	550	3/4-10	70	38	450	40(400)	160(1600)

注 1：在最终施加推荐的扭矩值之前，对所有螺钉要轻旋，以避免在安装时损坏分体式或整体式法兰，这一点非常重要。

注 2：法兰总成的工作压力应取其公称直径所给定的或相应管道规格(见 ISO 10736)规定的压力的较低值。

[a] 该油口型式不应用于新设计；

[b] 相当的英制管的公称直径见表 B.3；

[c] 符合 ISO 261 和 ISO 724 的粗牙螺纹；

[d] 所计算的螺栓长度适用于钢材，使用其他材料可以规定不同的螺栓长度；

[e] 尺寸 l_2 是最小螺纹长度；

[f] 这些扭矩值仅是螺栓使用了润滑剂时的指标，其计算时乘以 0.17 的阻尼系数。净扭矩取决于很多因素，包括润滑、涂层和表面光洁度；

[g] 符合 ISO 263 和 ASME B1.1 的粗牙螺纹(UNC-2A 用于螺栓，UNC-2B 用于油口)。

附 录 C
（规范性附录）
ISO 6164 法兰

C.1 ISO 6164 连接法兰总成和附接法兰总成见图 C.1。

C.2 25 MPa(250 bar)连接法兰和附接法兰总成尺寸见表 C.1。

C.3 40 MPa(400 bar)连接法兰和附接法兰总成尺寸见表 C.2。

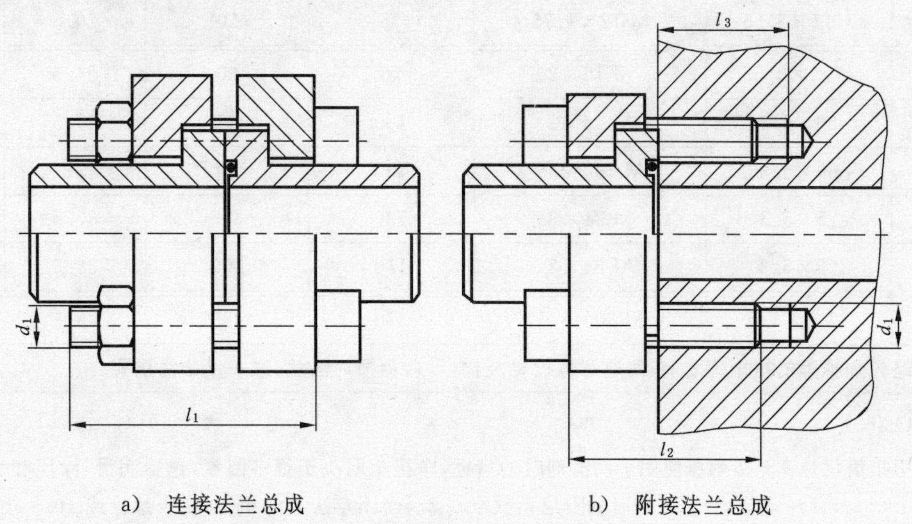

a) 连接法兰总成　　b) 附接法兰总成

图 C.1 25 MPa 和 40 MPa(250 bar 和 400 bar)系列连接法兰和附接法兰总成

表 C.1 25 MPa(250 bar)连接法兰和附接法兰总成尺寸

公称法兰直径 DN/mm	O 形圈[a]/mm	螺栓/mm			最小螺纹长度 l_3[d]/mm	螺栓扭矩[b]/N·m
		d_1[c]	l_1[d]	l_2[d]		
10	17×2.65	M 6×1	45	30	12.5	10
13	19×3.55	M 8×1.25	50	35	15.5	25
19	25×3.55	M 8×1.25	55	35	13.5	25
25	32.5×3.55	M 10×1.25	65	40	15.5	53
32	37.5×3.55	M 12×1.75	75	50	20.5	95
38	47.5×3.55	M 16×2	90	60	24.5	220
51	56×3.55	M 16×2	100	65	25.5	220
56	69×3.55	M 20×2.5	110	80	33	390
63	85×3.55	M 20×2.5	120	90	33	390

注：在最终施加推荐的扭矩值之前，对所有螺栓要轻拧，以避免损坏法兰，这一点非常重要。

a 见 ISO 3601-1；

b 表中扭矩值仅是 8.8 级螺栓使用了润滑剂时的指标，净扭矩取决于很多因素，包括润滑、涂层和表面光洁度，根据 ISO 898-1 中规定，计算该值时的阻尼系数取 0.2。当固定法兰使用 10.9 级螺栓或 10.9 级螺栓加垫片增加预紧力时，建议扭矩值增加 25%；

c 螺纹符合 ISO 724，粗牙螺纹符合 ISO 261；

d 推荐尺寸。螺纹长度是依据钢制螺栓计算的，使用其他材料可以规定不同的螺纹长度。

表 C.2　40 MPa(400 bar)连接法兰和附接法兰总成尺寸

公称法兰直径 DN/mm	O形圈[a]/mm	螺栓/mm			最小螺纹长度 l_3[d]/mm	螺栓扭矩[b]/ N·m
		d_1[c]	l_1[d]	l_2[d]		
10	17×2.65	M 6×1	45	30	12.5	10
13	19×3.55	M 8×1.25	50	35	15.5	25
19	25×3.55	M 8×1.25	55	35	13.5	25
25	32.5×3.55	M 10×1.25	65	40	15.5	53
32	37.5×3.55	M 12×1.75	75	50	20.5	95
38	47.5×3.55	M 16×2	90	60	24.5	220
51	56×5.3	M 16×2	100	65	25.5	220
56	69×5.3	M 20×2.5	130	80	31	390
63	75×5.3	M 24×3	130	90	37.5	800
70	85×5.3	M 24×3	150	100	38.5	800
80	87.5×5.3	M 30×3.5	170	120	48.5	1600
注：在最终施加推荐的扭矩值之前，对所有螺栓要轻拧，以避免损坏法兰，这一点非常重要。						

a　见 ISO 3601-1；

b　表中扭矩值仅是 8.8 级螺栓使用了润滑剂时的指标，净扭矩取决于很多因素，包括润滑、涂层和表面光洁度，根据 ISO 898-1 中规定，计算该值时的阻尼系数取 0.2。当固定法兰使用 10.9 级螺栓或 10.9 级螺栓加垫片增加预紧力时，建议扭矩值增加 25%；

c　螺纹符合 ISO 724，粗牙螺纹符合 ISO 261；

d　推荐尺寸。螺纹长度是依据钢制螺栓计算的，使用其他材料可以规定不同的螺纹长度。

附 录 D
（规范性附录）
ISO 1179-1 油口

D.1 ISO 1179-1 油口型式见图 D.1。

D.2 ISO 1179-1 油口尺寸见表 D.1。

尺寸单位为毫米

表面粗糙度单位为微米

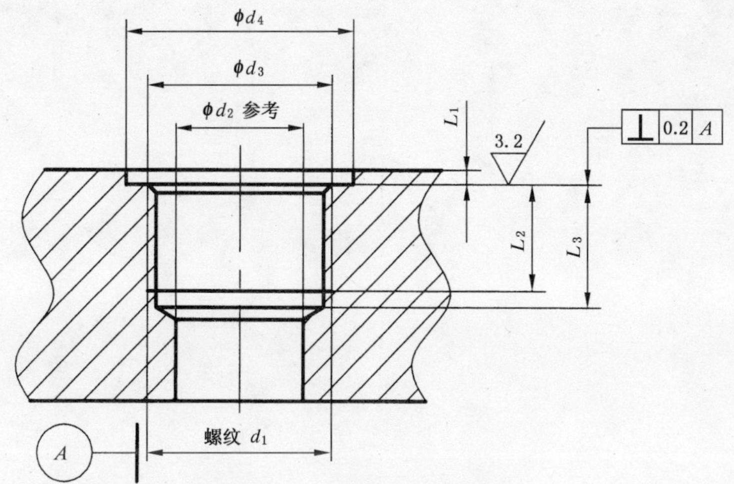

图 D.1 ISO 1179-1 油口

表 D.1 ISO 1179-1 的油口尺寸

d_1 螺纹尺寸/英寸	d_2/mm 参考值	d_3/mm		d_4/mm min		L_1/mm max	L_2/mm	L_3[a]/mm min
		公称值	公差	B/E 型窄的	G/H 型宽的			
G1/8	4.5	9.8	$^{+0.2}_{0}$	15	17.2	1	8.5	10.5
G1/4	7.5	13.2		20	20.7	1.5	12.5	15.5
G3/8	9	16.7		23	24.5	2	12.5	15.5
G1/2	14	21		28	34	2.5	14.5	18.5
G3/4	18	26.5		33	40	2.5	16.5	20.5
G1	23	33.3	$^{+0.3}_{0}$	41	46.1	2.5	18.5	23.5
G1 1/4	30	42		51	54	2.5	20.5	25.5
G1 1/2	36	47.9		56	60.5	2.5	22.5	27.5
G2[b]	47	59.7		69	73.28～73.53	3	26	31

a 给出的螺纹底孔深度为需要使用盲孔丝锥来加工出规定的螺纹长度，在使用标准丝锥时需适当增加螺纹底孔深度。

b G2 尺寸的油口在流体传动系统中主要用于蓄能器。ISO 1179-2、ISO 1179-3 和 ISO 1179-4 没有规定适用于 G2 尺寸油口的螺柱端。

试验方法

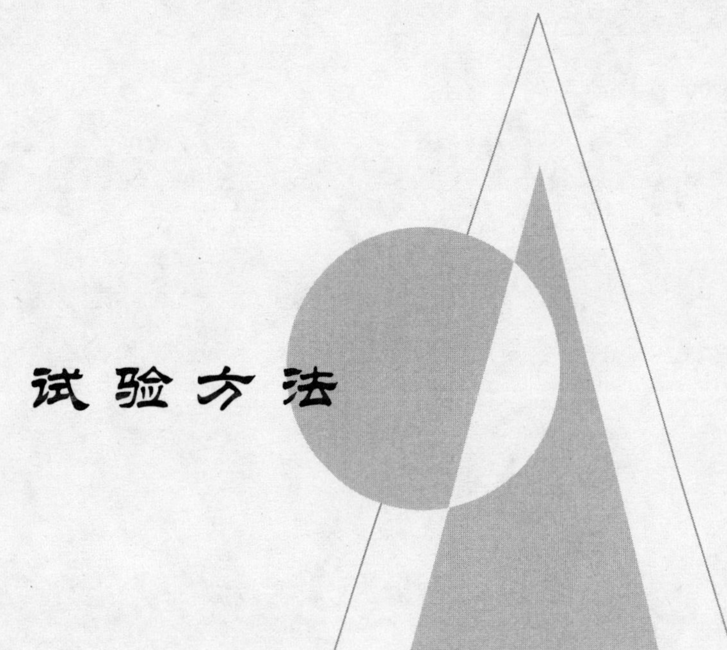

ICS 23.100.40
J 20

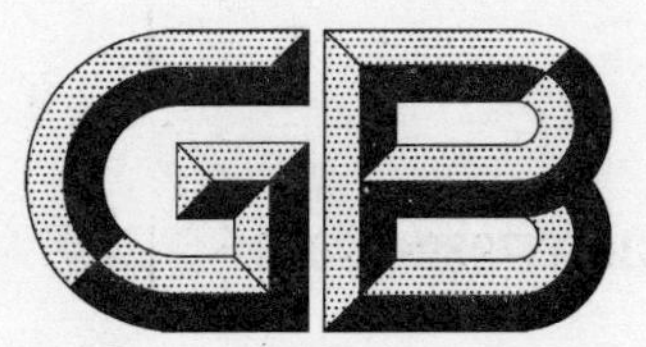

中华人民共和国国家标准

GB/T 7939—2008
代替 GB/T 7939—1987

液压软管总成　试验方法

Hydraulic fluid power—Hose assemblies—Test methods

(ISO 6605:2002,MOD)

2008-01-14 发布　　2008-05-01 实施

中华人民共和国国家质量监督检验检疫总局
中国国家标准化管理委员会　发布

前 言

本标准修改采用国际标准 ISO 6605:2002《液压传动 软管和软管总成 试验方法》(英文版)。

本标准根据 ISO 6605:2002 重新起草。为了方便比较,在附录 A 中列出了本标准章条编号和国际标准章条编号的对照一览表,在附录 B 中给出了技术性差异及其原因的一览表以供参考。

本标准与 ISO 6605:2002 的主要差异如下:

——增加 3.1～3.5 的术语及定义。

——在 5.2 中明确规定耐压试验压力为 2 倍的软管总成最高工作压力,试验时间为 60 s。

——5.3.3 试验标记长度不同,ISO 6605 规定 500 mm;本标准规定从中间向左右各 125 mm。

——在 5.4.2.1 中明确规定爆破试验压力为 4 倍的软管总成最高工作压力。

——在 5.6 中明确规定脉冲试验压力、温度、频率和升压速率。

——删除 ISO 6605 中"5.8 抗磨损试验"。

——删除 ISO 6605 中"5.9 黏着力试验"。

本标准代替 GB/T 7939—1987《液压软管总成 试验方法》,与其相比变化如下:

——增加对 GB/T 17446 的引用。

——增加 3.1～3.5 的术语及定义。

——5.2 中原试验压力为 1.5 倍工作压力改为 2 倍的最高工作压力。

——脉冲试验频率由 0.5 Hz～1.25 Hz 改为 0.5 Hz～1.3 Hz。

——脉冲试验油温由 93℃±3℃改为 100℃±3℃。

本标准的附录 A、附录 B 是资料性附录。

本标准由中国机械工业联合会提出。

本标准由全国液压气动标准化技术委员会(SAC/TC 3)归口。

本标准负责起草单位:天津工程机械研究院。

本标准参加起草单位:伊顿(宁波)流体连接件有限公司、攀枝花钢铁冶建实业开发公司液压附件厂、徐工筑路机械有限公司徐州液压附件厂。

本标准主要起草人:冯国勋、周舜华、刘小平、浩鸣。

本标准所代替标准的历次版本发布情况为:

GB/T 7939—1987。

液压软管总成　试验方法

1　范围

本标准规定了用于评价液压传动系统中的软管总成性能的试验方法。

评价液压软管总成的特殊试验和性能标准,应符合各产品的技术要求。

2　规范性引用文件

下列文件中的条款通过本标准的引用而成为本标准的条款。凡是注日期的引用文件,其随后所有的修改单(不包括勘误的内容)或修订版均不适用于本标准,然而,鼓励根据本标准达成协议的各方研究是否可使用这些文件的最新版本。凡是不注日期的引用文件,其最新版本适用于本标准。

GB/T 9573—2003　橡胶、塑料软管及软管组合件尺寸测量方法(ISO 4671:1999,IDT)

GB/T 17446　流体传动系统及元件　术语(GB/T 17446—1998,idt ISO 5589:1985)

3　术语和定义

GB/T 17446 确立的以及下列术语和定义适用于本标准。

3.1

最高工作压力　maximum working pressure

液压软管总成在规定的使用条件下,能够保证系统正常运转使用的最高压力。

3.2

长度变化　change length

液压软管总成在最高工作压力下的轴向长度变化量。

3.3

耐压压力　proof pressure

液压软管总成在 2 倍的最高工作压力下的承载能力。

3.4

最小爆破压力　minimum burst pressure

液压软管总成应能承受的最低破坏压力,其值为 4 倍的最高工作压力。

3.5

脉冲　impulse

在液压软管总成规定的使用条件下,工作压力的瞬间改变或周期变化。

4　外观检查

应目测检查软管总成,以确定软管接头的正确组装。

5　试验项目

警告:使用本标准的人员应熟悉正规实验室操作规程。本标准无意涉及因使用本标准而可能出现的所有安全问题。制定安全和健康规范并确保遵守国家法规是使用者的责任。

5.1 尺寸检查

5.1.1 应检查软管所有尺寸符合 GB/T 9573—2003 及相关软管技术条件中的规定。

5.1.2 管接头的材料、尺寸公差、表面粗糙度等应符合产品技术条件要求。

5.2 耐压试验

5.2.1 软管总成以 2 倍的最高工作压力进行静压试验,至少保压 60 s。

5.2.2 经过耐压试验后,软管总成未呈现泄漏或其他失效迹象,则认为通过了该试验。

5.3 长度变化试验

5.3.1 伸长率或收缩率的测定,应在未经使用的且未老化的软管总成上进行,软管接头之间的软管自由长度至少为 600 mm。

5.3.2 将软管总成连接到压力源,呈不受限制状态,如果因自然弯曲软管不呈直的状态,可以横向固定使呈直的状态,加压到工作压力保压 30 s,然后释放压力。

5.3.3 在软管总成卸压重新稳定 30 s 后,在两端软管接头中间位置取一点,向两边各距 125 mm(l_0)处做精确的参考标记。

5.3.4 对软管总成重新加压至规定的最高工作压力,保压 30 s。

5.3.5 软管保压期间,测量软管上参考点之间的距离,记录为 l_1。

5.3.6 按下列公式确定长度变化。

$$\Delta l = \frac{l_1 - l_0}{l_0} \times 100\%$$

式中:

l_0——软管总成在初次加压、卸压并重新稳定后,参考标记间的距离,单位为毫米(mm)。

l_1——软管总成在压力状态下,参考标记间的距离,单位为毫米(mm)。

Δl——长度变化百分比,在长度伸长的情况下为正值(+),缩短的情况下为负值(-)。

5.4 爆破试验

5.4.1 一般要求

这是一种破坏性试验,试验后的软管总成应报废。

5.4.2 步骤

5.4.2.1 对已组装上软管接头 30 天之内的软管总成,匀速增加到 4 倍的最高工作压力进行爆破试验。

5.4.2.2 软管总成在规定的最小爆破压力以下,呈现泄漏、软管爆破或失效,应拒绝验收。

5.5 低温弯曲试验

5.5.1 一般要求

这是一种破坏性试验,试验后的软管总成应报废。

5.5.2 步骤

5.5.2.1 使软管总成处在产品规定的最低使用温度下,保持直线状态,持续 24 h。

5.5.2.2 仍在最低使用温度下,用 8 s~12 s 时间在芯轴上弯曲试验一次,芯轴直径为规定的最小弯曲半径的两倍。

当软管总成的公称内径在 22 mm(含 22 mm)以下,应在芯轴上弯曲 180°,当软管总成的公称内径大于 22 mm,应在芯轴上弯曲 90°。

5.5.2.3 弯曲后,让试样恢复到室温,目测检查外覆层有无裂纹,并做耐压试验(见 5.2)。

5.5.2.4 软管总成在低温弯曲试验后未呈现可见裂纹、泄漏或其他失效现象,应认为通过了该项试验。

5.6 耐久性(脉冲)试验

5.6.1 一般要求

这是一种破坏性试验,试验后的软管总成应报废。

5.6.2 步骤

5.6.2.1 应在组装接头后的30天内,且未经使用的软管总成进行此项试验。

5.6.2.2 计算在试验下的软管的自由(暴露)长度。如图1所示,根据软管内径选用下列适当的公式:

a) 软管公称内径22 mm(含22 mm)以下:弯曲180°,自由长度$=\pi[r+(d/2)]+2d$。

b) 软管公称内径22 mm以上:弯曲90°,自由长度$=\{\pi[r+(d/2)]\}/2+2d$。

式中:

r——最小弯曲半径;

d——软管外径。

5.6.2.3 把软管总成试件连接到试验装置上,按图1所示安装,当软管总成公称内径在22 mm(含22 mm)以下时,应弯曲180°;大于22 mm时,弯曲90°。

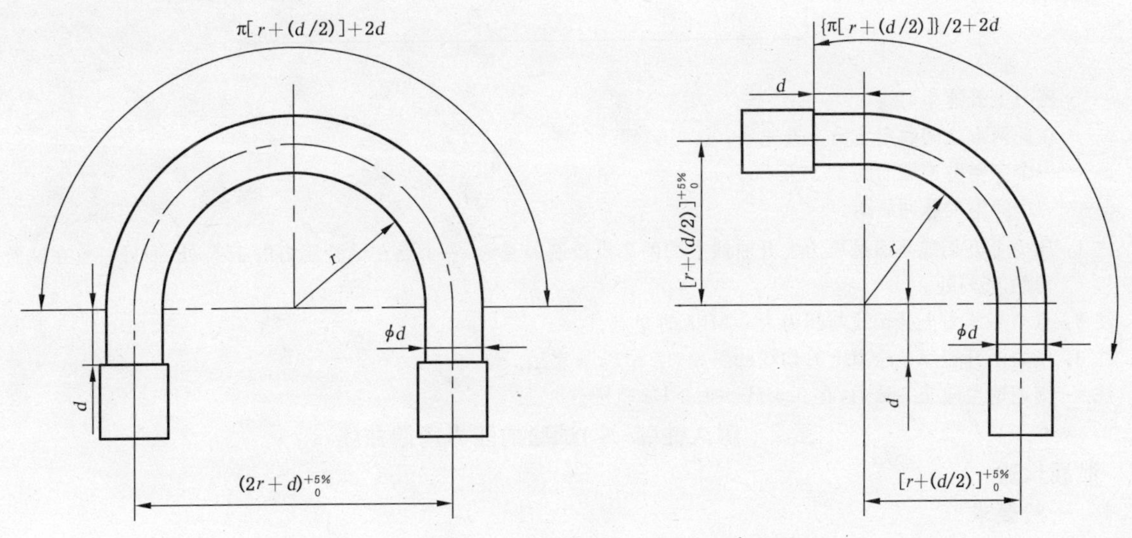

a) 软管公称内径22 mm(含)以下　　b) 软管公称内径大于22 mm

图1 软管总成耐久性(脉冲)试验安装示意图

5.6.2.4 选择的试验油液应符合黏度等级ISO VG 46(在40℃时,46cSt±4.6cSt)的要求,使其在软管总成内以足够的速度循环,以维持相同的温度。

5.6.2.5 对软管总成内部施加一脉冲压力,其频率在0.5 Hz～1.3 Hz(30周期/分至78周期/分之间),记录试验的频率。

5.6.2.6 压力循环应在图2所示的阴影区域内,并使之尽可能接近图示曲线。压力上升的实际速率应在100 MPa/s～350 MPa/s之间。

5.6.2.7 对软管总成进行脉冲试验,其压力为软管总成最高工作压力的100%、125%、133%,试验油温度保持在100℃±3℃。

5.6.2.8 脉冲试验的持续总脉冲次数的确定,按产品标准规定,试验可以间歇进行。

5.6.2.9 在完成所需的总脉冲次数后,软管总成未呈现失效现象,则认为通过了脉冲试验。

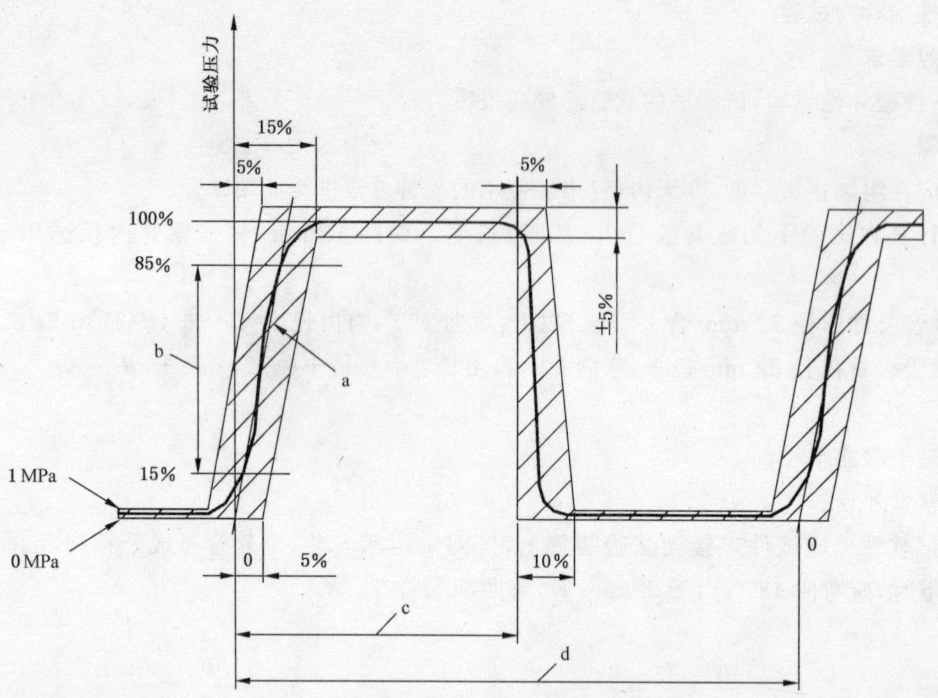

a——压力上升速率切线；

b——在此两点之间确定压力上升速率；

c——一个完整脉冲周期的45%至55%；

d——一个完整的脉冲周期。

注1：压力上升切线是通过压力上升曲线上的两个点绘制的直线，一个点在试验压力的15%处，而另一点在试验压力的85%处。

注2：点0是压力上升切线与压力为0 MPa的交点。

注3：压力上升速率是压力上升切线的斜率，用MPa/s表示。

注4：周期速度应是一致的，在0.5 Hz～1.3 Hz范围。

图2 耐久性(脉冲)试验的压力周期曲线

5.7 泄漏试验

5.7.1 一般要求

这是一种破坏性试验，试验后的软管总成应报废。

5.7.2 步骤

5.7.2.1 应在组装接头后的30天之内，对软管总成进行试验。施加规定的最小爆破压力的70%的静态压力，保压5 min～5.5 min。

5.7.2.2 减压到0 MPa。

5.7.2.3 重新加压到最小爆破压力的70%，再保压5 min～5.5 min。

5.7.2.4 泄漏试验后软管总成未呈现泄漏或其他失效现象，则认为通过了该试验。

6 验收准则

液压软管总成应通过本标准规定的所有试验。

7 标注说明(引用本标准)

决定遵守本标准时，建议制造商在试验报告、产品样本和销售文件中使用以下说明：

“液压软管总成的试验方法符合GB/T 7939—2008《液压软管总成　试验方法》”。

附 录 A
（资料性附录）
本标准章条编号与 ISO 6605:2002 章条编号对照

表 A.1 给出了本标准章条编号与 ISO 6605:2002 章条编号对照的一览表。

表 A.1 本标准章条编号与 ISO 6605:2002 章条编号对照表

本标准章条编号	对应 ISO 6605:2002 的章条编号
1	1
2	2
3	3
3.1～3.5	—
4	4
5	5
警告语	—
5.1	5.1
5.2	5.2
5.3	5.3
5.4	5.4
5.5	5.5
5.6	5.6
5.7	5.7
—	5.8
—	5.9
6	6
7	7
—	参考文献
附录 A	—
附录 B	—

附 录 B
（资料性附录）
本标准与 ISO 6605:2002 的技术性差异及其解释

章条	修改：
3.1～3.5	增加术语和定义。

解释：

增加本标准涉及的一些特定术语和定义，以统一概念。

章条	修改：
5.2	明确规定耐压试验压力为 2 倍的软管总成最高工作压力，试验时间为 60 s。

解释：

将试验压力写入本章条，便于操作者直接使用本标准。

章条	修改：
5.3.3	试验标记长度不同，ISO 6605:2002 规定 500 mm；本标准规定从中间向左右各 125 mm。

解释：

与上一版本相同，便于精确测量，同时又扩大了对实际产品的试验范围。

章条	修改：
5.4.2	明确规定爆破试验压力为 4 倍的软管总成最高工作压力。

解释：

便于操作者直接使用本标准，免去操作者翻阅查找相关标准的工作。

章条	修改：
5.6.2.6	用“压力上升的实际速率应在 100 MPa/s～350 MPa/s之间。”代替“压力上升的实际速率应按图 2 所示确定，并且应在公称计算值的±10%以内。”
5.6.2.7	用“其压力为软管总成工作压力的 100%、125%、133%，试验油温度保持在 100℃±3℃。”代替“其压力和温度按相关产品的技术条件。”

解释：

5.6.2.6 条和 5.6.2.7 条将压力上升速度、试验油温、试验压力等做出规定，为使用者提供了很大方便，统一了试验条件。

章条	修改：
5.8 抗磨损试验	删除此条。
5.9 黏着力试验	删除此条。

解释：

5.8条与5.9条不适应在软管总成的试验方法中出现，它是对软管的技术要求。

中华人民共和国国家标准

UDC 621.646.001.4

流量控制阀　试验方法

GB 8104—87

Hydraulic fluid power—Valves—

Testing method of flow control valves

1　适用范围

本标准适用于以液压油(液)为工作介质的流量控制阀稳态性能和瞬态性能试验。

比例控制阀和电液伺服阀的试验方法另行规定。

2　术语

2.1　旁通节流

将一部分流量分流至主油箱或压力较低的回路,以控制执行元件输入流量的一种回路状态。

2.2　进口节流

控制执行元件的输入流量的一种回路状态。

2.3　出口节流

控制执行元件的输出流量的一种回路状态。

2.4　三通旁通节流

流量控制阀自身需有旁通排油口的进口节流回路状态。

3　符号、量纲和单位

符号、量纲和单位见表1。

表1　符号量纲和单位

名　　称	符　号	量　纲[1]	单　位
阀的公称通径	D	L	m
力	F	MLT^{-2}	N
阀内控制元件的线位移	L	L	m
阀内控制元件的角位移	β	—	rad
体积流量	q_v	L^3T^{-1}	m^3/s
管道内径	d	L	m
压力、压差	$p,\Delta p$	$ML^{-1}T^{-2}$	Pa
时	t	T	s
油液质量密度	ρ	ML^{-3}	kg/m^3
运动粘度	ν	L^2T^{-1}	m^2/s
摄氏温度	θ	Θ	℃
等熵体积弹性模量	K_s	$ML^{-1}T^{-2}$	Pa
体积	V	L^3	m^3

注:1)M——质量;L——长度;T——时间;Θ——温度。

国家机械工业委员会1987-07-13批准　　　　1988-07-01实施

4 通则

4.1 试验装置

4.1.1 试验回路

4.1.1.1 图1、图2和图3分别为进口节流和三通旁通节流、出口节流及旁通节流时的曲型试验回路。图4为分流阀的典型试验回路。

允许采用包含两种或多种试验条件的综合回路。

4.1.1.2 油源的流量应能调节,油源流量应大于被试阀的试验流量。油源的压力脉动量不得大于±0.5 MPa。

4.1.1.3 油源和管道之间应安装压力控制阀,以防止回路压力过载。

4.1.1.4 允许在给定的基本回路中,增设调节压力、流量或保证试验系统安全工作的元件。

4.1.1.5 与被试阀连接的管道和管接头的内径应和阀的公称通径相一致。

4.1.2 测压点的位置

4.1.2.1 进口测压点的位置

进口测压点应设置在扰动源(如阀、弯头)的下游和被试阀上游之间。距扰动源的距离应大于10d,距被试阀的距离为5d。

4.1.2.2 出口测压点应设置在被试阀下游10d处。

4.1.2.3 按C级精度测试时,若测压点的位置与上述要求不符,应给出相应修正值。

4.1.3 测压孔

4.1.3.1 测压孔的直径不得小于1mm,不得大于6mm。

4.1.3.2 测压孔的长度不得小于测压孔直径的2倍。

4.1.3.3 测压孔中心线和管道中心线垂直,管道内表面与测压孔交角处应保持尖锐,但不得有毛刺。

4.1.3.4 测压点与测量仪表之间连接管道的内径不得小于3mm。

4.1.3.5 测压点与测量仪表连接时,应排除连接管道中的空气。

4.1.4 温度测量点的位置

温度测量点应设置在被试阀进口测压点上游15d处。

4.1.5 油液固体污染等级

4.1.5.1 在试验系统中,所用的液压油(液)的固体污染等级不得高于19/16。有特殊要求时可另作规定。

4.1.5.2 试验时,因淤塞现象而使在一定时间间隔内对同一参数进行数次测量所得的测量值不一致时,在试验报告中要注明此时间间隔值。

4.1.5.3 在试验报告中注明过滤器的安装位置、类型和数量。

4.1.5.4 在试验报告中注明油液的固体污染等级,并注明测定污染等级的方法。

4.2 试验的一般要求

4.2.1 试验用油液

4.2.1.1 在试验报告中注明下列各点:

a. 试验用油液种类、牌号;

b. 在试验控制温度下的油液粘度和密度;

c. 等熵体积弹性模量。

4.2.1.2 在同一温度下,测定不同的油液粘度影响时,要用同一类型但粘度不同的油液。

4.2.2 试验温度

4.2.2.1 以液压油(液)为工作介质试验元件时,被试阀进口处的油液温度为50℃。采用其他工作介质或有特殊要求时,可另作规定。在试验报告中应注明实际的试验温度。

4.2.2.2 冷态起动试验时油液温度应低于25℃。在试验开始前,使试验设备和油液的温度保持在某一温度。试验开始后,允许油液温度上升。在试验报告中要记录温度、压力和流量对时间的关系。

4.2.2.3 选择试验温度时,要考虑该阀是否需试验温度补偿性能。

4.2.3 稳态工况

4.2.3.1 被控参数的变化范围不超过表2的规定值时为稳态工况。在稳态工况下记录试验参数的测量值。

表2 被控参数平均指示值允许变化范围

被控参数	测试等级		
	A	B	C
流量,%	±0.5	±1.5	±2.5
压力,%	±0.5	±1.5	±2.5
油温,℃	±1.0	±2.0	±4.0
粘度,%	±5	±10	±15

4.2.3.2 被测参数测量读数点的数目和所取读数的分布,应能反映被试阀在整个范围内的性能。

4.2.3.3 为了保证试验结果的重复性,应规定测量的时间间隔。

4.3 耐压试验

4.3.1 在被试阀进行试验前应进行耐压试验。

4.3.2 耐压试验时,对各承压油口施加耐压试验压力。耐压试验压力为该油口的最高工作压力的1.5倍,以每秒2%耐压试验压力的速率递增,保压5min,不得有外渗漏。

4.3.3 耐压试验时各泄油口和油箱相连。

5 试验内容

5.1 流量控制阀

5.1.1 稳态流量—压力特性试验

被控流量和旁通流量应尽可能在控制部件设定值和压差的全部范围内进行测量。

5.1.1.1 压力补偿型阀

在进口和出口压力的规定增量下,对指定的压力和流量从最小值至最大值进行测试(见图5曲线)。

5.1.1.2 无压力补偿型阀

参照GB 8107—87《液压阀压差—流量特性试验方法》有关条款进行测试。

5.1.2 外泄漏量试验

对有外泄口的流量控制阀应测定外泄漏量,试验方法同5.1.1。绘出进口流量—压差特性和出口流量—压差特性。进口流量与出口流量之差即为外泄漏量。

5.1.3 调节控制部件所需“力”(泛指力、力矩、压力)的试验

在被试阀进口和出口压力变化范围内,在各组进、出口压力设定值下,改变控制部件的调节设定值,使流量由最小升至最大(正行程),又由最大回至最小(反行程),测定各调节设定值下的对应调节“力”。

在每次调至设定位置之前,应连续地对被试阀作10次以上的全行程调节的操作,以避免由于淤塞引起的卡紧力影响测量。同时,应在调至设定位置时起60s内完成读数的测量。

每完成10次以上全行程操作后,将控制部件调至设定位置时,要按规定行程的正或反来确定调节动作的方向。

注:需测定背压影响时,本项测试只能采用图1所示回路。

5.1.4 带压力补偿的流量控制阀瞬态特性试验

在控制部件的调节范围内,测试各调节设定值下的流量对时间的相关特性。

进口节流和三通旁通节流的试验回路，按图 1 所示，对被试阀的出口造成压力阶跃来进行试验。出口节流和旁通节流的试验回路分别按图 2 和图 3 所示，对被试阀进口造成压力阶跃来进行试验。

在进行瞬态特性测试时可不考虑外泄漏量的影响。

5.1.4.1 在图 1～图 3 中，阀 9 的操作时间（参阅图 6）应满足下列两个条件：

a. 不得大于响应时间的 10%；

b. 最大不超过 10ms。

5.1.4.2 为得到足够的压力梯度，必须限制油液的压缩影响。检验方法见式（1）。

$$\frac{\mathrm{d}p}{\mathrm{d}t}=\frac{q_{vs}\cdot K_s}{V} \qquad (1)$$

由式（1）估算压力梯度。其中 q_{vs} 是测试开始前设定的稳态流量；K_s 是等熵体积弹性模量；V 是被试阀 5 与阀 8a 和 8b 之间的连通容积；p 是阶跃压力（在图 1 和图 2 中，由压力表 4b 读出；在图 3 中，由压力表 4a 读出）。式（1）估算的压力梯度至少应为实测结果（见图 6）的 10 倍。

5.1.4.3 瞬态特性试验程序

a. 关闭阀 9，调节被试阀 5 的控制部件，由流量计 7a 读出稳态设定流量 q_{vs} 调节阀 8a，读出流量 q_{vs} 流过阀 8a 时造成的压差 Δp_2（下标“2”表示流量 q_{vs} 单独通过阀 8a 的工况），用式（2）计算：

$$K=\frac{q_{vs}}{\sqrt{\Delta p_2}} \qquad (2)$$

由式（2）求出阀 8a 的系数 K。对图 1、图 2 和图 3，Δp_2 分别是压力计 4b 和 4c、4a 和 4b 及 4a 和 4c 的读数差。

b. 打开阀 9，调节阀 8b，读出 q_{vs} 通过阀 8a 和 8b 并联油路所造成的压差 Δp_1（下标“1”表示流量 q_{vs} 通过并联油路的工况）。压差 Δp_1 的读法与压差 Δp_2 读法相同。

在瞬态过程中，当流量 q_{vs} 为式（3）时：

$$q_v=q_{v1}=K\sqrt{\Delta p_1} \qquad (3)$$

可以认为是被试阀响应时间的起始时刻，称 q_{vs} 为起始流量（见图 6）。

c. 操作阀 9（由开至关），造成压力阶跃进行检测。

5.1.4.4 测试方法

选择下述方法中的一种进行瞬态特性测试：

a. 第一种方法——间接法（采用高频响应压力传感器），用压力传感器测出阀 8a 的瞬时压差 Δp 以式（4）求出通过被试阀 5 的瞬时流量 q_v。

$$q_v=K\sqrt{\Delta p} \qquad (4)$$

注：在这种方法中允许采用频响较低的流量计，因为它只用来测读稳态流量。

b. 第二种方法——直接法（采用高频响应的压力传感器和流量传感器），直接用流量传感器读出瞬时流量。用压力传感器来校核流量传感器相位的准确性。

注：阀 9 操作时间可参照图 6 确定。对第一种方法，阀 9 操作的起始时刻为 Δp 开始上升的时刻（图 6 上的 B 点），阀 9 操作的终止时刻为流量 q_v 开始上升的时刻（图 6 上的 A 点）。

5.2 分流阀

5.2.1 稳态流量—压力特性试验

在进口流量的变化范围内，测量各进口流量设定值下 A、B 两个工作口的分流流量对各自压差的相关特性。

A、B 口的出口压力，分别调阀 7a（或同时调阀 7b）和阀 7c（或同时调阀 7d）来实现，由压力计 4b 和 4c 读出。调定出口压力后，被试阀进口压力随之确定，由压力计 4a 读出。A、B 口与进口的压力差就可计算出。

A、B 口的分流流量分别由流量计 8a 和 8b 读出，两出口分流流量之和即为进口流量。

按表 3 的规定，调定 A、B 的出口压力，在规定进口流量范围内，测每一进口流量下的进口压力和出口流量。

对于两分流口等流或不等流的阀都应注明分流比。

表 3　出口压力规定

序　号	A 口	B 口
1	p_{min}	$p_{min} \rightarrow p_{max} \rightarrow p_{min}$
2	$p_{min} \rightarrow p_{max} \rightarrow p_{min}$	p_{min}
3	p_{max}	$p_{min} \rightarrow p_{max} \rightarrow p_{min}$
4	$p_{min} \rightarrow p_{max} \rightarrow p_{min}$	p_{max}
5	$p_{min} \rightarrow p_{max} \rightarrow p_{min}$	$p_{min} \rightarrow p_{max} \rightarrow p_{min}$

5.2.2　瞬态特性试验

在进口流量变化范围内，测量在阀 6a 和 6b 作不同配合操作（同时动作或不同时动作）时产生的不同压力阶跃情况下的各分流流量对时间的相关特性。

试验回路中阀 6a 和 6b 的操作时间与 5.1.4.1 中关于阀 9 的规定相同，回路中加载部分的压力梯度的要求与 5.1.4.2 的有关规定相同。

应注明阀的分流比。

5.2.2.1　试验程序

a.　关闭阀 6a 和 6b，分别调节阀 7a 和阀 7c，使 A、B 口的出口压力为最高负载压力（这时，A 口出口压力以 p_1 表示，由压力计 4b 读出；B 口的出口压力以 p_5 表示，由压力计 4c 读出），分别由流量计读出 A 口和 B 口和稳态流量 q_{VSA} 和 q_{VSB}，由压力计 4d 和 4e.读出压力 p_2 和 p_6。由式(5)、式(6)计算：

$$\Delta p_{2A}=p_1-p_2 \qquad (5)$$

$$\Delta p_{2B}=p_5-p_6 \qquad (6)$$

求出 Δp_{2A} 和 Δp_{2B}（Δp_{2A} 和 Δp_{2B} 分别表示 q_{VSA} 单独通过阀 7a 形成的压差，q_{VSB} 单独通过阀 7c 形成的压差）。

以式(7)、式(8)求出阀 7a 的系数 K_A 和阀 7c 的系数 K_B。

$$K_A=q_{VSA}/\sqrt{\Delta p_{2A}} \qquad (7)$$

$$K_B=q_{VSB}/\sqrt{\Delta p_{2B}} \qquad (8)$$

b.　开启阀 6a 和 6b，将阀 7b 和 7d 调至使 A 口和 B 口的出口压力为最小负载压力（这时 A 口出口压力以 p_3 表示，由压力计 4b 读出；B 口的出口压力以 p_7 表示，由压力计 4c 读出）。分别由压力计 4d 和 4e 读出压力 p_4 和 p_8。

以式(9)、式(10)计算：

$$\Delta p_{1A}=p_3-p_4 \qquad (9)$$

$$\Delta p_{1B}=p_7-p_8 \quad \cdots\cdots (10)$$

Δp_{1A}表示 q_{VSA}通过 7a 和 7b 的并联油路形成的压差，Δp_{1B}表示 q_{VSB}通过阀 7c 和 7d 并联油路形成的压差。

由式(11)、式(12)求得瞬态特性响应起始时刻的流量 q_{V1A}的 q_{V1B}。

$$q_{VA}=q_{V1A}=K_A\sqrt{\Delta p_{1A}} \quad \cdots\cdots (11)$$

$$q_{VB}=q_{V1B}=K_B\sqrt{\Delta p_{1B}} \quad \cdots\cdots (12)$$

c. 操作阀 6a 和(或)6b，产生压力阶跃，操作顺序如表 4。

表 4 阀 6a 和 6b 操作顺序

序　　号	阀　　6a	阀　　6b
1	突　　闭	始终开启
2	始终开启	突　　闭
3	突　　闭	突　　闭

5.2.2.2 测量方法

选择下述方法中的一种进行瞬态特性测试：

a. 第一种方法——间接法(采用高频响应压力传感器)，由压力传感器 4b 和 4d 的读数算出阀 7a 的瞬时压差 Δp_A，由压力传感器 4c 和 4e 的读数算出阀 7c 的瞬时压差 Δp_B，以式(13)、式(14)分别算出 A、B 口的瞬时流量 q_{VA}和 q_{VB}：

$$q_{VA}=K_A\sqrt{\Delta p_A} \quad \cdots\cdots (13)$$

$$q_{VB}=K_B\sqrt{\Delta p_B} \quad \cdots\cdots (14)$$

b. 第二种方法——直接法(流量和压力仪表都采用高频响应传感器)，分别通过流量传感器 8a 和 8b 读出 A 口和 B 口的瞬时流量 q_{VA}和 q_{VB}，可由相应的压力传感器读出瞬时压差 Δp_A 和 Δp_B，用以校核流量传感器的相位准确性。

6 试验报告

6.1 试验数据和结果应写出报告，其中所用符号和单位按表 1 规定。

6.2 试验有关资料

试验前商定的有关被试阀及其试验条件的资料应写在报告中，至少包括下述各项：

6.2.1 各阀种均需的资料

a. 制造厂厂名；

b. 制造厂标牌(型号、系列号等等)；

c. 制造厂有关阀的说明；

d. 阀的连接管道和管接头的明细表；

e. 制造厂有关过滤的要求；

f. 试验回路中所装过滤器精度等级；

g. 试验油液的实际固体污染等级；

h. 试验油液(牌号和说明)；

i. 试验油液的运动粘度；

j. 试验油液的密度；

k. 试验油液的等熵体积弹性模量；

l. 试验油液的温度；

m. 环境温度。

6.2.2 分流阀所需的附加资料

a. 最小流量；

b. 给定的分流比。

6.3 试验结果

所有的测试结果应用表格和图形曲线来表示，并写在报告中。

6.3.1 耐压压力

记录耐压压力值。

6.3.2 流量控制阀

a. 稳态流量—压力特性(在指定的设定范围内)(见图 5)；

b. 调节控制部件所需的"力"，即：力、力矩和压力；

c. 在设定的各压力和流量条件下的瞬态特性(见图 6)；

(A)流量-时间瞬态特性；或压力-时间特性及其计算得到的流量-时间特性(均用图形表示)；

(B)响应时间和瞬态恢复时间；

(C)流量超调量相对于最终稳态流量的比值。

6.3.3 分流阀

a. 稳态流量-压力特性；

b. 在 A 和 B 口的各压力和流量值下的瞬态特性(见图 6)，即：

(A)流量-时间瞬态特性，或压力-时间特性及其计算得到的流量-时间特性(均用图形表示)；

(B)响应时间及瞬态恢复时间；

(C)流量超调量或分流误差相对于最终稳态流量的比值。

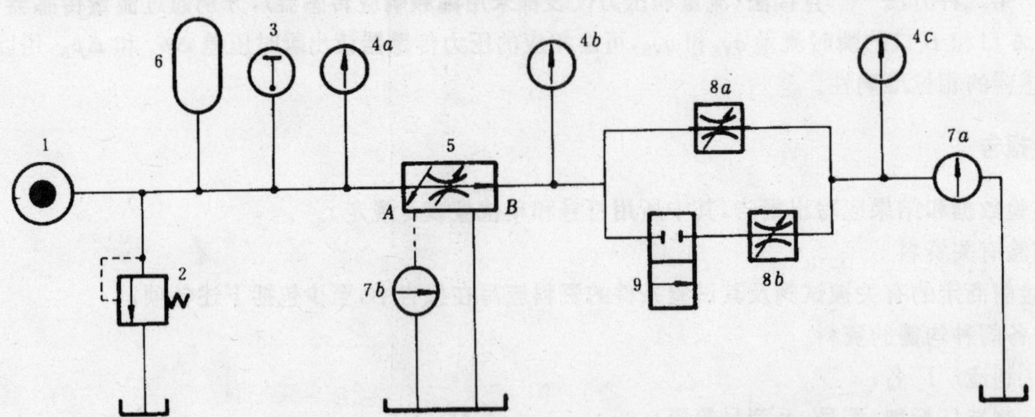

图 1 流量控制阀用作进口节流和三通旁通节流时的试验回路

1—液压源； 2—溢流阀； 3—温度计； 4—压力计(做瞬态试验时应用高频响应压力传感器)；
5—被试阀； 6—蓄能器(需要和可能的情况下加设)； 7—流量计(采用瞬态试验第二种方法时应用高频响应流量传感器)； 8—节流阀； 9—二位二通换向阀

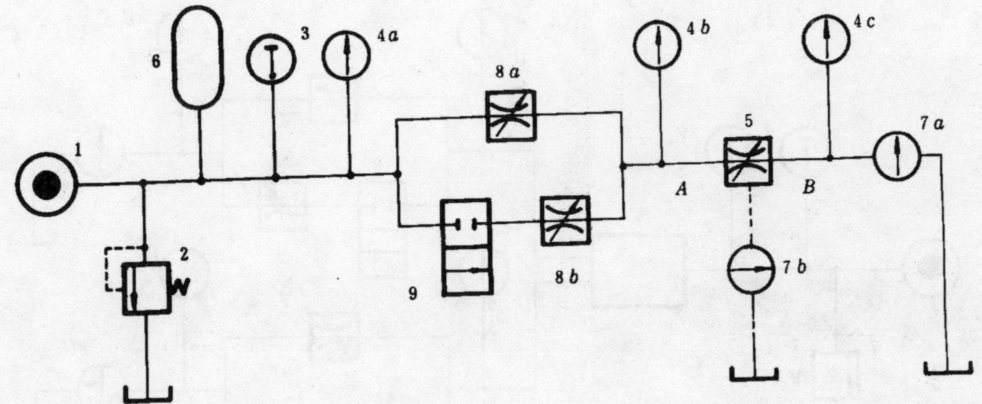

图 2　流量控制阀用作出口节流的试验回路

1—液压源；　2—溢流阀；　3—温度计；　4—压力计(瞬态试验时用高频响应压力传感器)；
5—被试阀；　6—蓄能器(需要和可能的情况下加设)；　7—流量计(采用瞬态试验第二种方法时应用高频响应传感器)；　8—节流阀；　9—二位二通换向阀

注:阀 5 和阀 8 之间用硬管连接,其间容积应尽可能小。

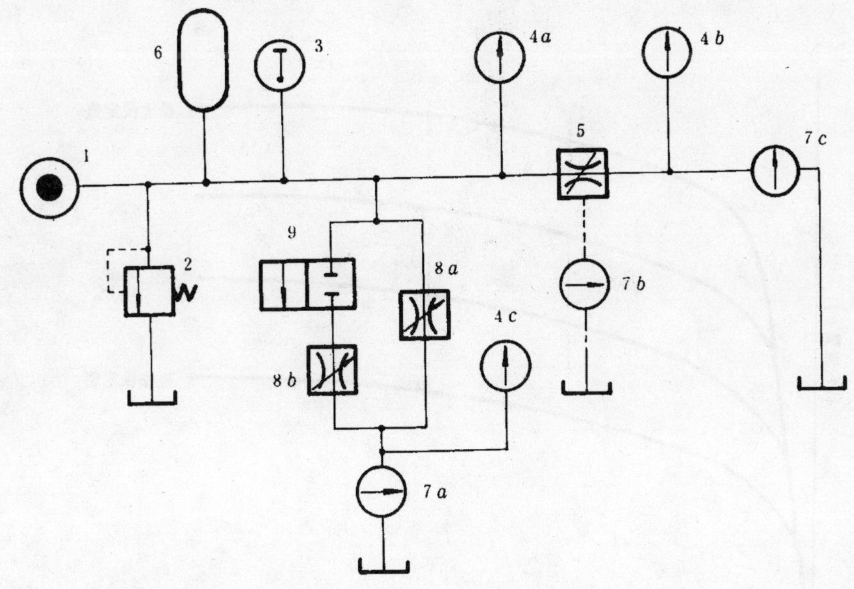

图 3　流量控制阀用作旁通节流时的试验回路

1—液压源；　2—溢流阀；　3—温度计；　4—压力计(瞬态试验时应采用高频响应压力传感器)；
5—被试阀；　6—蓄能器(需要和可能的情况下加设)；　7—流量计(采用瞬态试验第二种方法时应用高频响应流量传感器)；　8—节流阀；　9—二位二通阀

注:阀 5 和阀 8 之间用硬管连接,其间容积应尽可能小。

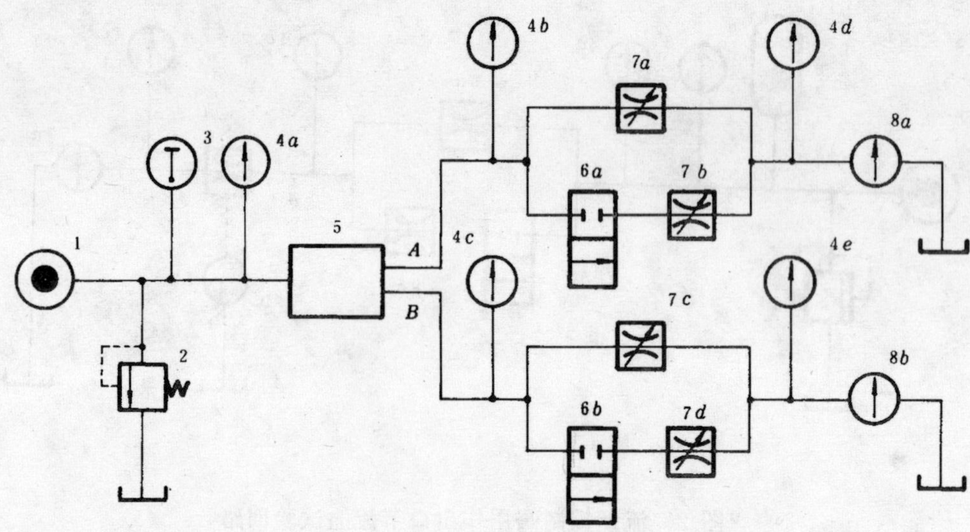

图 4　分流阀试验回路

1—液压源；2—溢流阀；3—温度计；4—压力计(瞬态试验时应采用高频响应压力传感器)；5—被试阀；6—二位二通阀；7—节流阀；8—流量计(采用瞬态试验第二种方法时应用高频响应流量传感器)

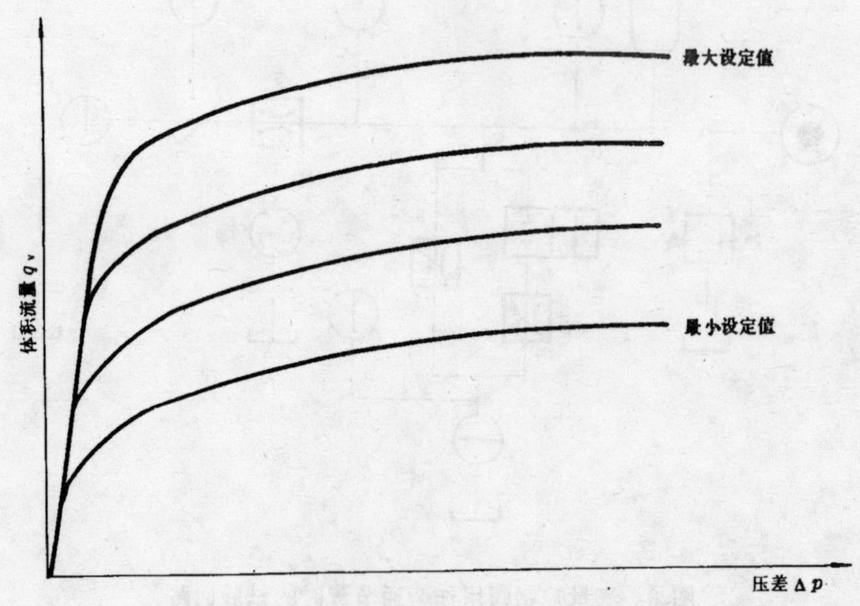

图 5　流量控制阀稳态特性曲线

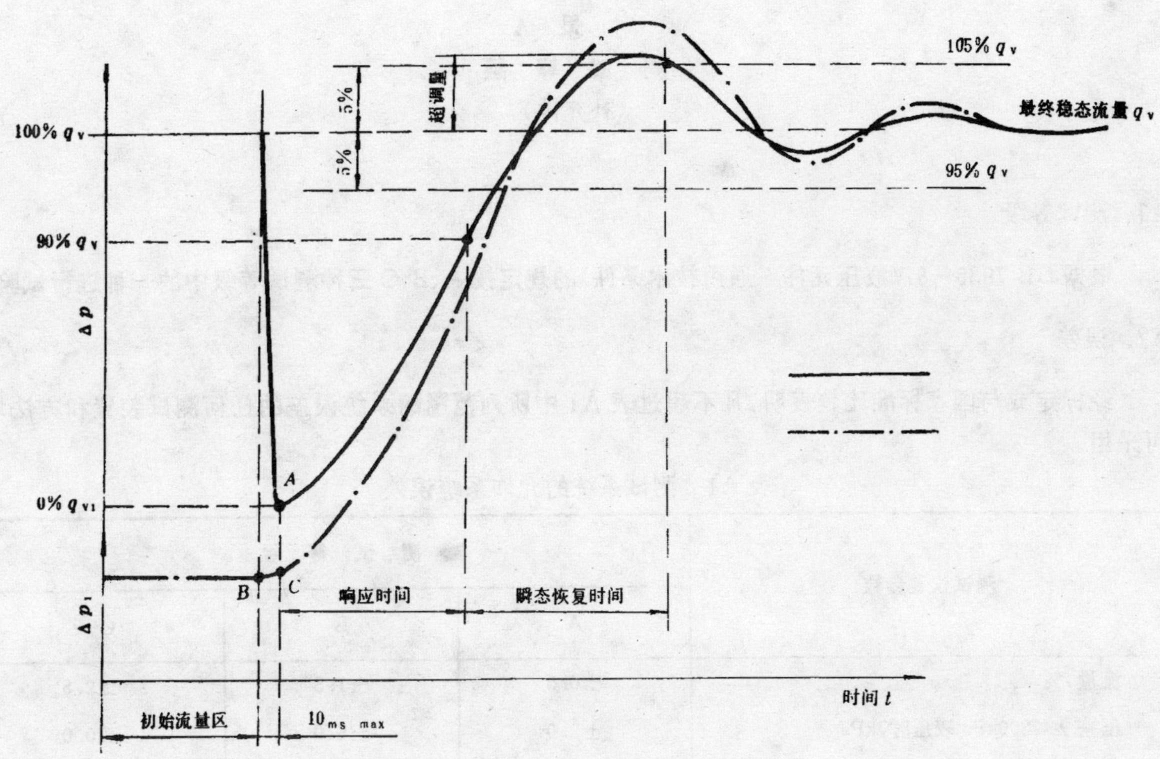

图 6　流量控制阀瞬态特性曲线

——瞬时流量，q_v；—·—压差 Δp

实测压力梯度$\frac{dp}{dt}$，以 B、C 点连线的斜率计算

附 录 A
测 试 等 级
（补充件）

A1 测试等级

根据GB 7935—87《液压元件　通用技术条件》的规定按A、B、C三种测试等级中的一种进行试验。

A2 误差

经标定或与国家标准比较表明，凡不超过表A1中所列范围的系统误差的任何测试装置和方法均可采用。

表A1　测试系统的允许系统误差

测试仪表参数	测 试 等 级		
	A	B	C
流量，%	±0.5	±1.5	±2.5
压差 p<200kPa 表压时，kPa	±2.0	±6.0	±10.0
压差 p≥200kPa 表压时，%	±0.5	±1.5	±2.5
温度，℃	±0.5	±1.0	±2.0

注：表中给出的百分数极限范围是指被测量值的百分比，而不是试验参数的最大值或测量系统的最大读数的百分比。

附加说明：

本标准由全国液压气动标准化技术委员会提出并归口。

本标准由上海铁道学院、中船总公司七院七〇四所负责起草。

中华人民共和国国家标准

UDC 621.646.001.4

压力控制阀　试验方法

GB 8105—87

Hydraulic fluid power—Valves—
Testing method of pressure control valves

1　适用范围

本标准适用于以液压油(液)为工作介质的溢流阀、减压阀的稳态性能和瞬态性能试验。

与溢流阀、减压阀性能类似的其他压力控制阀,可参照本标准执行。

比例控制阀和电液伺服阀的试验方法另行规定。

2　符号、量纲和单位

符号、量纲和单位见表 1。

表1　符号、量纲和单位

名　　称	符　号	量　纲[1]	单　位
阀的公称通径	D	I	m
力	F	MLT^{-2}	N
阀内控制元件的线位移	L	L	m
阀内控制元件的角位移	β	—	rad
体积流量	q_v	L^3T^{-1}	m³/s
管道内径	d	L	m
压力、压差	$p,\Delta p$	$ML^{-1}T^{-2}$	Pa
时间	t	T	s
油液质量密度	ρ	ML^{-3}	kg/cm³
运动粘度	ν	L^2T^{-1}	m²/s
摄氏温度	θ	Θ	℃
等熵体积弹性模量	K_s	$ML^{-1}T^{-2}$	Pa
体积	V	L^3	m³

注：1）M——质量；L——长度；T——时间；Θ——温度。

国家机械工业委员会1987—07—13批准　　　1988-07-01实施

3 通则

3.1 试验装置

3.1.1 试验回路

3.1.1.1 图1和图2分别为溢流阀和减压阀的基本试验回路。允许采用包括两种或多种试验条件的综合试验回路。

3.1.1.2 油源的流量应能调节。油源流量应大于被试阀的试验流量。油源的压力脉动量不得大于±0.5 MPa,并能允许短时间压力超载20%～30%。

被试阀和试验回路相关部分所组成的表观容积刚度,应保证压力梯度在下列的给定值范围之内:

a. 3 000～4 000 MPa/s;

b. 600～800 MPa/s;

c. 120～160 MPa/s。

3.1.1.3 允许在给定的基本试验回路中增设调节压力、流量或保证试验系统安全工作的元件。

3.1.1.4 与被试阀连接的管道和管接头的内径应和被试阀的通径相一致。

3.1.2 测压点的位置

3.1.2.1 进口测压点的位置

进口测压点应设置在扰动源(如阀、弯头)的下游和被试阀上游之间,距扰动源的距离应大于10d;距被试阀的距离为5d。

3.1.2.2 出口测压点应设置在被试阀下游10d处。

3.1.2.3 按C级精度测试时,若测压点的位置与上述要求不符,应给出相应修正值。

3.1.3 测压孔

3.1.3.1 测压孔直径不得小于1mm,不得大于6mm。

3.1.3.2 测压孔的长度不得小于测压孔直径的2倍。

3.1.3.3 测压孔中心线和管道中心线垂直,管道内表面与测压孔交角处应保持尖锐,但不得有毛刺。

3.1.3.4 测压点与测量仪表之间连接管道的内径不得小于3mm。

3.1.3.5 测压点与测量仪表连接时应排除连接管道中的空气。

3.1.4 温度测量点的位置

温度测量点应设置在被试阀进口测压点上游15d处。

3.1.5 油液固体污染等级

3.1.5.1 在试验系统中所用的液压油(液)的固体污染等级不得高于19/16。有特殊要求时可另作规定。

3.1.5.2 试验时,因淤塞现象而使在一定的时间间隔内对同一参数进行数次测量所得的测量值不一致时,在试验报告中要注明时间间隔值。

3.1.5.3 在试验报告中应注明过滤器的安装位置、类型和数量。

3.1.5.4 在试验报告中应注明油液的固体污染等级及测定污染等级的方法。

3.2 试验的一般要求

3.2.1 试验用油液

3.2.1.1 在试验报告中应注明:

试验用油液类型、牌号;在试验控制温度下的油液粘度和密度等熵体积弹性模量。

3.2.1.2 在同一温度下测定不同油液粘度的影响时,要用同一类型但粘度不同的油液。

3.2.2 试验温度

3.2.2.1 以液压油为工作介质试验元件时,被试阀进口处的油液温度为50℃。采用其他油液为工作介质或有特殊要求时,可另作规定。在试验报告中应注明实际的试验温度。

3.2.2.2 冷态起动试验时油液温度应低于 25℃，在试验开始前把试验设备和油液的温度保持在某一温度，试验开始以后允许油液温度上升。在试验报告中记录温度、压力和流量对时间的关系。

3.2.2.3 当被试阀有试验温度补偿性能的要求时，可根据试验要求选择试验温度。

3.2.3 稳态工况

3.2.3.1 被控参数的变化范围不超过表 2 的规定值时为稳态工况。在稳态工况下记录试验参数的测量值。

表 2 被控参数平均指示值允许变化范围

被控参数	测试等级		
	A	B	C
流 量，%	±0.5	±1.5	±2.5
压 力，%	±0.5	±1.5	±2.5
油 温，℃	±1.0	±2.0	±4.0
粘 度，%	±5.0	±10.0	±15.0

3.2.3.2 被测参数测量读数点的数目和所取读数的分布应能反映被试阀在全范围内的性能。

3.2.3.3 为保证试验结果的重复性，应规定测量的时间间隔。

3.3 耐压试验

3.3.1 在被试阀进行试验前应进行耐压试验。

3.3.2 耐压试验时，对各承压油口施加耐压试验压力。耐压试验压力为该油口的最高工作压力的 1.5 倍，以每秒 2%耐压试验压力的速率递增，保压 5min，不得有外渗漏。

3.3.3 耐压试验时各泄油口和油箱相连。

4 试验内容

4.1 溢流阀

4.1.1 稳态压力-流量特性试验

将被试阀调定在所需流量和压力值(包括阀的最高和最低压力值)上。然后在每一试验压力值上使流量从零增加到最大值，再从最大值减小到零，测试此过程中被试阀的进口压力。

被试阀的出口压力可为大气压或某一用户所需的压力值。

4.1.2 控制部件调节"力"试验(泛指力、力矩、压力或输入电量)

将被试阀通以所需的工作流量，调节其进口压力，由最低值增加到最高值，再从最高值减小到最低值，测定此过程中为改变进口压力调节控制部件所需的"力"。

为避免淤塞而影响测试值，在测试前应将被试阀的控制部件在其调节范围内至少连续来回操作 10 次以上。每组数据的测试应在 60s 内完成。

4.1.3 流量阶跃压力响应特性试验

将被试阀调定在所需的试验流量与压力下，操纵阀 3，使试验系统压力下降到起始压力(保证被试阀进口处的起始压力值不大于最终稳态压力值的 20%)，然后迅速关闭阀 3，使密闭回路中产生一个按 3.1.1.2 中所选用的压力梯度。这时，在被试阀 6 进口处测试被试阀的压力响应。

阀 3 的关闭时间不得大于被试阀响应时间的 10%，最大不超过 10ms。

油的压缩性造成的压力梯度，可根据表达式$\frac{dp}{dt}=\frac{q_v K_s}{V}$算出，至少应为所测梯度的 10 倍。

压力梯度系指压力从起始稳态压力值与最终稳态压力值之差的 10%上升到 90%的时间间隔内的平均压力变化率。

整个试验过程中，安全阀 2 的回油路上应无油液通过。

4.1.4 卸压、建压特性试验

4.1.4.1 最低工作压力试验

当溢流阀是先导控制型式时，可以用一个卸荷控制阀 9 切换先导级油路，使被试阀 6 卸荷，逐点测出各流量时被试阀的最低工作压力。试验方法按 GB 8107《液压阀 压差-流量特性试验方法》有关条款的规定。

4.1.4.2 卸压时间和建压时间试验

将被试阀 6 调定在所需的试验流量与试验压力下，迅速切换阀 9；卸荷控制阀 9 切换时，测试被试阀 6 从所控制的压力卸到最低压力值所需的时间和重新建立控制压力值的时间。

阀 9 的切换时间不得大于被试阀响应时间的 10%，最大不超过 10 ms。

4.2 减压阀

4.2.1 稳态压力-流量特性试验

将被试阀 6 调定在所需的试验流量和出口压力值上（包括阀的最高和最低压力值），然后调节流量，使流量从零增加到最大值，再从最大值减小到零，测量此过程中被试阀 6 的出口压力值。

试验过程中应保持被试阀 6 的进口压力稳定在额定压力值上。

4.2.2 控制部件调节"力"试验（泛指力、力矩或压力）

将被试阀 6 调定在所需的试验流量和出口压力值上，然后调节被试阀的出口压力，使出口压力由最低值增加到最高值，再从最高值减小到最低值，测量在此过程中为改变出口压力值控制部件调节"力"。

为避免淤塞而影响测试值，在测试前应将被试阀的控制部件在其调节范围内至少连续来回操作 10 次以上。每组数据的测试应在 60s 内完成。

4.2.3 进口压力阶跃压力响应特性试验

调节阀 2 使被试阀 6 的进口压力为所需的值，然后，调节被试阀 6 与阀 8b，使被试阀 6 的流量和出口压力调定在所需的试验值上。操纵阀 3a，使整个试验系统压力下降到起始压力（为保证被试阀阀芯的全开度，保证此起始压力不超过被试阀出口压力值的 50%和被试阀调定的进口压力值的 20%）。然后迅速关闭阀 3a，使进油回路中产生一个按 3.1.1.2 中所选用的压力梯度，在被试阀 6 的出口处测量被试阀的出口压力的瞬态响应。

4.2.4 出口流量阶跃压力响应特性试验

调节阀 2 使被试阀 6 的进口压力为所需的值，然后，调节被试阀 6 与 8a，使被试阀 6 的流量和出口压力调定在所需的试验值上。关闭阀 9，使被试阀 6 出口流量为零，然后开启阀 9，使被试阀的出口回路中产生一个流量的阶跃变化。这时，在被试阀 6 的出口处测量被试阀的出口压力瞬态响应。

阀 9 的开启时间不得大于被试阀响应时间的 10%，最大不超过 10ms。

被试阀和阀 8a 之间的油路容积要满足压力梯度的要求，即由公式$\frac{\mathrm{d}p}{\mathrm{d}t}=\frac{q_v K_s}{V}$计算出的压力梯度必须比实际测出被试阀出口压力响应曲线中的压力梯度大 10 倍以上。式中 V 是被试阀与阀 8a 之间的回路容积；K_s 是油液的等熵体积弹性模量；q_v 是流经被试阀的流量。

4.2.5 卸压、建压特性试验

4.2.5.1 最低工作压力试验

当减压阀是先导控制型式时，可以用一个卸荷控制阀 3b 来将先导级短路，使被试阀 6 卸荷，逐点测出各流量时被试阀的最低工作压力。试验方法按 GB 8107 有关条款。

4.2.5.2 卸压时间和建压时间试验

按 4.1.4.2 进行试验，卸荷控制阀 3b 切换时，测量被试阀 6 从所控制的压力卸到最低压力值所需的时间和重新建立所需压力值的时间。

阀 3b 的切换时间不得大于被试阀响应时间的 10%，最大不超过 10ms。

5 试验报告

5.1 按试验数据和结果写出试验报告。所用符号和单位按表1规定。

5.2 试验有关资料

被试阀和试验条件的资料至少应包括下述各项,并在报告中写明:

a. 制造厂厂名;

b. 产品规格(型号、系列号等等);

c. 制造厂有关阀的说明;

d. 连接管道和管接头的明细表;

e. 制造厂有关过滤的要求;

f. 试验回路中过滤器精度等级;

g. 试验油液的实际固体污染等级;

h. 试验油液(牌号和说明);

i. 试验油液的运动粘度;

j. 试验油液的密度;

k. 试验油液的等熵体积弹性模量;

l. 试验油液的温度;

m. 环境温度。

5.3 试验结果

下列试验结果应绘制成表格和曲线。

a. 耐压压力;

b. 稳态压力—流量特性(见图3);

c. 控制部件调节"力"(见图4);

d. 流量或压力阶跃压力响应特性(见图5);

e. 卸压、建压特性(见图6)。

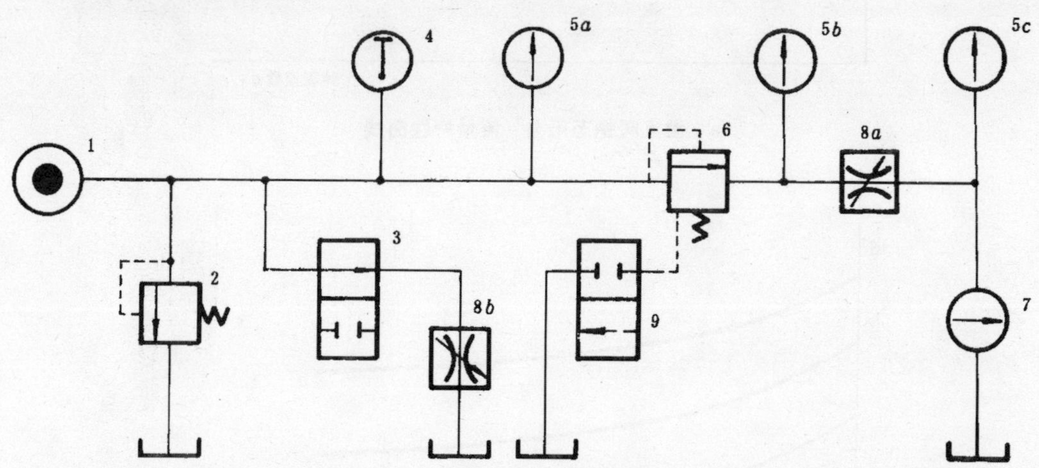

图1 溢流阀试验回路

1—液压源; 2—溢流阀(安全阀); 3—旁通阀; 4—温度计; 5—压力计(压力传感器); 6—被试阀; 7—流量计; 8—节流阀; 9—换向阀

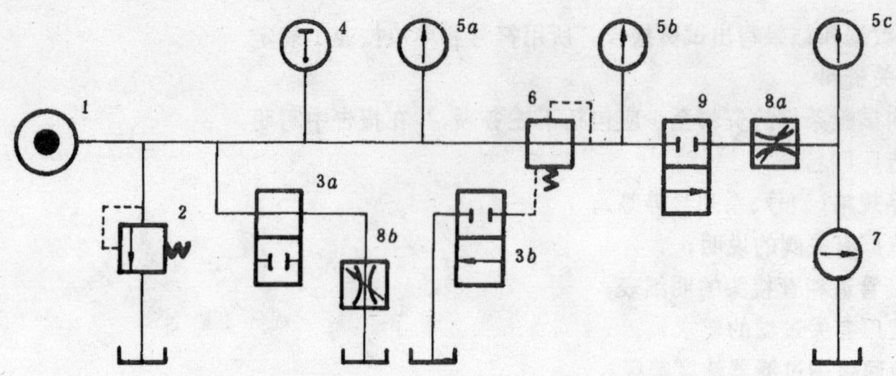

图 2　减压阀试验回路

1—液压源；　2—溢流阀；　3—旁通阀；　4—温度计；　5—压力计(压力传感器)；

6—被试阀；　7—流量计；　8—节流阀；　9—换向阀

注：被试阀 6 与阀 8 间油路应有足够的刚度，且容积应尽量小。

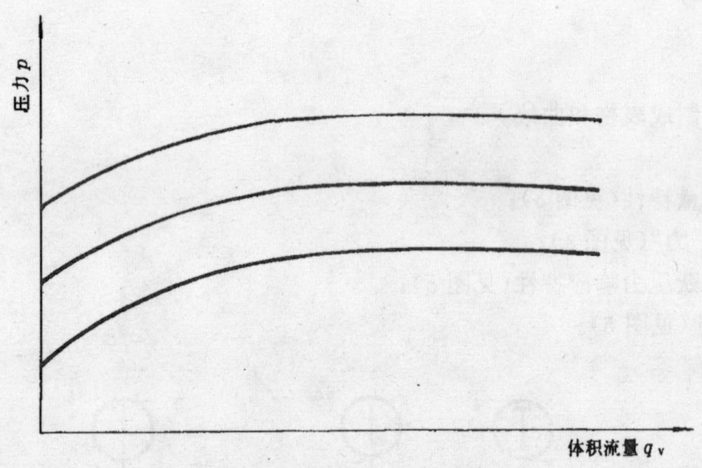

a　溢流阀稳态压力　流量特性曲线

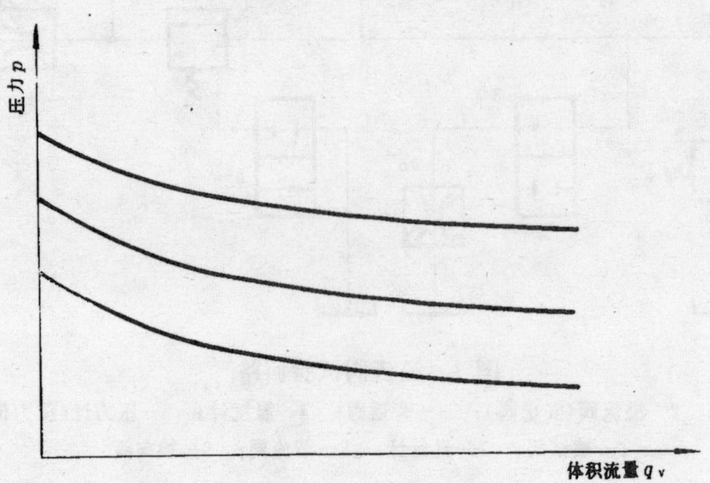

b　减压阀稳态压力—流量特性曲线

图 3

图 4　控制部件调节"力"曲线

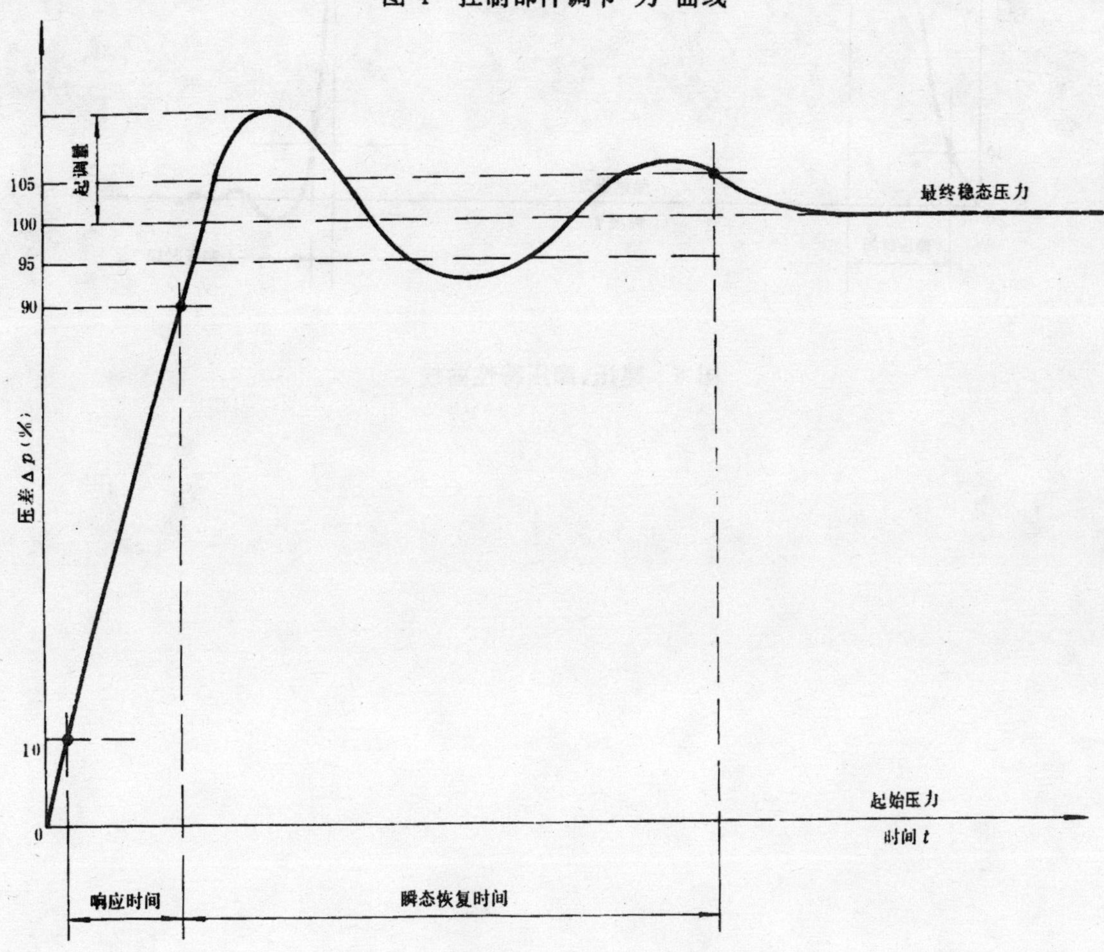

图 5　压力控制阀瞬态响应特性曲线

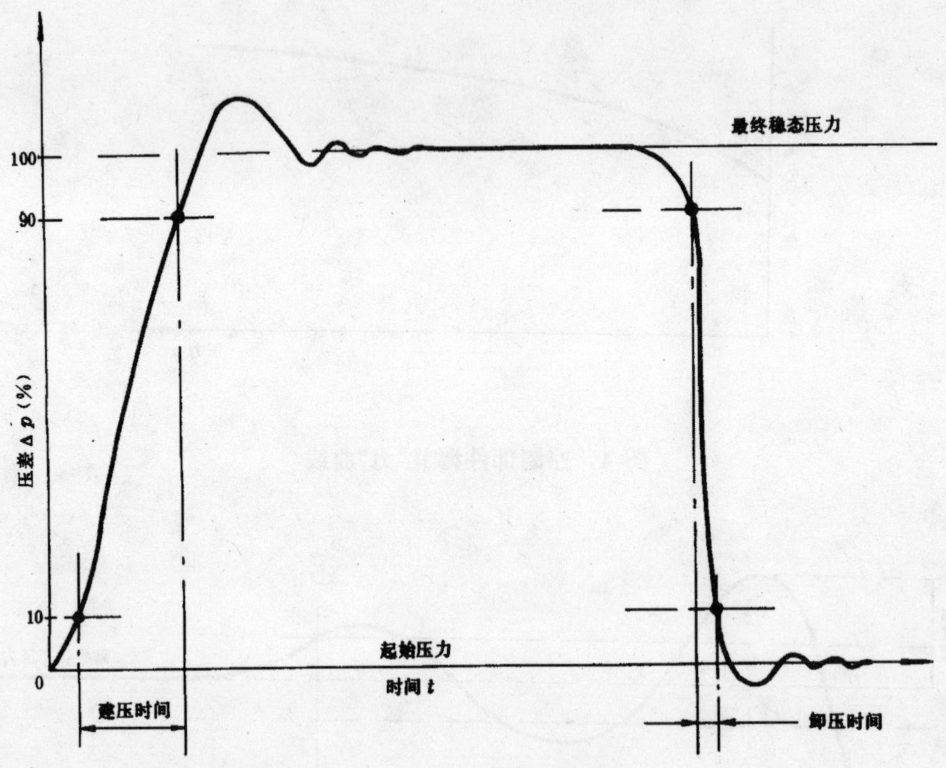

图6 建压、卸压特性曲线

附 录 A
测 试 等 级
（补充件）

A1 测试等级

根据GB 7935《液压元件　通用技术条件》的规定，按A、B、C三种测试等级中的一种进行试验。

A2 误差

经标定或与国家标准比较表明，凡不超过表A1中所列范围的系统误差的任何测试装置和方法均可采用。

表A1　测试系统的允许系统误差

测试仪表参数	测 试 等 级		
	A	B	C
流量，%	±0.5	±1.5	±2.5
压差，低于200kPa表压时，kPa	±2.0	±6.0	±10.0
压差，等于或超过200kPa表压时，%	±0.5	±1.5	±2.5
温度，℃	±0.5	±1.0	±2.0

注：表中给出的百分数极限范围是指被测量值的百分比，而不是试验的最大值或测量系统的最大读数的百分比。

附加说明：

本标准由全国液压气动标准化技术委员会提出并归口。

本标准由浙江大学、上海交通大学、中国船舶总公司第七研究院七〇四研究所负责起草。

ICS 23.100.20
J 20

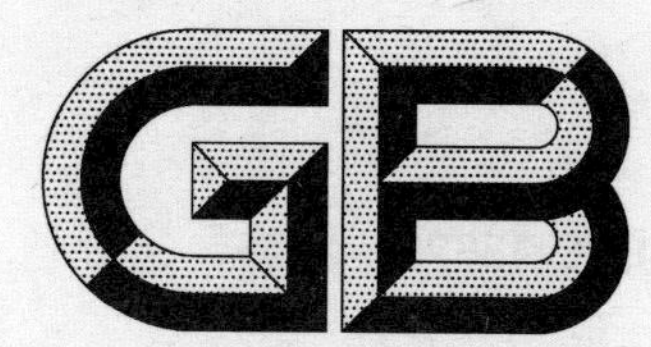

中华人民共和国国家标准

GB/T 15622—2005
代替 GB/T 15622—1995

液压缸试验方法

Hydraulic fluid power—Test method for the cylinders

(ISO 10100:2001,Hydraulic fluid power—Cylinders—Acceptance test,MOD)

2005-07-11 发布　　2006-01-01 实施

中华人民共和国国家质量监督检验检疫总局
中国国家标准化管理委员会 发布

前 言

本标准修改采用 ISO 10100:2001《液压传动　缸　验收试验》(英文版),是对 GB/T 15622—1995《液压缸试验方法》的修订。

本标准代替 GB/T 15622—1995《液压缸试验方法》。

本标准与 ISO 10100:2001 在技术内容上的主要差异列于附录 A 中。

本标准与 GB/T 15622—1995 相比主要变化如下:

——第 2 章中删除两项引用标准,增加两项新的引用标准;

——出厂试验温度中,增加"出厂试验允许降低温度,在 15℃～45℃范围内进行,但检测指标应根据温度变化进行调整,保证在 50℃±4℃时能达到产品标准规定的性能指标。"

——增加"5.2.4　相容性";

——增加"6.5.3　低压下的泄漏试验";

——将前版"6　出厂检验项目"和"7　型式检验项目"分别改为"7　型式试验"和"8　出厂试验"。对"出厂试验"不作"必试"或"抽试"的规定;

——出厂试验取消耐久性,增加缓冲试验;

——增加"9　试验报告"、"10　标注说明"两章。

本标准的附录 A、附录 B 为资料性附录。

本标准由中国机械工业联合会提出。

本标准由全国液压气动标准化技术委员会(SAC/TC 3)归口。

本标准起草单位:北京机械工业自动化研究所、哈尔滨工业大学。

本标准主要起草人:赵曼琳、刘新德、姜继海。

本标准所代替标准的历次版本发布情况为:

——GB/T 15622—1995。

液 压 缸 试 验 方 法

1 范围

本标准规定了液压缸试验方法。

本标准适用于以液压油(液)为工作介质的液压缸(包括双作用液压缸和单作用液压缸)的型式试验和出厂试验。

本标准不适用于组合式液压缸。

2 规范性引用文件

下列文件中的条款通过本标准的引用而成为本标准的条款。凡是注日期的引用文件,其随后所有的修改单(不包括勘误的内容)或修订版均不适用于本标准,然而,鼓励根据本标准达成协议的各方研究是否可使用这些文件的最新版本。凡是不注日期的引用文件,其最新版本适用于本标准。

GB/T 14039—2002 液压传动 油液 固体颗粒污染等级代号(ISO 4406:1999,MOD)

GB/T 17446 流体传动系统及元件 术语(GB/T 17446—1998,idt ISO 5598:1985)

3 术语和定义

在 GB/T 17446 中给出的以及下列术语和定义适用于本标准。

3.1

最低起动压力 the minimum pressure

液压缸起动的最低压力。

3.2

无杆腔 the cavity without piston rod

液压缸没有活塞杆的一腔。

3.3

有杆腔 the cavity with piston rod

液压缸有活塞杆伸出的一腔。

3.4

负载效率 load efficiency

液压缸的实际输出力与理论输出力的比值。

4 符号和单位

本标准使用的符号及其单位见表 1。

表 1 符号和单位

名称	符号	单位	单位名称
压力	p	MPa	兆帕
活塞杆有效面积	A	m^2	平方米
实际输出力	W	N	牛顿
负载效率	η	—	—

5 试验装置和试验条件

5.1 试验装置

5.1.1 液压缸试验装置见图1和图2。试验装置的液压系统原理图见图3～图5。

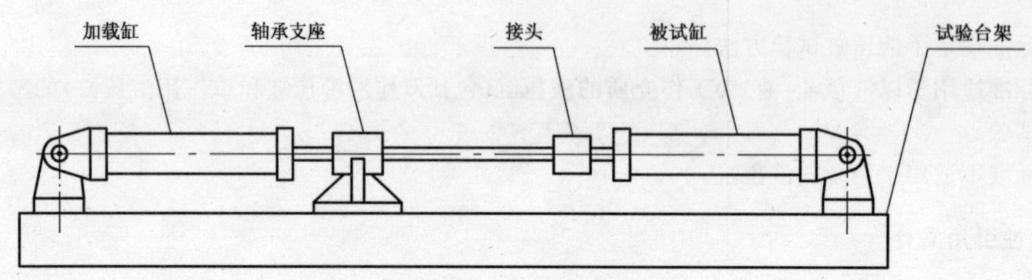

图1 加载缸水平加载试验装置

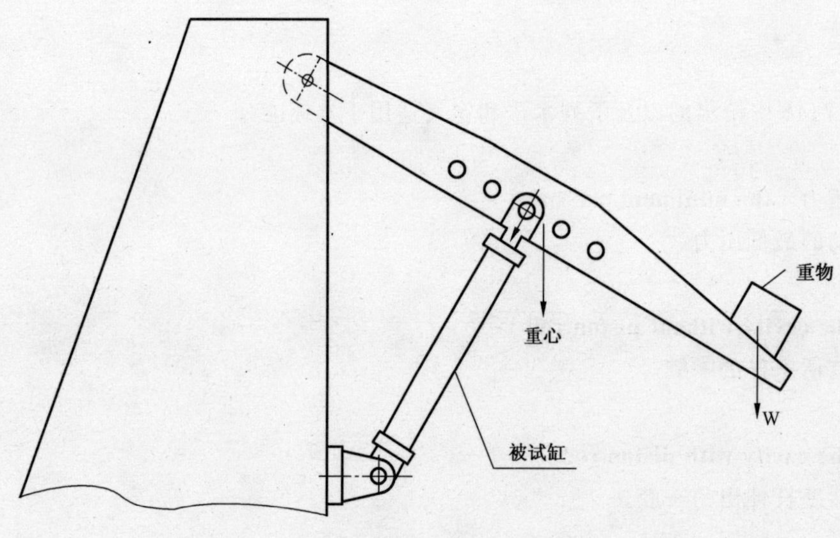

图2 重物模拟加载试验装置

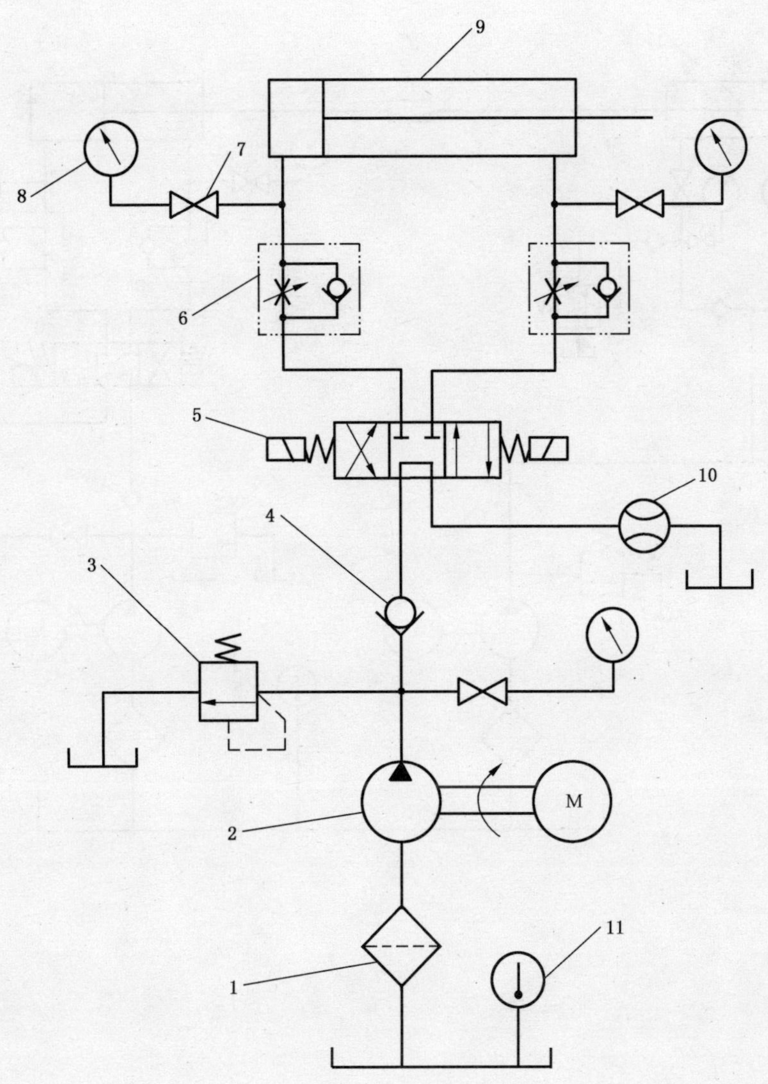

1——过滤器；
2——液压泵；
3——溢流阀；
4——单向阀；
5——电磁换向阀；
6——单向节流阀；
7——压力表开关；
8——压力表；
9——被试缸；
10——流量计；
11——温度计。

图 3　出厂试验液压系统原理图

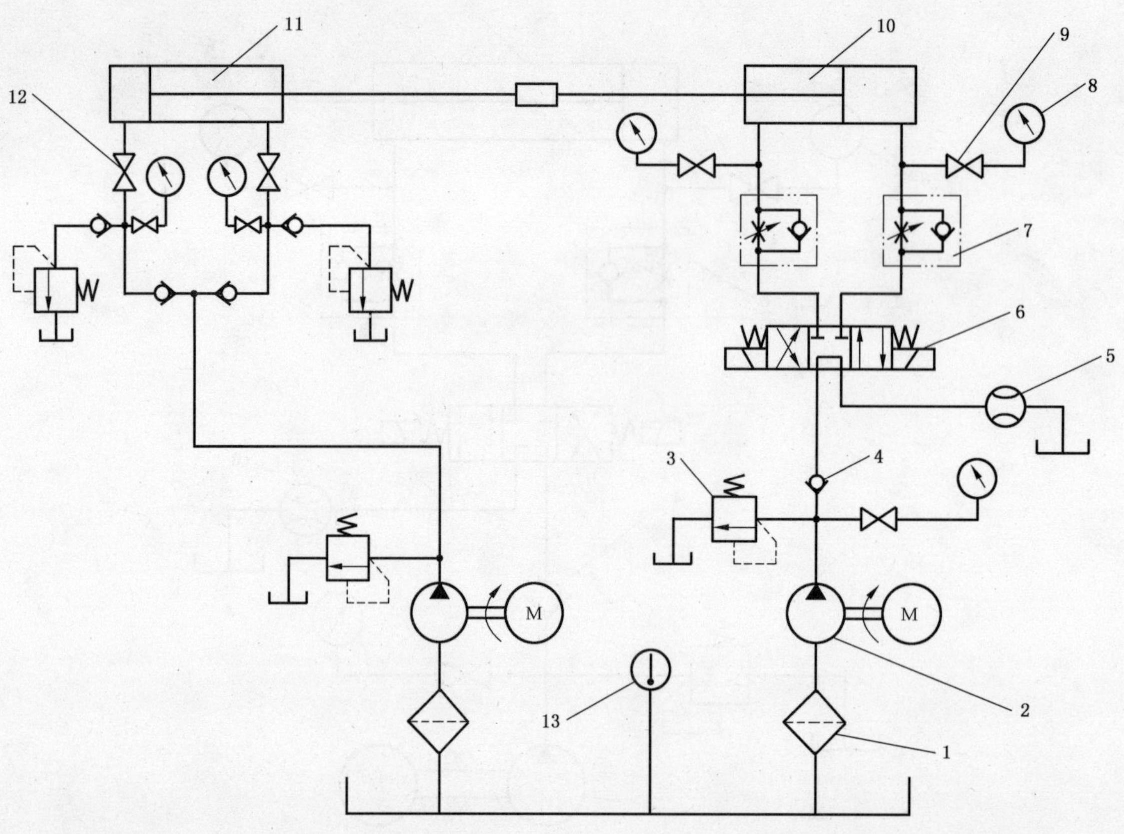

1——过滤器；
2——液压泵；
3——溢流阀；
4——单向阀；
5——流量计；
6——电磁换向阀；
7——单向节流阀；
8——压力表；
9——压力表开关；
10——被试缸；
11——加载缸；
12——截止阀；
13——温度计。

图 4　型式试验液压系统原理图

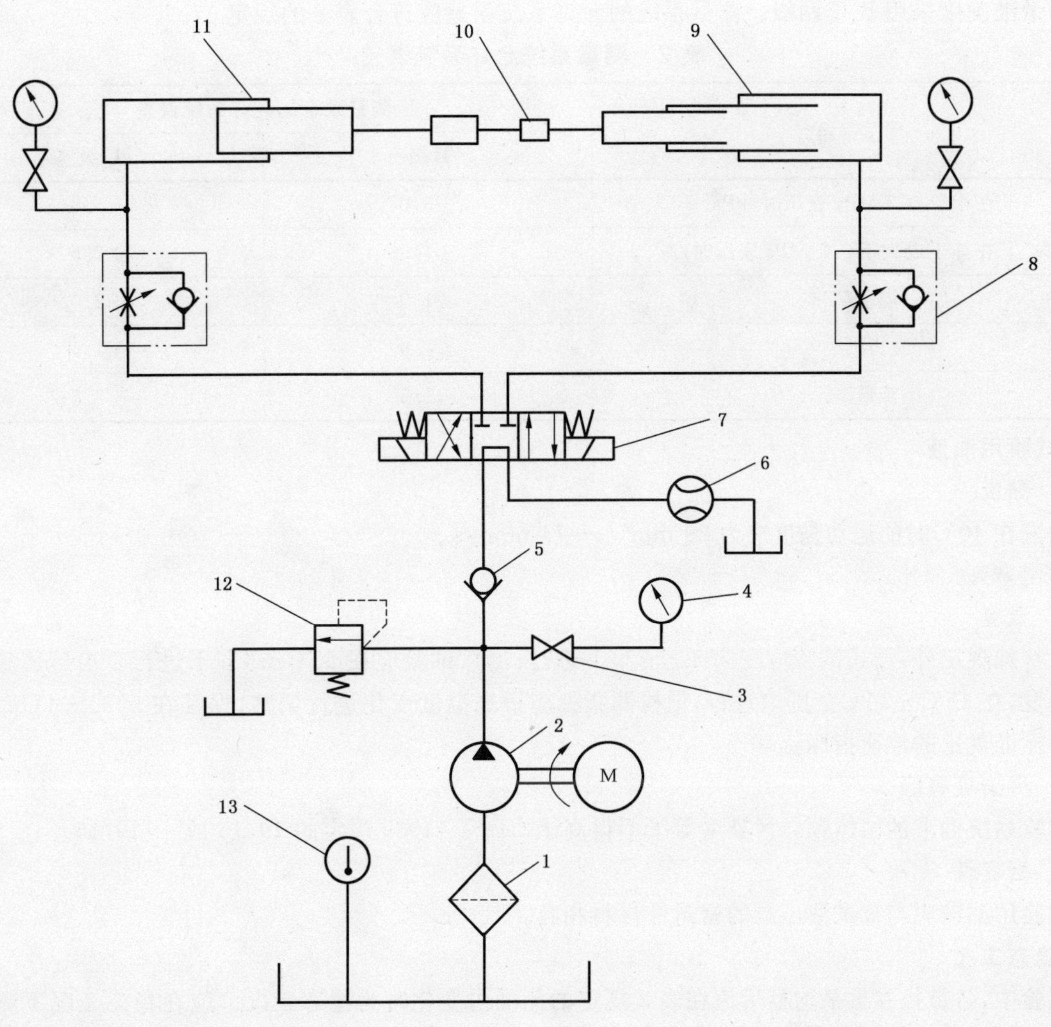

1——过滤器；
2——液压泵；
3——压力表开关；
4——压力表；
5——单向阀；
6——流量计；
7——电磁换向阀；
8——单向节流阀；
9——被试缸；
10——测力计；
11——加载缸；
12——溢流阀；
13——温度计。

图5　多级液压缸试验台液压系统原理图

5.1.2 测量准确度

测量准确度采用B、C两级。测量系统的允许系统误差应符合表2的规定。

表2 测量系统允许系统误差

测量参量		测量系统的允许系统误差	
		B级	C级
压力	在小于0.2 MPa表压时/kPa	±3.0	±5.0
	在等于或大于0.2 MPa表压时/%	±1.5	±2.5
温度/℃		±1.0	±2.0
力/%		±1.0	±1.5
流量/%		±1.5	±2.5

5.2 试验用油液

5.2.1 黏度

油液在40℃时的运动黏度应为29 mm^2/s～74 mm^2/s。

注：特殊要求除外。

5.2.2 温度

除特殊规定外，型式试验应在50℃±2℃下进行；出厂试验应在50℃±4℃下进行。出厂试验允许降低温度，在15℃～45℃范围内进行，但检测指标应根据温度变化进行调整，保证在50℃±4℃时能达到产品标准规定的性能指标。

5.2.3 污染度等级

试验系统油液的固体颗粒污染度等级不得高于GB/T 14039规定的19/15或－/19/15。

5.2.4 相容性

试验用油液应与被试液压缸的密封件材料相容。

5.3 稳态工况

试验中，各被控参量平均显示值在表3规定的范围内变化时为稳态工况。应在稳态工况下测量并记录各个参量。

表3 被控参量平均显示值允许变化范围

被控参量		平均显示值允许变化范围	
		B级	C级
压力	在小于0.2 MPa表压时/kPa	±3.0	±5.0
	在等于或大于0.2 MPa表压时/%	±1.5	±2.5
温度/℃		±2.0	±4.0
流量/%		±1.5	±2.5

6 试验项目和试验方法

6.1 试运行

调整试验系统压力，使被试液压缸在无负载工况下起动，并全行程往复运动数次，完全排除液压缸内的空气。

6.2 起动压力特性试验

试运转后，在无负载工况下，调整溢流阀，使无杆腔（双活塞杆液压缸，两腔均可）压力逐渐升高，至液压缸起动时，记录下的起动压力即为最低起动压力。

6.3 耐压试验

使被试液压缸活塞分别停在行程的两端(单作用液压缸处于行程极限位置),分别向工作腔施加1.5倍的公称压力,型式试验保压 2 min;出厂试验保压 10 s。

6.4 耐久性试验

在额定压力下,使被试液压缸以设计要求的最高速度连续运行,速度误差为±10%。一次连续运行8 h以上。在试验期间,被试液压缸的零件均不得进行调整。记录累计行程。

6.5 泄漏试验

6.5.1 内泄漏

使被试液压缸工作腔进油,加压至额定压力或用户指定压力,测定经活塞泄漏至未加压腔的泄漏量。

6.5.2 外泄漏

进行 6.2、6.3、6.4、6.5.1 规定的试验时,检测活塞杆密封处的泄漏量;检查缸体各静密封处、结合面处和可调节机构处是否有渗漏现象。

6.5.3 低压下的泄漏试验

当液压缸内径大于 32 mm 时,在最低压力为 0.5 MPa(5 bar)下;当液压缸内径小于等于 32 mm 时,在 1 MPa(10 bar)压力下,使液压缸全行程往复运动 3 次以上,每次在行程端部停留至少 10 s。

在试验过程进行下列检测:

a) 检查运动过程中液压缸是否振动或爬行;

b) 观察活塞杆密封处是否有油液泄漏。当试验结束时,出现在活塞杆上的油膜应不足以形成油滴或油环;

c) 检查所有静密封处是否有油液泄漏;

d) 检查液压缸安装的节流和(或)缓冲元件是否有油液泄漏;

e) 如果液压缸是焊接结构,应检查焊缝处是否有油液泄漏。

6.6 缓冲试验

将被试液压缸工作腔的缓冲阀全部松开,调节试验压力为公称压力的 50%,以设计的最高速度运行,检测当运行至缓冲阀全部关闭时的缓冲效果。

6.7 负载效率试验

将测力计安装在被试液压缸的活塞杆上,使被试液压缸保持匀速运动,按下式计算出在不同压力下的负载效率,并绘制负载效率特性曲线,如图 6。

$$\eta=\frac{W}{p\cdot A}\times 100\%$$

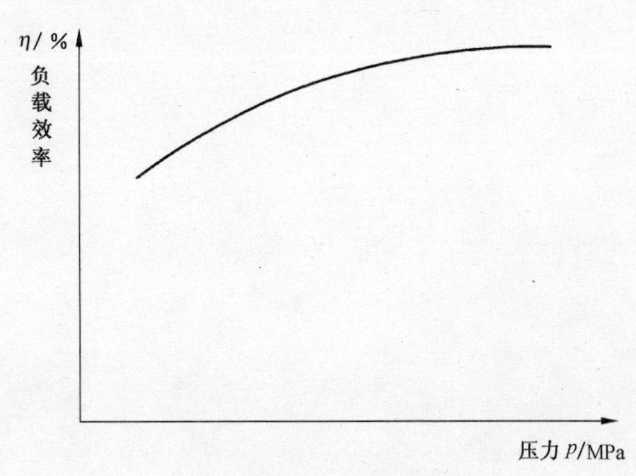

图 6 负载效率特性曲线

6.8 高温试验

在额定压力下，向被试液压缸输入90℃的工作油液，全行程往复运行1 h。

6.9 行程检验

使被试液压缸的活塞或柱塞分别停在行程两端极限位置，测量其行程长度。

7 型式试验

型式试验应包括下列项目：

——试运转(见6.1)；

——起动压力特性试验(见6.2)；

——耐压试验(见6.3)；

——泄漏试验(见6.5)；

——缓冲试验(见6.6)；

——负载效率试验(见6.7)；

——高温试验(当对产品有此要求时)(见6.8)；

——耐久性试验(见6.4)；

——行程检验(见6.9)。

8 出厂试验

出厂试验应包括下列项目：

——试运转(见6.1)；

——起动压力特性试验(见6.2)；

——耐压试验(见6.3)；

——泄漏试验(见6.5)；

——缓冲试验(见6.6)；

——行程检验(见6.9)。

9 试验报告

试验过程应详细记录试验数据。在试验后应填写完整的试验报告，试验报告的格式参照表4。

表 4　液压缸试验报告格式

试验类别		实验室名称		试验日期	
试验用油液类型		油液污染度		操作人员	
被试液压缸特征	类型				
	缸径/mm				
	最大行程/mm				
	活塞杆直径/mm				
	油口及其连接尺寸/mm				
	安装方式				
	缓冲装置				
	密封件材料				
	制造商名称				
	出厂日期				

序号	试验项目	产品指标值	试验测量值			结果报告	备注
			被试产品编号				
			001	002	003		
1	试运转						
2	起动压力特性试验						
3	耐压试验						
4	缓冲试验						
5	泄漏试验						
6	负载效率试验						
7	高温试验						
8	耐久性试验						
10	行程检验						

10　标注说明（引用本标准）

当选择遵守本标准时，建议制造商在试验报告、产品目录和产品销售文件中采用以下说明：“液压缸的试验符合 GB/T 15622—2005《液压缸试验方法》”。

附　录　A
（资料性附录）
本标准与ISO 10100:2001的技术性差异及其原因的一览表

表A.1给出了本标准与ISO 10100:2001的技术性差异及其原因的一览表。

表A.1　本标准与ISO 10100:2001的技术性差异及其原因

本标准的章条编号	技术性差异	原因
1	本标准增加“适用”和“不适用”的规定。	为本标准的使用应具备的内容。
2	删除ISO 6743-4:1999、ISO 7745:1989；将ISO 4406:1999、ISO 5598:1985更改为相应的国家标准。	本标准不适宜规定具体的工作介质；符合GB/T 1.1的规定。
3	增加3.1～3.4的术语及定义。	保留GB/T 15622前版的内容，是标准内容的需要。
4	增加的内容。	保留GB/T 15622前版的内容，是标准内容的需要。
5	与ISO 10100的第5章内容对应。增加“5.1　试验装置、5.3　稳态工况”。5.2.2　试验温度范围不同。	保留GB/T 15622前版的内容，提高标准的可操作性。
6	与ISO 10100的第6、7、8章内容对应。增加6.1～6.4、6.6～6.8的内容。	保留GB/T 15622前版的内容，使标准规定更全面，适用性和可操作性更强。
7	增加的内容。	保留GB/T 15622前版的内容，适于我国应用。
8	增加的内容。	保留GB/T 15622前版的内容，适于我国应用。
9	增加的内容。	符合国际标准中试验方法标准规定的基本内容，使标准内容更完善。

附 录 B
（资料性附录）
本标准章条编号与 ISO 10100:2001 章条编号对照

表 B.1 给出了本标准章条编号与 ISO 10100:2001 章条编号对照的一览表。

表 B.1 本标准章条编号与 ISO 10100:2001 章条编号对照表

本标准章条编号	对应的 ISO 10100:2001 章条编号
1	1
2	2
3	3
3.1～3.4	—
4	—
表 4 的前半部分	4
5.1	—
5.2	5
5.3	—
6.1～6.4	—
6.5.1	7
6.5.2	8
6.5.3	6
6.6～6.9	—
7～9	—

ICS 23.100.50
J 20

中华人民共和国国家标准

GB/T 15623.1—2018
代替 GB/T 15623.1—2003

液压传动　电调制液压控制阀
第1部分:四通方向流量控制阀试验方法

Hydraulic fluid power—Electrically modulated hydraulic control valves—Part 1:Test methods for four-port directional flow-control valves

(ISO 10770-1:2009,MOD)

2018-02-06 发布　　2018-09-01 实施

中华人民共和国国家质量监督检验检疫总局
中国国家标准化管理委员会　发布

前　言

GB/T 15623《液压传动　电调制液压控制阀》拟分为以下 3 个部分：

——第 1 部分：四通方向流量控制阀试验方法；

——第 2 部分：三通方向流量控制阀试验方法；

——第 3 部分：压力控制阀试验方法。

本部分为 GB/T 15623 的第 1 部分。

本部分按照 GB/T 1.1—2009 给出的规则起草。

本部分代替 GB/T 15623.1—2003《液压传动　电调制液压控制阀　第 1 部分：四通方向流量控制阀试验方法》，与 GB/T 15623.1—2003 相比，主要技术变化如下：

——新增引用标准 GB/T 19934.1、JB/T 7033—2007(见第 2 章)；

——删除了术语“电调制液压流量控制阀”(2003 年版的 3.1)，增加了术语“电调制液压四通方向流量控制阀”“输入信号死区”“阈值”及“额定输入信号”(见 3.1)；

——修改了“符号和单位”的有关内容(见表 1，2003 年版的表 1)；

——试验条件中，删除了“液压油液温度”和“供油压力”(2003 年版的表 2)，增加了“流体黏度等级”和“压降”(见表 2)；

——修改了试验回路(见图 1 和图 5，2003 年版的图 1 和图 2)；

——增加了仪表准确度的“电阻”和“动态范围”的要求(见 6.1 和 6.2)；

——增加了“线圈电阻”的冷态、热态的测试(见 7.1 和 7.2)；

——删除了“节流调节特性试验”“输出流量-负载压差特性试验”及“压差-油温特性试验”(2003 年版的 8.1.6、8.1.7 和 8.1.11)；

——删除了“耐久性试验”和“环境试验”(2003 年版的第 9 章和第 11 章)；

本部分采用重新起草法修改采用 ISO 10770-1:2009《液压传动　电调制液压控制阀　第 1 部分：四通方向流量控制阀试验方法》。

本部分与 ISO 10770-1:2009 相比结构调整如下：

——在原文“第 8 章性能试验”中增加“8.1 概述”，将悬置段纳入其中，后面条号顺延。

本部分与 ISO 10770-1:2009 的技术性差异及其原因如下：

——关于规范性引用文件，本部分做了具有技术性差异的调整，以适应我国的技术条件，调整的情况集中反映在第 2 章“规范性引用文件”中，具体调整如下：

- 用等同采用国际标准的 GB/T 786.1 代替 ISO 1219-1；
- 用等效采用国际标准的 GB /T 3141—1994 代替 ISO 3448；
- 用等同采用国际标准的 GB/T 4728.1 代替 IEC 60617；
- 用等同采用国际标准的 GB/T 7631.2 代替 ISO 6743-4；
- 用修改采用国际标准的 GB/T 14039 代替 ISO 4406；
- 用等同采用国际标准的 GB/T 17446 代替 ISO 5598；
- 用等同采用国际标准的 GB/T 19934.1 代替 ISO 10771-1；
- 用修改采用国际标准的 JB/T 7033—2007 代替 ISO 9110-1。

——删除了术语“电调制液压方向流量控制阀”(见 ISO 10770-1:2009 的 3.1.1)，增加了术语“电调制液压四通方向流量控制阀”(见 3.1.1)；

——规定了矿物液压油应符合 GB/T 7631.2 的 L-HL(见表 2)；

——对第6章准确度中，仪表温度允许系统误差原文为“c) 温度：环境温度的±2%”，修改为“c)温度：测量温度值的±2%”，因采用测试温度更为合理。

本部分还做了以下编辑性修改：

——第8章图14中，在图中曲线上增加 Y_1 符号，用以表示“幅值比曲线”；增加 Y_2 符号，用以表示“相位滞后曲线”。

——删除了压力的单位“bar”。

本部分由中国机械工业联合会提出。

本部分由全国液压气动标准化技术委员会(SAC/TC 3)归口。

本部分起草单位：海门维拓斯液压阀业有限公司、北京精密机电控制设备研究所、中航航空工业集团公司金城南京机电液压工程研究中心、上海衡拓液压控制技术有限公司、南京晨光集团有限责任公司、浙江大学、海门市油威力液压工业有限责任公司、北京华德液压工业集团有限责任公司、上海博世力士乐液压及自动化有限公司、赛克思液压科技股份有限公司。

本部分主要起草人：林广、陈东升、何友文、肖林、龚达平、邹小舟、方群、金瑶兰、袁勇、张小洁、徐兵、但新强、周丽琴、朱红岩、胡启辉、沈国荣、梁勇、高魏磊。

本部分所代替标准的历次版本发布情况为：

——GB/T 15623—1995、GB/T 15623.1—2003。

引　言

制定 GB/T 15623.1 的目的是提高阀试验的规范性，进而提高所记录阀性能数据的一致性，以便这些数据用于系统设计，而不必考虑数据的来源。

液压传动 电调制液压控制阀 第1部分:四通方向流量控制阀试验方法

1 范围

GB/T 15623 的本部分规定了电调制液压四通方向流量控制阀性能特性的试验方法。

本部分适用于电调制液压四通方向流量控制阀。

注:在液压系统中,电调制液压四通方向流量控制阀一般包括伺服阀和比例阀等不同类型产品,能通过电信号连续控制流量和方向变化。以下如没有特别限定,"阀"即指电调制液压四通方向流量控制阀。

2 规范性引用文件

下列文件对于本文件的应用是必不可少的。凡是注日期的引用文件,仅注日期的版本适用于本文件。凡是不注日期的引用文件,其最新版本(包括所有的修改单)适用于本文件。

GB/T 786.1 流体传动系统及元件图形符号和回路图 第1部分:用于常规用途和数据处理的图形符号(GB/T 786.1—2009,ISO 1219-1:2006,IDT)

GB/T 3141—1994 工业液体润滑剂 ISO 粘度分类(eqv ISO 3448:1992)

GB/T 4728.1 电气简图用图形符号 第1部分:一般要求(GB/T 4728.1—2005,IEC 60617 database,IDT)

GB/T 7631.2 润滑剂、工业用油和相关产品(L类)的分类 第2部分:H组(液压系统)(GB/T 7631.2—2003, ISO 6743-4:1999,IDT)

GB/T 14039 液压传动 油液 固体颗粒污染等级代号(GB/T 14039—2002,ISO 4406:1999,MOD)

GB/T 17446 流体传动系统及元件 词汇(GB/T 17446—2012, ISO 5598:2008,IDT)

GB/T 19934.1 液压传动 金属承压壳体的疲劳压力试验 第1部分:试验方法(GB/T 19934.1—2005, ISO 10771-1:2002, IDT)

JB/T 7033—2007 液压传动 测量技术通则(ISO 9110-1:1990, MOD)

3 术语和定义、符号和单位

3.1 术语和定义

GB/T 17446 界定的以及下列术语和定义适用于本文件。

3.1.1

电调制液压四通方向流量控制阀 electrically modulated hydraulic four-port directional flow-control valve

能响应连续变化的电输入信号以控制输出流量和方向的四通阀。

3.1.2

输入信号死区 input signal deadband

不能产生控制流量变化的输入信号范围。

3.1.3

阈值 threshold

连续控制阀产生反向输出所需输入信号的变化量。

注：阈值以额定信号的百分数表示。

3.1.4

额定输入信号 rated input signal

由制造商给定的达到额定输出时的输入信号。

3.2 符号和单位

本部分所用符号如表1所示。所有图形符号应符合 GB/T 786.1 和 GB/T 4728.1 规定。

表1 符号和单位

参　量	符　号	单　位
电感	L_C	H
绝缘电阻	R_i	Ω
绝缘试验电流	I_i	A
绝缘试验电压	U_i	V
电阻	R_C	Ω
颤振幅值	—	%(最大输入信号的百分比)
颤振频率	—	Hz
输入信号	I 或 U	A 或 V
额定输入信号	I_n 或 U_n	A 或 V
输出流量	q	L/min
额定流量	q_n	L/min
流量增益	$K_V=(\Delta q/\Delta I)$ 或 $K_V=(\Delta q/\Delta U)$	(L/min)/A 或 (L/min)/V
滞环	—	%(最大输出信号的百分比)
内泄漏	q_I	L/min
供油压力	p_P	MPa
回油压力	p_T	MPa
负载压力	p_A 或 p_B	MPa
负载压差	$p_L=p_A-p_B$ 或 $p_L=p_B-p_A$	MPa
阀压降	$p_V=p_P-p_T-p_L$	MPa
额定阀压降	p_n	MPa
压力增益	$K_P=(\Delta p_L/\Delta I)$ 或 $K_P=(\Delta p_L/\Delta U)$	MPa/A 或 MPa/V
阈值	—	%(最大输出信号的百分比)
幅值比(比率)	—	dB
相位移	—	(°)

表 1（续）

参　量	符　号	单　位
温度	—	℃
频率	f	Hz
时间	t	s
时间常数	t_C	s
线性误差	q_{err}	L/min

4 试验条件

除非另有规定，应按照表 2 中所给出的试验条件进行阀的试验。

表 2　试验条件

参 变 量	条　件
环境温度	20 ℃±5 ℃
油液污染度	固体颗粒污染应按 GB/T 14039 规定的代号表示
流体类型	矿物液压油（符合 GB/T 7631.2 的 L-HL）
流体黏度	阀进口处为 32 mm^2/s±8 mm^2/s
流体黏度等级	符合 GB/T 3141—1994 规定的 VG32 或 VG46
压降	试验要求值的±2.0%
回油压力	符合制造商的推荐

5 试验装置

对所有类型阀的试验装置，应使用符合图 1 要求的试验回路。

安全提示：试验过程应充分考虑人员和设备的安全。

图 1 所示的试验回路是完成试验所需的最基本要求，没有包含安全装置。采用图 1 所示回路试验时，采用下列步骤实施：

a) 试验实施指南参见附录 A。

b) 对于每项试验可建立单独的试验回路，以消除截止阀引起泄漏的可能性，提高测试结果的准确性。

c) 液压性能试验以阀和放大器的组合进行实施。输入信号作用于放大器，而不是直接作用于阀。对于电气试验，输入信号直接作用于阀。

d) 尽可能使用制造商所推荐的放大器进行液压试验，否则应记录放大器的类型与操作细节（如脉宽调制频率、颤振频率和幅值等）。

e) 在脉宽调制频率的启、闭过程中，记录放大器的供电电压、幅值和作用于被试阀上的电压信号大小及波形。

f) 电气试验设备和传感器的频宽或固有频率，至少大于最高试验频率的 10 倍。

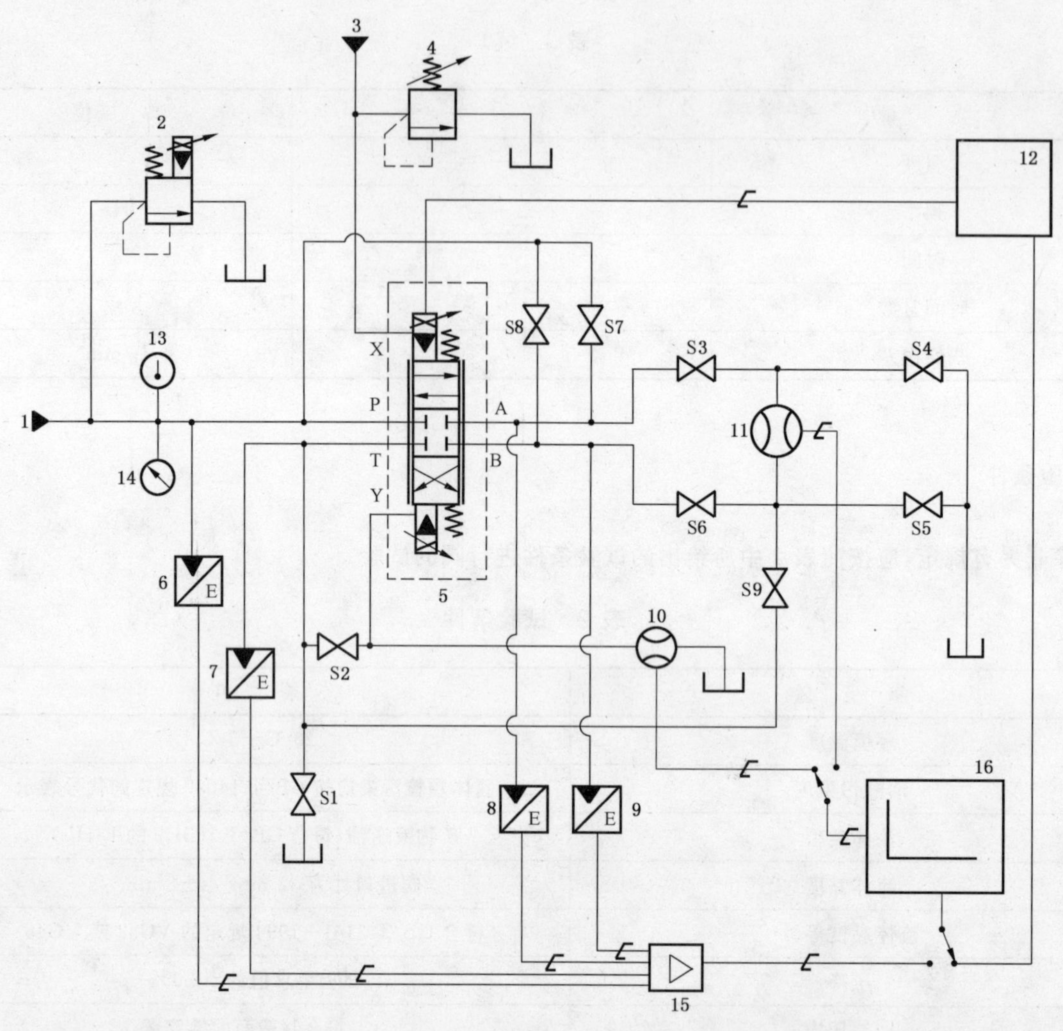

说明：

1	——主油源；	10、11	——流量传感器；	S1～S9	——截止阀；
2	——主溢流阀；	12	——信号发生器；	A、B	——控制油口；
3	——外部先导油源；	13	——温度指示器；	P	——进油口；
4	——外部先导油源溢流阀；	14	——压力表；	T	——回油口；
5	——被试阀；	15	——信号调节器；	X	——先导进油口；
6～9	——压力传感器；	16	——数据采集；	Y	——先导泄油口。

图 1 试验回路

6 准确度

6.1 仪表准确度

仪表准确度应在 JB/T 7033—2007 所规定的 B 级，允许系统误差为：

a) 电阻：实际测量值的±2%；

b) 压力：阀在额定流量下的额定压降的±1%；

c) 温度：测量温度值的±2%；

d) 流量：阀额定流量的±2.5%；

e) 输入信号:达到额定流量时的输入电信号的±1.5%。

6.2 动态范围

进行动态试验,应保证测量设备、放大器或记录装置产生的任何阻尼、衰减及相位移对所记录的输出信号的影响不超过其测量值1%。

7 不带集成放大器的阀的电气特性试验

7.1 概述

应根据需要,在进行后续试验前仅对不带集成放大器的阀完成7.2～7.4所述的试验。

注:7.2～7.4的试验仅适用于直接用电流驱动的阀。

7.2 线圈电阻

7.2.1 线圈电阻(冷态)

按以下方式进行试验:

a) 将未通电的阀放置在规定的环境温度下至少2 h;
b) 测量并记录阀上每个线圈两端的电阻值。

7.2.2 线圈电阻(热态)

按以下方式进行试验:

a) 将阀安装在制造商推荐的底板上,内部浸油,完全通电,在达到最高额定温度时,阀启动工作,保持充分励磁和无油液流动,直到线圈温度稳定;
b) 应在阀断电后1 s内,测量并记录每个线圈两端的电阻值。

7.3 线圈电感(可选测)

用此方法所测得电感值不代表线圈本身的电感大小,仅在比较时做参考。

按以下步骤进行试验:

a) 将线圈接入一个能够提供并保证线圈额定电流的稳压电源;
b) 试验过程中,应使衔铁保持在工作行程的50%处;
c) 用示波器或类似设备监测线圈电流;
d) 调整电压,使稳态电流等于线圈的额定电流;
e) 关闭电源再打开,记录电流的瞬态特性;
f) 确定线圈的时间常数t_C(见图2),用式(1)计算电感值L_C:

$$L_C = R_C t_C \tag{1}$$

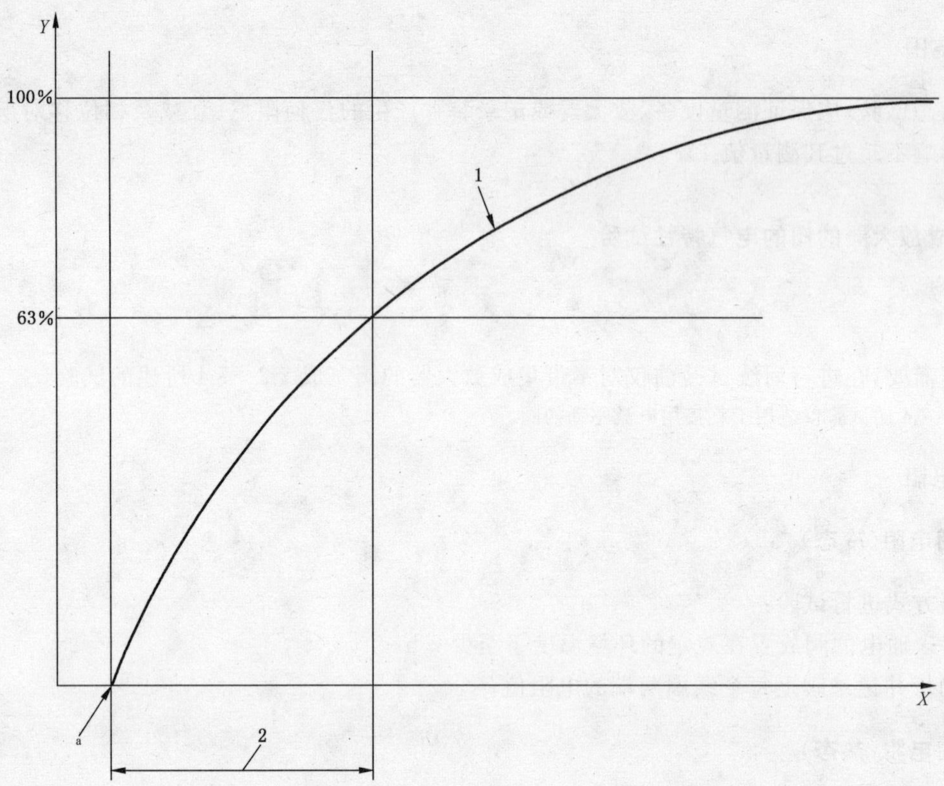

说明：
X——时间；
Y——电流；
1——直流电流曲线；
2——时间常数，t_C。
[a] 起始点。

图 2 线圈电感测量曲线

7.4 绝缘电阻

按下列步骤确定线圈的绝缘电阻：

a) 如果内部电气元件接触油液（如湿式线圈），在进行本项试验前应向阀内注入液压油液；

b) 将线圈两端相连，并在此连结点与阀体之间施加直流电压，$U_i = 500$ V，持续 15 s；

c) 使用合适的绝缘电阻测试仪测量，记录绝缘电阻 R_i；

d) 如使用带电流读数的测试仪测量绝缘试验电流 I_i，可用式(2)计算绝缘电阻：

$$R_i = \frac{U_i}{I_i} \qquad (2)$$

8 性能试验

8.1 概述

所有性能试验应针对阀和放大器的组合，因为输入信号仅作用于放大器，而不是直接作用于阀。

在可能的情况下，对于多级阀，应使阀的配置模式为先导级外部供油和外部泄油。

在开始任何试验之前，应进行常规的机械/电气调整，如零位、输入信号死区和增益调整。

8.2 稳态试验

8.2.1 概述

进行稳态性能试验时，应注意排除对其动态特性造成影响的因素。

应按以下顺序进行稳态试验：

a) 耐压试验(可以选择)(见 8.2.2)。

b) 内泄漏试验(见 8.2.3)。

c) 在恒定压降下，对阀的输出流量-输入信号特性进行测试(见 8.2.4 和 8.2.5)，以此确定：

  1) 额定流量；

  2) 流量增益；

  3) 流量线性度；

  4) 流量滞环；

  5) 流量对称性；

  6) 流量极性；

  7) 阀芯遮盖状态；

  8) 阈值。

d) 输出流量-阀压降特性试验(见 8.2.6)；

e) 极限输出流量-阀压降特性试验(见 8.2.7)；

f) 输出流量-油温特性试验(见 8.2.8)；

g) 压力增益-输入信号特性试验(见 8.2.9)；

h) 压力零漂试验(见 8.2.10)；

i) 失效保护功能试验(见 8.2.11)。

8.2.2 耐压试验(可以选择)

8.2.2.1 概述

被试阀耐压试验可在其他项目试验之前进行，以检验阀的完整性。

8.2.2.2 P、A、B 和 X 油口试验步骤

进行耐压试验时，打开回油口，压力施加于阀的进油口 P、控制油口 A、B 和外部先导进油口 X。按以下步骤进行试验：

a) 阀的 P、A、B 和先导油口 X 施加的压力为其额定压力的 1.3 倍，至少保持 30 s；在前半周期内，输入最大输入信号；在后半周期内，输入最小输入信号。

b) 在试验过程中，检查阀是否存在外泄漏。

c) 试验后，检查阀是否存在永久性变形。

d) 记录耐压试验情况。

8.2.2.3 T 油口试验步骤

按以下步骤进行试验：

a) 阀 T 油口施加的压力为其额定压力的 1.3 倍，至少保持 30 s；

b) 在试验过程中，检查阀是否存在外泄漏；

c) 试验后，检查阀是否存在永久变形；

d） 记录耐压试验情况。

8.2.2.4 先导泄油 Y 油口

任何外部先导泄油口不得进行耐压试验。

8.2.3 内泄漏和先导流量

8.2.3.1 概述

进行内泄漏和先导流量试验，以确定：

a） 内泄漏量和先导流量的总流量；

b） 阀采用外部先导泄油时的先导流量。

8.2.3.2 试验回路

内泄漏和先导流量的液压试验回路如图 1 所示，进行试验前，打开截止阀 S1、S3 和 S6，关闭其他截止阀。

8.2.3.3 设置

调整阀的进油压力和先导压力应高于回油压力 10 MPa。如果制造商提供阀的该压力低于 10 MPa，可按制造商提供的额定压力值。

8.2.3.4 步骤

按以下步骤进行试验：

a） 进行泄漏量测试之前，在全输入信号范围内，操作阀动作数次，确保阀内通过的油液在规定的黏度范围内；

b） 先关闭截止阀 S3 和 S6，打开截止阀 S2，然后再关闭截止阀 S1；

c） 缓慢调整输入信号在阀的全信号范围内变化，流量传感器 10 记录油口 T 的泄漏量，包括主级泄漏和先导级泄漏的总流量，见图 3（图 3 所示的泄漏曲线是伺服阀的典型内泄漏特征，其他类型阀的内泄漏曲线可能具有不同特征）；

d） 用一个稳定的输入信号进行测试，流量传感器 10 记录的结果即阀在稳态条件下主级和先导级的总泄漏量。

当阀采用外部先导泄油时，打开截止阀 S1 和关闭截止阀 S2。设置输入信号为零，记录油口 Y 处的泄漏量。流量传感器 10 记录的结果即阀先导泄漏量。

如有必要，可将压力增至被试阀的最大供油压力下重复进行试验。

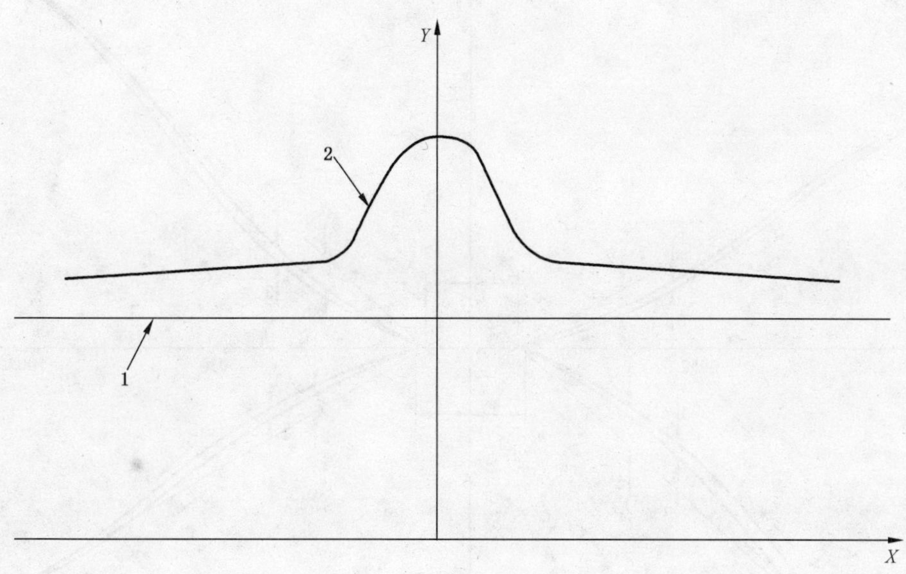

说明：
X ——输入信号；
Y ——内泄漏量；
1 ——近似于先导泄漏量曲线(仅为先导控制阀)；
2 ——包括先导泄漏量在内的总泄漏量曲线。

图 3 内泄漏量测试曲线

8.2.4 特性测试

8.2.4.1 概述

试验目的是确定阀芯构成的每个阀口在恒定压降下的流量特性。用流量传感器 11 记录每个阀口油路的流量变化,每个阀口的输出流量-输入信号特性曲线,如图 4 所示。

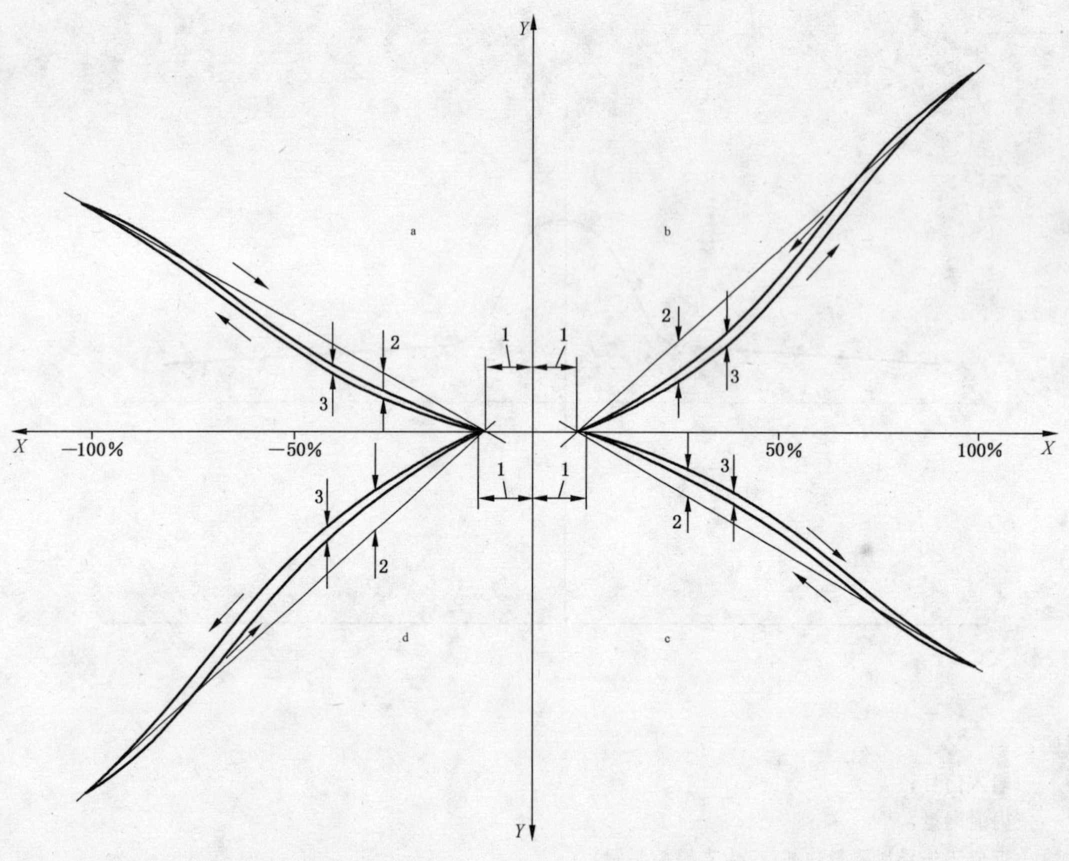

说明：

X ——额定输入信号的百分比；

Y ——流量；

1 ——输入信号死区；

2 ——线性误差 (q_{err})；

3 ——滞环。

[a] P至B流量。

[b] P至A流量。

[c] B至T流量。

[d] A至T流量。

图4 测试曲线

8.2.4.2 试验回路

8.2.4.2.1 概述

试验回路如图1所示，流量传感器11应具备较宽的测量范围，至少应是额定流量的1%至100%。尤其是测量接近于零流量时，应具有较高的准确性，否则，需要采用具有重叠工作流量范围的两个不同流量传感器来代替流量传感器11，一个测量大流量，另一个测量小流量。

为使内部先导压力控制模式的多级阀能正常工作，宜在阀主油路中增加节流装置以提高系统压力。

8.2.4.2.2 从进油口P到控制油口A的流量

采用符合图1要求的试验回路进行试验，打开截止阀S1、S3和S5，关闭其他截止阀。

8.2.4.2.3 **从控制油口 A 到回油口 T 的流量**

采用符合图 1 要求的试验回路进行试验,打开截止阀 S4、S7 和 S9,关闭其他截止阀。

8.2.4.2.4 **从进油口 P 到控制油口 B 的流量**

采用符合图 1 要求的试验回路进行试验,打开截止阀 S1、S4 和 S6,关闭其他截止阀。

8.2.4.2.5 **从控制油口 B 到回油口 T 的流量**

采用符合图 1 要求的试验回路进行试验,打开截止阀 S4、S8 和 S9,关闭其他截止阀。

8.2.4.2.6 **从进油口 P 到回油口 T 的流量**

采用符合图 1 要求的试验回路进行试验,打开截止阀 S1、S3 和 S6,关闭其他截止阀。

8.2.4.3 **设置**

选择合适的绘图仪或记录仪,使其 X 轴能记录输入信号的整个范围,Y 轴能记录从 0 至额定流量以上的流量范围,见图 4。

选择一个能够产生三角波的信号发生器,三角波应具有最大输入信号的幅值范围。设置其三角波信号产生的频率为 0.02 Hz 或更低。

对采用外部先导控制的多级阀,调整先导供油达到制造商推荐的值。

对采用内部先导控制的多级阀,调整油口 P 的供油至少达到制造商推荐的最低值。

8.2.4.4 **步骤**

8.2.4.4.1 试验应按以下步骤进行:

a) 对所测的每个阀口,分别利用压力传感器 6～9 进行测量。应控制所测阀口的压降为 0.5 MPa 或 3.5 MPa(对于 8.2.4.2.6 的情况下,压降应为 1.0 MPa 或 7.0 MPa)。在一个完整的周期内,应确保所测阀口的压降保持恒定,其变化量不超过±2%。如果测试过程中不能连续控制压降保持恒定,可采用取点读数的方法进行。
b) 使输入信号在最小值和最大值之间循环几次,检查控制流量是否在记录仪 Y 轴的范围内。
c) 保证每次循环时不受动态影响,使输入信号完成至少一个周期循环。
d) 记录一个完整输入信号循环周期内阀的输入信号和控制流量。
e) 对每个阀口,重复步骤 a)～d)。

8.2.4.4.2 使用测得数据确定以下特性结果:

a) 额定信号下的输出流量;
b) 流量增益;
c) 被控流量的线性度 q_{err}/q_n(用百分比表示);
d) 被控流量的滞环(相对于输入信号的变化);
e) 输入信号死区(如果有);
f) 流量对称性;
g) 流量极性。

8.2.4.4.3 在无法监测输出流量的情况下,可监测阀芯位移来代替监测的流量,以此确定:

a) 额定信号下阀芯的位置;
b) 滞环;
c) 极性。

8.2.5 阈值

8.2.5.1 概述

试验目的是确定被试阀的输出对输入反向信号变化的响应。

8.2.5.2 试验回路

使用8.2.4.2中所规定的试验回路。

8.2.5.3 设置

选择合适的绘图仪或记录仪，使其 X 轴能记录达到25%额定信号，Y 轴能记录0～50%的额定流量。

选择一个能产生三角波并带叠加直流偏置功能的信号发生器，设置其三角波信号产生的频率为0.1 Hz或更低。

对采用外部先导控制的多级阀，调整先导供油达到制造商推荐的值。

对采用内部先导控制的多级阀，调整油口P的供油至少达到制造商推荐的最低值。

8.2.5.4 步骤

试验应按以下步骤进行：

a) 在额定压降下，调节直流偏置量和压力，使通过被试阀的平均流量约为额定流量的25%，调整三角波形的幅值至最小值，以确保被控流量不变；
b) 缓慢地增加信号发生器的输出幅值变化，直到观察到被控流量产生变化；
c) 记录一个完整信号周期内的被控流量和输入信号；
d) 对每一个阀口，重复步骤a)～c)。

8.2.6 输出流量-阀压降特性试验

8.2.6.1 概述

试验目的是确定被试阀的输出流量与阀压降的变化特性。

8.2.6.2 试验回路

8.2.6.2.1 进、出阀控制油口流量相等——对称阀芯

采用符合图1要求的试验回路进行试验，打开截止阀S1、S3和S6，关闭其他截止阀。

8.2.6.2.2 进、出阀控制油口流量不相等——非对称阀芯

采用符合图5要求的试验回路进行试验。

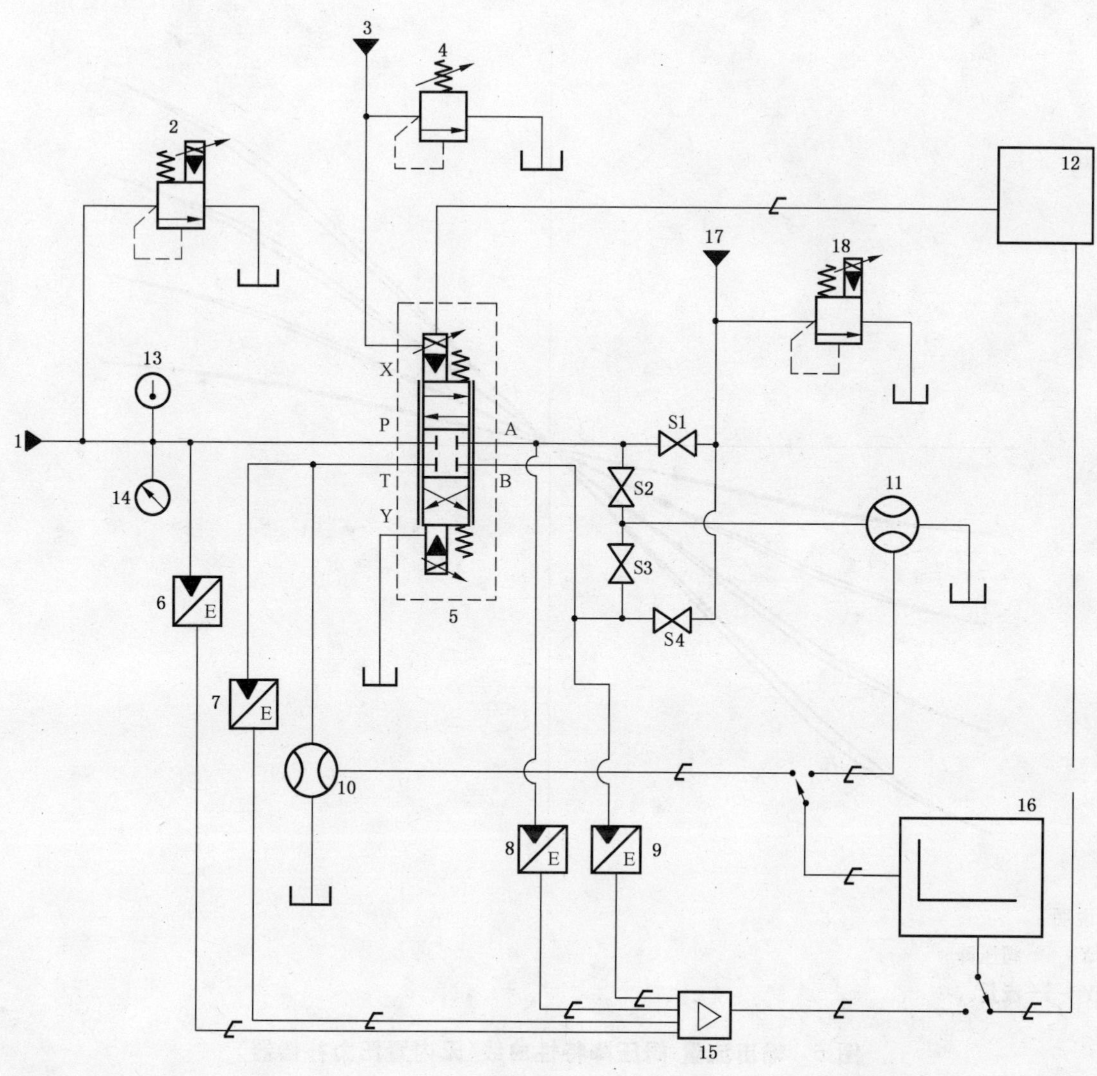

说明：

1 ——主油源；	12——信号发生器；	S1～S4——截止阀；
2 ——溢流阀；	13——温度指示器；	A、B ——控制油口；
3 ——外控先导油源；	14——压力表；	P ——进油口；
4 ——外部先导油源溢流阀；	15——信号调节器；	T ——回油口；
5 ——被试阀；	16——数据采集；	X ——先导进油口；
6～9 ——压力传感器；	17——附加油源；	Y ——先导泄油口。
10、11——流量传感器；	18——附加油源溢流阀；	

图 5　非对称阀芯的试验回路

8.2.6.3　设置

选择合适的绘图仪和记录仪，使其 X 轴能记录被试阀的压降，压降的测量可在压力传感器 6～9 中选择；Y 轴能记录从零至三倍以上的额定流量，见图 6。

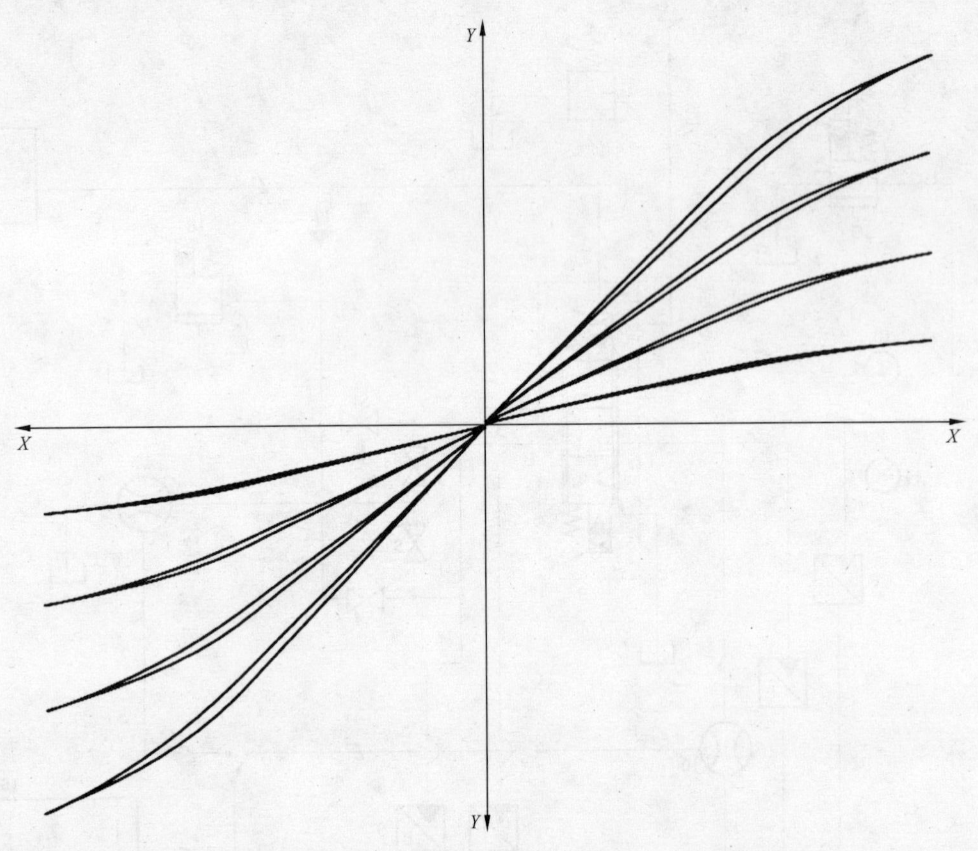

说明：
X ——阀压降；
Y ——流量。

图 6 输出流量-阀压降特性曲线(无内置压力补偿器)

对采用外部先导控制的多级阀，调整先导供油达到制造商推荐的值。

对采用内部先导控制的多级阀，调整油口 P 的供油至少达到制造商推荐的最低值。

8.2.6.4 步骤

8.2.6.4.1 进、出阀控制油口流量相等——对称阀芯

试验应按以下步骤进行：

a) 使输入信号循环多次，并逐渐变化至满量程范围。

b) 调整被试阀的压降至尽可能的最小值。

c) 设置正向输入信号为额定值(100%)。

d) 调节阀 2 使压力上升，缓慢地增加被试阀的压降，直至被试阀油口 P 在额定压力时，压降增至最大值。在正向额定输入信号下，绘制阀的输出流量与压降的连续变化曲线，然后，缓慢减少油口 P 压力至压降最低值，继续绘制出曲线。

e) 分别在额定输入信号的 75%、50%和 25%的值下，重复步骤 d)，见图 6。

f) 在负向输入信号值下，重复步骤 d)、e)，见图 6。

g) 对于有内置压力补偿器的被试阀，按上述试验来确定其负载补偿装置的有效性，见图 7。

8.2.6.4.2 进、出阀控制油口流量不相等——非对称阀芯

试验应按以下步骤进行：

a) 打开截止阀 S2 和 S4，关闭截止阀 S1 和 S3。

b) 使输入信号循环多次，并逐渐变化至满量程范围。

c) 调整被试阀的压降至尽可能的最小值。

d) 设置输入信号为额定值(100%)，使流量从 P 至 A 方向流动。

e) 调节阀 2 使压力上升，缓慢地增加被试阀的压降，直至被试阀油口 P 在额定压力时，压降增至最大值。在每个步骤中，通过溢流阀 18 调节附加油源 17 的压力，保持与流量传感器 10 和 11 所测流量之间达到适当的比值。如果目标流量比值未知，可采用 1.7∶1 比值。绘制阀的进油口 P 至控制口(用流量传感器 11 测量)的输出流量对应阀总压降的曲线。

f) 分别在额定输入信号的 75%、50%和 25%的值下，重复步骤 d)，见图 6。

g) 打开截止阀 S1 和 S3，关闭截止阀 S2 和 S4。在负向输入信号和反向流量比值下，重复步骤 d)～f)，见图 6。

h) 对于有内置压力补偿器的被试阀，按上述试验来确定其负载补偿装置的有效性，见图 7。

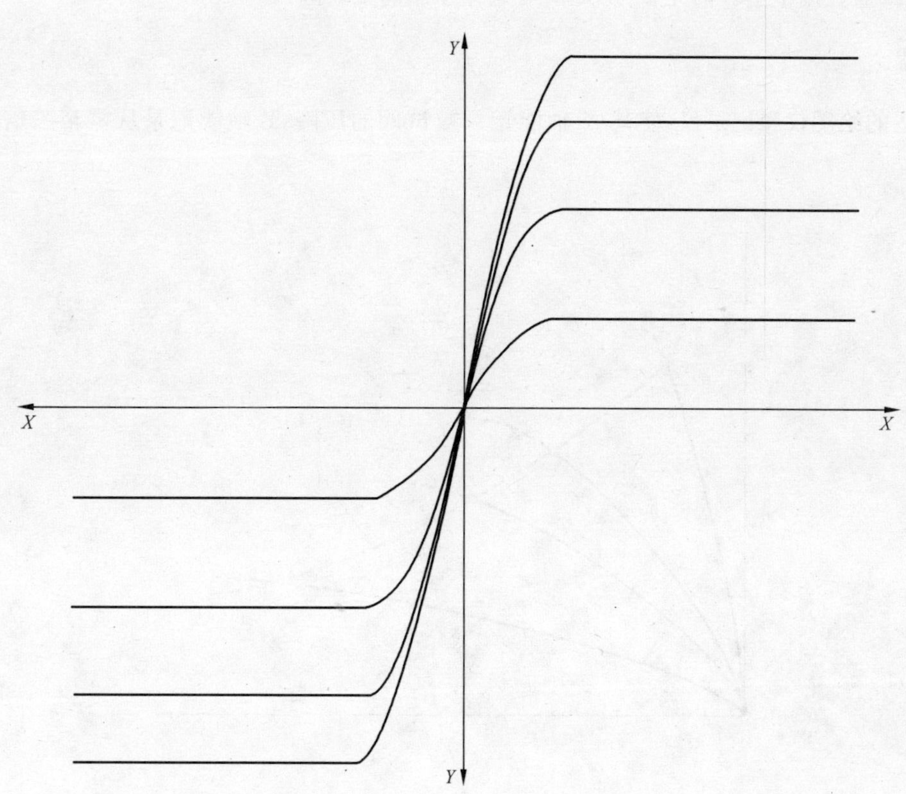

说明：

X ——阀压降；

Y ——流量。

图 7 输出流量-阀压降特性曲线(有内置压力补偿器)

8.2.7 极限功率特性试验

8.2.7.1 概述

试验目的是确定带阀芯位置反馈的阀的极限功率特性。对于不带阀芯位置反馈的阀，其极限功率特性曲线可在100%额定信号下按照8.2.6.4测得。

根据极限功率特性试验的结果可确定阀能稳定工作的流量和压力的极限区域，当超过极限区域后，由于液动力的作用，阀芯将无法维持稳定位置。对于带阀芯位置反馈的阀，应按下面的方法试验。

8.2.7.2 试验回路

8.2.7.2.1 进、出阀控制油口流量相等——对称阀芯

采用符合图1要求的试验回路进行试验，打开截止阀S1、S3和S6，关闭其他截止阀。

8.2.7.2.2 进、出阀控制油口流量不相等——非对称阀芯

采用符合图5要求的试验回路进行试验。如果没有符合图5要求的试验回路，则使用符合图1的试验回路，并按8.2.7.4.3所述的替代步骤进行试验。对于这种替代测试，需要监测电磁铁的电流(对直接驱动的阀)或监控用于主级的先导压力值(对先导控制的多级阀)。

8.2.7.3 设置

选择合适的绘图仪和记录仪，使其X轴能记录被试阀的压降，Y轴能记录从零至三倍以上的额定流量，见图8。

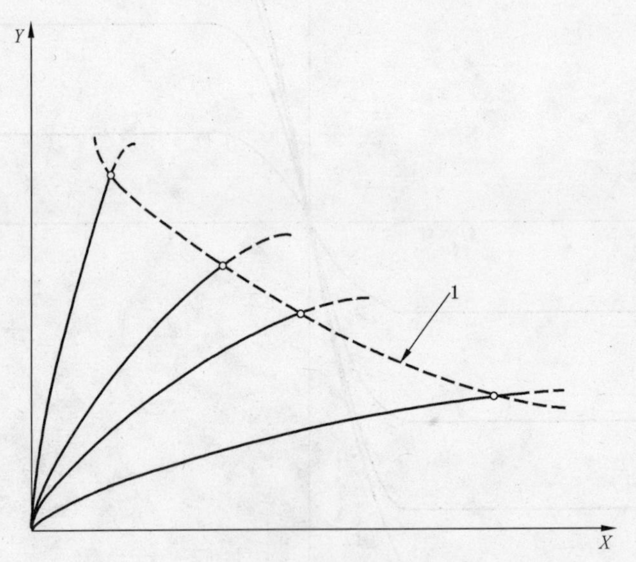

说明：

X ——阀压降；

Y ——流量；

1 ——极限功率。

图8 极限功率特性曲线

对采用外部先导控制的多级阀，调整先导供油达到制造商推荐的值。

对采用内部先导控制的多级阀，调整油口P的供油至少达到制造商推荐的最低值。

理想情况下应监测主阀芯位置。

8.2.7.4 步骤

8.2.7.4.1 进、出阀控制油口流量相等——对称阀芯

重复8.2.6.4.1进行试验。在每一种输入信号值下，记录被试阀无法维持闭环位置控制和阀芯开始移动时的标记点。连接这些标记点即得到极限功率特性曲线，见图8。

如果不能监测阀芯位置，可由下述方法确定极限功率标记点：

a) 在输入信号上叠加一个幅值为输入信号±5%的低频正弦信号，频率通常在0.2 Hz～0.4 Hz；
b) 缓慢地增加阀的供油压力，记录其正弦运动停止或流量突然减少的那一点，即为极限功率标记点。

8.2.7.4.2 进、出阀控制油口流量不相等——非对称阀芯

试验应按以下步骤进行：

重复8.2.6.4.2进行试验。在每一种输入信号值下，记录被试阀无法维持闭环位置控制和阀芯开始移动时的标记点。连接这些标记点即得到极限功率的范围曲线，见图8。

如果不能监测阀芯位置，可以由下述方法确定极限功率标记点：

a) 在输入信号上叠加一个幅值为输入信号±5%的低频正弦信号，频率通常选在0.2 Hz～0.4 Hz；
b) 缓慢地增加阀的供油压力，记录其正弦运动停止或流量突然减少的那一点，即为极限功率标记点。

8.2.7.4.3 采用单独油源的替代方法——非对称阀芯

试验应按以下步骤进行：

a) 打开截止阀S3和S5，关闭其他截止阀，见图1。
b) 提供100% 额定值的输入信号，使流量从P至A方向流动。
c) 逐步调节阀2使压力上升，并缓慢地增加被试阀的压降，直至阀油口P在额定压力下增至最大值，监测如下值：
    1) 阀压降(P至A)；
    2) 阀流量；
    3) 电磁铁的电流(对直接驱动的阀)或用于主级的先导控制压力(对先导控制的多级阀)。
d) 使用电子表格或类似的表格，在阀的全部压力范围内，记录以上大约7点～10点的数值。
e) 对于每个点，阀芯所设计的流量比率确定为B～T的流量。如果目标流量比率未知，可采用比率1.7∶1。
f) 打开截止阀S4、S8和S9，关闭其他截止阀。对于步骤e)上的每个点，测量B～T的阀压降，以及电磁铁电流或先导压力值，由此计算出B～T的流量。
g) 关闭液压供油后，测量电磁铁电流或先导压力值。从步骤f)所测值减去该值，获得净值。
h) 把步骤c)和f)记录的压降值相加，获得阀的总压降。绘制阀的总压降与P～A的流量曲线。
i) 把步骤c)和g)记录的电磁铁电流或先导压力值相加，获得总的电磁铁电流或总的先导压力值。绘制一个总的电磁铁电流或先导压力与P～A总流量的曲线；使用此曲线，在不超过电磁铁最大额定电流或放大器电流输出极限的条件下(取两种条件下的较低值)，确定P～A流量可达到的最大值，也可在制造商推荐的最低先导压力下确定。
j) 使用步骤h)中绘制的曲线，确定阀在步骤i)中确定的流量下的总压降。

k) 在输入信号范围内，重复步骤 b)～j)，能在步骤 j)中产生一系列成对的压降值。这些值的 X-Y 曲线图，表示被试阀的液压功率容量。

l) 对于从 P～B 和 A～T 的流量试验，分别重复步骤 a)～k)。在步骤 a)打开截止阀 S4 和 S6，保持其他截止阀关闭；而在步骤 f)则打开截止阀 S7，关闭截止阀 S9。

8.2.8 输出流量或阀芯位置-油液温度特性试验

8.2.8.1 概述

试验目的是测量被控流量随流体温度变化的特性。

8.2.8.2 试验回路

采用符合图 1 要求的试验回路进行试验，打开截止阀 S1、S3 和 S6，关闭其他截止阀。

8.2.8.3 设置

选择合适的绘图仪或记录仪，使其 X 轴能记录 20 ℃～70 ℃的温度范围，Y 轴能记录从 0 至额定流量，见图 9。

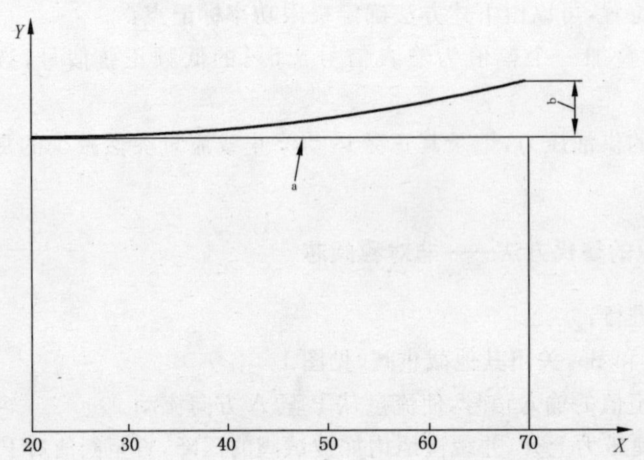

说明：

X ——油液温度。

Y ——流量。

[a] 设定流量。

[b] 流量变化。

图 9 流量-油液温度特性曲线

对采用外部先导控制的多级阀，调整先导供油达到制造商推荐的值。

对采用内部先导控制的多级阀，调整油口 P 的供油至少达到制造商推荐的最低值。

宜采取预防措施，避免有强烈的空气对流经过阀的周围。

8.2.8.4 步骤

试验应按以下步骤进行：

a) 试验开始前，将阀和放大器处于 20 ℃环境温度下至少放置 2 h 以上。

b) 施加一个输入信号，使阀在额定压降下输出 10% 的额定流量。在试验过程中，保持阀压降为其额定值不变。

c) 测量和记录被控流量和油液温度,见图 9。

d) 试验过程中,应调整加热和/或冷却装置,使油液温度能以约 10 ℃/h 速率上升。

e) 持续记录 c)中指定的参数,直至温度达到 70 ℃。

f) 在 50%的额定流量下,重复步骤 c)~e)。

8.2.9 压力增益试验(此项试验对比例阀可选做)

8.2.9.1 概述

试验目的是确定阀的控制口 A 和 B 的压力增益-输入信号特性。

正遮盖阀口的阀不做此项试验。

8.2.9.2 试验回路

采用符合图 1 要求的试验回路进行试验,打开截止阀 S1,关闭其他截止阀。

8.2.9.3 设置

选择合适的绘图仪和记录仪,使其 X 轴能记录相当于±10%最大输入信号的值,Y 轴能记录 0 MPa~10 MPa 的值,见图 10。

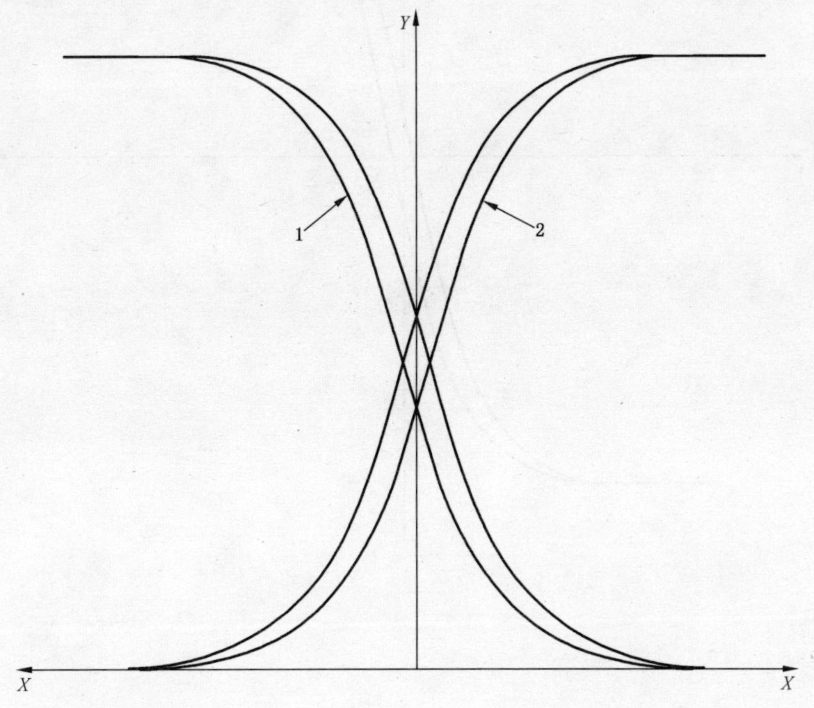

说明:

X ——输入信号;　　1——B 口压力;

Y ——压力;　　2——A 口压力。

图 10 封闭油口负载压力-输入信号特性曲线

8.2.9.4 步骤

选择能产生三角波形的信号发生器,其幅值最大为10%的输入信号范围,设置三角波频率为0.01 Hz或更低。因试验过程易受被试阀的内泄漏和流体容积受压变化影响,可能有必要设置更低的频率和波形,以确保动态效应不会影响到测量数据。

试验应按以下步骤进行:

a) 调整供油压力至10 MPa;

b) 调整输入信号的幅值,确保阀芯足以移动通过中位,并满足阀芯两侧都有足够的移动行程使其两个控制口能达到供油压力值,见图10;

c) 在阀口A和B处于封闭状态时记录其压力变化值,同时记录对应的油口的压力变化曲线。

d) 绘制负载压差-输入信号特性曲线,见图11;

e) 确定压力增益,即当输入信号从0变化至1%时,负载压差变化与供油压力百分比的变化。

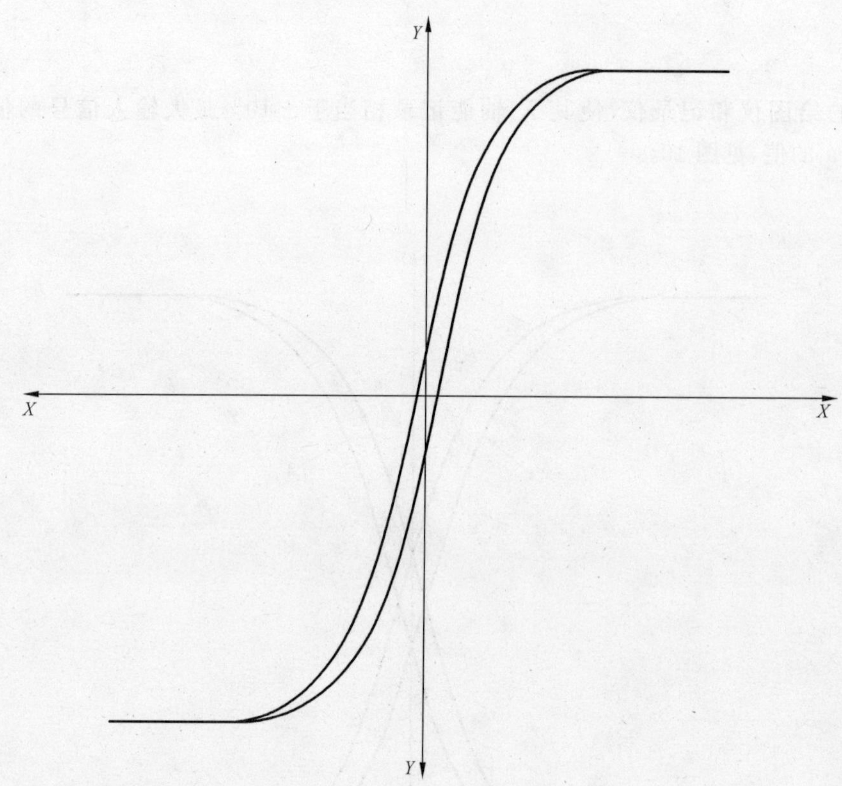

说明:

X ——输入信号;

Y ——负载压差。

图11 负载压差-输入信号特性曲线

8.2.10 压力零漂(仅适用于伺服阀)

8.2.10.1 试验回路

采用8.2.9.2中所述试验回路。

8.2.10.2 步骤

试验应按以下步骤进行：

a) 在供油压力为油口 P 最高允许压力的 40%时，调整输入信号，使油口 A 和 B 的压力相等。记录此时的输入信号值。

b) 在供油压力为油口 P 最高允许压力的 20%时，调整输入信号，使油口 A 和 B 的压力相等。记录此时输入信号值。

c) 在供油压力为油口 P 最高允许压力的 60%时，调整输入信号，使油口 A 和 B 的压力相等。记录此时输入信号值。

8.2.10.3 结论

用最大输入信号百分比表示输入信号的变化，以形成随供油压力变化而变化的压力零漂。压力零漂可用每兆帕对应于供油压力的百分比表示。

8.2.11 失效保护功能试验

试验应按以下步骤进行：

a) 检查阀的固有失效保护特性，例如输入信号消失，断电或供电不足，供油压力损失或降低，反馈信号消失等；

b) 通过监测阀芯位置，检查安装在阀上任何一个专用的失效保护功能装置的性能；

c) 如有必要，选择不同的输入信号，重复上述测试。

8.3 动态试验

8.3.1 概述

按 8.3.3～8.3.5 进行试验，确定阀的阶跃响应特性和频率响应特性。

可采用 8.3.1 的 a)、b)或 c) 三种方法之一获得反馈信号：

a) 使用流量传感器 10 的输出作为反馈信号。流量传感器频带宽至少大于包括困油容积效应在内的最大试验频率的 3 倍。另外，可使用低摩擦(压差不超过 0.3 MPa)、低惯性的直线执行器和与其连接的达到上述频带宽的速度传感器组合，来代替流量传感器。直线执行器不适合用于含有直流偏置为输入信号的试验。应使油口 A 和 B 到流量传感器或执行器之间的管路长度尽可能短。

b) 对于带内置阀芯位置传感器而无内置压力补偿流量控制器的被试阀，可使用阀芯位置信号作为反馈信号。

c) 对于不带内置阀芯位置传感器也无内置压力补偿流量控制器的被试阀，有必要在阀芯上安装一个合适的位置传感器以及相匹配的信号调节装置。只要所提供外加的传感器不改变阀的频率响应，即可用这个位移信号作为反馈信号。

采用上述方法 a)、b)和 c)，会得到不同的结果。因此，试验报告的数据应注明所使用的试验方法。

对多级阀进行试验，建议采用外部先导控制方式，以得到最具可比性的数据。

8.3.2 试验回路

采用符合图 1 要求的试验回路进行试验，打开截止阀 S1、S3 和 S6，关闭其他截止阀。

可以采用直线执行器代替流量传感器 10，如 8.3.1a)所述。

使用合适的油源和管道，以保证在试验频率范围和阶跃响应的持续时间内，阀的压降保持在名义设置值的±25%以内。必要时可为油源安装一个蓄能器。

8.3.3 阶跃响应-输入信号变化

8.3.3.1 设置

选择合适的示波器或其他电子设备，以记录被试阀控制流量和输入信号随时间的变化，见图12。

调整信号发生器产生一个方波，方波周期的持续时间足以使控制流量达到稳定。

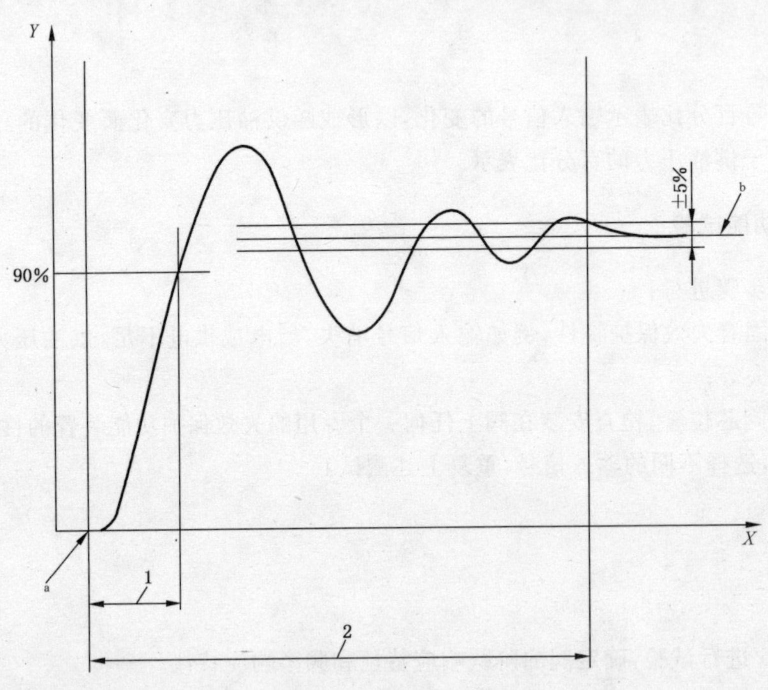

说明：

X ——时间；

Y ——流量或阀芯位置；

1 ——响应时间；

2 ——调整时间。

[a] 起始点。

[b] 稳态流量。

图12 阶跃响应-输入信号变化特性曲线

8.3.3.2 步骤

试验应按以下步骤进行：

a) 对采用外部先导压力控制的多级阀，设置先导压力值为额定最大先导压力值的20%，并分别在先导压力值为额定最大先导压力值的50%和100%下，重复进行动态试验；

b) 调节被试阀进油压力达到额定压降，使通过的流量是额定流量的50%；

c) 设置信号发生器，使控制流量在表3中第1组试验开始、结束值之间阶跃变化；

表 3 阶跃信号函数

试验组号	额定流量的百分比 %	
	开始	结束
1	0	+10
	+10	0
2	0	+50
	+50	0
3	0	+100
	+100	0
4	+10	+90
	+90	+10
5	+25	+75
	+75	+25
6	0	−10
	−10	0
7	0	−50
	−50	0
8	0	−100
	−100	0
9	−10	−90
	−90	−10
10	−25	−75
	−75	−25
11	−10	+10
	+10	−10
12	−90	+90
	+90	−90

d) 信号发生器至少产生一个周期信号输出；

e) 记录控制流量和信号随时间在正反方向变化的阶跃响应；

f) 确保记录窗口显示完整的响应过程；

g) 按表 3 中第 2～12 组试验所给定值调整控制流量，重复步骤 a)～e)。

8.3.4 阶跃响应-负载变化

注：该试验只适用于有内置压力补偿器功能的阀。

8.3.4.1 试验回路

采用 8.3.2 所述的试验回路进行试验。但在开始测试前，需要增加一个与流量传感器 10 串联的电控加载阀。电控加载阀的响应时间应小于被试阀响应时间的30%。

8.3.4.2 设置

选择合适的示波器或其他电子设备,以记录由加载阀产生的被控流量和输入信号随时间变化的过程,见图13。

8.3.4.3 步骤

试验应按以下步骤进行:

a) 对采用外部先导压力控制的多级阀,设置先导压力值为额定值的20%,并分别在先导压力值为额定值的50%和100%下,重复进行动态试验;

b) 调整被试阀的进油压力,在额定压力下增至最大值;

c) 调整被试阀的输入信号和加载阀的信号达到50%的额定流量,在负载压差值设定为最大负载压力的50%时,使被试阀达到额定流量的50%;

d) 调整加载阀的信号值,使负载压差在设定最大负载压力的50%~100%之间变化,记录被控流量的动态特性,见图13;

e) 使负载压差在设定最大负载压力的50%和尽可能最小值之间变化,重复上述测试。

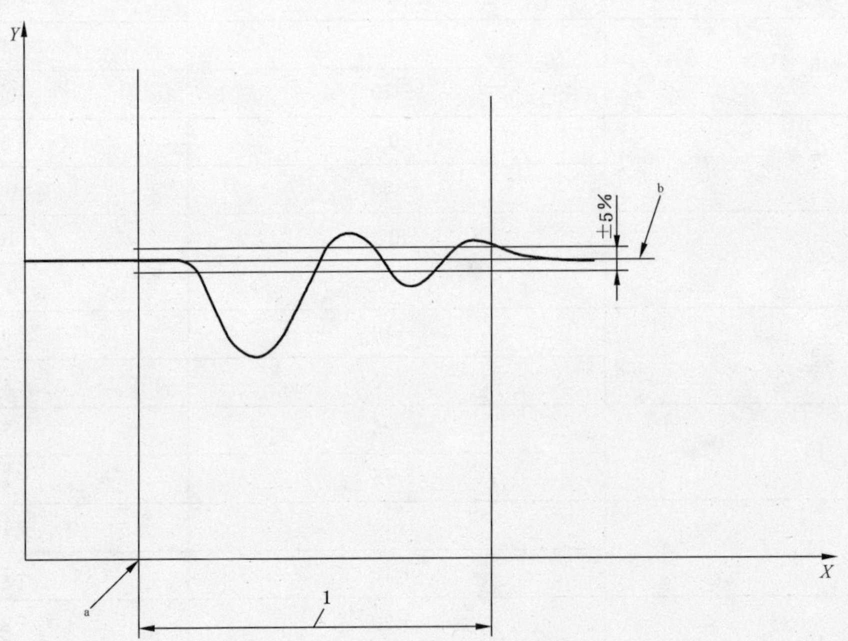

说明:

X ——时间;

Y ——流量;

1 ——调整时间。

[a] 起始点。

[b] 稳态流量。

图13 阶跃响应-负载变化特性曲线

8.3.5 频率响应特性

8.3.5.1 概述

试验目的是确定被试阀的电输入信号与被控流量之间的频率响应。

8.3.5.2 设置

选择合适的频响分析仪或其他仪器，应能测量两个正弦信号之间的幅值比和相位移。

连接好设备，测量被试阀输入信号和反馈信号之间的响应过程(见图14)。

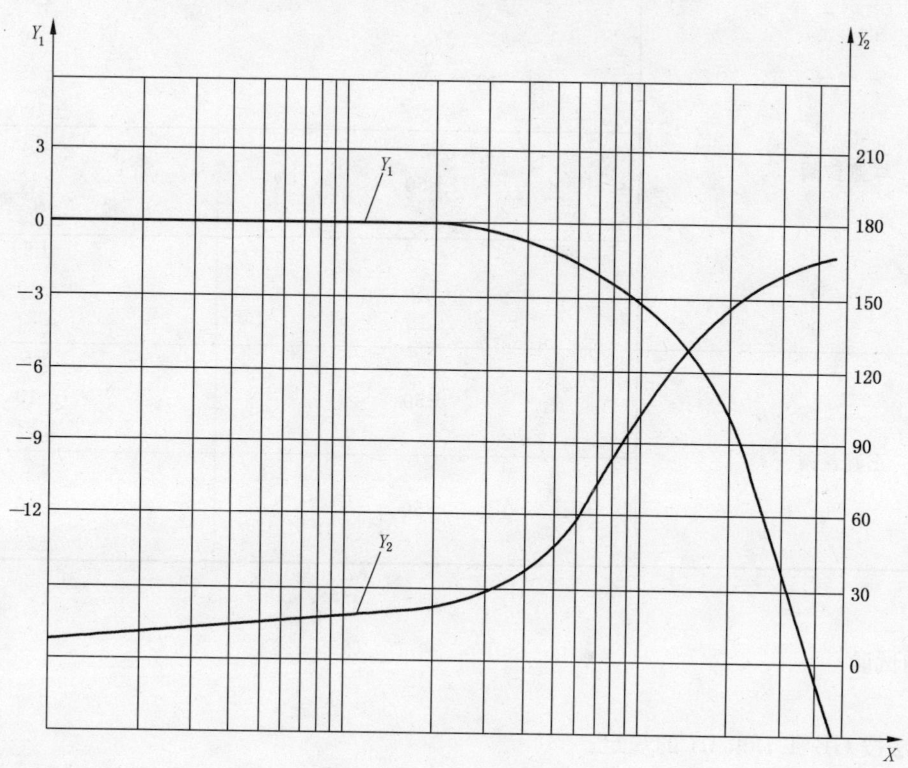

说明：

X ——输入信号的频率；

Y_1 ——幅值比；

Y_2 ——相位滞后。

图14 频率响应特性曲线

8.3.5.3 步骤

试验应按以下步骤进行：

a) 对采用外部先导压力控制的多级阀，设置先导压力值为额定值的20%，并分别在先导压力值为额定值的50%和100%的情况下，重复进行动态试验。

b) 调整进油压力和阀的直流偏置信号，使阀通过额定流量的50%，达到额定压降。

c) 在直流偏置基础上叠加一个正弦信号，在稳态条件下，调整正弦信号幅值，使控制流量幅值为额定流量的5%。可按8.2.4中试验方法确定。选择满足以下条件的频率测量范围：最小频率不大于相位滞后为90°时的5%频率；最大频率至少是相位滞后180°的频率；或者是不能可靠地测量反馈信号幅值时的点值。

d) 核实反馈信号的幅值衰减在相同的频率范围内至少为10 dB。

e) 以每十倍频20 s～30 s的速率，对正弦输入信号的试验频率从最低到最高进行扫频。在每次完整的扫频过程中，保持正弦输入信号的幅值始终不变。

f) 在表4中列出的其他条件下，重复步骤a)～e)。

表 4 频率响应试验

阀类型	流量的偏置(相对于额定流量) %	流量幅值 %
零遮盖阀	0	±5 ±10 ±25 ±100
	±50	±5 ±10 ±25
	−50	±5 ±10 ±25
正遮盖阀	±50	±5 ±10 ±25
	−50	±5 ±10 ±25

9 压力脉冲试验

试验方法按 GB/T 19934.1 的规定。

10 结果表达

10.1 概述

试验结果应以下面任一种形式表达：

a) 表格；

b) 图表。

10.2 试验报告

10.2.1 概述

所有试验报告至少应当包括以下内容：

a) 阀制造商的名称；

b) 阀的型号和序列号；

c) 如使用外置放大器,应注明放大器的型号和序列号；

d) 阀在额定压降下的额定流量；

e) 阀压降；

f) 进油压力；

g) 回油压力；

h) 试验回路油液类型；

i) 试验回路油液温度；

j) 试验回路油液黏度(符合 GB/T 3141—1994 的要求);
k) 额定输入信号;
l) 线圈连接方式(例如串联、并联等);
m) 如可用到的颤振信号的波形、幅值、频率;
n) 各试验参数的允许试验极限值;
o) 试验日期;
p) 试验人员姓名。

10.2.2 出厂试验报告

阀出厂试验报告至少应包括以下内容:

a) 绝缘电阻值(见 7.4);
b) 最大内泄漏量(见 8.2.3);
c) 输出流量-输入信号特性曲线(见 8.2.4);
d) 输出流量-输入信号曲线的极性(见 8.2.4.4);
e) 由输出流量-输入信号曲线得出的滞环(见 8.2.4.4);
f) 流量增益 K_V 和测定增益时所用的压力(见 8.2.4.4);
g) 流量线性度(见 8.2.4.4);
h) 零位特征(见 8.2.4.4);
i) 压力增益 K_p(见 8.2.9);
j) 阈值(见 8.2.5);
k) 失效保护功能试验(在适用时)(见 8.2.11)。

附加的试验可包括:零漂与供油压力(两个或多个数据点)、对称性(见 8.2.10)。

10.2.3 型式试验报告

阀型式试验报告至少应包括以下内容:

a) 阀出厂试验报告的数据(见 10.2.2);
b) 线圈电阻(见 7.2);
c) 线圈电感(见 7.3);
d) 输出流量-阀压降特性曲线(见 8.2.6);
e) 极限功率特性试验的数据(见 8.2.7);
f) 输出流量-油液温度特性曲线(见 8.2.8);
g) 压力零漂(见 8.2.10.3);
h) 动态特性(见 8.3);
i) 压力脉冲试验结果(见第 9 章);
j) 在零部件拆解和目测检查后记录任何物理品质下降的详细资料。

11 标注说明

当选择完全遵守本部分试验时,强烈建议制造商,在试验报告、产品目录和销售文件中使用以下说明:"试验按 GB/T 15623.1—2018《液压传动 电调制液压控制阀 第 1 部分:四通方向流量控制阀试验方法》的规定进行"。

附 录 A
（资料性附录）
试验实施指南

试验之前，被试阀的任何驱动放大器均需根据制造商的说明安装使用。

可使用信号发生器提供连续变化的输入信号，记录仪用来记录压力传感器和流量传感器所显示的相应压力和流量值。

注 1：阀对输入信号产生的压力和流量响应也可采用逐点法由手动记录。另一个可选择的方法是用逐点法人工记录该压力和流量值。

注 2：输入信号在半个试验周期内仅沿一个方向上升，而在另半个试验周期又沿另一个方向下降。这样的结果可以显现出来阀固有的滞环，使用自动信号发生器，可有效防止信号的误转换。

对于稳态试验，如果输出变化率比记录仪的响应慢，那么信号发生器产生的何种函数类型（如正弦、斜坡等）并不重要。记录仪宜具有将传感器和阀输入信号的幅值调整到合适尺度的功能，也包括使图中轨迹居中的方式。

除自动信号发生器之外，还需要提供带转换开关的手动控制输入信号装置，以便于阀和设备的设定。

宜记录电气调整数据。

ICS 23.100.50
J 20

中华人民共和国国家标准

GB/T 15623.2—2017
代替 GB/T 15623.2—2003

液压传动　电调制液压控制阀 第2部分:三通方向流量控制阀试验方法

Hydraulic fluid power—Electrically modulated hydraulic control valves—
Part 2:Test methods for three-port directional flow-control valves

(ISO 10770-2:2012,MOD)

2017-11-01 发布　　2018-05-01 实施

中华人民共和国国家质量监督检验检疫总局
中国国家标准化管理委员会　发布

前言

GB/T 15623《液压传动　电调制液压控制阀》分为三个部分：

——第1部分：四通方向流量控制阀试验方法；

——第2部分：三通方向流量控制阀试验方法；

——第3部分：压力控制阀试验方法。

本部分为GB/T 15623的第2部分。

本部分按照GB/T 1.1—2009给出的规则起草。

本部分代替GB/T 15623.2—2003《液压传动　电调制液压控制阀　第2部分：三通方向流量控制阀试验方法》，与GB/T 15623.2—2003相比，主要技术变化如下：

——新增引用标准GB/T 19934.1、JB/T 7033—2007(见第2章)；

——删除了术语“电调制液压方向流量控制阀”，增加了术语“电调制液压三通方向流量控制阀”、“输入信号死区”、“阈值”及“额定输入信号”(见3.1)；

——修改了“3.2 符号和单位”的有关内容(见表1)；

——试验条件中，删除了“液压油液温度”和“供油压力”，增加了“流体黏度等级”和“压降”(见表2)；

——修改了试验回路(见图1、图10和图11)；

——增加了仪表准确度的“电阻”和“动态范围”的要求(见6.1和6.2)；

——增加了“线圈电阻”的冷态、热态的测试(见7.2.1和7.2.2)；

——删除了“耐久性试验”和“环境试验”(见2003年版第9章和第11章)。

本部分采用重新起草法修改采用ISO 10770-2:2012《液压传动　电调制液压控制阀　第2部分：三通方向流量控制阀试验方法》(英文版)。

本部分与ISO 10770-2:2012的技术性差异及其原因如下：

——关于规范性引用文件，本部分做了具有技术性差异的调整，以适应我国的技术条件，调整的情况集中反映在第2章“规范性引用文件”中，具体调整如下：

- 用等同采用国际标准的GB/T 786.1代替ISO 1219-1(见3.2)；
- 用修改采用国际标准的GB /T 3141代替ISO 3448(见表2和10.2.1)；
- 用等同采用国际标准的GB/T 4728.1代替IEC 60617(见3.2)；
- 用等同采用国际标准的GB/T 7631.2代替ISO 6743-4(见表2)；
- 用修改采用国际标准的GB/T 14039代替ISO 4406(见表2)；
- 用等同采用国际标准的GB/T 17446代替ISO 5598(见3.1)；
- 用等同采用国际标准的GB/T 19934.1代替ISO 10771-1(见第9章)；
- 用修改采用国际标准的JB/T 7033—2007代替ISO 9110-1(见6.1)；

——删除了术语“电调制液压方向流量控制阀”，增加了术语“电调制液压三通方向流量控制阀”(见3.1)；

——规定了矿物液压油应符合GB/T 7631.2的L-HL(见表2)；

——对第6章准确度中，仪表温度允许系统误差原文为“c) 温度：环境温度的±2%”，修改为：“c) 温度：实际测量值的±2%”，因采用实际测试温度更为合理。

本部分还做了以下编辑性修改：

——第8章，避免出现悬置段，更改了条的编号，以符合国家标准编写格式；

——图2、图3、图8、图12及图13中的符号表示方法不采用原文形式，而采用与ISO 10770-1相同

形式,以符合国家标准编写格式;

——图 14 中,在图中曲线上增加 Y_1 符号,用以表示“幅值比曲线”和增加 Y_2 符号,用以表示“相位滞后曲线”。因为原文说明中 Y_1 和 Y_2 与图形坐标轴符号相同,对两个曲线没有表示区分;

——表 4 中,在“流量幅值% 的额定流量”标题下每一个表格第一行数值中,原文为“±50”错误,修改为“±5”;

——删除了压力的等同单位“(bar)”。

本部分由中国机械工业联合会提出。

本部分由全国液压气动标准化技术委员会(SAC/TC 3)归口。

本部分起草单位:海门市油威力液压工业有限责任公司、北京精密机电控制设备研究所、宁波华液机器制造有限公司、浙江大学、燕山大学、武汉科技大学、北京机械工业自动化研究所、上海博世力士乐液压及自动化有限公司、上海衡拓液压控制技术有限公司、北京华德液压工业集团有限责任公司、海门维拓斯液压阀业有限公司。

本部分主要起草人:林广、陈东升、但新强、何友文、张策、徐兵、赵静一、陈新元、曹巧会、胡启辉、渠立鹏、张宪、王春英、朱红岩、郭锐、钱新博。

本部分所代替标准的历次版本发布情况为:

——GB/T 15623—1995、GB/T 15623.2—2003。

引　言

制定 GB/T 15623.2 的目的是提高电调制液压三通方向流量控制阀试验的规范性，进而提高所记录被试阀性能数据的可比性，以便这些数据用于系统设计，而不必考虑数据的来源。

液压传动　电调制液压控制阀
第2部分:三通方向流量控制阀试验方法

1　范围

GB/T 15623的本部分规定了电调制液压三通方向流量控制阀性能特性的试验方法。

本部分适用于液压系统中电调制液压三通方向流量控制阀性能特性的试验。

注:在液压系统中,电调制液压三通方向流量控制阀是能通过电信号连续控制三个主阀口流量和方向变化的连续控制阀,一般包括伺服阀和比例阀等不同类型产品。以下如没有特别限定,"阀"即指电调制液压三通方向流量控制阀。

2　规范性引用文件

下列文件对于本文件的应用是必不可少的。凡是注日期的引用文件,仅注日期的版本适用于本文件。凡是不注日期的引用文件,其最新版本(包括所有的修改单)适用于本文件。

GB/T 786.1　流体传动系统及元件图形符号和回路图　第1部分:用于常规用途和数据处理的图形符号(GB/T 786.1—2009,ISO 1219-1:2006,IDT)

GB/T 3141—1994　工业液体润滑剂　ISO粘度分类(eqv ISO 3448:1992)

GB/T 4728.1　电气简图用图形符号　第1部分:一般要求(GB/T 4728.1—2005,IEC 60617 database,IDT)

GB/T 7631.2　润滑剂、工业用油和相关产品(L类)的分类　第2部分:H组(液压系统)(GB/T 7631.2—2003, ISO 6743-4:1999,IDT)

GB/T 14039　液压传动　油液　固体颗粒污染等级代号(GB/T 14039—2002,ISO 4406:1999,MOD)

GB/T 17446　流体传动系统及元件　词汇(GB/T 17446—2012, ISO 5598:2008,IDT)

GB/T 19934.1　液压传动　金属承压壳体的疲劳压力试验　第1部分:试验方法(GB/T 19934.1—2005,ISO 10771-1:2002, IDT)

JB/T 7033—2007　液压传动　测量技术通则(ISO 9110-1:1990, MOD)

3　术语、定义和符号

3.1　术语和定义

GB/T 17446界定的以及下列术语和定义适用于本文件。

3.1.1

电调制液压三通方向流量控制阀　electrically modulated hydraulic three-port directional flow-control valve

能响应连续变化的电输入信号以控制输出流量连续变化和方向的三通阀。

3.1.2

输入信号死区　input signal deadband

不能产生控制流量变化的输入信号范围。

3.1.3

阈值 threshold

连续控制阀产生反向输出所需输入信号的变化量。

注：阈值以额定信号的百分数表示。

3.1.4

额定输入信号 rated input signal

由制造商给定的达到额定输出时的输入信号。

3.2 符号

本部分所用符号如表 1 所示。所有图形符号应符合 GB/T 786.1 和 GB/T 4728.1。

表 1 符号

参　　量	符　　号	单　　位
电感	L_C	H
绝缘电阻	R_i	Ω
绝缘试验电流	I_i	A
绝缘试验电压	U_i	V
电阻	R_C	Ω
颤振幅值	—	%(最大输入信号的百分比)
颤振频率	—	Hz
输入信号	I 或 U	A 或 V
额定输入信号	I_n 或 U_n	A 或 V
输出流量	q	L/min
额定流量	q_n	L/min
流量增益	$K_V=(\Delta q/\Delta I)$ 或 $K_V=(\Delta q/\Delta U)$	L/(min·A)，或 L/(min·V)
滞环	—	%(最大输出信号的百分比)
内泄漏	q_I	L/min
供油压力	p_P	MPa
回油压力	p_T	MPa
负载压力	p_A 或 p_B	MPa
负载压差	$p_L=p_A-p_B$ 或 $p_L=p_B-p_A$	MPa
阀压降	$p_V=p_P-p_T-p_L$	MPa
额定阀压降	p_n	MPa
压力增益	$K_P=(\Delta p_L/\Delta I)$ 或 $K_P=(\Delta p_L/\Delta U)$	MPa/A 或 MPa/V

表 1（续）

参　量	符　号	单　位
阈值	—	%(最大输出信号的百分比)
幅值比(比率)	—	dB
相位移	—	(°)
温度	—	℃
频率	f	Hz
时间	t	s
时间常数	t_C	s
线性误差	q_{err}	L/min

4　试验条件

除非另有规定，应按照表 2 中所给出的试验条件进行阀的试验。

表 2　试验条件

参变量	条　件
环境温度	20 ℃±5 ℃
油液污染度	固体颗粒污染应按 GB/T 14039 规定的代号表示
流体类型	矿物液压油(符合 GB/T 7631.2 的 L-HL)
流体黏度	阀进口处为 32cSt±8cSt
流体黏度等级	符合 GB/T 3141—1994 规定的 VG32 或 VG46
压 降	试验要求值的±2.0%
回油压力	符合制造商的推荐

5　试验装置

安全提示：试验过程应充分考虑人员和设备的安全。

对所有类型阀的试验装置，应使用符合图 1、图 10 或图 11 中要求的试验回路。

图 1、图 10 和图 11 所示的试验回路是完成试验所需的最基本要求，没有包含安全装置。采用图 1、图 10 和图 11 所示回路试验时，应按下列要求实施：

a)　试验实施指南参见附录 A；

b)　对于每项试验可建立单独的试验回路，以消除截止阀引起泄漏的可能性，提高测试结果的准确性；

c)　液压性能试验以阀和放大器的组合进行实施。输入信号作用于放大器，而不是直接作用于阀。对于电气试验，输入信号直接作用于阀；

d) 尽可能使用制造商所推荐的放大器进行液压试验，否则应记录放大器的类型与主要参数(如脉宽调制频率、颤振频率和幅值等)；

e) 在脉宽调制频率的启闭过程中，记录放大器的供电电压、幅值和作用于被试阀上的电压信号大小及波形；

f) 电气试验设备和传感器的频宽或固有频率，至少大于最高试验频率的10倍；

g) 图1、图10中的压力传感器6至8可由压差传感器代替，以测试每一个油路。

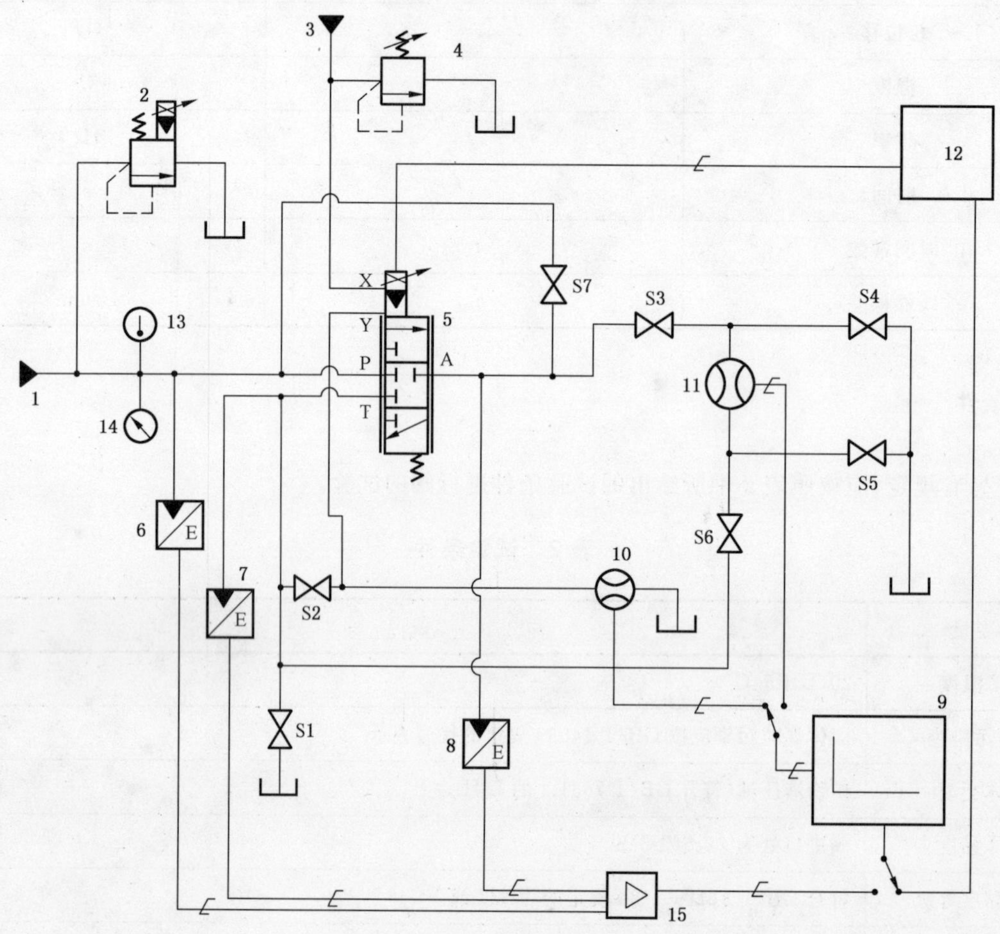

说明：

1	——主油源；	9	——数据采集；	S1～S7	——截止阀；
2	——主溢流阀；	10、11	——流量传感器；	A	——控制油口；
3	——外部先导油源；	12	——信号发生器；	P	——进油口；
4	——外部先导油源溢流阀；	13	——温度指示器；	T	——回油口；
5	——被试阀；	14	——压力表；	X	——先导进油口；
6～8	——压力传感器；	15	——信号调节器；	Y	——先导泄油口。

图1 试验回路

6 准确度

6.1 仪表准确度

仪表准确度应符合JB/T 7033—2007所规定的B级，允许系统误差为：

a) 电阻:实际测量值的±2%;

b) 压力:阀在额定流量下的额定压降的±1%;

c) 温度:实际测量值的±2%;

d) 流量:阀额定流量的±2.5%;

e) 输入信号:达到额定流量时的输入电信号的±1.5%。

6.2 动态范围

进行动态试验,应保证测量设备、放大器或记录装置产生的任何阻尼、衰减及相位移对所记录的输出信号的影响不超过其测量值1%。

7 不带集成放大器的阀的电气特性试验

7.1 概述

应根据需要,在进行后续试验前仅对不带集成放大器的阀完成7.2至7.4所述的试验。

注:7.2至7.4的试验仅适用于直接用电流驱动的阀。

7.2 线圈电阻

7.2.1 线圈电阻(冷态)

按以下方式进行试验:

a) 将未通电的阀放置在规定的环境温度下至少2 h;

b) 测量并记录阀上每个线圈两端的电阻值。

7.2.2 线圈电阻(热态)

按以下方式进行试验:

a) 将阀安装在制造商推荐的底板上,内部浸油,完全通电,在达到最高额定温度时,阀启动工作,保持充分励磁和无油液流动,直到线圈温度稳定;

b) 应在阀断电后1 s内,测量并记录每个线圈两端的电阻值。

7.3 线圈电感(可选测)

用此方法所测得电感值不代表线圈本身的电感大小,仅在比较时做参考。

按以下步骤进行试验:

a) 将线圈接入一个能够提供并保证线圈额定电流的稳压电源;

b) 试验过程中,应使衔铁保持在工作行程的50%处;

c) 用示波器或类似设备监测线圈电流;

d) 调整电压,使稳态电流等于线圈的额定电流;

e) 关闭电源再打开,记录电流的瞬态特性;

f) 确定线圈的时间常数 t_C(见图2),用式(1)计算电感值 L_C:

$$L_C = R_C t_C \qquad \cdots\cdots(1)$$

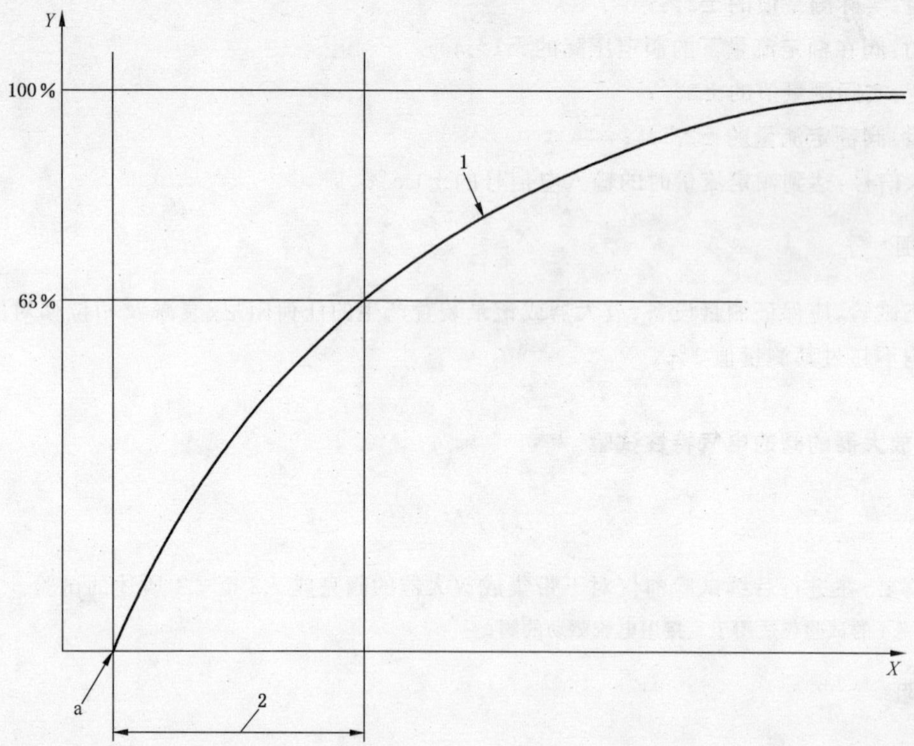

说明：

X ——时间；

Y ——电流；

1 ——直流电曲线；

2 ——时间常数，t_C；

a ——启始点。

图2 线圈电感测量曲线

7.4 绝缘电阻

按下列步骤确定线圈的绝缘电阻：

a) 如果内部电气元件接触油液(如湿式线圈)，在进行本项试验前应向阀内注入液压油；

b) 将线圈两端相连，并在此连结点与阀体之间施加直流电压，U_i＝500 V，持续 15 s；

c) 使用合适的绝缘电阻测试仪测量，记录绝缘电阻 R_i；

d) 使用带电流读数的测试仪测量绝缘试验电流 I_i，用式(2)计算绝缘电阻：

$$R_i = \frac{U_i}{I_i} \qquad (2)$$

8 性能试验

8.1 概述

所有性能试验应针对阀和放大器的组合，因输入信号仅作用于放大器，而不是直接作用于阀。

在可能的情况下，对于多级阀，应使阀的配置模式为先导级外部供油和外部泄油。

在开始任何试验之前，应进行常规的机械/电气调整，如零位、输入信号死区和增益调整。

8.2 稳态试验

8.2.1 概述

进行稳态性能试验时，应注意并排除对其动态特性造成影响的因素。

应按以下顺序进行稳态试验：

a) 耐压试验(可选择)(见 8.2.2)；
b) 内泄漏试验(见 8.2.3)；
c) 在恒定压降下，对阀的输出流量—输入信号特性进行测试(见 8.2.4 和 8.2.5)，以此确定：
  1) 额定流量；
  2) 流量增益；
  3) 流量线性度；
  4) 流量滞环；
  5) 流量对称性；
  6) 流量极性；
  7) 阀芯遮盖状态；
  8) 阈值。
d) 输出流量—阀压降特性试验(见 8.2.6)；
e) 极限输出流量—阀压降特性试验(见 8.2.7)；
f) 输出流量—油温特性试验(见 8.2.8)；
g) 压力增益—输入信号特性试验(见 8.2.9)；
h) 压力零漂试验(见 8.2.10)；
i) 失效保护功能试验(见 8.2.11)。

8.2.2 耐压试验(可选择)

8.2.2.1 概述

被试阀耐压试验可在其他项目试验之前进行，以检验阀的完整性。

8.2.2.2 P、A 和 X 油口试验步骤

进行耐压试验时，打开回油口 T，压力施加于阀的进油口 P、控制油口 A 和外部先导进油口 X。按以下步骤进行试验：

a) 阀的 P、A 和先导油口 X 施加的压力为其额定压力的 1.3 倍，至少保持 30 s；在前半周期内，输入最大输入信号；在后半周期内，输入最小输入信号；
b) 在试验过程中，检查阀是否存在外泄漏；
c) 试验后，检查阀是否存在永久性变形；
d) 记录耐压试验情况。

8.2.2.3 T 油口试验步骤

按以下步骤进行试验：

a) 阀油口 T 施加的压力为其额定压力的 1.3 倍，至少保持 30 s；
b) 在试验过程中，检查阀是否存在外泄漏；

c) 试验后,检查阀是否存在永久变形;

d) 记录耐压试验情况。

8.2.2.4 先导泄油 Y 油口

任何外部先导泄油口不得进行耐压试验。

8.2.3 内泄漏和先导流量试验

8.2.3.1 概述

进行内泄漏和先导流量试验,以确定:

a) 内泄漏量和先导流量的总流量;

b) 阀采用外部先导泄油时的先导流量。

8.2.3.2 试验回路

内泄漏和先导流量的液压试验回路见图 1,进行试验前,打开截止阀 S1、S3 和 S6,关闭其他截止阀。

8.2.3.3 设置

调整阀的进油压力和先导压力应高于回油压力 10 MPa。如果制造商提供阀的该压力低于 10 MPa,可按制造商提供的额定压力值。

8.2.3.4 步骤

按以下步骤进行试验:

a) 进行泄漏量测试之前,在全输入信号范围内,操作阀动作数次,确保阀内通过的油液在规定的黏度范围内;

b) 先关闭截止阀 S3 和 S6,打开截止阀 S2,然后再关闭截止阀 S1;

c) 缓慢调整输入信号在阀的全信号范围内变化,流量传感器 10 记录油口 T 的泄漏量,包括主级泄漏和先导级泄漏的总流量,见图 3(图 3 所示的泄漏曲线是伺服阀的典型内泄漏特征,其他类型阀的内泄漏曲线可能具有不同特征);

d) 用一个稳定的输入信号进行测试,流量传感器 10 记录的结果即阀在稳态条件下主级和先导级的总泄漏量。

当阀采用外部先导泄油时,打开截止阀 S1 和关闭截止阀 S2。设置输入信号为零,记录油口 Y 处的泄漏量。流量传感器 10 记录的结果即阀先导泄漏量。

如有必要,可将压力增至被试阀的最大供油压力下重复进行试验。

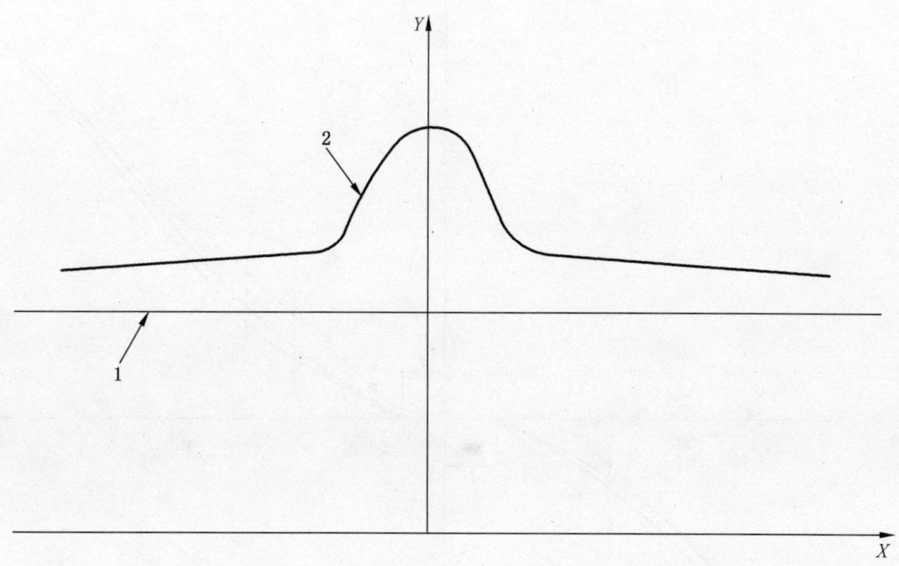

说明：

X ——输入信号；

Y ——内泄漏量；

1 ——近似于先导泄漏量曲线(仅为先导控制阀)；

2 ——包括先导泄漏量在内的总泄漏量曲线。

图 3　内泄漏量测试曲线

8.2.4　恒定压降下的输出流量—输入信号特性测试

8.2.4.1　概述

试验目的是确定阀芯构成的每个阀口在恒定压降下的流量特性。用流量传感器 11 记录每个阀口油路的流量变化。每个阀口的输出流量—输入信号特性曲线，见图 4。

8.2.4.2　试验回路

8.2.4.2.1　概述

试验回路如图 1 所示，流量传感器 11 具备较宽的测量范围，至少应是额定流量的 1%至 100%。尤其是测量接近于零流量时，应具有较高的准确性，否则，需要采用具有重叠工作流量范围的两个不同流量传感器来代替流量传感器 11，一个测量大流量，另一个测量小流量。

为使内部先导压力控制模式的多级阀能正常工作，宜在阀主油路中增加节流装置以提高系统压力。

8.2.4.2.2　从进油口 P 到控制油口 A 的流量

采用符合图 1 要求的试验回路进行试验，打开截止阀 S1、S3 和 S5，关闭其他截止阀。

8.2.4.2.3　从控制油口 A 到回油口 T 的流量

采用符合图 1 要求的试验回路进行试验，打开截止阀 S4、S6 和 S7，关闭其他截止阀。

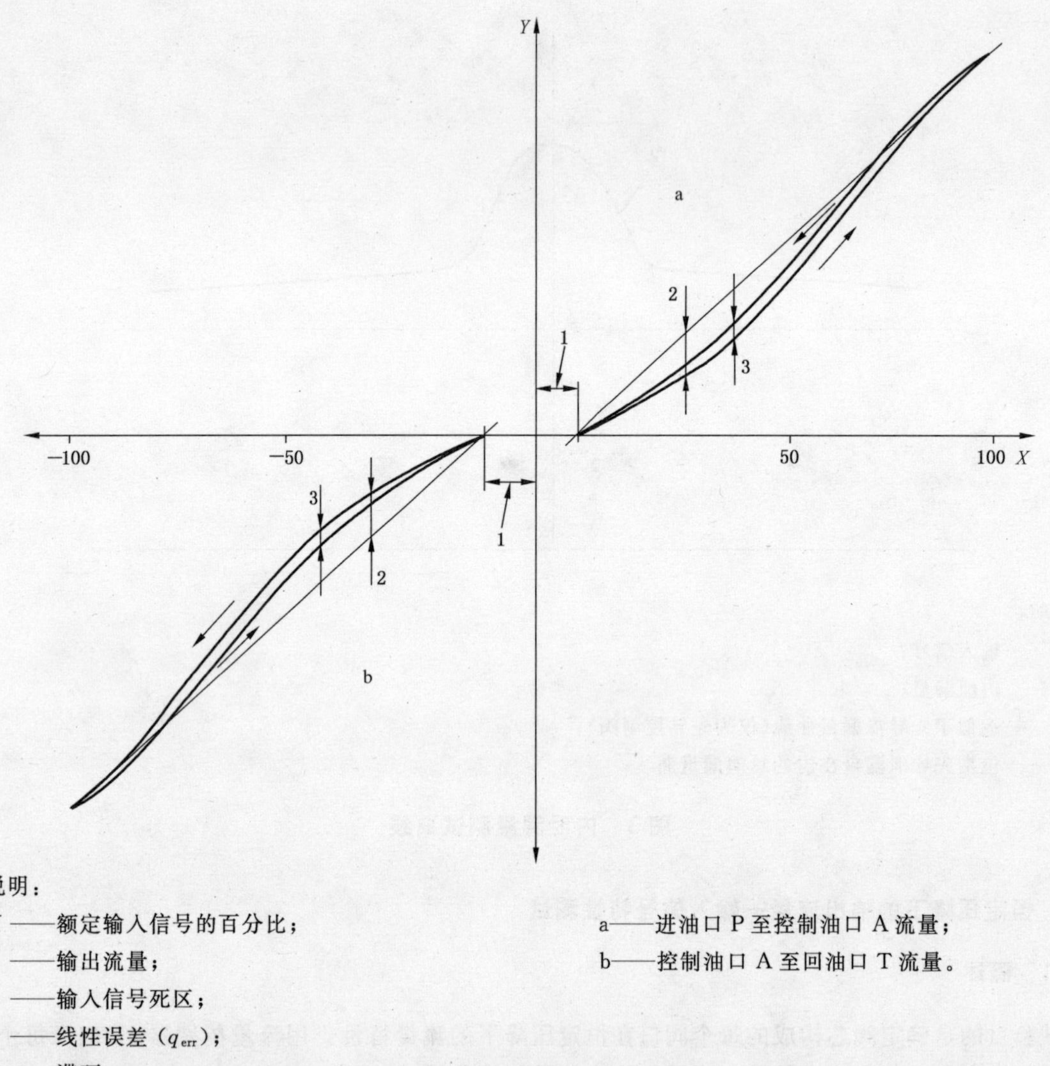

说明：

X ——额定输入信号的百分比；

Y ——输出流量；

1 ——输入信号死区；

2 ——线性误差（q_{err}）；

3 ——滞环；

a——进油口 P 至控制油口 A 流量；

b——控制油口 A 至回油口 T 流量。

图 4　测试曲线

8.2.4.3　设置

选择合适的绘图仪或记录仪，使其 X 轴能记录输入信号的整个范围，Y 轴能记录从 0 至额定流量以上的流量范围，见图 4。

选择一个能够产生三角波的信号发生器，三角波应具有最大输入信号的幅值范围。设置其三角波信号产生的频率为 0.02 Hz 或更低。

对采用外部先导控制的多级阀，调整先导供油达到制造商推荐的值。

对采用内部先导控制的多级阀，调整油口 P 的供油至少达到制造商推荐的最低值。

8.2.4.4　步骤

8.2.4.4.1　试验应按以下步骤进行：

a）对所测的每个阀口，分别利用压力传感器 6 至 8 进行测量。应控制所测阀口的压降为0.5 MPa 或 3.5 MPa。在一个完整的周期内，应确保所测阀口的压降保持恒定，其变化量不超过±2%。如果测试过程中不能连续控制压降保持恒定，可采用取点读数的方法进行；

b）使输入信号在最小值和最大值之间循环几次，检查控制流量是否在记录仪 Y 轴的范围内；

c) 保证每次循环时不受动态影响,使输入信号完成至少一个周期循环;

d) 记录一个循环周期内阀的输入信号和控制流量;

e) 对每个阀口,重复步骤 a)至 d)。

8.2.4.4.2 使用测得数据确定以下特性结果:

a) 额定输入信号下的输出流量;

b) 流量增益;

c) 被控流量的线性度 q_{err}/q_n(用百分比表示);

d) 被控流量的滞环(相对于输入信号的变化);

e) 输入信号死区(如果有);

f) 流量对称性;

g) 流量极性。

8.2.4.4.3 在无法监测输出流量的情况下,可监测阀芯位移来代替监测的流量,以此确定:

a) 额定输入信号下阀芯的位置;

b) 滞环;

c) 极性。

8.2.5 阈值

8.2.5.1 概述

试验目的是确定被试阀的输出对输入反向信号变化的响应。

8.2.5.2 试验回路

使用 8.2.4.2 中所规定的试验回路。

8.2.5.3 设置

选择合适的绘图仪或记录仪,使其 X 轴能记录达到 25%额定输入信号,Y 轴能记录从 0～50%的额定流量。

选择一个能产生三角波并带叠加直流偏置功能的信号发生器,设置其三角波信号产生的频率为 0.1 Hz或更低。

对采用外部先导控制的多级阀,调整先导供油达到制造商推荐的值。

对采用内部先导控制的多级阀,调整油口 P 的供油至少达到制造商推荐的最低值。

8.2.5.4 步骤

试验应按以下步骤进行:

a) 在额定压降下,调节直流偏置量和压力,使通过被试阀的平均流量约为额定流量的 25%,调整三角波形的幅值至最小值,以确保被控流量不变;

b) 缓慢地增加信号发生器的输出幅值变化,直到观察到被控流量产生变化;

c) 记录一个完整信号周期内的被控流量和输入信号;

d) 对每一个阀口,重复步骤 a)至 c)。

8.2.6 输出流量—阀压降特性试验

8.2.6.1 概述

试验目的是确定被试阀的输出流量与阀压降的变化特性。

8.2.6.2 试验回路

8.2.6.2.1 从进油口 P 到控制油口 A 的流量

采用符合图 1 要求的试验回路进行试验，打开截止阀 S1、S3 和 S5，关闭其他截止阀。

8.2.6.2.2 从控制油口 A 到回油口 T 的流量

采用符合图 1 要求的试验回路进行试验，打开截止阀 S4、S6 和 S7，关闭其他截止阀。

8.2.6.3 设置

选择合适的绘图仪和记录仪，使其 X 轴能记录被试阀的压降，压降的测量可在压力传感器 6 至 8 中选择；Y 轴能记录从零至三倍以上的额定流量，见图 5。

对采用外部先导控制的多级阀，调整先导供油达到制造商推荐的值。

对采用内部先导控制的多级阀，调整油口 P 的供油至少达到制造商推荐的最低值。

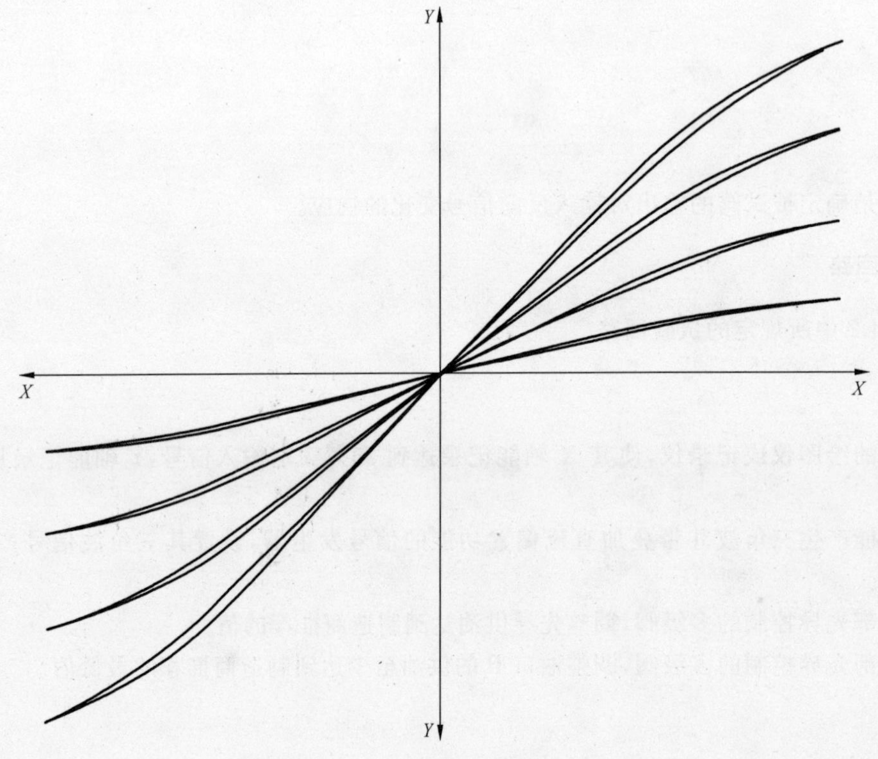

说明：

X ——阀压降；

Y ——流量。

图 5 输出流量—阀压降特性曲线（无内置压力补偿器）

8.2.6.4 步骤

8.2.6.4.1 从进油口 P 到控制油口 A 的流量

试验应按以下步骤进行：

a) 使输入信号循环多次，并逐渐变化至满量程范围；

b) 调整被试阀的压降至尽可能的最小值；

c) 设置正向输入信号为正向额定值(100%)；

d) 调节阀 2 使压力上升，缓慢地增加被试阀的压降，直至被试阀油口 P 在额定压力时，压降增至最大值。在正向额定输入信号下，绘制阀的输出流量与压降的连续变化曲线，然后，缓慢减少油口 P 压力至压降最低值，继续绘制出曲线；

e) 分别在额定输入信号的 75%、50%和 25%的值下，重复步骤 d)，见图 5；

f) 对于有内置压力补偿器的被试阀，按上述试验来确定其负载补偿装置的有效性，见图 6。

8.2.6.4.2 从控制油口 A 到回油口 T 的流量

试验应按以下步骤进行：

a) 使输入信号循环多次，并逐渐变化至满量程范围；

b) 调整被试阀的压降至尽可能的最小值；

c) 设置输入信号为负向额定值(－100%)，使流量从 A 至 T 方向流动；

d) 调节阀 2 使压力上升，缓慢地增加被试阀的压降，直至被试阀油口 A 在额定压力时，压降增至最大值。在负向额定输入信号时，绘制阀的输出流量与压降的连续变化曲线，然后，缓慢减少油口 A 压力至压降最低值，继续绘制出曲线；

e) 分别在额定输入信号的 75%、50%和 25%的值下，重复步骤 d)，见图 5；

f) 对于有内置压力补偿器的被试阀，按上述试验来确定其负载补偿装置的有效性，见图 6。

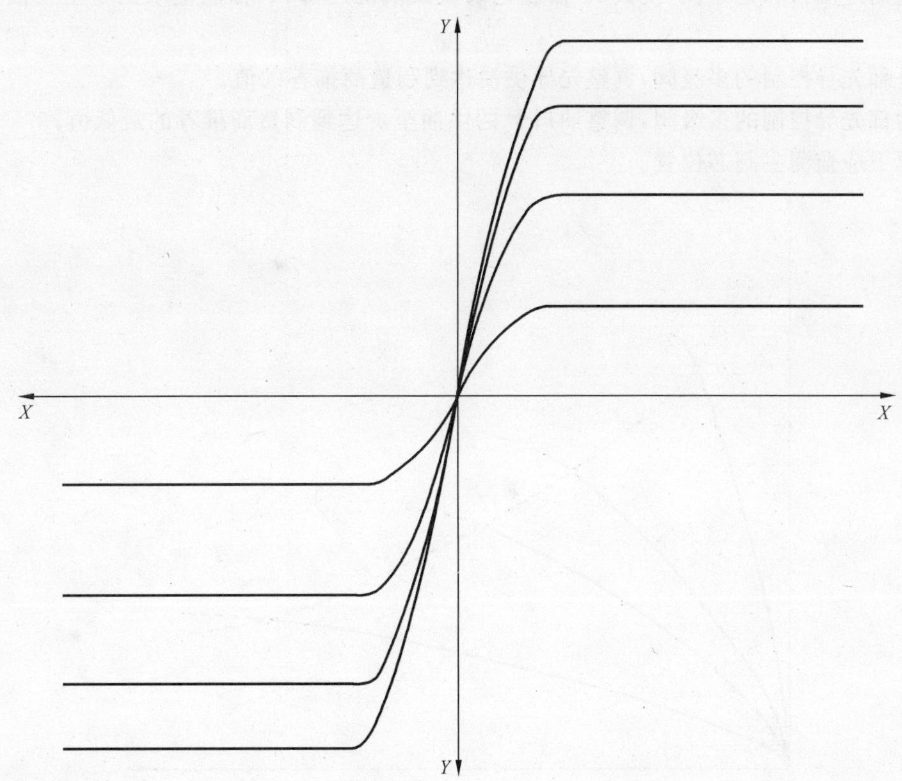

说明：

X ——阀压降；

Y ——流量。

图 6 输出流量-阀压降特性曲线(有内置压力补偿器)

8.2.7 极限功率特性试验

8.2.7.1 概述

试验目的是确定带阀芯位置反馈的阀的极限功率特性。对于不带阀芯位置反馈的阀，其极限功率曲线可在100%额定信号下按照8.2.6.4测得。

根据极限功率试验的结果可确定阀能稳定工作的流量和压力的极限区域，当超过极限区域后，由于液动力的作用，阀芯将无法维持稳定位置。对于带阀芯位置反馈的阀，应按8.2.7.2至8.2.7.4的方法试验。

8.2.7.2 试验回路

8.2.7.2.1 从进油口P到控制油口A的流量

采用符合图1要求的试验回路进行试验，打开截止阀S1、S3和S5，关闭其他截止阀。

8.2.7.2.2 从控制油口A到回油口T的流量

采用符合图1要求的试验回路进行试验，打开截止阀S4、S6和S7，关闭其他截止阀。

8.2.7.3 设置

选择合适的绘图仪和记录仪，使其 X 轴能记录被试阀的压降，Y 轴能记录从零至三倍以上的额定流量，见图7。

对采用外部先导控制的多级阀，调整先导供油达到制造商推荐的值。

对采用内部先导控制的多级阀，调整油口P的供油至少达到制造商推荐的最低值。

理想情况下应监测主阀芯位置。

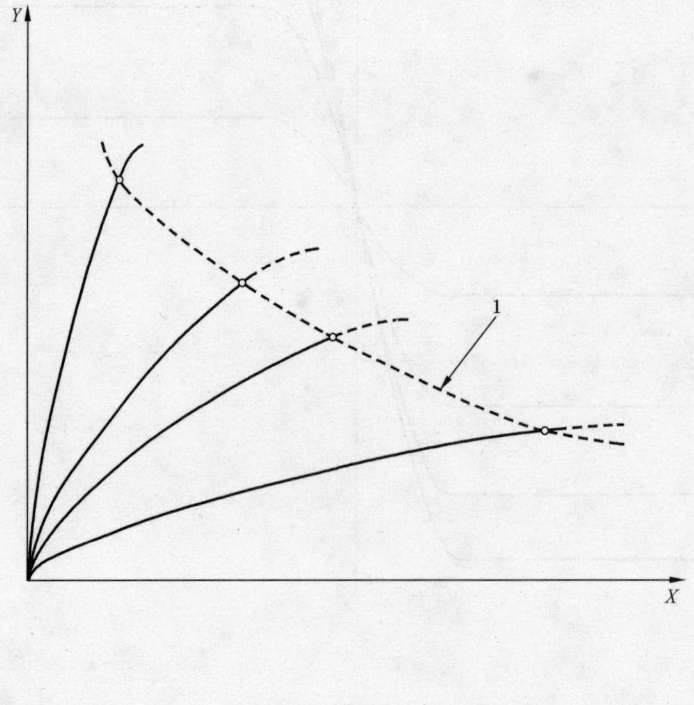

Y

1

X

说明：

X ——阀压降；

Y ——流量；

1 ——极限功率。

图7 极限功率特性曲线

8.2.7.4 步骤

重复8.2.6.4.1和8.2.6.4.2进行试验。在每一种输入信号值下，记录被试阀无法维持闭环位置控制和阀芯开始移动时的标记点。连接这些标记点即得到极限功率特性曲线，见图7。

如果不能监测阀芯位置，可由下述方法确定极限功率标记点：

a) 在输入信号上叠加一个幅值为输入信号±5%的低频正弦信号，频率通常在0.2 Hz～0.4 Hz之间；

b) 缓慢地增加阀的供油压力，记录其正弦运动停止或流量突然减少的那一点，即为极限功率标记点。

8.2.8 输出流量或阀芯位置-油液温度特性试验

8.2.8.1 概述

试验目的是测量被控流量随流体温度变化的特性。

8.2.8.2 试验回路

采用符合图1要求的试验回路进行试验，打开截止阀S1、S3和S5，关闭其他截止阀。

8.2.8.3 设置

选择合适的绘图仪或记录仪，使其X轴能记录20 ℃～70 ℃的温度范围，Y轴能记录从0至额定流量，见图8。

对采用外部先导控制的多级阀，调整先导供油达到制造商推荐的值。

对采用内部先导控制的多级阀，调整油口P的供油至少达到制造商推荐的最低值。

宜采取预防措施，避免有强烈的空气对流经过阀的周围。

8.2.8.4 步骤

试验应按以下步骤进行：

a) 试验开始前，将阀和放大器处于20 ℃环境温度下至少放置2 h以上；

b) 施加一个输入信号，使阀在额定压降下输出10%的额定流量。在试验过程中，保持阀压降为其额定值不变；

c) 测量和记录被控流量和油液温度，见图8；

d) 试验过程中，应调整加热和/或冷却装置，使油液温度能以约10 ℃/h速率上升；

e) 持续记录c)中指定的参数，直至温度达到70 ℃；

f) 在50%的额定流量下，重复步骤c)至e)。

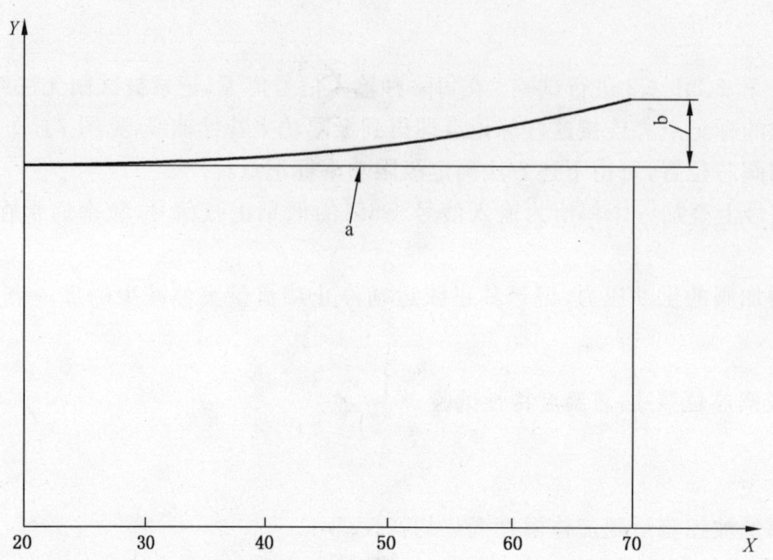

说明：

X ——油液温度；　　a——设定流量；

Y ——流量；　　b——流量变化。

图 8　流量-油液温度特性曲线

8.2.9　压力增益试验

8.2.9.1　概述

试验目的是确定阀的控制口 A 的压力增益-输入信号特性。

正遮盖阀口的阀不做此项试验。

此项试验对比例阀可选做。

8.2.9.2　试验回路

采用符合图 1 要求的试验回路进行试验，打开截止阀 S1，关闭其他截止阀。

8.2.9.3　设置

选择合适的绘图仪和记录仪，使其 X 轴能记录相当于±10%最大输入信号的值，Y 轴能记录从 0 至 10 MPa 的值，见图 9。

8.2.9.4　步骤

选择能产生三角波形的信号发生器，其幅值最大为 10% 的输入信号范围，设置三角波频率为 0.01 Hz 或更低。因试验过程易受被试阀的内泄漏和流体容积受压变化影响，可能有必要设置更低的频率和波形，以确保动态效应不会影响到测量数据。

试验应按以下步骤进行：

a) 调整供油压力至 10 MPa；

b) 调整输入信号的幅值，确保阀芯足以移动通过中位，并满足阀芯两侧都有足够的移动行程使其两个控制口能达到供油压力值，见图 9；

c) 在阀口 A 处于封闭状态时记录其压力变化值；

d) 确定压力增益，即当输入信号从0变化至1%时，阀口A压力变化与供油压力百分比的变化。

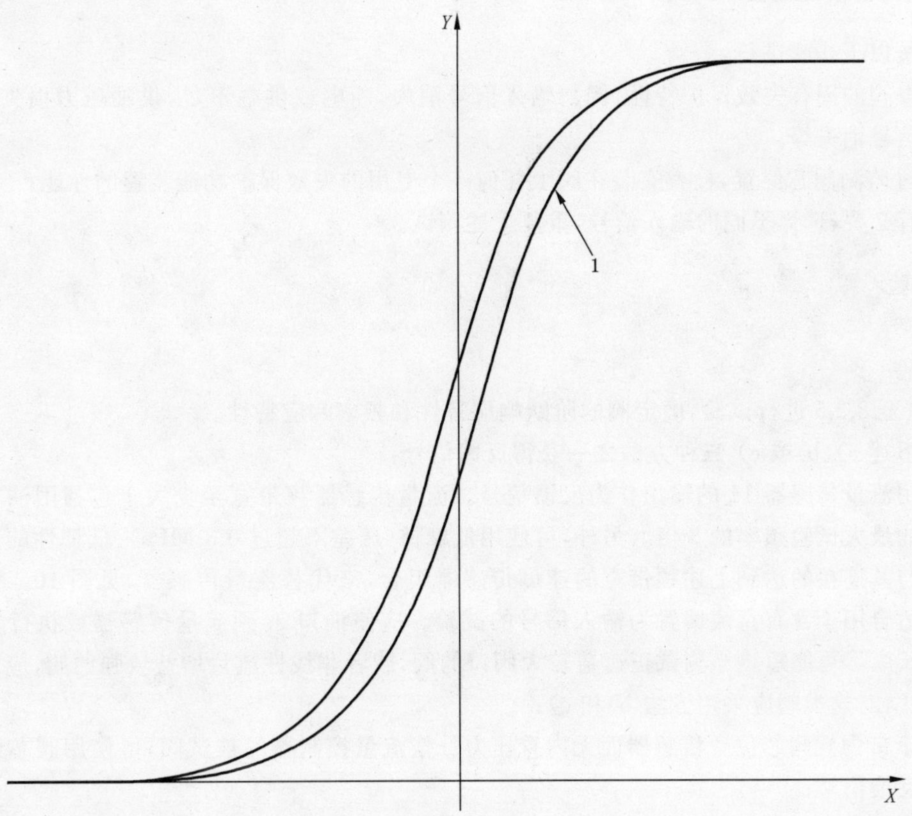

说明：

X ——输入信号；

Y ——压力；

1 ——阀口A压力。

图9 封闭阀口A压力-输入信号特性曲线

8.2.10 压力零漂试验(仅适用于伺服阀)

8.2.10.1 试验回路

采用8.2.9.2中所述试验回路。

8.2.10.2 步骤

试验应按以下步骤进行：

a) 在供油压力为油口P最高允许压力的40%时，调整输入信号，使油口A的压力为供油压力的50%，记录此时的输入信号值；

b) 在供油压力为油口P最高允许压力的20%时，重复步骤a)；

c) 在供油压力为油口P最高允许压力的60%时，重复步骤a)。

8.2.10.3 结论

用最大输入信号百分比表示输入信号的变化，以形成随供油压力变化而变化的压力零漂。压力零漂可用每兆帕对应于供油压力的百分比表示。

8.2.11 失效保护功能试验

试验应按以下步骤进行：

a) 检查阀的固有失效保护特性，例如输入信号消失，断电或供电不足，供油压力损失或降低，反馈信号消失等；

b) 通过监测阀芯位置，检查安装在阀上任何一个专用的失效保护功能装置的性能；

c) 如有必要，选择不同的输入信号，重复上述测试。

8.3 动态试验

8.3.1 概述

按 8.3.3 至 8.3.5 进行试验，确定阀的阶跃响应特性和频率响应特性。

可采用下述 a)、b)或 c) 三种方法之一获得反馈信号：

a) 使用流量传感器 11 的输出作为反馈信号。流量传感器频带宽至少大于包括困油容积效应在内的最大试验频率的 3 倍。另外，可使用低摩擦(压差不超过 0.3 MPa)、低惯性的直线执行器和与其连接的达到上述频带宽的速度传感器组合，来代替流量传感器，见图 10。直线执行器不适合用于含有直流偏置为输入信号的试验。应使油口 A 到流量传感器或执行器之间的管路长度尽可能短。当测试正遮盖较大阀口的阀，或者非线性流量增益较强的阀，应避免采用此方法，对这类阀应采用方法 b)和 c)；

b) 对于带内置阀芯位置传感器而无内置压力补偿流量控制器的被试阀，可使用阀芯位置信号作为反馈信号；

c) 对于不带内置阀芯位置传感器也无内置压力补偿流量控制器的被试阀，有必要在阀芯上安装一个合适的位置传感器以及相匹配的信号调节装置。只要所提供外加的传感器不改变阀的频率响应，即可用这个位移信号作为反馈信号。

采用上述方法 a)、b)和 c)，会得到不同的结果。因此，试验报告的数据应注明所使用的试验方法。

对多级阀进行试验，建议采用外部先导控制方式，以得到具有可比性的数据。

8.3.2 试验回路

采用符合图 1 或者图 10 要求的试验回路进行试验。

对于流量规格较大的被试阀，满足图 1 或图 10 要求试验是不现实的。在此情况下，对带阀芯位移反馈的阀，关闭图 1 中的截止阀 S3 和 S7，即可有效地封闭阀口 A。对于需要在阀口 A 来调节压力且带阀芯位置反馈的大流量规格的阀，可采用符合图 11 要求的试验回路。在这两种情况下，使用阀芯位置信号做输入信号。因此，试验报告的数据应注明所使用的试验方法。

使用合适的油源和管道，以保证在试验频率范围和阶跃响应的持续时间内，阀的压降保持在名义设置值的±25％以内。必要时可为油源安装蓄能器。

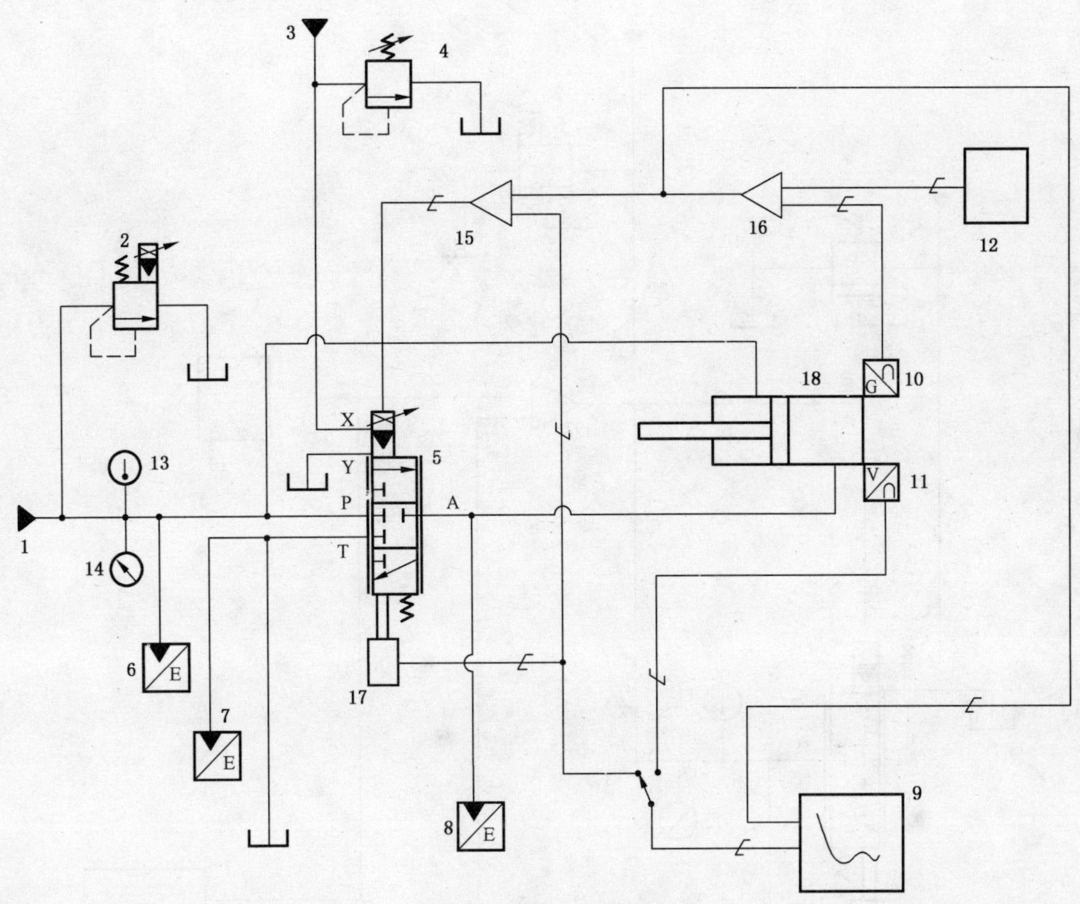

说明：

1　——主油源；
2　——主溢流阀；
3　——外部先导油源；
4　——外部先导油源溢流阀；
5　——被试阀；
6～8——压力传感器；
9　——数据采集；
10——位置传感器；
11——速度传感器；
12——信号发生器；
13——温度指示器；
14——压力表；
15——信号调节器；
16——低增益缸位置反馈；
17——可选择的阀芯位置传感器；
18——低惯性缸；
A——控制油口；
P——进油口；
T——回油口；
X——先导进油口；
Y——先导泄油口。

图 10　试验回路——动态测试

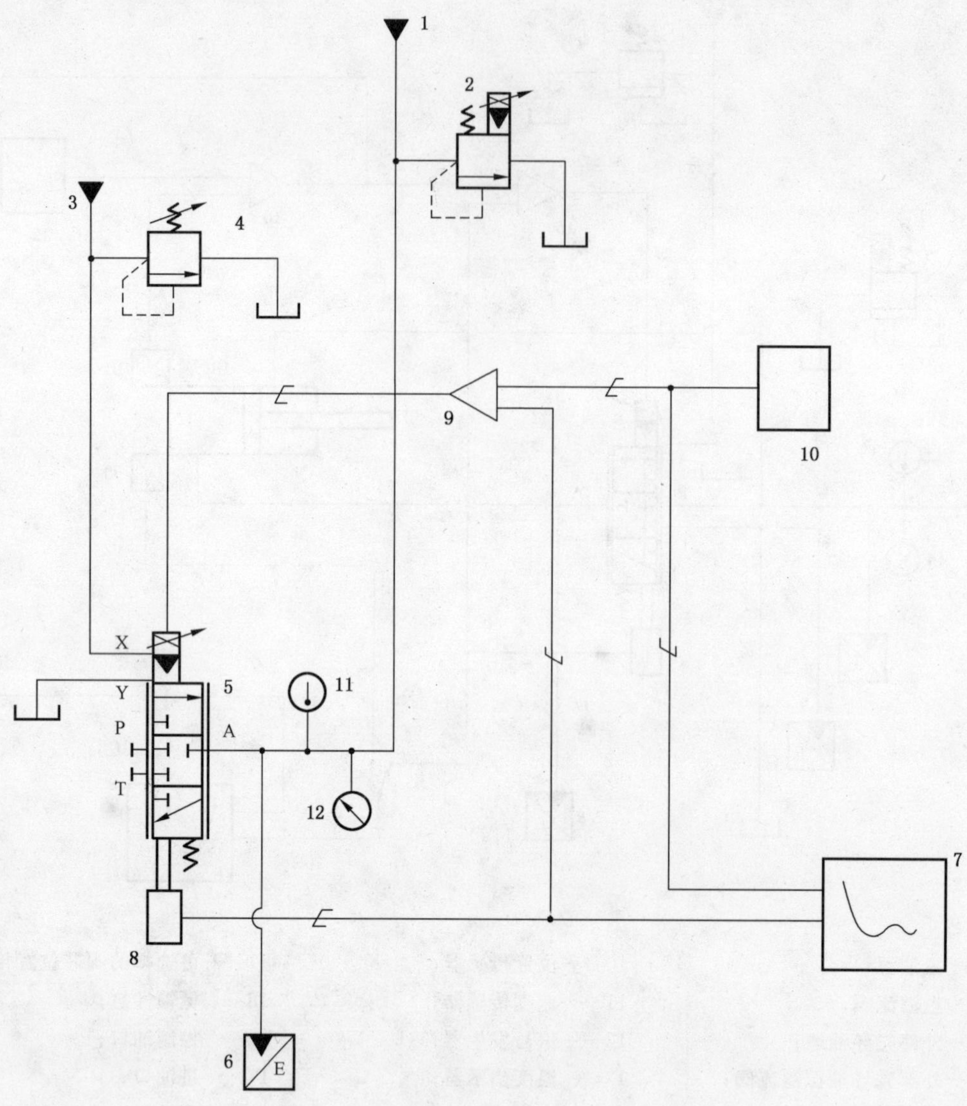

说明：

1——主油源；
2——主溢流阀；
3——外部先导油源；
4——外部先导油源溢流阀；
5——被试阀；
6——压力传感器；
7 ——数据采集；
8 ——位置传感器；
9 ——阀控放大器；
10——信号发生器；
11——温度指示器；
12——压力表；
A ——控制油口；
P ——进油口；
T ——回油口；
X ——先导进油口；
Y ——先导泄油口。

图 11　试验回路(可选择)——动态测试

8.3.3　阶跃响应-输入信号变化

8.3.3.1　设置

选择合适的示波器或其他电子设备，以记录被试阀控制流量和输入信号随时间的变化，见图 12。调整信号发生器产生一个方波，方波周期的持续时间足以使控制流量达到稳定。

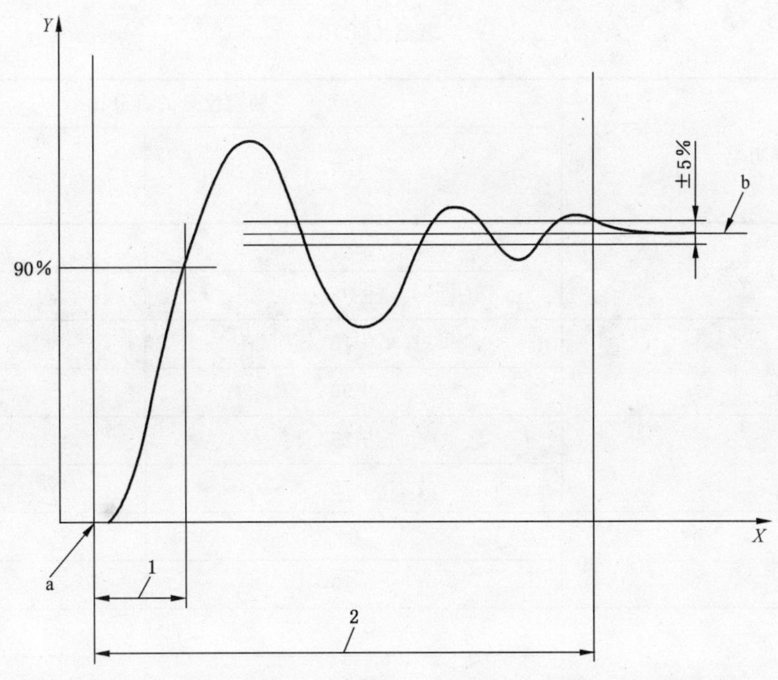

说明：

X ——时间；

Y ——流量或阀芯位置；

1 ——响应时间；

2 ——调整时间；

a ——启始点；

b ——稳态流量。

图 12 阶跃响应-输入信号变化特性曲线

8.3.3.2 步骤

试验应按以下步骤进行：

a) 对采用外部先导压力控制的多级阀，设置先导压力值为额定最大先导压力值的 20%。并分别在先导压力值为额定最大先导压力值的 50%和 100%下，重复进行动态试验；

b) 调节被试阀进油压力达到额定压降，使通过的流量是额定流量的 50%；

c) 设置信号发生器，使控制流量在表 3 中第 1 组试验开始、结束值之间阶跃变化；

表 3 阶跃信号函数

试验组号	额定流量的百分比	
	开始 %	结束 %
1	0	+10
	+10	0
2	0	+50
	+50	0

表 3（续）

试验组号	额定流量的百分比	
	开始 %	结束 %
3	0	+100
	+100	0
4	+10	+90
	+90	+10
5	+25	+75
	+75	+25
6	0	−10
	−10	0
7	0	−50
	−50	0
8	0	−100
	−100	0
9	−10	−90
	−90	−10
10	−25	−75
	−75	−25
11	−10	+10
	+10	−10
12	−90	+90
	+90	−90

d) 信号发生器至少产生一个周期信号输出；

e) 记录控制流量和信号随时间在正反方向变化的阶跃响应；

f) 确保记录窗口显示完整的响应过程；

g) 按表 3 中第 2 至 12 组 试验所给定值调整控制流量，重复步骤 a)至 e)。

8.3.4 阶跃响应-负载变化

该试验只适用于有内置压力补偿器功能的阀。

8.3.4.1 试验回路

采用 8.3.2 所述的试验回路进行试验。但在开始测试前，需要增加一个与流量传感器 10 串联的电加载阀。电加载阀的响应时间应小于被试阀响应时间的 30％。

8.3.4.2 设置

选择合适的示波器或其他电子设备，以记录由加载阀产生的被控流量和输入信号随时间变化的过程，见图13。

8.3.4.3 步骤

试验应按以下步骤进行：

a) 对采用外部先导压力控制的多级阀，设置先导压力值为额定值的20%。并分别在先导压力值为额定值的50%和100%下，重复进行动态试验；

b) 调整被试阀的进油压力，在额定压力下增至最大值；

c) 调整被试阀的输入信号和加载阀的信号达到50%的额定流量，在负载压差值设定为最大负载压力的50%时，使被试阀达到额定流量的50%；

d) 调整加载阀的信号值，使负载压差在设定最大负载压力的50%至100%之间变化。记录被控流量的动态特性，见图13；

e) 使负载压差在设定最大负载压力的50%和尽可能最小值之间变化，重复上述测试。

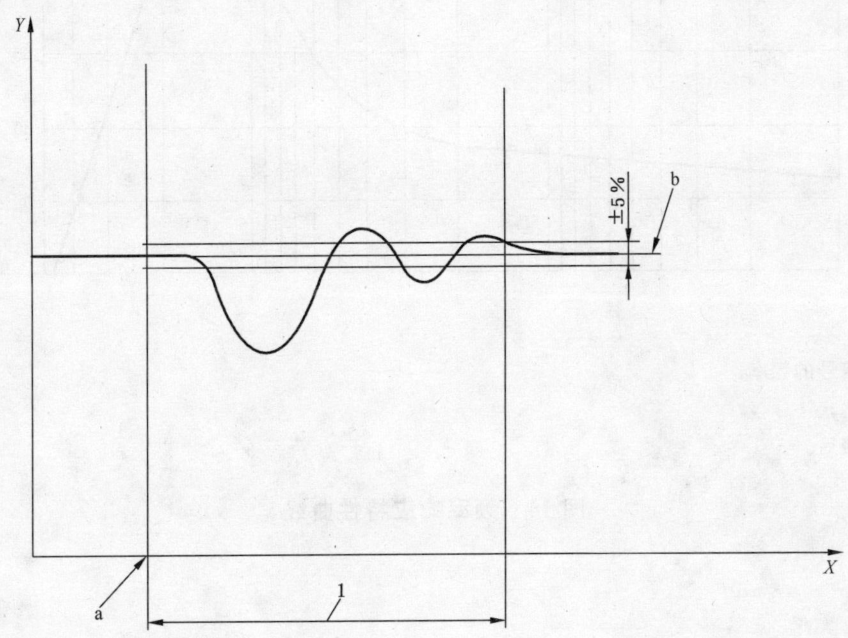

说明：

X ——时间；

Y ——流量；

1 ——调整时间；

a ——启始点；

b ——稳态流量。

图13 阶跃响应-负载变化特性曲线

8.3.5 频率响应特性

8.3.5.1 概述

试验目的是确定被试阀的电输入信号与被控流量之间的频率响应特性。

8.3.5.2 设置

选择合适的频响分析仪或其他仪器，应能测量两个正弦信号之间的幅值比和相位移。

连接好设备,测量被试阀输入信号和反馈信号之间的响应过程(见图 14)。

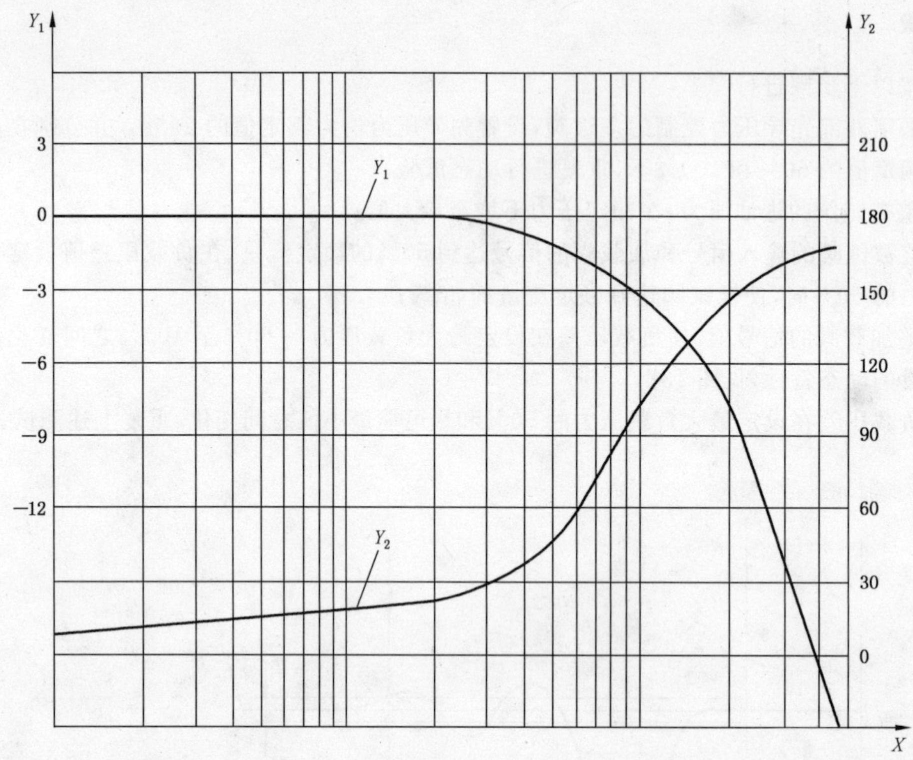

说明:

X ——输入信号的频率;

Y_1——幅值比;

Y_2——相位滞后。

图 14 频率响应特性曲线

8.3.5.3 步骤

试验应按以下步骤进行:

a) 对采用外部先导压力控制的多级阀,设置先导压力值为额定值的 20%。并分别在先导压力值为额定值的 50%和 100%的情况下,重复进行动态试验;

b) 调整进油压力和阀的直流偏置信号,使阀通过额定流量的 50%,达到额定压降;

c) 在直流偏置基础上叠加一个正弦信号,在稳态条件下,调整正弦信号幅值,使控制流量幅值为额定流量的 5%。可按 8.2.4 中试验方法确定。选择满足以下条件的频率测量范围:最小频率不大于相位滞后为 90°时的 5%频率;最大频率至少是相位滞后 180°的频率;或者是不能可靠地测量反馈信号幅值时的点值;

d) 核实反馈信号的幅值衰减在相同的频率范围内至少为 10 dB;

e) 以每十倍频 20 s 至 30 s 的速率,对正弦输入信号的试验频率从最低到最高进行扫频。在每次完整的扫频过程中,保持正弦输入信号的幅值始终不变;

f) 在表 4 中列出的其他条件下,重复步骤 a)到 e)。

表 4　频率响应试验

阀类型	流量的偏置 % 的额定流量	流量幅值 % 的额定流量
零遮盖阀	0	±5 ±10 ±25 ±100
	+50	±5 ±10 ±25
	−50	±5 ±10 ±25
正遮盖阀	+50	±5 ±10 ±25
	−50	±5 ±10 ±25

9　压力脉冲试验

试验方法按 GB/T 19934.1 的规定。

10　结果表达

10.1　概述

试验结果应以下面任一种形式表达：

a)　表格；

b)　图表。

10.2　试验报告

10.2.1　概述

所有试验报告至少应当包括以下内容：

a)　阀制造商的名称；

b)　阀的型号和序列号；

c)　如使用外置放大器，应注明放大器的型号和序列号；

d)　阀在额定压降下的额定流量；

e)　阀压降；

f)　进油压力；

g) 回油压力；
h) 试验回路油液类型；
i) 试验回路油液温度；
j) 试验回路油液黏度(符合 GB/T 3141—1994 的要求)；
k) 额定输入信号；
l) 线圈连接方式(例如串联、并联等)；
m) 如可用到的颤振信号的波形、幅值、频率；
n) 各试验参数的允许试验极限值；
o) 试验日期；
p) 试验人员姓名。

10.2.2 出厂试验报告

阀出厂试验报告至少应包括以下内容：

a) 绝缘电阻值(见 7.4)；
b) 最大内泄漏量(见 8.2.3)；
c) 输出流量—输入信号特性曲线(见 8.2.4)；
d) 输出流量—输入信号特性曲线的流量极性(见 8.2.4.4)；
e) 由输出流量—输入信号特性曲线得出的流量滞环(见 8.2.4.4)；
f) 流量增益 K_v和测定增益时所用的压力(见 8.2.4.4)；
g) 流量线性度(见 8.2.4.4)；
h) 零位特征(见 8.2.4.4)；
i) 压力增益 K_p(见 8.2.9)；
j) 阈值(见 8.2.5)；
k) 失效保护功能试验(在适用时)(见 8.2.11)。

附加的试验可包括：压力零漂与供油压力(两个或多个数据点)(见 8.2.10)、流量对称性(见 8.2.1)。

10.2.3 型式试验报告

阀型式试验报告至少应包括以下内容：

a) 阀出厂试验报告的数据(见 10.2.2)；
b) 线圈电阻(见 7.2)；
c) 线圈电感(见 7.3)；
d) 输出流量—阀压降特性曲线(见 8.2.6)；
e) 极限功率特性试验的数据(见 8.2.7)；
f) 输出流量或阀芯位置—油液温度特性曲线(见 8.2.8)；
g) 压力零漂(见 8.2.10.3)；
h) 动态特性(见 8.3)；
i) 压力脉冲试验结果(见第 9 章)；
j) 在零部件拆解和目测检查后记录任何物理品质下降的详细资料。

11 标注说明

建议当制造商选择完全遵守本部分试验时，宜在试验报告、产品目录和销售文件中使用以下说明：“试验按 GB/T 15623.2—2017 的规定进行”。

附 录 A
（资料性附录）
试验实施指南

试验之前，被试阀的任何驱动放大器均需根据制造商的说明安装使用。

可使用信号发生器提供连续变化的输入信号，记录仪用来记录压力传感器和流量传感器所显示的相应压力和流量值。

注 1：阀对输入信号产生的压力和流量响应也可采用逐点法由手动记录。另一个可选择的方法是用逐点法人工记录该压力和流量值。

注 2：输入信号在半个试验周期内仅沿一个方向上升，而在另半个试验周期又沿另一个方向下降。这样的结果可以显现出来阀固有的滞环，使用自动信号发生器，可有效防止信号的误转换。

对于稳态试验，如果输出变化率比记录仪的响应慢，那么信号发生器产生的何种函数类型（如正弦、斜坡等）并不重要。记录仪宜具有将传感器和阀输入信号的幅值调整到合适尺度的功能，也包括使图中轨迹居中的方式。

除自动信号发生器之外，还需要提供带转换开关的手动控制输入信号装置，以便于阀和设备的设定。

宜记录电气调整数据。

ICS 23.100.50
J 20

中华人民共和国国家标准

GB/T 15623.3—2012

液压传动　电调制液压控制阀 第3部分:压力控制阀试验方法

Hydraulic fluid power—Electrically modulated hydraulic control valves—Part 3:Test methods for pressure control valves

(ISO 10770-3:2007,MOD)

2012-11-05 发布　　2013-03-01 实施

中华人民共和国国家质量监督检验检疫总局
中国国家标准化管理委员会　发布

前言

GB/T 15623《液压传动 电调制液压控制阀》分为以下3个部分：

——第1部分：四通方向流量控制阀试验方法；

——第2部分：三通方向流量控制阀试验方法；

——第3部分：压力控制阀试验方法。

本部分为GB/T 15623的第3部分。

本部分按照GB/T 1.1—2009给出的规则起草。

本部分使用重新起草法修改采用ISO 10770-3:2007《液压传动 电调制液压控制阀 第3部分：压力控制阀试验方法》（英文版）。

本部分与ISO 10770-3:2007的技术性差异及其原因如下：

——关于规范性引用文件，本部分做了具有技术性差异的调整，以适应我国的技术条件，调整的情况集中反映在第2章“规范性引用文件”中，具体调整如下：

- 用等同采用国际标准的GB/T 786.1代替了ISO 1219-1（见3.3）；
- 用修改采用国际标准的GB /T 3141代替了ISO 3448（见表2、11.2.1）；
- 用等同采用国际标准的GB/T 4728.1代替了IEC 60617（见3.3）；
- 用等同采用国际标准的GB/T 7631.2代替了ISO 6743-4（见表2）；
- 用修改采用国际标准的GB/T 14039代替了ISO 4406（见表2）；
- 用等同采用国际标准的GB/T 17446代替了ISO 5598（见3.1）；
- 用等同采用国际标准的GB/T 19934.1代替了ISO 10771-1（见第10章）；
- 用修改采用国际标准的JB/T 7033代替了ISO 9110-1（见6.1）。

——8.1.2.2的a)、8.1.2.3的a)、9.1.2.2的a)和9.1.2.4的a)中，国际标准要求耐压试验持续30 s，本部分增加为5 min。

——表2中，国际标准规定环境温度为20 ℃±5 ℃，本部分放宽为20 ℃±10 ℃；本部分还增加对试验油液温度的要求。

——8.2.2和9.2.2中，将国际标准规定的“其压力腔容积至少是额定流量的1.5%”改为“其压力腔容积应不大于额定流量的1.5%的油液体积”。

本部分由中国机械工业联合会提出。

本部分由全国液压气动标准化技术委员会(SAC/TC 3)归口。

本部分负责起草单位：浙江大学。

本部分参加起草单位：大连思科液压自动化有限公司、中国船舶重工集团公司第707研究所九江分部、北京华德液压工业集团有限责任公司、浙江临海海宏集团有限公司、济南液压泵有限责任公司、上海立新液压有限公司。

本部分主要起草人：丁凡、范毓润、林广、张金喜、赵玉刚、康青、彭刚、陈益标、徐福刚、叶继英、朱剑根。

引　言

GB/T 15623.3 介绍了电调制溢流阀和减压阀的试验方法，这些电调制液压控制阀的作用是通过设定的电信号来阻止系统压力超过设定值。

溢流阀用来控制容腔内的压力值，当压力超过设定压力时，通过溢流来降低压力，溢出的液压油一般直接流回油箱。

减压阀用来控制容腔内的压力值，当压力超过设定压力时，通过限制流入的流量来降低压力。

系统的设计和阀的作用决定了阀的类型的选择。

制定 GB/T 15623.3 的目的是提高阀试验的规范性，进而提高所记录阀性能数据的一致性，以便这些数据用于系统设计，而不必考虑数据的来源。

液压传动　电调制液压控制阀
第3部分:压力控制阀试验方法

1　范围

GB/T 15623 的本部分规定了电调制压力控制阀性能特性的试验方法。

2　规范性引用文件

下列文件对于本文件的应用是必不可少的。凡是注日期的引用文件,仅注日期的版本适用于本文件。凡是不注日期的引用文件,其最新版本(包括所有的修改单)适用于本文件。

GB/T 786.1　流体传动系统及元件图形符号和回路图　第1部分:用于常规用途和数据处理的图形符号(ISO 1219-1)

GB/T 3141—1994　工业液体润滑剂　ISO 粘度分类(ISO 3448:1992)

GB/T 4728.1　电气简图用图形符号　第1部分:一般要求(IEC 60617)

GB/T 7631.2　润滑剂、工业用油和相关产品(L类)的分类　第2部分:H组(液压系统)(ISO 6743-4)

GB/T 14039　液压传动　油液　固体颗粒污染等级代号(ISO 4406)

GB/T 17446　流体传动系统及元件　词汇(ISO 5598)

GB/T 19934.1　液压传动　金属承压壳体的疲劳压力试验　第1部分:试验方法(ISO 10771-1)

JB/T 7033—2007　液压传动　测量技术通则(ISO 9110-1:1990)

3　术语、定义和符号

3.1　术语和定义

GB/T 17446 界定的以及下列术语和定义适用于本文件。

3.1.1

电调制压力控制阀　electrically modulated pressure control valve

将系统压力限制在一定范围内,使其与输入电信号成比例、连续变化的阀。

3.1.2

电调制溢流阀　electrically modulated relief valve

通过将过多流量排入油箱来控制进口压力的电调制压力控制阀。

3.1.3

电调制减压阀　electrically modulated reducing valve

通过限制进口流量来控制出口压力稳定的电调制压力控制阀。

3.1.4

控制压力　controlled pressure

被试溢流阀进、出口之间的压差或被试减压阀的出口压力。

3.1.5

控制压力容积　controlled pressure volume

连接溢流阀进口或减压阀出口处的试验设备内总的流体体积。

3.1.6

压力损失 headloss

通过阀的最小压降。

注：压力损失常用压力-流量曲线来表示。

3.1.7

参考压力 reference pressure

额定流量的10%时测得的控制压力。

3.2 符号

所用符号如表1所示。

表1 符号

参 量	符 号	单 位
电感	L_C	H
绝缘电阻	R_i	Ω
电阻	R_C	Ω
附加试验电阻	R	Ω
振幅	—	%(最大输入信号的百分数)
颤振频率	—	Hz
输入信号	I 或 U	A或V
额定信号	I_N 或 U_N	A或V
读出电流	I_{READ}	A
输出流量	q	L/min
额定流量	q_N	L/min
压力增益	$K_P=(\Delta p/\Delta I$ 或 $\Delta p/\Delta U)$	MPa(bar)/A或MPa(bar)/V
滞环	—	%(最大输出的百分数)
内泄漏	q_l	mL/min
供油压力	p_P	MPa(bar)
回油压力	p_T	MPa(bar)
控制压力	p_C	MPa(bar)
阀压降	$p_V=p_P-p_T$	MPa(bar)
额定压力	p_{rated}	MPa(bar)
阈值	—	%(最大输入的百分数)
幅值(比率)	—	dB
相位移	—	(°)
温度	—	℃
频率	f	Hz
时间	t	s
时间常数	t_C	s

3.3 图形符号

GB/T 15623的本部分所用图形符号符合GB/T 786.1和GB/T 4728.1。

4 标准试验条件

除非另有说明,试验应在表 2 所给定的标准情况下进行。

表 2 标准试验条件

参 变 量	条 件
环境温度	20 ℃±10 ℃
过滤	固体颗粒污染应按 GB/T 14039 规定的代号表示,应符合制造商推荐值
流体类型	矿物液压油(如符合 GB/T 7631.2 的 L-HL 或其他适于阀工作的流体)
流体黏度	阀进口处为 32 cSt±8 cSt
黏度等级	符合 GB /T 3141—1994 规定的 VG32 或 VG46
油液温度	在阀进口处 40 ℃±6 ℃
供油压力	试验要求压力±2.5%
回油压力	应符合制造商推荐值

5 试验装置

安全提示:试验过程应充分考虑人员和设备的安全。

对所有类型阀的试验,应使用符合图 1～图 3 要求的试验装置。

图 1～图 3 所示是完成试验所需的最简单要求。在如图 1～图 3 所示的试验回路中,没有包括为防止任意元件出现意外故障所需的安全装置。试验采用图 1～图 3 所示回路时,应按下列要求实施:

a) 试验实施指南参见附录 A;
b) 对各项试验可以建立分开的回路,因为排除了经已关闭阀泄漏的可能性,所以可提高试验结果的准确度;
c) 阀的液压性能试验需要用到放大器,输入信号被提供给放大器,而不是直接作用于阀;而电气试验中,信号直接作用于阀;
d) 液压阀宜与制造商所推荐的放大器配合使用,否则宜记录放大器的详细工作参数(如调制信号的脉宽、振动频率和幅值);
e) 在脉宽调制的启闭过程中,要记录放大器的供电电压、幅值和施加于被试阀上的电信号;
f) 电气试验设备和传感器的频宽或自振频率宜至少高于最高试验频率的 10 倍;
g) 应选择流量计 10,使其对 Y 口压力的影响可以忽略。

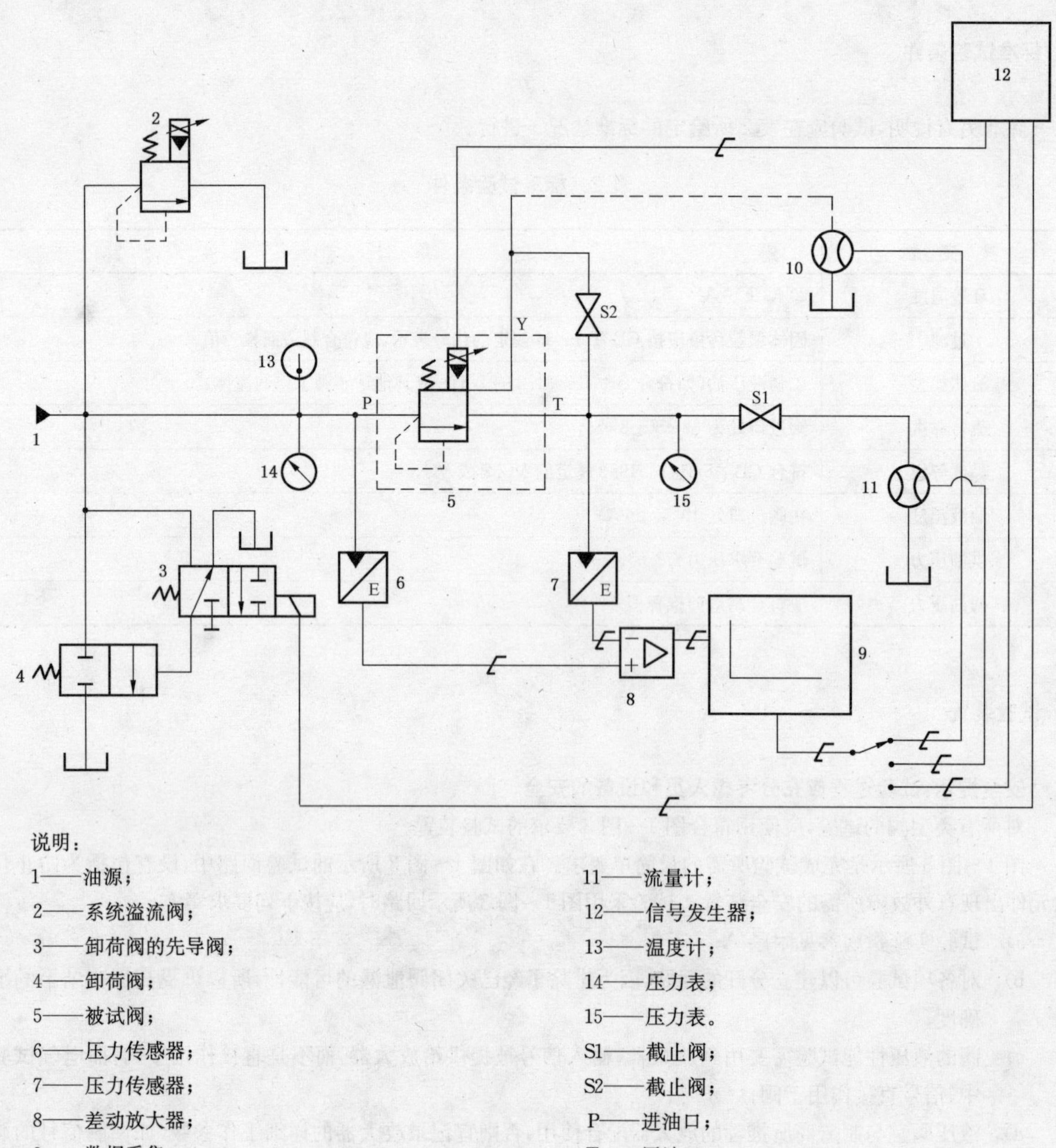

说明：

1——油源；
2——系统溢流阀；
3——卸荷阀的先导阀；
4——卸荷阀；
5——被试阀；
6——压力传感器；
7——压力传感器；
8——差动放大器；
9——数据采集；
10——流量计；
11——流量计；
12——信号发生器；
13——温度计；
14——压力表；
15——压力表。
S1——截止阀；
S2——截止阀；
P——进油口；
T——回油口；
Y——先导泄油口。

图 1 溢流阀试验回路

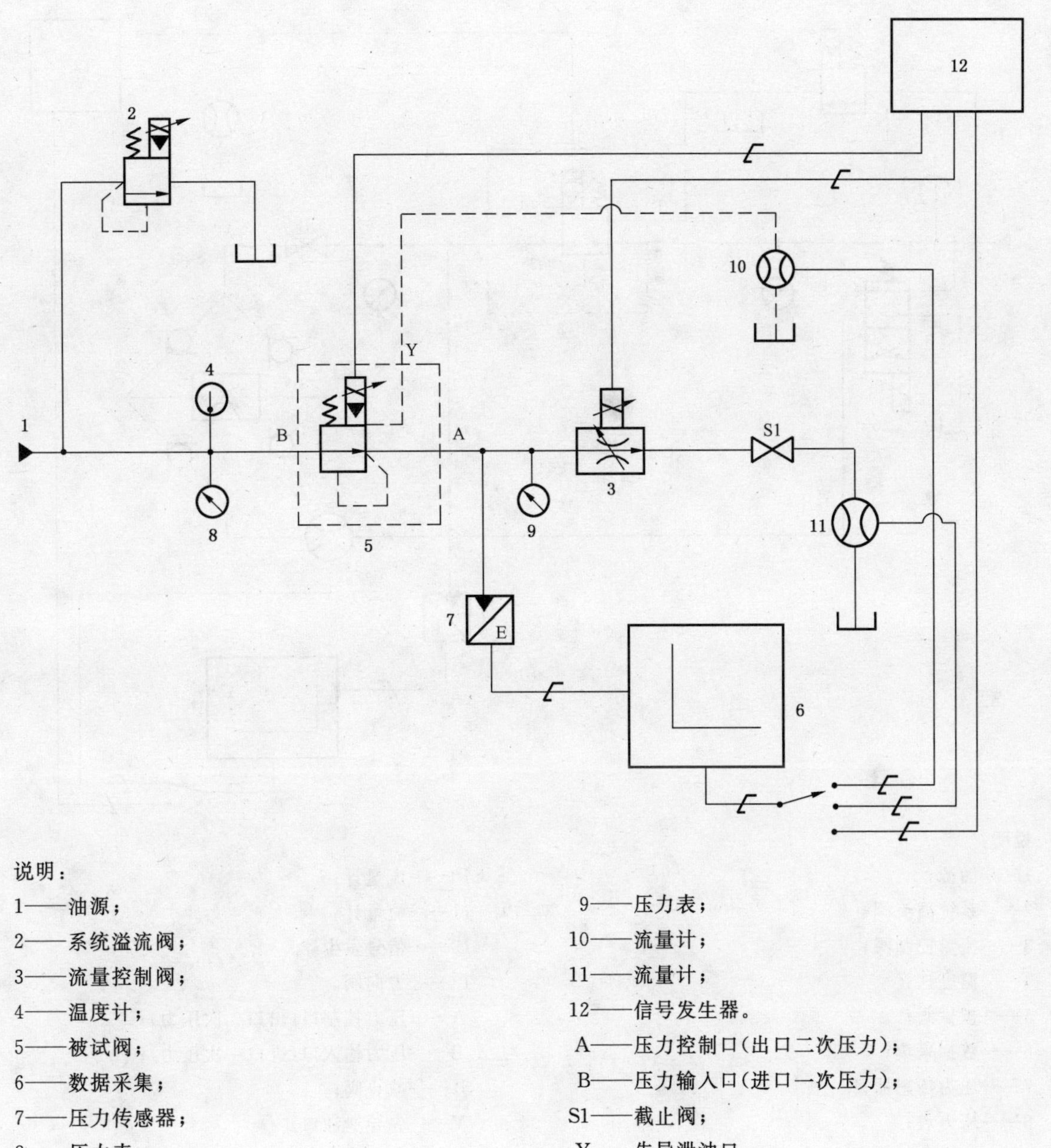

说明：

1——油源；

2——系统溢流阀；

3——流量控制阀；

4——温度计；

5——被试阀；

6——数据采集；

7——压力传感器；

8——压力表；

9——压力表；

10——流量计；

11——流量计；

12——信号发生器。

A——压力控制口(出口二次压力)；

B——压力输入口(进口一次压力)；

S1——截止阀；

Y——先导泄油口。

图2 减压阀试验回路

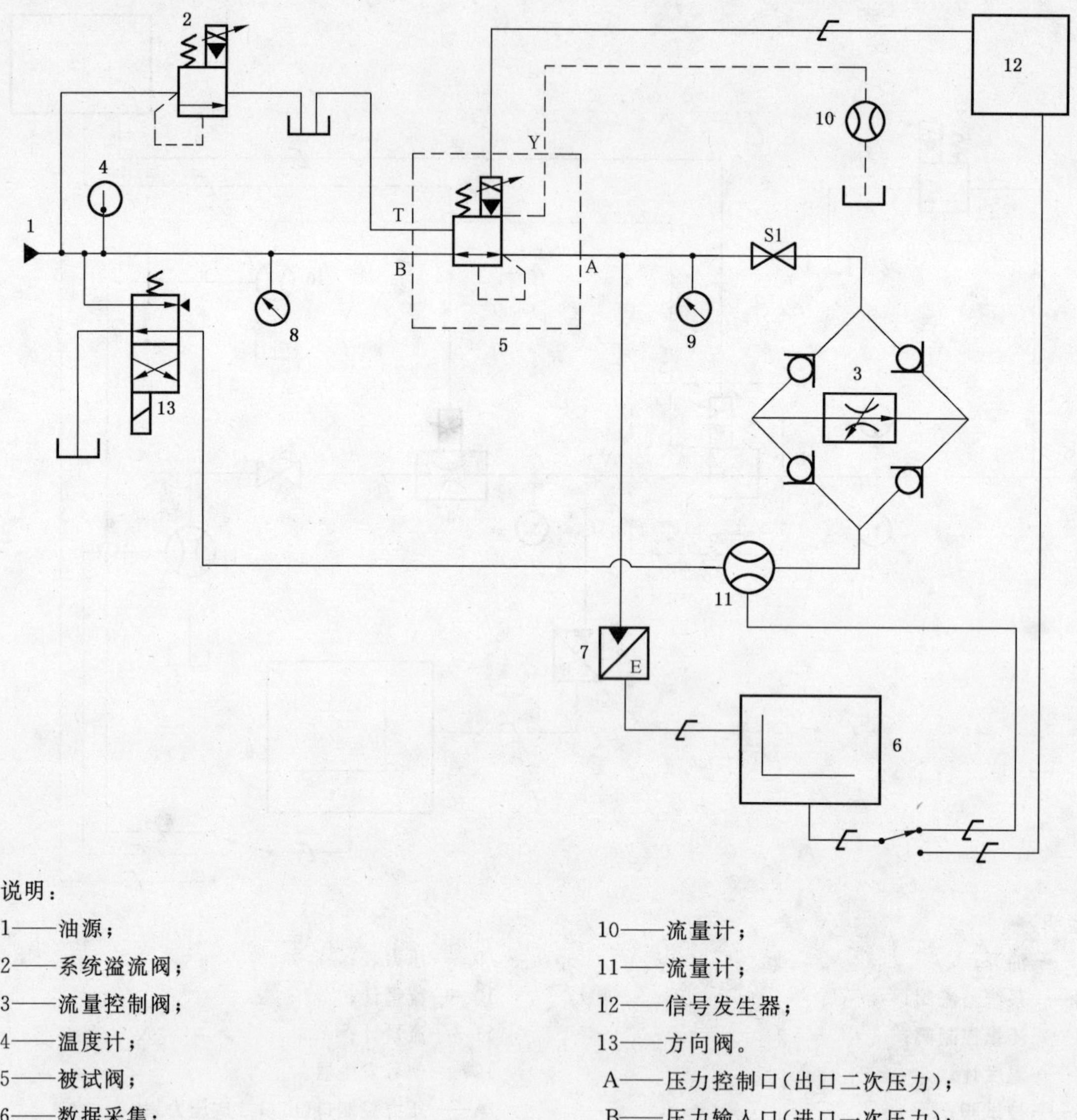

说明：

1——油源；
2——系统溢流阀；
3——流量控制阀；
4——温度计；
5——被试阀；
6——数据采集；
7——压力传感器；
8——压力表；
9——压力表；
10——流量计；
11——流量计；
12——信号发生器；
13——方向阀。
A——压力控制口(出口二次压力)；
B——压力输入口(进口一次压力)；
S1——截止阀；
Y——先导泄油口。

图 3 反向溢流的减压阀试验回路

6 准确度

6.1 仪表准确度

仪表准确度应符合 JB/T 7033—2007 的规定，在 B 级范围之内：

a) 电阻：实际量度的±2%；
b) 压力：被试阀额定压力的±1%；
c) 温度：环境温度的±2%；
d) 流量：被试阀额定流量的±2.5%；
e) 控制信号：达到额定压力时输入电信号的±1.5%。

6.2 动态范围

为了试验动态特性，应保证压力传感器、放大器和记录装置的阻尼、衰减、相位移效应对所测的压力信号不会产生明显的影响。

7 无集成放大器阀的电气特性试验

7.1 概述

应根据需要，在完成后续试验前对 7.2～7.4 中无集成放大器阀进行试验。

注：7.2～7.4 的试验仅适用于直接用电流驱动的阀。

7.2 线圈电阻

7.2.1 线圈电阻（冷态）

a） 将未通电的阀放置在环境温度下至少 2 h；

b） 测量并记录阀线圈两端电阻值。

7.2.2 线圈电阻（热态）

a） 将阀安装在试验底板上，在无流量通过的状态下通电，直至线圈稳定在最高工作温度；

b） 在阀断电后 1 s 内，测量并记录线圈两端之间的电阻值。

7.3 线圈电感（选测）

该试验方法所测得的电感值不能代表线圈电感的大小，仅在比较时作参考。

按如下步骤进行试验：

a） 接入一个能提供线圈额定电流的直流电源；

b） 试验过程中，保持衔铁静止在工作行程的 50％处；

c） 用示波器或类似装置来观察线圈电流；

d） 调整电压值，使线圈的稳定电流与额定电流相等；

e） 关闭电源再打开，记录电流的瞬态特性；

f） 确定线圈的时间常数 t_C（如图 4）并通过式（1）计算电感值 L_C。

$$L_C = R_C t_C \qquad \cdots\cdots (1)$$

7.4 绝缘电阻

按下列步骤确定线圈的绝缘电阻：

a） 如果是湿式的，试验前要将阀浸在油液中；

b） 将线圈两端连在一起，并在此连结点与阀体之间施加 500 V 直流电压，持续 15 s；

c） 用适当的绝缘电阻检测器测量并记录绝缘电阻 R_i；

d） 对于带电流示值读数（I_{READ}）的检测器，用式（2）计算绝缘电阻值。

$$R_i = \frac{500}{I_{READ}} \qquad \cdots\cdots (2)$$

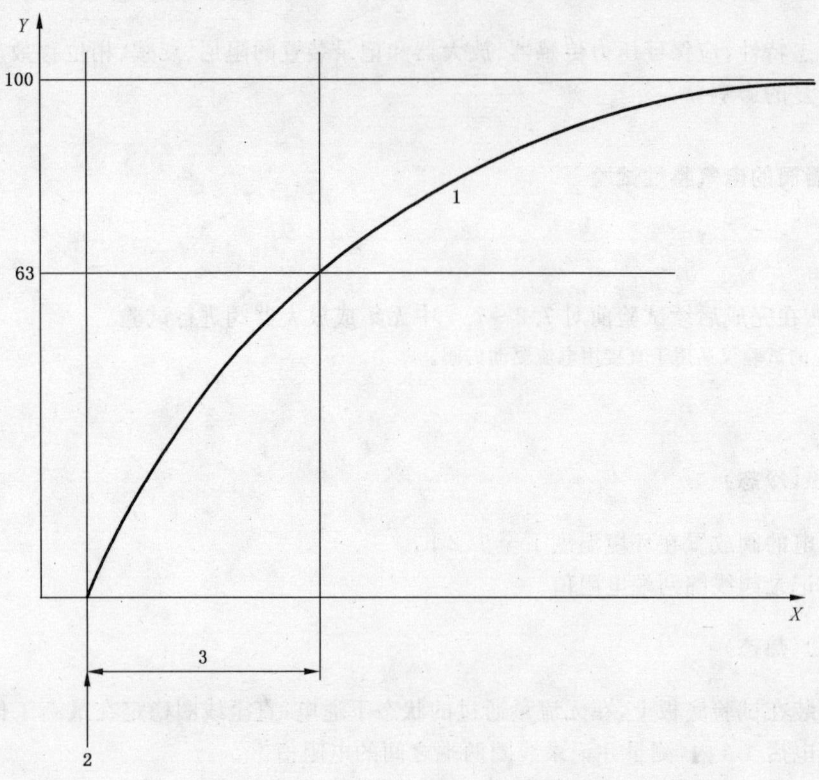

说明：

X ——时间；

Y ——电流(用百分数表示)。

1 ——直流电曲线；

2 ——初始点；

3 ——时间常数 t_C。

图 4　线圈电感测量曲线

8　溢流阀特性试验

8.1　稳态特性试验

8.1.1　概述

宜注意稳态性能试验不要受其动态特性影响。

试验应按以下步骤进行：

a)　可选择的耐压试验(8.1.2)。在型式试验时必做。

b)　内泄漏特性试验(8.1.3)。

c)　恒定流量下压力-输入信号特性试验(8.1.4 和 8.1.5)：

——压力-信号的特性；

——压力-信号的线性度；

——滞环现象(相关输入信号变化)；

——输入信号死区；

——阈值。

d) 压力-流量特性试验(8.1.6)：

——压力-流量特性；

——滞环现象(相关流量变化)；

——最低工作压力；

——阀的压力损失。

e) 压力-油温特性试验(8.1.7)。

8.1.2 耐压试验(可选择的)

8.1.2.1 概述

在进行后续试验之前应进行耐压试验，以检测阀的强度及完整性。

8.1.2.2 P口试验

试验按以下步骤进行：

a) 使被试阀P口处于额定压力下，并保持至少5 min。

b) 在试验过程中，检查阀有无明显的外泄漏。

c) 试验后，检查阀是否有明显的永久性变形。

d) 记录阀的耐压试验情况。

8.1.2.3 T口试验

试验按以下步骤进行：

a) 使被试阀的回油口为其T口额定压力的1.3倍，并保持至少5 min。

b) 在试验过程中，检查阀有无明显外泄漏。

c) 试验后，检查阀是否有明显的永久变形。

d) 记录阀的耐压试验情况。

8.1.2.4 先导泄油口

不对任何外部先导泄油口做耐压试验。

8.1.3 内泄漏特性试验

8.1.3.1 概述

在系统压力为被试阀溢流压力的80％时，做内泄漏试验，以确定先导溢油量和其他泄漏量。

8.1.3.2 试验回路

内泄漏特性的液压试验回路如图1所示，此时打开阀S2，关闭阀S1。

用流量计10测量并记录先导溢油量和其他泄漏量。

8.1.3.3 设定

使油源能提供的试验流量至少要大于阀的额定流量的10％。

使阀2输入信号为最大时，所控制的系统压力也不要超过被试阀的额定压力。

使被试阀的输入信号为0。

8.1.3.4 步骤

试验按以下步骤进行：

a) 按8.1.3.3中所定义来调节阀2的输入信号，再调节被试阀的输入信号使之达到其额定压力的25%。

b) 缓慢减小阀2的输入信号直至被试阀设定溢流压力的80%。

c) 测量并记录总的泄漏量。

d) 减小阀2的输入信号至最小，然后缓慢增加输入信号直到进口压力为被试阀设定溢流压力的80%。

e) 测量并记录总的泄漏量。

f) 在被试阀压力为额定压力时，重复步骤8.1.3.4的a)～e)。

8.1.4 在恒定流量下，被试阀的控制压力-输入信号特性试验

8.1.4.1 概述

试验目的是确定被试阀的控制压力-输入信号特性曲线。

8.1.4.2 试验回路

液压试验回路如图1所示，此时打开阀S1，关闭阀S2。

用流量计11测量通过被试阀的流量并记录结果。

8.1.4.3 设定

选择合适的绘图或记录仪，使其X轴能记录从0至最大输入信号范围，Y轴能记录从0至额定压力以上范围(见图5)。

选择一个能够发生三角波的信号发生器，三角波应有0到最大输入信号的幅值范围，有0.05 Hz或更低的频率调整范围。

将电信号接入试验回路的阀2，以便其在试验过程中关闭。

8.1.4.4 步骤

试验按以下步骤进行：

a) 使被试阀的流量为额定流量的10%，试验时，注意阀的流量变化不要超过额定流量的2%。

注：如果需要可用自动控制流量的方法。

b) 使输入信号在最小值和最大值之间循环几次，检查被控压力是否在记录仪的Y轴范围内。

c) 保证每次循环时不受动态影响，输入信号完成至少一个周期循环。

d) 记录一个循环周期内阀的输入信号和被控压力。

e) 当流量为被试阀额定流量的50%时，重复步骤8.1.4.4的a)～d)。

f) 当流量为被试阀的额定流量时，重复步骤8.1.4.4的a)～d)。

对于被试阀，应确定以下方面：

——在各种调定的流量情况下，其额定信号时的输出压力；

——控制压力的线性度，$p_{error}/(p_{rated}-p_{min})$，用百分数表示；

——改变输入信号方向时被控压力的滞环现象；

——输入信号的死区。

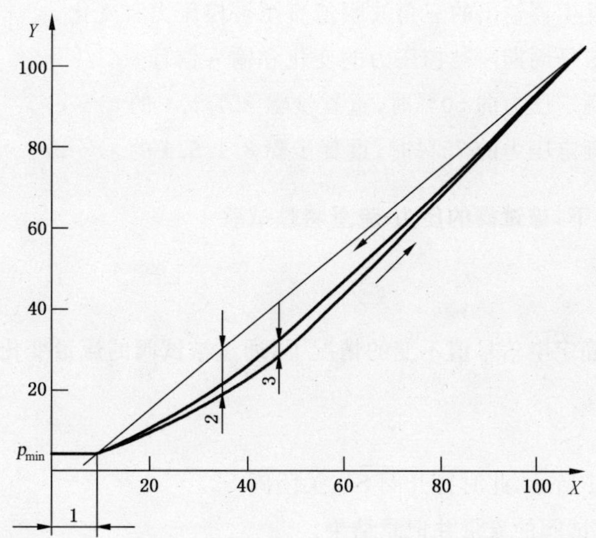

说明：

X ——输入信号(用百分数表示)；

Y ——压力(用百分数表示)。

1 ——死区；

2 ——p_{error}线性度误差；

3 ——滞环；

p_{min} ——最低控制压力。

图5 压力-输入信号特性曲线

8.1.5 阈值试验

8.1.5.1 概述

试验的目的是确定在反向斜坡信号输入下被试阀的响应灵敏度。

8.1.5.2 试验回路

阈值试验的液压试验回路如图1所示，此时打开阀S1，关闭阀S2。

用流量计11测量通过被试阀的流量并记录结果。

8.1.5.3 设定

选择合适的绘图仪或记录仪，使其X轴能记录0～10%的额定输入信号，Y轴能记录从0至额定压力以上(如图5)。

设定信号发生器产生0.1 Hz三角波并叠加在一直流偏置上。

将电信号接入试验回路的阀2，以便其在试验过程中关闭。

8.1.5.4 步骤

试验按以下步骤进行：

a) 调节直流偏置量使阀的压力为额定压力的25%，使输出三角波幅值最小以确保被控压力不变。

b) 缓慢增加信号发生器输出的三角波幅值直至被控压力有变化。

c) 记录一个完整信号周期内被控压力的变化和输入信号。

d) 使平均压力为额定压力的50%时,重复步骤8.1.5.4的a)~c)。

e) 使平均压力为额定压力的75%时,重复步骤8.1.5.4的a)~c)。

8.1.6 在恒定输入信号下,被试阀的压力-流量特性试验

8.1.6.1 概述

本项试验的目的是确定电信号值不变的情况下,通过被试阀的流量变化,对控制压力的影响。

8.1.6.2 试验回路

液压试验回路如图1所示,此时打开阀S1,关闭阀S2。

用流量计11测量被试阀的流量并记录结果。

8.1.6.3 准备

选择合适的绘图仪和记录仪,使其X轴能记录从0至最大额定流量范围,Y轴能记录从0至额定压力以上范围(见图6)。

调节信号发生器所产生的三角波,其幅值能从0至额定流量。其频率为0.05 Hz。

8.1.6.4 步骤

试验按以下步骤进行:

a) 调整阀的流量为额定流量的10%,输入电信号给被试阀使其为额定压力的25%。

b) 保证在一个周期内不受动态影响。

c) 使信号发生器能产生至少一个周期的循环,记录一个周期内的控制压力和流量大小。

d) 使被试阀在50%额定压力,额定流量的10%时,重复步骤8.1.6.4的b)~c)。

e) 使被试阀在75%额定压力,额定流量的10%时,重复步骤8.1.6.4的b)~c)。

f) 使被试阀在额定压力,额定流量的10%时,重复步骤8.1.6.4的b)~c)。

g) 输入信号为0,流量为额定流量的10%时,重复步骤8.1.6.4的b)~c)。如果驱动放大器有开、关功能,则关闭放大器,重复步骤8.1.6.4的b)~c),可测得被试阀的最低压力(压力损失)。

对于被试阀,要确定以下方面:

——压力-流量特性曲线(压力启闭特性曲线)(见图6);

——流量方向改变所产生的滞环曲线(见图6);

——流量-最低压力曲线或压力损失曲线(见图7)。

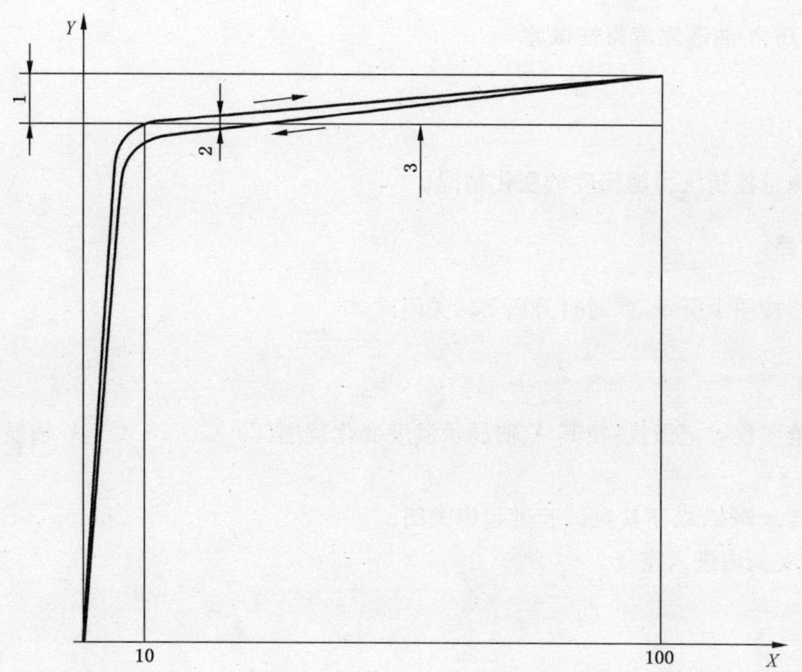

说明：

X——流量(用百分数表示)；

Y——压力。

1——压力偏差；

2——滞环；

3——调定压力。

图6 压力-流量特性曲线

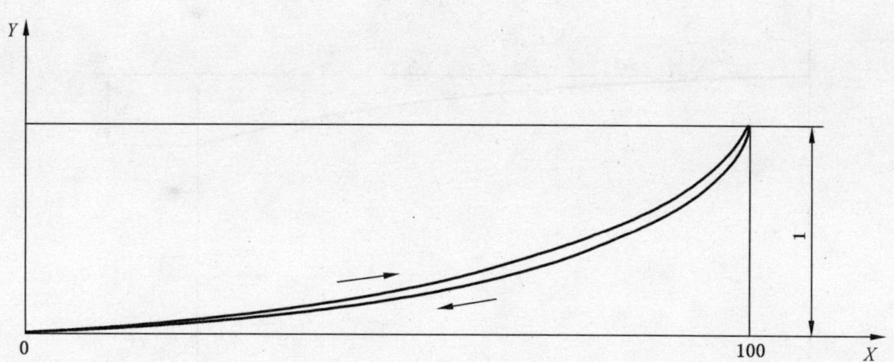

说明：

X——流量(用百分数表示)；

Y——压力。

1——压力损失。

图7 溢流阀压力损失曲线

8.1.7 被试阀的压力-油液温度特性试验

8.1.7.1 概述

试验目的是测量控制压力随温度的变化情况。

8.1.7.2 试验回路

液压试验回路按图1所示,此时打开阀S1,关闭阀S2。

8.1.7.3 准备

选择合适的绘图仪或记录仪,使其 X 轴显示温度变化范围(20 ℃~70 ℃),Y 轴显示从0至额定压力以上范围(见图8)。

将输入信号接入阀2,以便其在试验过程中关闭。

采取措施,避免阀内进入空气。

8.1.7.4 步骤

试验按以下步骤进行:

a) 试验之前将被试阀和放大器置于20 ℃环境下至少2 h。

b) 调节使通过被试阀流量为额定流量的50%,其压力为额定压力的50%。在试验过程中,被试阀的流量变化不应超过额定流量的0.5%。

c) 测量并记录控制压力、进油油液温度和回油油液温度。

d) 调整加热与冷却装置,使油液温度能以10 ℃/h的速率上升。

e) 连续记录8.1.7.4的c)中所示的参数,直至温度达到70 ℃。

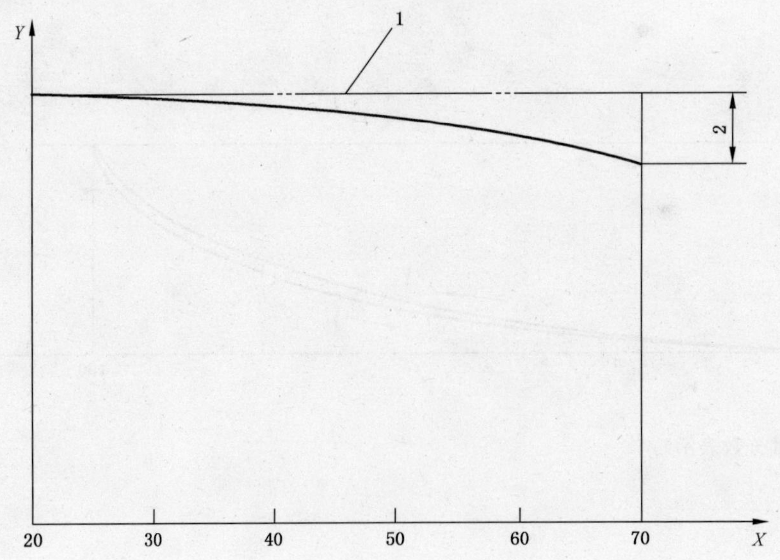

说明:

X ——温度(℃);

Y ——压力。

1 ——设定压力;

2 ——压力变化。

图8 压力-温度特性曲线

8.2 动态试验

8.2.1 概述

由8.2.3、8.2.4、8.2.5的试验确定阀的阶跃响应特性和频率响应特性。

8.2.2 试验回路

溢流阀的动态试验可能随着其被控压力腔容积和进、出阀口管路直径的不同而变化。其压力腔容积应不大于额定流量的1.5%的油液体积，其回路配管应符合表3中要求。

注：压力与试验流量之间相互影响，明显增加了被试阀的阻尼效应。应尽可能在试验压力从最低到最高变化中，使其减小的流量少于试验流量的2%。其减小的流量是由于试验回路中阀的泄漏或泵的内泄漏所造成的。

表3 动态试验中进出阀口的最小管径

额定流量/(L/min)	内径/mm
25	8
50	10
100	12
200	16
400	24
800	32
1 600	40

8.2.3 阶跃响应特性(改变输入信号)

8.2.3.1 试验回路

液压试验回路按图1所示，此时打开阀S1，关闭阀S2。

用流量计11测量流量并记录结果。

8.2.3.2 准备

选择合适的示波器或其他仪器应能记录被试阀控制压力和输入信号随时间的变化(见图9)。

调整信号发生器产生一个方波，其方波周期的持续时间足以使控制压力稳定。

8.2.3.3 步骤

试验按以下步骤进行：

a) 调节泵流量使通过被试阀的流量为额定流量的50%。

b) 调节信号发生器，使控制压力在表4第1试验组号的开始、结束值之间上下阶跃。

c) 信号发生器能产生至少一个周期信号。

d) 记录控制压力、控制压力容积和信号对被试阀的双向阶跃响应随时间变化过程。

e) 保证记录窗口所显示完整的响应过程。

f) 使控制压力按表4中第2试验组号、第3试验组号所给定值，重复步骤8.2.3.3的a)～e)。

表 4 阶跃响应试验的试验压力

试验组号	试验压力(用额定压力的百分数表示)	
	开始/%	结束/%
1	0	100
	100	0
2	10	90
	90	10
3	25	75
	75	25

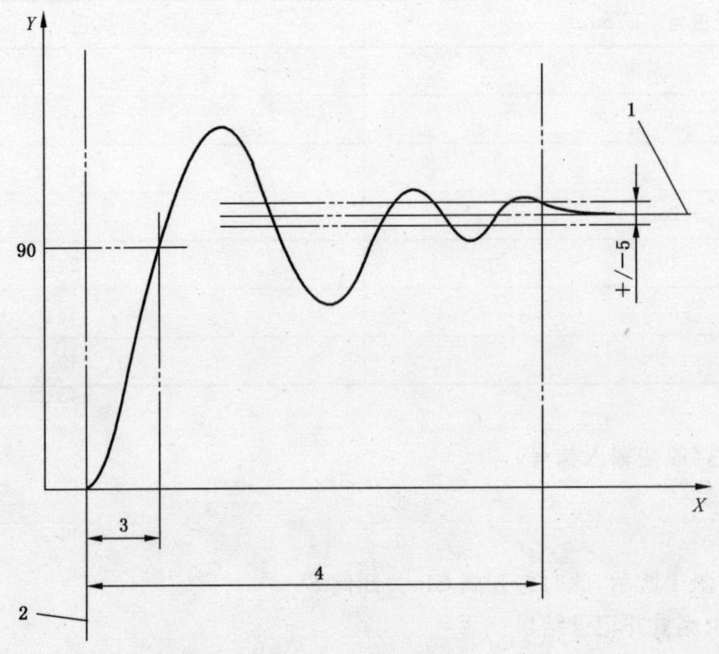

说明：

X ——时间；

Y ——压力(用百分数表示)。

1 ——稳态压力；

2 ——初始点；

3 ——响应时间；

4 ——调整时间。

图 9 输入信号变化-阶跃响应特性曲线

8.2.4 阶跃响应特性(改变流量)

8.2.4.1 试验回路

如图 1 所示液压回路进行试验，打开阀 S1，关闭阀 S2。

记录流量计 11 的流量。

阀 4 的响应时间应小于被试阀被测响应时间的 30%。

8.2.4.2 准备

选择合适的示波器或其他仪器应能记录随时间变化的压力传感器输出信号(见图10)。

调整信号发生器产生一个方波,其方波周期的持续时间足以使控制压力稳定。

8.2.4.3 步骤

试验按以下步骤进行:

a) 调节被试阀的流量为其额定流量的10%。

b) 调节输入信号使达到额定压力的50%。

c) 通过调节阀4使通过被试阀的阶跃流量在10%~100%额定流量之间变化,在正、负阶跃信号输入下,记录控制压力随时间变化。

d) 保证记录窗口所显示完整的响应过程。

e) 使被试阀的压力为额定压力时,重复步骤8.2.4.3的a)~d)。

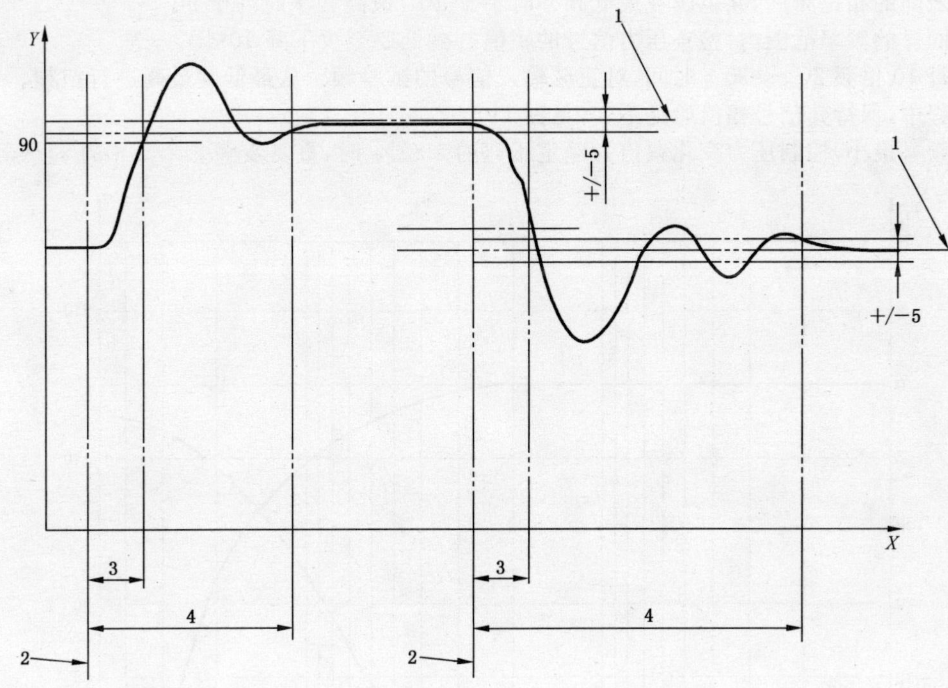

说明:

X ——时间;

Y ——压力(用百分数表示)。

1 ——稳态压力;

2 ——初始点;

3 ——响应时间;

4 ——调整时间。

图10 溢流阀阶跃响应特性曲线

8.2.5 频率响应特性

8.2.5.1 概述

试验为了测得被试阀控制压力对输入信号的频率响应特性。

8.2.5.2 试验回路

液压试验回路如图 1 和表 3 所示，此时打开阀 S1，关闭阀 S2。

8.2.5.3 准备

选择合适的频响分析仪或其他仪器应能测量正弦信号之间的幅值比和相位移。

连接好设备应能测量被试阀输入信号和控制压力之间的响应过程(见图 11)。

8.2.5.4 步骤

试验按以下步骤进行：

a) 调节油源流量为额定流量的 10%，施加直流偏置量给被试阀作为输入信号，使其压力达到额定压力的 50%。
b) 在直流偏置基础上叠加一个正弦信号，在稳态条件下，调节正弦信号幅值，使控制压力幅值为额定压力的±5%。按 8.1.4 中试验方法确定。调节频率测量范围，使控制压力与输入信号二者之间的相位滞后，其范围在最低频率时小于 10°，最高频率时高于 90°。
c) 在同样的频率范围内，检查压力信号的幅值的减低要至少下降 10 dB。
d) 按每 10 倍频 20 s～30 s 时间，对正弦输入信号的试验频率从最低到最高进行扫频。每次扫频过程中，保持其信号幅值始终不变(见图 11)。
e) 在频率最小，控制压力变化幅值为额定压力的±25% 时，重复步骤 8.2.5.4 的 a)～d)。

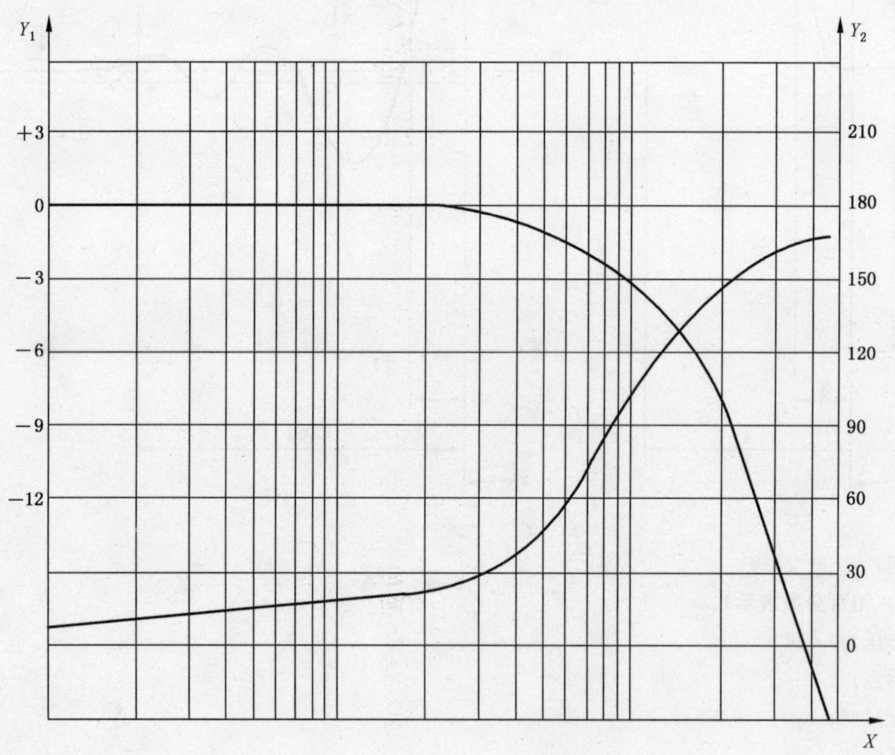

说明：

X ——频率(以对数来表示)；

Y_1——幅值(分贝)；

Y_2——相位移(角度)。

图 11 频率响应特性曲线

9 减压阀特性试验

9.1 稳态特性试验

9.1.1 概述

减压阀性能试验应按下列步骤进行：

a) 可选择的耐压试验(9.1.2)。在型式试验时必做。

b) 先导阀口和泄漏量试验(9.1.3)。

c) 恒定流量下压力-输入信号特性(9.1.4 和 9.1.5)：

——压力-输入信号增益；

——压力-输入信号线性度；

——滞环(改变输入信号)；

——输入信号死区；

——阈值。

d) 恒定输入下压力-流量特性(9.1.6)：

——压力-流量特性；

——压力-流量之比：线性度；

——滞环(流量方向改变)；

——最低工作压力。

e) 压力-油液温度试验(9.1.7)。

9.1.2 耐压试验(可选择的)

9.1.2.1 概述

在进行后续试验之前，应进行耐压试验，以检测被试阀的强度及完整性。

9.1.2.2 进口试验过程

试验按以下步骤进行：

a) 使被试阀的进口为其 B 口额定压力的 1.3 倍，并保持至少 5 min。

b) 在试验过程中，检查阀有无明显的外泄漏。

c) 试验完后，检查阀是否有明显的永久变形。

d) 记录阀的耐压试验情况。

9.1.2.3 出口试验过程

试验按以下步骤进行：

a) 使被试阀的出口压力为出口额定压力，并保持至少 5 min。

b) 试验过程中，检查阀有无明显的外泄漏。

c) 试验后，检查是否有明显的永久变形。

d) 记录阀的耐压试验情况。

9.1.2.4 先导泄油口

不对任何外部先导泄油口进行耐压试验。

如果有必要对先导泄油口进行耐压试验，则被试阀出口压力应被增加到额定压力，并且可以根据需要调节被试阀的输入信号。

9.1.3 先导控制流量

9.1.3.1 概述

用于测量被试阀工作过程中先导控制流量，此流量包括被试阀内部泄漏量。

9.1.3.2 试验回路

先导控制流量试验的液压回路如图 2 所示，此时关闭阀 S1。

用流量计 10 测量先导泄油口流量并记录结果。

9.1.3.3 设置

调节被试阀的输入信号为 0。

调节阀 2，使被试阀的输入压力为其额定进口压力。

9.1.3.4 步骤

试验按以下步骤进行：

a) 用流量计测量并记录先导控制流量。
b) 增加输入信号使被试阀为额定压力的 25％，重新测量并记录先导泄油口的流量。
c) 调节信号使被试阀为额定压力的 50％时，重复步骤 9.1.3.4 的 a)～b)。
d) 调节信号使被试阀为额定压力的 75％时，重复步骤 9.1.3.4 的 a)～b)。
e) 调节信号使被试阀为额定压力时，重复步骤 9.1.3.4 的 a)～b)。

9.1.4 恒定流量下，压力-输入信号特性试验

9.1.4.1 概述

应进行此项试验，以确定控制压力-输入信号特性。

9.1.4.2 试验回路

对于无反向溢流特性的阀，用图 2 所示液压回路试验，阀 S1 打开。

对于有反向溢流特性的阀，用图 3 所示液压回路试验，阀 S1 打开。

加载阀 3 应是压力补偿型流量控制阀，当记录时，应能保持流量变化范围小于设定值的 2％。

选择加载阀 3 时，应使其全开时阻力尽量小。

用流量计 11 测量流量值并记录。

9.1.4.3 准备

选择合适的绘图仪或记录仪，使其 X 轴能记录从 0 至最大输入信号范围，Y 轴能记录从 0 至额定压力范围(见图 5)。

信号发生器应能产生幅值从 0 至最大控制压力的三角波信号。

9.1.4.4 步骤

试验按以下步骤进行：

a) 对于可反向工作的阀(采用图 3 所示回路试验)，阀 13 断电，调整加载阀 3 的流量为被试阀额定流量的 50％。

b) 保证被试阀在一个循环周期内试验结果不受动态影响。

c) 信号发生器产生至少一个周期的波形。

d) 记录一个周期内被试阀的输入信号和控制压力。

e) 当被试阀的流量为额定流量时，重复步骤 9.1.4.4 的 a)～d)。

f) 当被试阀的流量为 0 时，重复步骤 9.1.4.4 的 a)～d)。

如果被试阀反向工作(即 A 至 T)，要进行以下额外试验。

g) 将阀 13 通电，打开阀 S1，输入 50％的额定流量至 A 口，重复步骤 9.1.4.4 的 b)～d)。当 A 口输入为额定流量时，再重复上述步骤。

对于被试阀，通过进行 9.1.4.4 的 a)～g)步骤的试验，确定以下方面：

——各种比例的额定流量下其额定信号输入时，所对应的控制压力；

——控制压力的线性度 $\frac{p_{\text{error}}}{p_{\text{rated}}-p_{\min}}\times 100\%$；

——控制压力的滞环(改变输入信号)(见图 5)；

——输入信号死区。

9.1.5 阈值

9.1.5.1 概述

本试验确定在反向斜坡信号输入时被试阀的响应特性。

9.1.5.2 试验回路

阈值试验的液压试验回路如图 2 所示，此时打开阀 S1。

用流量计 11 测量流量并记录结果。

9.1.5.3 准备

选择合适的绘图仪或记录仪，使其 X 轴能记录输入信号的范围内有 10％的变化情况，Y 轴能记录压力的范围内有 10％额定压力变化情况(见图 5)。

设定信号发生器产生 0.1 Hz 三角波并叠加在一直流偏置上。

调节输入信号到阀 2，使被试阀的进口压力为其进口额定压力。

9.1.5.4 步骤

试验按以下步骤进行：

a) 调节加载阀 3 的流量，使其为被试阀额定流量的 50％，调节直流偏置量，使控制压力平均值为额定压力的 25％。调节三角波的输出幅值使其最小，以保证被试阀的控制压力不变化。

b) 缓慢增加信号发生器输出幅值，直至传感器 7 有压力输出变化。

c) 记录一个完整信号周期内的控制压力和输入信号的变化。

d) 关闭阀 S1，使通过被试阀的流量停止。

e) 在压力平均值为额定压力的 50％时，重复步骤 9.1.5.4 的 a)～d)。

f) 在压力平均值为额定压力的 75％时，重复步骤 9.1.5.4 的 a)～d)。

g) 在压力平均值为额定压力时，重复步骤 9.1.5.4 的 a)～d)。

9.1.6 输入信号不变时，压力-流量特性

9.1.6.1 概述

本试验确定被试阀的压力-流量特性。

9.1.6.2 试验回路

对于无反向溢流功能的被试阀，液压试验回路如图 2 所示，此时打开阀 S1。

对于有反向溢流功能的被试阀，液压试验回路如图 3 所示，此时打开阀 S1。

加载阀 3 应是电调制流量控制型阀，以便其流量可以被信号发生器控制（不要用有压力补偿的加载阀，因为流量在试验过程中要被测量）。

用流量计 11 测量流量并记录。

9.1.6.3 准备

选择合适的绘图仪或记录仪，使其 X 轴能记录从 0 至额定流量的范围，Y 轴应能记录从 0 至额定压力的范围（见图 12）。

选择自动信号发生器，应能产生幅值从 0 至额定流量信号的三角波。

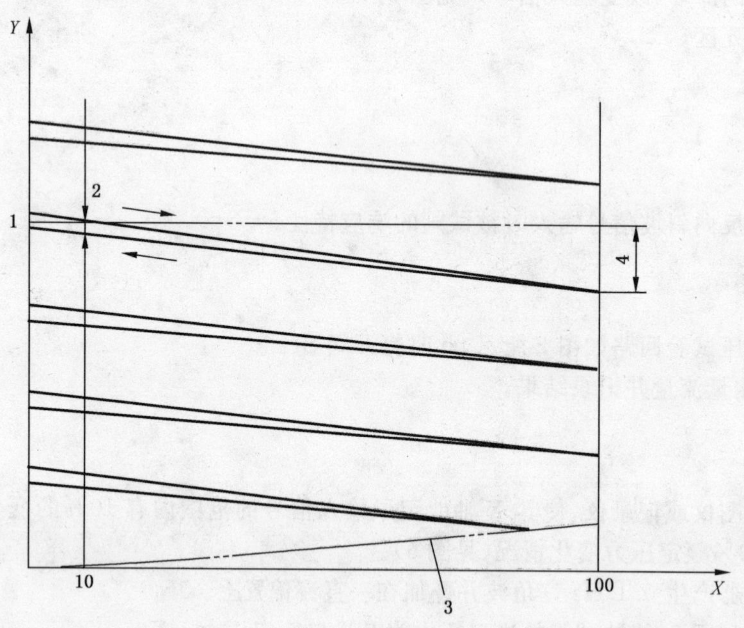

说明：

X ——流量（用百分数表示）；

Y ——压力。

1 ——稳态压力；

2 ——滞环；

3 ——有流量时最小减压力；

4 ——压力下偏差。

图 12 减压阀的压力-流量特性曲线

9.1.6.4 步骤

试验按以下步骤进行：

a) 使流量减小为额定流量的 10%，调节被试阀进口压力为额定压力的 50%。

b) 调节被试阀的控制压力为额定压力的 25%。

c) 保证在一个周期内不受动态性能影响。

d) 信号发生器至少能产生一个周期的输出信号。

e) 从流量为 0 开始记录至少一个周期内控制压力和流量的变化，通过关闭阀 S1，使被试阀在一个周期循环结束时流量为 0,并在 30 s 后记录其出口压力。

f) 当进口压力为额定压力时,控制压力为额定压力的 25%时,重复步骤 9.1.6.4 的 a)～e)。

g) 当进口压力为额定压力时,控制压力为额定压力的 50%时,重复步骤 9.1.6.4 的 a)～e)。

h) 当进口压力为额定压力时,控制压力为额定压力的 75%时,重复步骤 9.1.6.4 的 a)～e)。

i) 当进口压力为额定压力时,输入信号为 0 时,重复步骤 9.1.6.4 的 a)～e)。

j) 使驱动放大器不工作,重复步骤 9.1.6.4 的 i),从而测出被试阀的最低控制压力(压力损失)。

如果阀带有反向流动工作机能(A 至 T),步骤 9.1.6.4 的 a)～j)应修改为:

k) 阀 13 断电,调节流量减小为额定流量 10%,记录一个完整周期内被试阀的控制压力和流量,直到流量为 0 时结束。将截止阀 S1 关闭,阀 13 通电,不改变对被试阀的指令,再打开截止阀 S1 并记录被试阀的控制压力(溢流压力),直到额定反向流量再回到 0 为止(见图 13)。

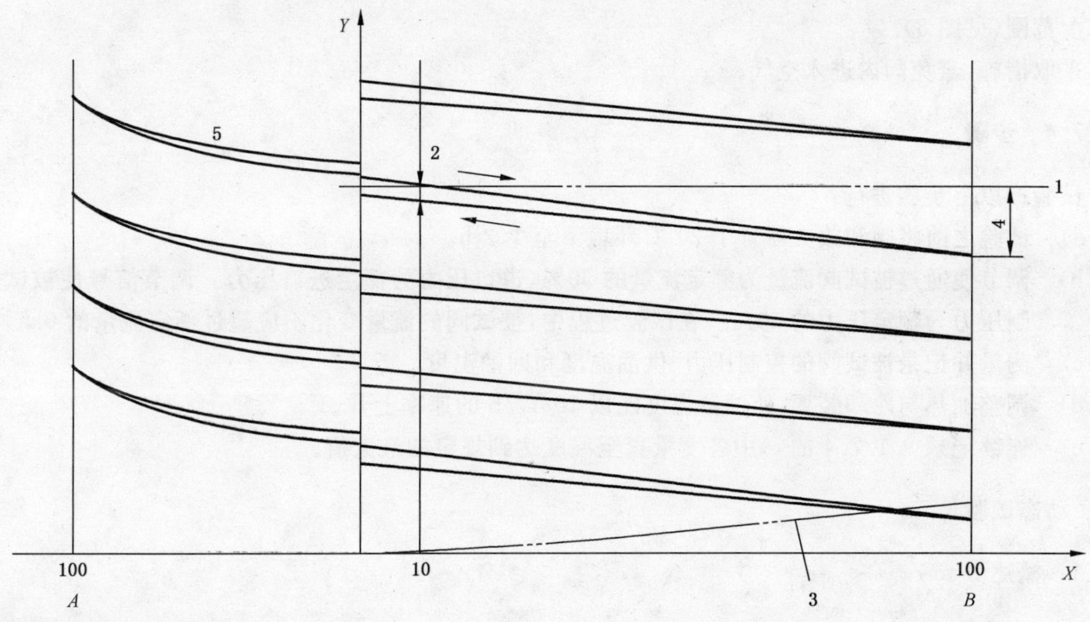

说明:

X ——流量(用百分数表示);

Y ——压力。

1 ——稳态压力;

2 ——滞环;

3 ——有流量时最低压力;

4 ——压力下偏差;

5 ——溢流特性(流向反向)。

A ——100%溢流流量;

B ——100%减压流量。

图 13 减压阀的压力-流量特性特性曲线

经过步骤 9.1.6.4 的 a)～k),可确定:

——压力下偏差曲线(图 12);

——流量方向改变所产生的滞环曲线(图 12);

——输入信号为 0,有流量时的最低压力(图 12);

——在额定流量下使被试阀能正常工作所需进、出口之间的最小压差;

——阀进出口有压差时的最大流量。

9.1.7 控制压力-油液温度特性

9.1.7.1 概述

本试验确定控制压力随油液温度的变化。

9.1.7.2 试验回路

液压试验回路如图2所示，此时打开阀S1。

9.1.7.3 准备

选择合适的绘图仪或记录仪，使其 X 轴显示温度变化范围(20 ℃～70 ℃)，Y 轴显示从0至额定压力以上范围(见图8)。

采取措施，避免阀内进入空气。

9.1.7.4 步骤

试验按以下步骤进行：

a) 试验之前将阀和放大器置于20 ℃环境下至少2 h。

b) 调节使通过被试阀流量为额定流量的50%，进口压力为额定进口压力。调节信号使被试阀控制压力为额定压力的50%。在试验过程中，被试阀的流量变化不应超过额定流量的0.5%。

c) 测量并记录被试阀的控制压力、供油温度和回油温度。

d) 调整加热与冷却装置，使油液温度能以10 ℃/h 的速率上升。

e) 连续记录9.1.7.4的c)中各变量直至温度达到规定的最大值。

9.2 动态试验

9.2.1 概述

应按9.2.3、9.2.4、9.2.5中规定的项目试验，以确定阀的阶跃响应特性和频率响应特性。

9.2.2 试验回路

减压阀的动态试验能随着其被控压力容积和进、出阀口管路直径的不同而变化。考虑到这一点，其控制压力腔容积应不大于额定流量的1.5%的油液体积，其进、出阀口的管路应符合表3中要求。

在减压阀的动态试验中，油源流量应至少为被试阀额定流量的1.5倍。油源和被试阀之间的油液容积应足够大，以确保试验中被试阀进口压力的波动值小于进口设定压力的10%。

9.2.3 阶跃响应特性(改变输入信号)

9.2.3.1 试验回路

液压试验回路如图2所示，此时打开阀S1。

在试验中，加载阀3是一个可机械调整的节流孔。

9.2.3.2 准备

选择合适的示波器或其他仪器应能记录被试阀的控制压力和输入信号随时间的变化过程。

调节信号发生器产生一个方波，其持续时间足以使控制压力稳定。

9.2.3.3 步骤

试验按以下步骤进行：

a) 调整被试阀进口压力，使其至少大于额定出口控制压力 2 MPa。
b) 从表 4 中选择一组开始压力和结束压力，调节加载阀 3，取两个压力中的较大值，使被试阀通过流量为额定流量的 25%。
c) 调节信号发生器的输出幅值，使控制压力在 9.2.3.3 的 b)所选择的两个压力值之间阶跃。
d) 信号发生器的输出信号至少产生一个周期限的波形。
e) 记录被试阀的正负阶跃响应下控制压力和信号随时间的变化，并保证记录窗口显示完整的响应过程。
f) 在额定流量的 50%时，重复步骤 9.2.3.3 的 a)～e)。
g) 在额定流量时，重复步骤 9.2.3.3 的 a)～e)。
h) 在关闭阀 S1 时，重复步骤 9.2.3.3 的 a)～e)。

9.2.4 阶跃响应特性(改变流量)

9.2.4.1 试验回路

液压试验回路如图 2 所示，此时打开阀 S1。

用流量计 11 测量流量并记录结果。

9.2.4.2 准备

选择合适的示波器或其他仪器应能记录进、出口压力信号随时间的变化过程(如图 14)。

调节信号发生器产生一个方波，其持续时间足以使控制压力稳定。

用信号发生器打开和关闭加载阀 3。

加载阀 3 的打开和关闭时间应小于被控压力容积加压所需时间的 50%。

9.2.4.3 步骤

试验按以下步骤进行：

a) 关闭加载阀 3，调节被试阀的输入信号使控制压力为额定压力的 25%。
b) 调节信号发生器输入到加载阀 3 的信号，以使该阀打开时，流过阀的流量为其额定流量的 50%。
c) 信号发生器能产生至少一个周期的波形。
d) 当加载阀 3 打开或关闭时记录被试阀进出口压力随时间的变化情况，试验确保示波器能显示全部响应。
e) 在额定压力的 50%时，重复步骤 9.2.4.3 的 a)～d)。
f) 在额定压力的 75%时，重复步骤 9.2.4.3 的 a)～d)。
g) 在额定压力时，重复步骤 9.2.4.3 的 a)～d)。

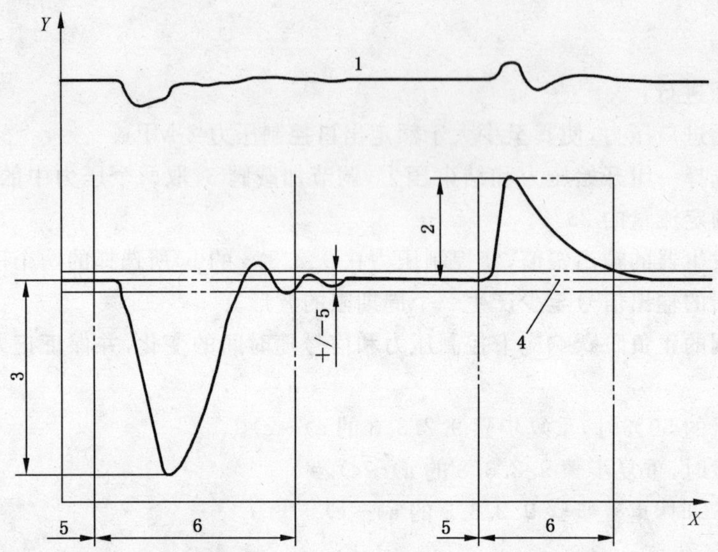

说明：

X ——时间；

Y ——压力(用百分数表示)。

1 ——输入压力；

2 ——压力超调；

3 ——压力负超调；

4 ——稳态压力；

5 ——初始点；

6 ——调整时间。

图 14 减压阀阶跃响应特性曲线(改变流量)

9.2.5 频率响应特性

9.2.5.1 概述

本试验将确定被试阀的电信号输入与控制压力之间的频率响应。

对于无溢流特性的减压阀一般不用在动态响应高的设备中，因此，不适合做此试验，或者说并不强制做。

9.2.5.2 试验回路

液压试验回路如图 2 所示，此时打开阀 S1。

用流量计 11 测量流量并记录结果。

9.2.5.3 准备

选择合适的频率响应分析仪或其他仪器应能测量正弦信号之间的幅值比和相位移。

连接好设备应能测量被试阀输入信号和控制压力之间的响应过程(见图 11)。

9.2.5.4 步骤

试验按以下步骤进行：

a) 调节油源流量不小于额定流量的 50%，关闭加载阀 3，调节阀 2 使被试阀的进口压力等于额定压力。

b) 施加直流偏置量使被试阀的出口控制压力为额定压力的50%。
c) 在直流偏置基础上叠加一个正弦信号，在稳态条件下，调节正弦信号幅值，使控制压力幅值为出口额定压力的±5%。按9.1.4中试验方法确定。调节频率测量范围，使输入信号和出口控制压力的相位滞后，其范围在最低频率时小于10°，最高频率时大于90°。
d) 在同样的频率范围内，控制压力的幅值至少减少10 dB。
e) 按每10倍频20 s～30 s时间，对正弦输入信号的试验频率从最低到最高进行扫频。每次扫频过程中，保持其信号幅值始终不变(见图11)。
f) 调整正弦输入信号幅值，在最低频率时使控制压力幅值为出口额定压力的±25%，重复步骤9.2.5.4的a)～e)。
g) 如果需用流量进行试验，则需重复步骤9.2.5.4的a)～f)，此时应调节油源流量为额定流量，调节加载阀3的流量为额定流量的50%。

10 压力脉冲试验

压力脉冲响应特性试验见GB/T 19934.1。

11 结果的表达

11.1 概述

试验结果应以下面之一种形式表示：
a) 用表格的形式；
b) 用图表的形式。

11.2 试验报告

11.2.1 概述

全部的试验报告至少应包括下列资料：
a) 阀的制造商；
b) 阀的类型、序列号；
c) 如果应用外置放大器，需注明放大器的型号、序列号；
d) 额定压降下的额定流量；
e) 压降；
f) 供油压力；
g) 回油压力；
h) 试验回路油液类型；
i) 试验回路油液温度；
j) 试验回路油液黏度(符合GB /T 3141—1994)；
k) 额定输入信号；
l) 线圈接线类型(例如串联或并联)；
m) 颤振信号波形、幅值、频率(如果用到)；
n) 各试验参数的允许试验限度；
o) 试验日期；
p) 试验人员姓名。

11.2.2 产品验收试验报告

产品验收试验报告至少应包括下列资料：

a) 绝缘电阻值(7.4)；

b) 耐压压力(8.1.2 和 9.1.2)；

c) 最大内泄漏量(8.1.3 和 9.1.3)；

d) 压力-输入信号特性和试验中通过的流量(8.1.4 和 9.1.4)；

e) 压力-输入信号的滞环现象(8.1.4.4 和 9.1.4.4)；

f) 压力/流量特性(8.1.4.4 和 9.1.4.4)；

g) 阈值(8.1.5 和 9.1.5)；

h) 压力流量特性(8.1.6 和 9.1.6)；

i) 压力流量特性的线性度(8.1.4 和 9.1.4)。

11.2.3 型式试验报告

型式试验报告至少应包括下列资料：

a) 产品验收试验的数据(11.2.2)；

b) 线圈电阻(7.2)；

c) 线圈电感(7.3)；

d) 耐压压力(8.1.2 和 9.1.2)；

e) 压力-油液温度特性；

f) 压力信号线性度；

g) 压力流量线性度；

h) 压力死区；

i) 动态特性；

j) 压力脉冲试验结果(第 10 章)；

k) 解体目视检查任何物理品质下降的详细资料。

12 标注说明(引用 GB/T 15623 的本部分)

当选择遵守 GB/T 15623 的本部分时，建议制造商在试验报告、产品目录和销售文件中使用以下说明："试验按 GB/T 15623.3—2012 的规定进行。"

附 录 A
（资料性附录）
试验实施指南

试验之前，被试阀的驱动放大器宜按照制造商的说明书设定。

信号发生器宜提供连续可变的输入信号，记录仪用来记录压力传感器和流量计测出得相应的压力和流量信号。

注 1：阀对输入信号产生压力和流量响应也可以采用逐点法手动记录。

注 2：输入信号在半个试验周期仅在一个方向上升，而在另半个试验周期又在另一个方向下降。这样的结果就使阀固有的迟滞显现出来，自动信号发生器可有效的防止信号的误转换。

对于稳态试验，假如与记录仪的响应相比较，其输出变化频率要低，则信号发生器产生的何种函数类型（如正弦、斜坡等）是不重要的，记录仪具有调整传感器和阀输入信号的幅值到合适尺度及调整图中曲线轨迹对中的功能。

自动信号发生器宜具备手动输入开关，以便阀和仪器的调节。

宜记录电气设备的调整。

参 考 文 献

[1] GB/T 15623.1 液压传动 电调制液压控制阀 第1部分:四通方向流量控制阀试验的方法.

[2] GB/T 15623.2 液压传动 电调制液压控制阀 第2部分:三通方向流量控制阀试验的方法.

ICS 23.100.10
J 20

中华人民共和国国家标准

GB/T 17491—2011
代替 GB/T 17491—1998

液压泵、马达和整体传动装置稳态性能的试验及表达方法

Hydraulic fluid power—Positive displacement pumps, motors and integral transmissions—Methods of testing and presenting basic steady state performance

(ISO 4409:2007, MOD)

2011-06-16 发布　　2012-03-01 实施

中华人民共和国国家质量监督检验检疫总局
中国国家标准化管理委员会　发布

前　言

本标准按照 GB/T 1.1—2009 给出的规则起草。

本标准代替 GB/T 17491—1998《液压泵、马达和整体传动装置稳态性能的测定》，与 GB/T 17491—1998 相比，主要技术变化如下：

——增加了整体传动装置试验回路；

——删除了液压泵、马达和整体传动装置的试验曲线。

本标准使用重新起草法修改采用 ISO 4409:2007《液压传动　容积式泵、马达和整体传动装置　基本稳态性能的试验及表达方法》(英文版)。

本标准与 ISO 4409:2007 的技术性差异及其原因如下：

——关于规范性引用文件，本标准做了具有技术性差异的调整，以适应我国的技术条件。调整情况集中反映在第 2 章“规范性引用文件”中，具体调整如下：

- 用等效采用国际标准的 GB 3102(所有部分)代替了 ISO 31(所有部分)(见 4)。
- 用等同采用国际标准的 GB/T 786.1 代替了 ISO 1219-1(见 4)。
- 用等同采用国际标准的 GB/T 17446 代替了 ISO 5598(见 3)。
- 用等同采用国际标准的 GB/T 17485 代替了 ISO 4391(见 4)。
- 用修改采用国际标准的 JB/T 7033 代替了 ISO 9110-1(见 5.1.1)。

——更正了国际标准表 1 中“转速”单位的错误。

——在图 4 中“B—整体传动箱”内原有两个单向阀 11、12 下并联了两个溢流阀作为安全阀；并更正了国际标准中单向阀 11、12 的方向。

——图 1～图 4 中，按 GB/T 786.1—2009 更改了溢流阀的画法，符合国际标准 ISO 1219-1:2006；将油液加热冷却处理装置的图形符号拆分成冷却器和加热器图形符号，便于元件编号和液压原理解读。

本标准作下列编辑性修改：

——将标准名称改为《液压泵、马达和整体传动装置　稳态性能的试验及表达方法》。

——图 1～图 4 中增加了元件编号。

——删除国际标准的参考文献。

——按照 GB/T 1.1—2009 规定增加表 4～表 8 的编号及表题。

本标准由中国机械工业联合会提出。

本标准由全国液压气动标准化技术委员会(SAC/TC 3)归口。

本标准负责起草单位：北京华德液压工业集团有限责任公司。

本标准参加起草单位：贵州力源液压股份有限公司、海特克液压有限公司、济南液压泵有限责任公司、宁波市恒通液压科技有限公司。

本标准主要起草人：康青、周宇、吕树平、罗德刚、张伟文、马立君、赵铁军、徐福刚、叶继英、梁勇。

本标准所代替标准的历次版本发布情况为：

——GB/T 17491—1998。

引　言

在液压传动系统中，功率是借助于密闭回路中的受压流体来传递和控制的。泵是将旋转的机械功率转换成液压功率的元件。马达是将液压功率转换成旋转的机械功率的元件。整体传动装置(液压驱动装置)是由一个或多个液压泵和马达及适当的控制元件组成的组合装置。

除了极少数例外，所有液压泵和马达都是容积式的，即它们带有内部密封装置，该密封装置使它们能在很宽的压力范围内保持转速与油液流量之间的相对恒定的比值。它们通常使用齿轮、叶片或柱塞。非容积式元件，如离心式或涡轮式，很少用于液压传动系统。

泵和马达有定量式或变量式。定量元件有预先选定的内部几何尺寸，保持元件轴每转中通过元件的液体体积相对恒定。变量元件有用来改变内部几何尺寸的装置，使元件轴每转中通过元件的液体体积可以改变。

本标准旨在统一液压传动用容积式液压泵、马达和整体传动装置的试验方法，以便使不同元件的性能具有可比性。

液压泵、马达和整体传动装置稳态性能的试验及表达方法

1 范围

本标准规定了液压传动用容积式泵、马达和整体传动装置稳态性能和效率的测定方法，以及在稳态条件下对试验装置、试验程序的要求和试验结果的表达。

本标准适用于容积式液压泵、马达和整体传动装置。

2 规范性引用文件

下列文件对于本文件的应用是必不可少的。凡是注日期的引用文件，仅注日期的版本适用于本文件。凡是不注日期的引用文件，其最新版本(包括所有的修改单)适用于本文件。

GB/T 786.1 流体传动系统及元件图形符号和回路图 第1部分：用于常规用途和数据处理的图形符号(GB/T 786.1—2009，ISO 1219-1：2006，IDT)

GB 3102(所有部分) 量和单位[GB 3102—1993，eqv ISO 31：1992(所有部分)]

GB/T 17446 流体传动系统及元件 术语(GB/T 17446—1998，idt ISO 5598：1985)

GB/T 17485 液压泵、马达和整体传动装置参数定义和字母符号(GB/T 17485—1998，idt ISO 4391：1983)

JB/T 7033 液压传动 测量技术通则(JB/T 7033—2007，ISO 9110-1：1990，MOD)

ISO 9110-2 液压传动 测量技术 第2部分：在密闭回路中平均稳态压力的测量

3 术语和定义

GB/T 17446 中界定的以及下列术语和定义适用于本文件。

注：当不致产生混淆时，作为区分泵、马达或整体传动装置的脚标 P、M 和 T 可以省略。

3.1

体积流量 q_V volume flow rate

单位时间内通过流道横截面的流体体积。

3.2

泄油流量 q_{Vd} drainage flow rate

从元件壳体内流出的体积流量。

3.3

泵的有效输出流量 $q_{V2,e}^{P}$ pump effective outlet flow rate

在温度 $\theta_{2,e}$ 和压力 $p_{2,e}$ 下，测得的泵出口处的实际流量。

注：如果流量是在泵出口处之外的其他位置测量，在温度 θ 和压力 p 下测得的流量应通过公式(1)进行修正，以得到有效输出流量值。

$$q_{V2,e}^{P}=q_V\left[1-\left(\frac{p_{2,e}-p}{\overline{K}_T}\right)+\alpha(\theta_{2,e}-\theta)\right] \quad\cdots\cdots(1)$$

3.4

马达的有效输入流量 $q_{V1,e}^{M}$ motor effective inlet flow rate

在温度 $\theta_{1,e}$和压力 $p_{1,e}$下,测得的马达进口处的实际流量。

注 1:如果流量是在马达进口处之外的其他位置测量,在温度 θ 和压力 p 下测得的流量应通过公式(2)进行修正,以得到有效输入流量值。

$$q_{V1,e}^{M}=q_V\left[1-\left(\frac{p_{1,e}-p}{\overline{K}_T}\right)+\alpha(\theta_{1,e}-\theta)\right] \quad \cdots\cdots(2)$$

注 2:如果流量是在马达的出口处及马达有外泄漏的情况下测得,应参照在温度 θ 和压力 p 下输入流量的计算方式修正马达流量 q_V 和泄油流量 q_{Vd}^{M},由公式(3)计算有效输入流量 $q_{V1,e}^{M}$。

$$q_{V1,e}^{M}=q_V\left[1-\left(\frac{p_{1,e}-p}{\overline{K}_T}\right)+\alpha(\theta_{1,e}-\theta)\right]+q_{Vd}\left[1-\left(\frac{p_{1,e}-p_d}{\overline{K}_T}\right)+\alpha(\theta_{1,e}-\theta_d)\right] \quad \cdots\cdots(3)$$

3.5

空载排量 V_i derived capacity

泵或马达轴每转压出或吸入流体的体积,在规定的试验条件下以不同转速时的测量结果而算得的。

3.6

转速(轴转速)n rotational frequency(shaft speed)

单位时间内驱动轴的转数。

注:旋转方向(顺时针或逆时针)是从轴端方向观察的旋转方向。必要时也可以用图形确定。

3.7

转矩 T torque

被试元件轴上转矩的测量值。

3.8

有效压力 p_e effective pressure

相对于大气压的油液压力,其值为:

a) 正值,当此压力高于大气压力时;

b) 负值,当此压力低于大气压力时。

3.9

泄油压力 p_d drainage pressure

在元件壳体泄油口测得的相对于大气压力的压力。

3.10

机械功率 P_m mechanical power

在泵或马达轴上测得的转矩与转速之积[公式(4)]。

$$P_m=2\pi\cdot n\cdot T \quad \cdots\cdots(4)$$

3.11

液压功率 P_h hydraulic power

在任一位置处流量与压力之积[公式(5)]。

$$P_h=q_V\cdot p \quad \cdots\cdots(5)$$

3.12

泵有效出口液压功率 $P_{2,h}^{P}$ effective outlet hydraulic power of a pump

泵的总出口液压功率[公式(6)]。

$$P_{2,h}^{P}=q_{V2,e}\cdot p_{2,e} \quad \cdots\cdots(6)$$

3.13

马达的有效进口液压功率 $P_{1,h}^{M}$　effective inlet hydraulic power of a motor

马达的总进口液压功率[公式(7)]。

$$P_{1,h}^{M}=q_{V1,e}\cdot p_{1,e} \qquad \cdots\cdots(7)$$

注：液压油液的总能量是油液中所包含的各种能量之和。在公式(6)和公式(7)中，忽略了油液的动能、位能和变形能而仅用静压力算出功率。如果其他能量对试验结果有显著影响，则应考虑它们。

3.14

泵的总效率 η_t^P　pump overall efficiency

液体通过泵时所获得的功率与输入的机械功率之比。

$$\eta_t^P=\frac{(q_{V2,e}\cdot p_{2,e})-(q_{V1,e}\cdot p_{1,e})}{2\pi\cdot n\cdot T} \qquad \cdots\cdots(8)$$

3.15

泵的容积效率 η_V^P　pump volumetric efficiency

在规定的条件下，泵实际输出流量与空载排量 V_i 和轴的转速乘积之比。

$$\eta_V^P=\frac{q_{V2,e}}{V_i^P\cdot n} \qquad \cdots\cdots(9)$$

3.16

马达的总效率 η_t^M　motor overall efficiency

马达输出的机械功率与输入液压功率之比。

$$\eta_t^M=\frac{2\pi\cdot n\cdot T}{(q_{V1,e}\cdot p_{1,e})-(q_{V2,e}\cdot p_{2,e})} \qquad \cdots\cdots(10)$$

3.17

马达容积效率 η_V^M　motor volumetric efficiency

在规定的条件下，马达的空载排量 V_i 和轴转速 n 的乘积与实际输入流量之比。

$$\eta_V^M=\frac{V_i^M\cdot n}{q_{V1,e}} \qquad \cdots\cdots(11)$$

3.18

马达液压机械效率 η_{hm}^M　motor hydro-mechanical efficiency

马达轴转矩与马达理论转矩之比。

$$\eta_{hm}^M=\frac{T}{T_{th}}=\frac{2\pi\cdot n\cdot T}{(p_{1,e}-p_{2,e})V_i^M} \qquad \cdots\cdots(12)$$

3.19

整体传动装置的总效率 η_t^T　integral transmission overall efficiency

输出机械功率与输入机械功率之比。

$$\eta_t^T=\frac{n_2\cdot T_2}{n_1\cdot T_1} \qquad \cdots\cdots(13)$$

3.20

整体传动装置转速比 R　integral transmission rotational frequency ratio

在规定的条件下，输出转速 n_2 与输入转速 n_1 之比。

$$R=\frac{n_2}{n_1} \qquad \cdots\cdots(14)$$

4 符号和单位

本标准中采用的符号和单位按 GB 3102 的规定，见表 1。

表 1 中字母和符号的下标按 GB/T 17485 的规定。

图 1～图 4 中的图形符号按 GB/T 786.1 的规定。

表 1 符号和单位

物理量	符号	单位[a]
体积流量	q_V	$m^3 s^{-1}$
空载排量	V_i	$m^3 r^{-1}$
转速	n	s^{-1}
转矩	T	N·m
有效压力	p_e	Pa[b]
功率	P	W
密度	ρ	$kg \cdot m^{-3}$
等温平均体积弹性模量	$\overline{K}_T$	Pa[b]
运动黏度	ν	$m^2 s^{-1}$
温度	θ	K
体热膨胀系数	α	K^{-1}
效率	η	—
转速比	r	—

[a] 在结果表达中使用的实用单位参见附录 A；

[b] 1 Pa=1 N/m^2。

5 试验

5.1 要求

5.1.1 概述

试验设备应设计成能防止空气混入，并可在试验之前从系统中排除所有游离空气。

被试件在试验回路中的安装连接和运行应符合制造商的要求，参见附录 C。

应记录试验地区的环境温度。

在试验回路中应设置符合被试件制造商要求的过滤标准的过滤器，应注明所使用的过滤器在试验回路中的位置、数量和每个过滤器的型号。

在管路内进行压力测量时，应满足 JB/T 7033 和 ISO 9110-2 的要求。

在管路中进行温度测量时，温度测量点应远离元件并距压力测量点 2 倍至 4 倍管子直径之间。

图 1～图 4 所示的为基本回路，该回路未设置当系统发生故障时防止系统损坏的安全装置。在试

验过程中,应采取防止人员和设备受到伤害的安全措施。

5.1.2 被试件的安装

将被试件安装到图1～图4所示的试验回路中。

5.1.3 试验条件

在进行试验前,被试件应按制造商的建议进行跑合。

5.1.4 试验用油液

由于元件的性能可能随着油液黏度明显地变化,故进行试验时,应采用元件制造商推荐的油液。

应记录以下液体参数:

a) 运动黏度;

b) 试验温度下的密度;

c) 等温平均体积弹性模量;

d) 体热膨胀系数。

5.1.5 温度

5.1.5.1 受控温度

试验应在规定的油液温度下进行。该温度应在元件制造商所推荐的范围之内,并在被试件的进口处测得。

试验油液的温度变化应在表2所规定的范围内。

表2 试验油液温度的允许偏差

测量准确度等级(见附录B)	A	B	C
温度偏差/℃	±1.0	±2.0	±4.0

5.1.5.2 其他温度

应记录以下位置的油液温度:

a) 被试件的出口处的温度;

b) 试验回路中流量测量点处的温度;

c) 泄油口油液温度(适用时)。

记录试验的环境温度。

对于整体传动装置,上述某些温度可能无法测量。无法测量的温度应在试验报告中注明。

5.1.6 大气压力

应记录试验区域环境的绝对大气压力。

5.1.7 壳体压力

如果元件壳体内的油液压力可能影响其性能,则应在试验期间记录其数值。

5.1.8 稳态条件

针对所选定的参数的受控值，采集的每组读数应仅在该受控参数的指示值处于表3中所示的范围之内时才被记录。当控制参数在有效范围时，如果采集的读数是一组变化的多样的读数，应记录全部读数，但最长获得读数时间不得超过10 s。

表3 所选定的参数的平均指示值的允许变化范围

参数	测量准确度等级允许变化范围[a]（见附录B）		
	A	B	C
转速/%	±0.5	±1.0	±2.0
转矩/%	±0.5	±1.0	±2.0
体积流量/%	±0.5	±1.5	±2.5
压力/Pa[b]（$p_e<2\times10^5$ Pa）[b]	$\pm1\times10^3$	$\pm3\times10^3$	$\pm5\times10^3$
压力/%（$p_e\geqslant2\times10^5$ Pa）	±0.5	±1.5	±2.5

[a] 表中所列的允许变化是指该指示仪器读数的偏差而不是指仪器读数的误差范围(见附录B)。这些变化被用作稳态的指示指标，还用于表达具有固定值的参数图形结果的场合。在功率或效率的任何后续的计算中应该用实际指示值。

[b] 1 Pa=1 N/m²。

5.1.9 试验测量

应选择所采集读数的组数及其在整个范围内的分布，以便在物理量变化的整个范围内给出该元件的有代表性的示值。

5.2 泵试验

5.2.1 试验回路

5.2.1.1 开式试验

试验回路如图1所示，图中所示元件为试验回路必备元件。如果有进口加压要求，应在限定的范围内提供保压措施(见5.2.2)。

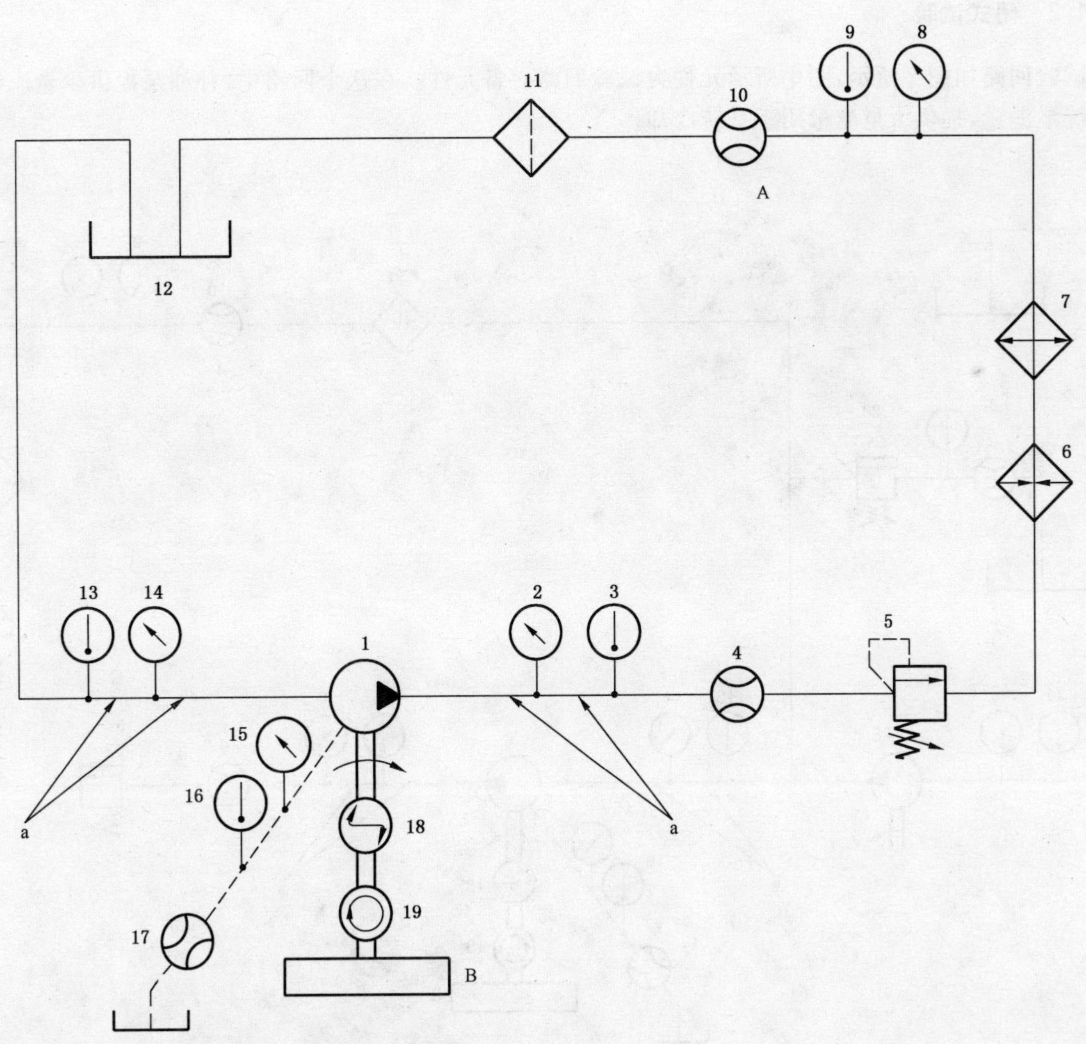

1——被试泵；
2、8、14、15——压力表；
3、9、13、16——温度计；
4、10、17——流量计；
5——溢流阀；
6——加热器；
7——冷却器；
11——过滤器；
12——油箱；
18——转矩仪；
19——转速仪。
A——可选择位置；
B——驱动装置。
a 管子长度见 5.1.1。

图 1 泵试验回路(开式回路)

5.2.1.2 闭式试验

试验回路如图 2 所示，图中所示元件为试验回路必备元件。在这个回路中，补油泵提供少量流量补充系统泄漏量，提供大量流量用于系统冷却。

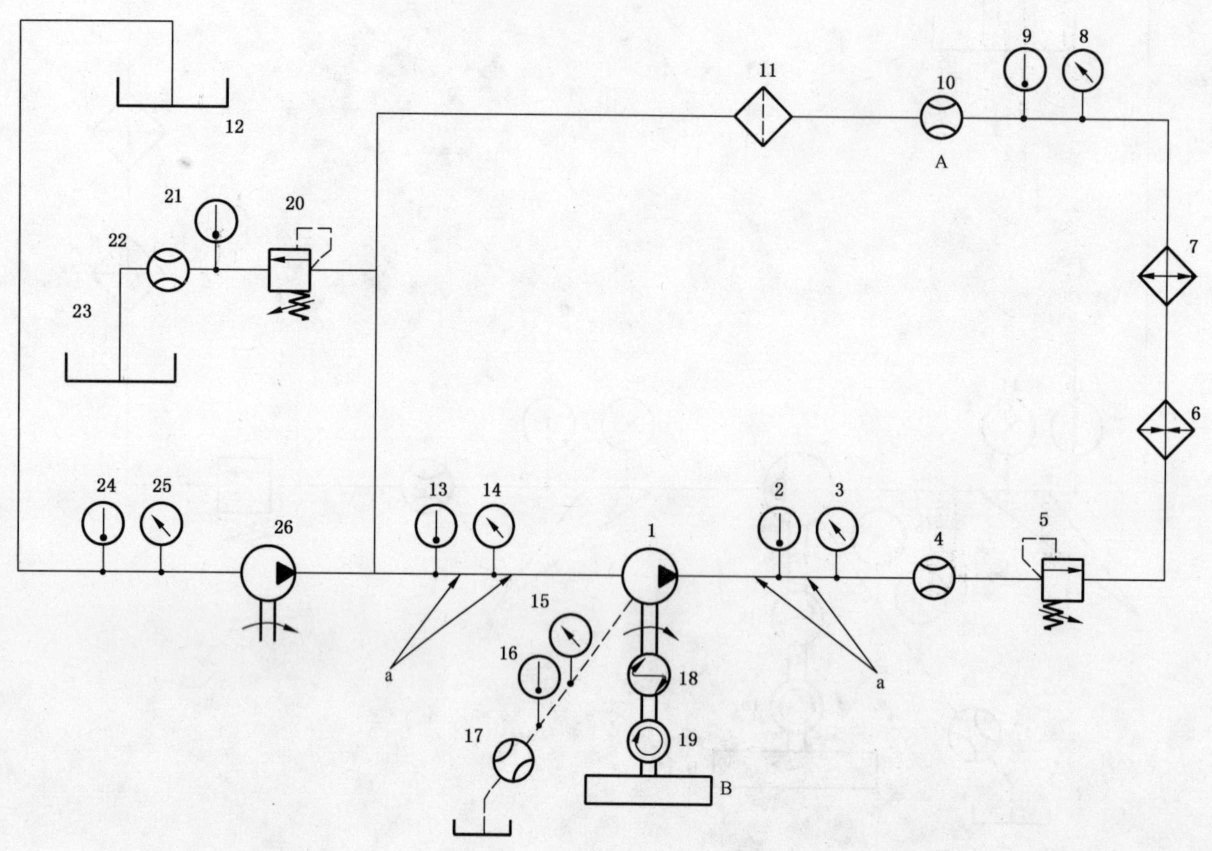

1——被试泵；

26——补油泵；

3、8、14、15、25——压力表；

2、9、13、16、21、24——温度计；

4、10、17、22——流量计；

5、20——溢流阀；

6——加热器；

7——冷却器；

11——过滤器；

12、23——油箱；

18——转矩仪；

19——转速仪。

A——可选择位置；

B——驱动装置。

[a] 管子长度见 5.1.1。

图 2 泵试验回路(闭式回路)

5.2.2 进口压力

在每次试验中，要按生产商的规定，保持进口压力在允许范围内的恒定值(见表3)，如果需要，在不同的进口压力下进行试验。

5.2.3 试验测量

记录以下测量数据：

a) 输入转矩；

b) 出口流量；

c) 泄油流量（适用时）；

d) 液体温度。

在恒定转速(见表3)和若干输出压力下，测出一组数据，以便在出口压力的整个范围内给出泵性能的具有代表性的示值。

在其他转速时，重复5.2.3a)～d)的测量，在转速的整个范围内给出泵性能的具有代表性的示值。

5.2.4 变量

在试验规定的最低转速和最低出口压力下，如果泵是变量式的，则应对最大排量值及要求的其他排量值(诸如最大排量的75%，50%和25%)，进行全部试验。

5.2.5 反向流动

如果泵的流动方式可以借助于变量机构来反向，则根据需要针对两种流动方向进行试验。

5.2.6 非整体式补油泵

如果被试泵配套一个补油泵，而且功率输入可以分别测量，则应分别试验诸泵并针对每个泵分别表达结果。

5.2.7 全流量整体式补油泵

如果补油泵与主泵成整体，使功率输入无法分开，并且补油泵输送主泵的全流量，则两个泵应作为一个整体元件来处理并相应地表达结果。

注：所测得的进口压力是补油泵的进口压力。

应测量和记录补油泵的任何多余流量。

5.2.8 部分流量整体式补油泵

如果补油泵与主泵成整体，使功率输入无法分开，但补油泵仅向主泵的液压回路供给一部分流量而其余部分旁通或用于某些辅助用途如冷却循环等。此时，应测量并记录来自补油泵的流量。

5.3 马达试验

5.3.1 试验回路

试验回路如图3所示，图中所示元件为试验回路必备元件。

如果流量是在马达出口(可选位置)下游测量的，在计算正确的流量时应包括马达壳体的流量。

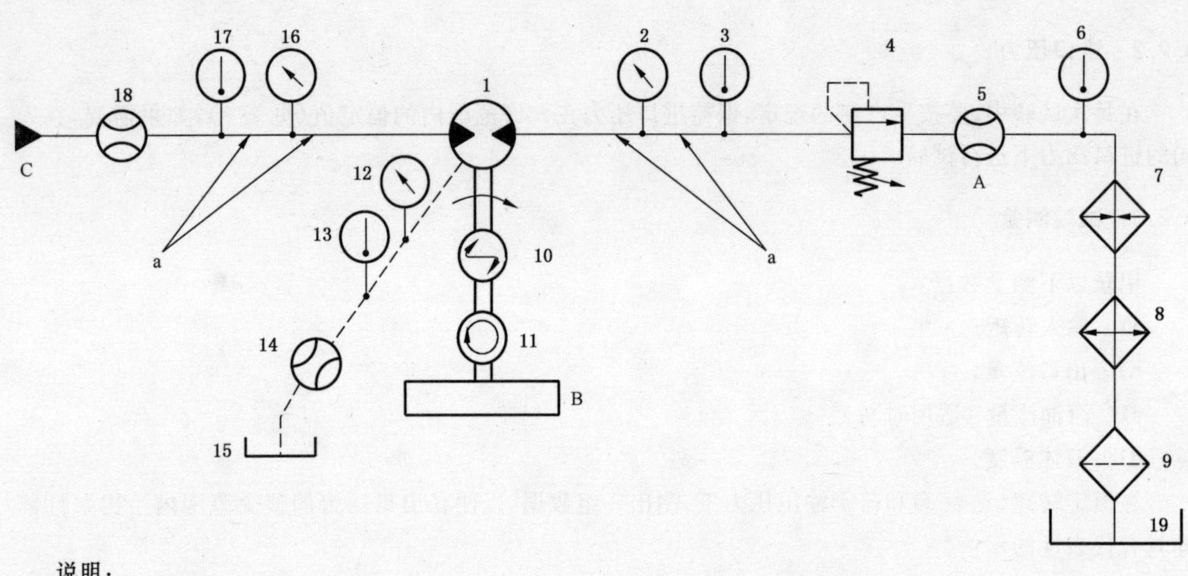

说明：

1——被试马达；	9——过滤器；
2、12、16——压力表；	10——转矩仪；
3、6、13、17——温度计；	11——转速仪；
4——溢流阀；	15、19——油箱；
5、14、18——流量计；	A——可选择位置；
7——加热器；	B——负载；
8——冷却器；	C——油源。

[a] 管子长度见5.1.1。

图3 马达试验回路

5.3.2 出口压力

控制马达的出口压力(例如用压力控制阀)，其变化在表3给定的范围内，并在整个试验过程中保持出口压力的恒定。

此出口压力应与为该马达类型设定的应用场合及制造商的建议一致。

5.3.3 试验测量

记录下列测量值：

a) 输入流量；

b) 泄油流量(适用时)；

c) 输出转矩；

d) 油温。

在马达的整个转速范围内和若干个输入压力下，给出在输入压力的整个范围内马达性能的有代表性的示值。

5.3.4 变量

如果马达是变量式的，则应对最大和最小排量及要求的其他排量(如：总排量的75%、50%和25%)进行试验。

通过调节变量机构得到一定比例排量，以便在零输出转矩下针对同样的进口流量给出所需比例的转速。以马达在最小排量时实现最高转速运转来确定进口流量。

5.3.5 反向旋转

对于需要沿两个旋转方向工作的马达，根据需要针对两个旋转方向进行试验。

5.4 整体传动装置的试验

5.4.1 试验回路

试验回路如图 4 所示，图中所示元件为试验回路必备元件。

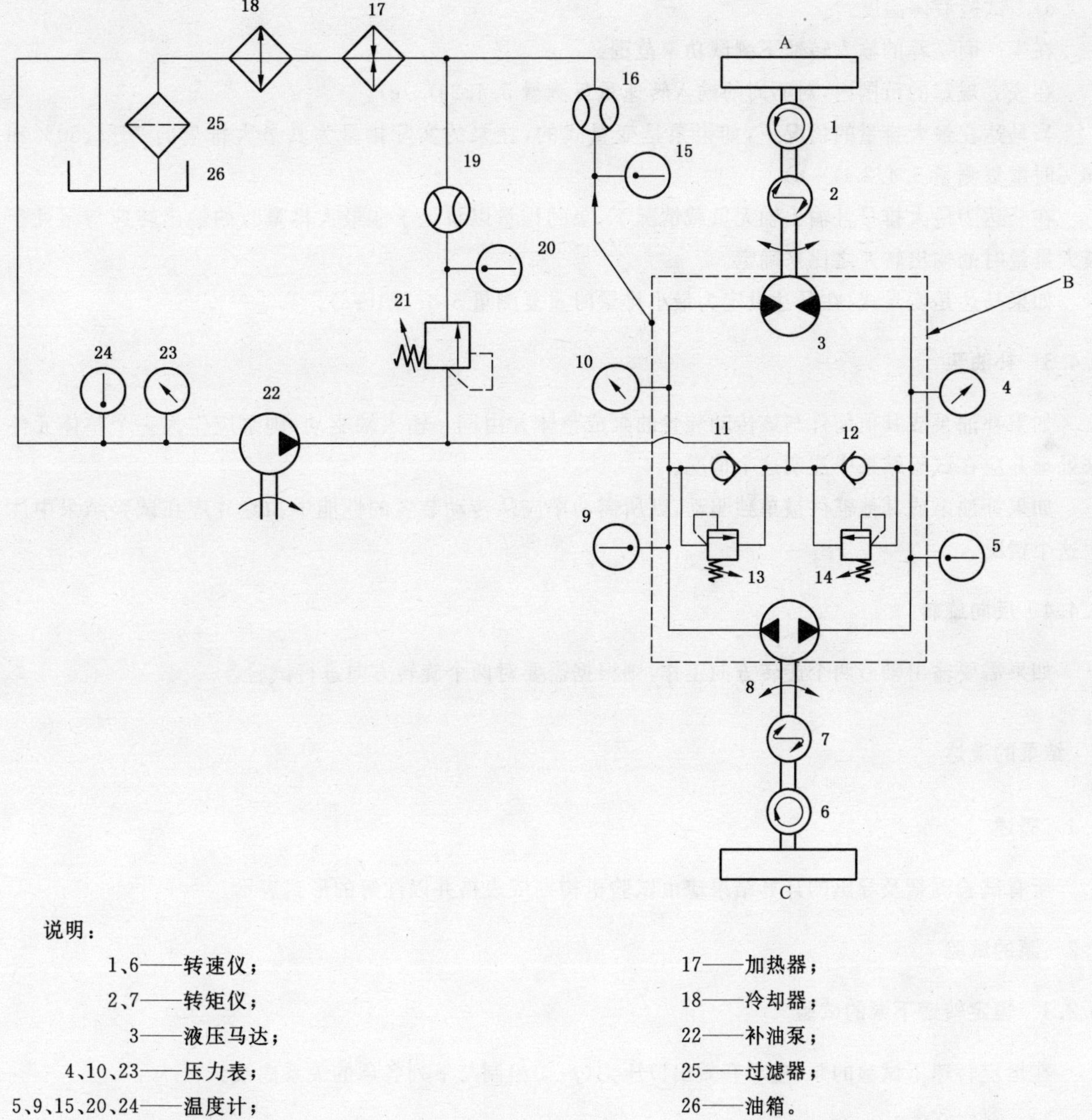

说明：

1、6——转速仪；
2、7——转矩仪；
3——液压马达；
4、10、23——压力表；
5、9、15、20、24——温度计；
8——液压泵；
11、12——单向阀；
13、14、21——溢流阀；
16、19——流量计；
17——加热器；
18——冷却器；
22——补油泵；
25——过滤器；
26——油箱。
A——负载；
B——整体传动箱；
C——驱动装置。

图 4 整体传动装置试验回路

5.4.2 试验测量

在最大排量及规定的转速下，试验测量整体传动装置运行中的以下项目：

a) 输入转矩；

b) 输出转矩；

c) 输出转速；

d) 试验液体压力；

e) 试验液体温度。

在生产商推荐的输入转速下测试功率范围。

在表3规定的范围内，对不同的输入转速重复测量5.4.2a)～e)。

当马达在最大排量的情况下，如果泵是变量式的，在泵的实际排量为其最大排量的75％、50％和25％时重复测量5.4.2 a)～e)。

在马达为最大排量且输出轴无负载情况下，泵的排量以泵处于非最大排量时的输出转速与泵处于最大排量时的输出转速之比来确定。

如果马达是变量式，在马达设定为最小排量时重复测量5.4.2a)～e)。

5.4.3 补油泵

如果补油泵或其他辅件与该传动装置的泵成整体并由同一输入轴驱动，则泵应作为一个整体元件来处理并应在试验结果中注明这个情况。

如果补油泵或其他辅件被单独驱动，则所需功率应从传动装置的性能中扣除并应在试验结果中注明这个情况。

5.4.4 反向旋转

如果需要输出轴沿两个旋转方向工作，则根据需要对两个旋转方向进行试验。

6 结果的表达

6.1 概述

所有试验测量及导出的计算结果应由试验机构列成表格并以图解的形式表示。

6.2 泵的试验

6.2.1 恒定转速下泵的试验

在恒定转速下试验的泵，应对有效出口压力($p_{2,e}$)绘制与下列各项的关系曲线：

a) 容积效率；

b) 总效率；

c) 有效输出流量；

d) 有效输入机械功率。

另外，应记录表4所列参数。

表 4　恒定转速下泵的试验结果

参　数	结　果	单　位
所用试验油液		—
泵进口处油温		K
试验油液的运动黏度		$m^2 s^{-1}$
试验油液的密度		$kg\ m^{-3}$
泵有效输入压力		Pa
试验时泵总排量百分比		%
试验时泵的转速		s^{-1}

6.2.2　不同恒定转速下泵的试验

在一组恒定转速下试验的泵，对于每个不同的有效输出压力值 $p_{2,e}$ 的结果，应像 6.2.1 中描述的给出或绘制转速与下列各项的关系曲线：

a)　容积效率；

b)　总效率；

c)　有效输出流量；

d)　有效输入机械功率。

另外，应记录表 5 所列参数。

表 5　不同恒定转速下泵的试验结果

参　数	结　果	单　位
所用试验油液		—
泵进口处油温		K
试验油液的运动黏度		$m^2 s^{-1}$
试验油液的密度		$kg\ m^{-3}$
泵有效输入压力		Pa
试验时泵总排量百分比		%
泵有效输出压力		Pa

6.3　马达试验

马达试验的结果应绘制成曲线，针对不同的有效输入压力 $p_{1,e}$ 表示以下各项与转速 n 的关系：

a)　容积效率；

b)　总效率；

c)　有效输入流量；

d)　输出转矩；

e)　液压机械效率。

另外，应记录表 6 所列参数。

表 6 马达的试验结果

参　　数	结　　果	单　　位
所用试验油液		—
马达进口处油温		K
试验油液的运动黏度		$m^2 s^{-1}$
试验油液的密度		$kg\ m^{-3}$
试验时马达总排量百分比		%
马达有效输出压力		Pa

6.4 整体传动装置试验

在恒定的输入转速(恒定输入功率)下,进行整体传动装置的传输试验,绘制总效率 η_t 与输出转速 n_2 的关系曲线。

应在 3 个不同有效输出功率 $p_{2,e}$ 下重复试验。另外,应记录表 7 所列参数。

表 7 整体传动装置的试验结果

参　　数	结　　果	单　　位
所用试验油液		—
泵进口处油温		K
试验油液的运动黏度		$m^2 s^{-1}$
试验油液的密度		$kg\ m^{-3}$
输入转速		s^{-1}
有效输出功率		W

应绘制转速比 R 与泵有效输出压力 p_2 关系曲线。另外,应记录表 8 所列参数。

表 8 整体传动装置的试验结果

参　　数	结　　果	单　　位
所用试验油液		—
泵进口处油温		K
输入转速		s^{-1}
泵总排量百分比		%
马达总排量百分比		%

7 标注说明

当选择遵守本标准时,建议制造商在试验报告产品目录和销售文件中采用以下说明:“稳态性能数据的测定和表达符合 GB/T 17491—2011《液压泵、马达和整体传动装置　稳态性能的试验及表达方法》”。

附 录 A
（资料性附录）
实用单位的使用

A.1 实用单位

用表格或图形记录的试验结果可采用表 A.1 中所给出的实用单位。

表 A.1 实用单位

物 理 量	符 号	实 用 单 位
体积流量	q_V	Lmin^{-1}
转速	n	min^{-1}
转矩	T	N·m
压力	p	bar
功率	P	kW
质量密度	ρ	kgL^{-1}
等温平均体积弹性模量	$\overline{K}_T$	Pa(bar)[b]
运动黏度	ν	$\mathrm{mm^2 s^{-1}}$[c]
温度	θ	℃
总效率[a]	η	—

[a] 效率也可以表达成百分数。

[b] 1 bar$=10^5$ Pa。

[c] 1 cSt$=1\ \mathrm{mm^2 s^{-1}}$。

A.2 计算

A.2.1 概述

为了用实用单位来表达结果（见表 A.1），公式(4)～式(8)，式(10)、式(12)和式(13)应按 A.2.2～A.2.7 修正。

A.2.2 机械功率

$$P_m = \frac{2\pi \cdot n \cdot T}{60\ 000}\ \mathrm{kW} \qquad \text{(A.1)}$$

A.2.3 液压功率

$$P_h = \frac{q_V \cdot p}{600}\ \mathrm{kW} \qquad \text{(A.2)}$$

$$P_{2,h}^{P} = \frac{q_{V2,e} \cdot p_{2,e}}{600}\ \mathrm{kW} \qquad \text{(A.3)}$$

$$P_{1,h}^{M}=\frac{q_{V1,e}\cdot p_{1,e}}{600}\ \mathrm{kW} \qquad \cdots\cdots (A.4)$$

A.2.4 泵的总效率

$$\eta_{t}^{P}=\frac{(q_{V2,e}\cdot p_{2,e})-(q_{V1,e}\cdot p_{1,e})}{2\pi\cdot n\cdot T}\times 100\% \qquad \cdots\cdots (A.5)$$

A.2.5 马达液压机械效率

$$\eta_{hm}^{M}=\frac{T}{T_{th}}=\frac{2\pi\cdot n\cdot T}{(p_{1,e}-p_{2,e})V_{i}^{M}}\times 100\% \qquad \cdots\cdots (A.6)$$

A.2.6 马达总效率

$$\eta_{t}^{M}=\frac{2\pi\cdot n\cdot T}{(q_{V1,e}\cdot p_{1,e})-(q_{V2,e}\cdot p_{2,e})}\times 100\% \qquad \cdots\cdots (A.7)$$

A.2.7 整体传动装置的总效率

$$\eta_{t}^{T}=\frac{n_{2}\cdot T_{2}}{n_{1}\cdot T_{1}}\times 100\% \qquad \cdots\cdots (A.8)$$

附 录 B
（规范性附录）
误差和测量准确度等级

B.1 测量准确度等级

根据准确度的不同要求，试验应根据有关各方的商定按 A、B 或 C 三种测量准确度等级之一来进行。

注 1：A 级和 B 级用于对性能有精确要求的特殊场合。

注 2：A 级和 B 级要求更精确的仪器和方法，会增加试验费用，应引起注意。

B.2 误差

应采用通过校准或与国际基准比对的方法，证明使用的测量装置或方法测出的数值，其系统误差不超过表 B.1 中所给出范围。

表 B.1 测量仪器允许的系统校准误差

测量仪器的参数	测量准确度等级允许的系统误差		
	A	B	C
转速/%	±0.5	±1.0	±2.0
转矩/%	±0.5	±1.0	±2.0
体积流量/%	±0.5	±1.0	±2.5
压力（当 $p_e < 2\times10^5$ Pa）/Pa	$\pm1\times10^3$	$\pm3\times10^3$	$\pm5\times10^3$
压力（当 $p_e \geqslant 2\times10^5$ Pa）/%	±0.5	±1.0	±2.5
温度/℃	±0.5	±1.0	±2.0
机械功率/%	—	—	±4.0
注：百分数范围适用于被测量的值而不适用于试验的最大值或仪器的最大读数。			

B.3 误差合成

计算功率或效率时，所涉及的误差合成可以用均方根法求出。

例如：

$$\frac{\delta\eta_t}{\eta_t}=\sqrt{\left(\frac{\delta q_V}{q_V}\right)^2+\left(\frac{\delta p}{p}\right)^2+\left(\frac{\delta n}{n}\right)^2+\left(\frac{\delta T}{T}\right)^2}$$

上面所用的系统误差 δq_V、δp、δn 和 δT 乃是仪器的系统误差而不是表 B.1 中所给出的最大值。更准确的综合误差可查阅由国际法定计量学组织出版的《法定计量学词汇　基本术语》。

附 录 C
（资料性附录）
试验前的核对清单

以下是用来选择适当项目的核对清单，建议在试验之前由有关各方就这些项目进行协商，根据需要选择。

a） 制造商名称；
b） 制造商的标识（型号，系列号）；
c） 制造商的元件名称；
d） 轴的旋转方向；
e） 试验回路；
f） 制造商的安装连接要求；
g） 试验中所用的过滤装置；
h） 压力测量点的位置；
i） 在计算中考虑管路损失；
j） 试验前的条件；
k） 试验用油液（名称和说明）；
l） 在试验温度下试验用油液的运动黏度；
m） 在试验温度下试验用油液的质量密度；
n） 试验用油液的等温平均体积弹性模量；
o） 试验用油液的体积热膨胀系数；
p） 试验用油液的温度；
q） 壳体允许的最高压力；
r） 泵的进口压力；
s） 试验转速；
t） 试验压力值；
u） 变量时的百分比排量；
v） 反向流动要求；
w） 补油泵资料；
x） 马达的出口压力；
y） 反向旋转要求；
z） 结果的表达；
aa） 测量精度等级。

ICS 23.100.01
J 20

中华人民共和国国家标准

GB/T 19934.1—2005/ISO 10771-1:2002

液压传动　金属承压壳体的疲劳压力试验　第1部分:试验方法

Hydraulic fluid power —Fatigue pressure testing of metal pressure-containing envelopes—Part 1:Test method

(ISO 10771-1:2002,IDT)

2005-09-19 发布　　2006-04-01 实施

中华人民共和国国家质量监督检验检疫总局
中国国家标准化管理委员会　发布

前　言

GB/T 19934《液压传动　金属承压壳体的疲劳压力试验》分为两部分：

——第1部分：试验方法；

——第2部分：试验评价。

本部分为GB/T 19934的第1部分，等同采用ISO 10771-1:2002《液压传动　金属承压壳体的疲劳压力试验　第1部分：试验方法》(英文版)。

本部分与ISO 10771-1:2002在技术内容上相同，编辑方面存在的差异如下：

——在“2 规范性引用文件”中以相应的国家标准代替国际标准。

本部分的附录A、附录B、附录C、附录D为规范性附录。

本部分由中国机械工业联合会提出。

本部分由全国液压气动标准化技术委员会(SAC/TC3)归口。

本部分起草单位：北京机械工业自动化研究所。

本部分主要起草人：刘新德、赵曼琳。

引 言

在液压传动系统中,功率是通过回路内的受压流体来传递和控制的。由于疲劳失效涉及到液压元件的安全功能和工作寿命,所以对于液压元件的制造商和用户,掌握元件的整体可靠性数据是重要的。GB/T 19934 的本部分提供了一种对于液压元件承压壳体进行疲劳试验的方法。

在工作期间,系统内的元件可能承受来自以下方面的载荷:

——内部压力;

——外部的力;

——惯性和重力的影响;

——冲击和振动;

——温度变化或温度的梯度变化。

这些载荷的性质可以由单一的静态作用到连续地变化振幅、重复加载,甚至振动。重要的是了解元件如何能够经受住这些载荷,而本部分仅涉及由内部压力引起的载荷问题。

内部压力载荷施加到元件上有多种方式,本部分考虑了在规定的时间范围、温度和环境条件内的一个宽的载荷波形范围,仅适用于金属壳体。我们期望,这些局限性条件,仍可以为液压元件的金属承压壳体的疲劳压力试验方法提供足够的共性基础。因此,这种方法可以给系统设计者提供可靠的数据,有助于应用选择元件。系统设计者仍有责任考虑上面所述的其他载荷特性,并确定它们会如何影响元件的保压能力。

液压传动　金属承压壳体的疲劳压力试验　第1部分:试验方法

1　范围

GB/T 19934的本部分规定了在持续稳定的周期性内压力载荷下,进行液压传动元件的金属承压壳体疲劳试验的方法。

本部分仅适用于以下条件的液压元件承压壳体:

——用金属制造的;

——在不产生蠕变和低温脆化的温度下工作;

——仅承受压力引起的应力;

——不存在由于腐蚀或其他化学作用引起的强度降低;

——可以包括垫片、密封件和其他非金属元件。但是,这些不视为被试承压壳体的部分(见5.5的注3)。

本部分不适用于在GB/T 3766中定义的管路(例如:管接头、软管、硬管)。对于管路元件的疲劳试验方法见ISO 8434-5、ISO 6803和GB/T 7939。

本部分规定了对多数液压元件均适用的通用试验方法,而对于特定元件的附加要求和更具体的方法则包括在本部分的附录或其他标准中。

2　规范性引用文件

下列文件中的条款通过GB/T 19934的本部分的引用而成为本部分的条款。凡是注日期的引用文件,其随后所有的修改单(不包括勘误的内容)或修订版均不适用于本部分,然而,鼓励根据本部分达成协议的各方研究是否可使用这些文件的最新版本。凡是不注日期的引用文件,其最新版本适用于本部分。

GB/T 3766　液压系统通用技术条件(GB/T 3766—2001,eqv ISO 4413:1998)

GB/T 17446　流体传动系统及元件　术语(GB/T 17446—1998,idt ISO 5598:1985)

JB/T 7033　液压测量技术通则(JB/T 7033—1993,eqv ISO 9110-1:1990)

ISO 9110-2:1990　液压传动　测量技术　第2部分:密闭回路中平均稳态压力的测量

3　术语和定义

在GB/T 17446中确立的以及下列术语和定义适用于GB/T 19934的本部分。

3.1

较高循环试验压力　upper cyclic test pressure, p_U

指定试验压力循环的最高等级的最小值。

3.2

较低循环试验压力　lower cyclic test pressure, p_L

指定试验压力循环的最低等级的最大值。

3.3

循环试验压力范围　cyclic test pressure range, Δp

在试验期间,较高循环试验压力和较低循环试验压力的差。

3.4

承压壳体 pressure-containing envelope

元件中包含受压液压油液并采取封闭措施(螺栓、焊接等)的零件。

注 1:垫片和密封件不作为承压壳体的部分。

注 2:对于各类元件的承压壳体定义见附录。

4 试验条件

4.1 在开始各项试验前,应排除被试元件和回路中存留的空气。

4.2 被试元件内的油液温度应在15℃~80℃范围内。被试元件温度的最低值应为15℃。

5 试验装置和试验准备

5.1 试验装置和试验回路应能够按照7.1的规定产生和重复循环压力。

5.2 应将压力传感器直接安装在被试元件内,或尽可能接近被试元件,以便记录作用于被试元件内部的压力。应消除在传感器和被试承压壳体间的任何影响因素。

5.3 应使用在试验温度下其运动黏度不高于60mm²/s的非腐蚀性液压油液作为加压介质。

5.4 应按照设计规范要求,对被试元件的不同部分施以不同的压力。

5.5 在静载荷条件下,当达到试验循环速率时,尤其当下列情况时,应验证引起的应力与压力的比值。

——压力必须渗入到封闭的各部分之间;

——试验大的元件;

——在接合处的滞后作用可以有效地影响应力。

注 1:应变仪可用于验证这个比值。如果使用,应设置在高应变区域的外表面。

注 2:为了简化循环或爆破试验,允许对被试元件做些修改,但所做的修改不应增加承压壳体的承压能力。

注 3:允许更换试验期间损坏的垫片和密封件,但要保证在它们重新装配后受压元件内的预紧力与拆卸前是相同的。在疲劳试验期间,紧固件的预紧力可以降低。当更换密封件或垫片时,紧固件的预紧力宜设置在这个降低的水平。

5.6 在试验期间,应遵守安全规程(见GB/T 3766),以保护人员和设备的安全。

6 准确度

6.1 测量仪器的精度应在下列极限范围内:

——压力:较高循环试验压力的±1.0%;

——应变:在较高循环试验压力下获得的应变值的±1%;

——时间:±0.002 s的分辨率;

——温度:±2℃。

6.2 应使用压力传感器、放大器和记录装置。记录装置的频率范围为0 kHz~2 kHz,幅值比为-3 dB~0 dB。

6.3 测量仪器和测量规程应符合JB/T 7033和ISO 9110-2。

7 试验规程

7.1 循环压力试验

7.1.1 试验压力波形

对于在7.1.2中规定的时间周期,试验压力波形应达到较高循环试验压力和较低循环试验压力水平。图1列举了一个典型的试验压力波形。

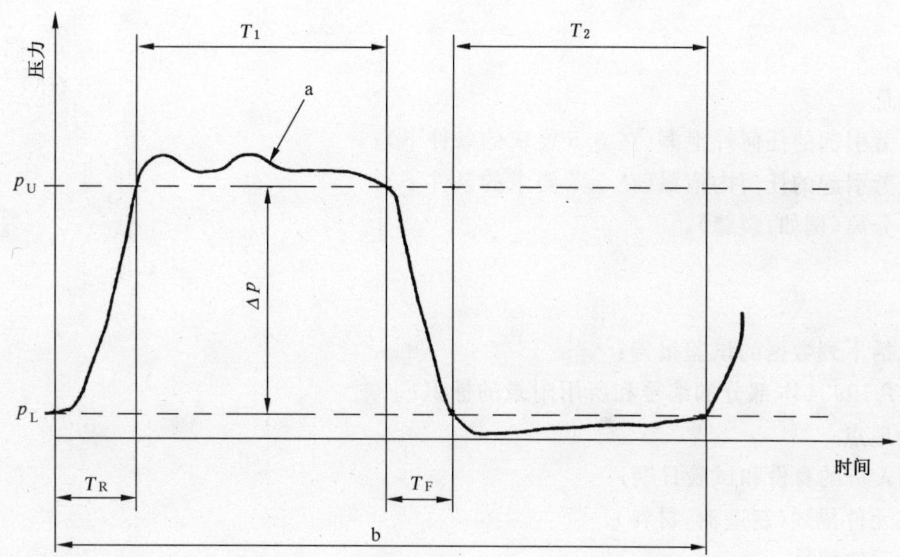

a 实际试验压力；

b 试验周期$=T=1/$试验频率$=1/f=T_R+T_1+T_F+T_2$。

图 1 试验压力波形

7.1.2 压力试验循环

a) 较高循环试验压力(p_U)

对于时间段 T_1(等于或大于 0.3 T)，实际试验压力应等于或超过较高循环试验压力。

b) 压力增加的时间段(T_R)

在时间段 T_R 内，实际试验压力应增加至较高循环试验压力，以使：

$0.4\ T \leqslant T_R + T_1 \leqslant 0.6\ T$

c) 较低循环试验压力(p_L)

较低循环试验压力应不超过较高循环试验压力的 5%，除非在附录中另有规定。在循环的时间段 T_2 内，实际试验压力应不超过较低循环试验压力。T_2 由下式给出：

$0.9\ T_1 \leqslant T_2 \leqslant 1.1\ T_1$

7.1.3 试验循环次数

应在 $10^5 \sim 10^7$ 范围内选择试验循环次数。

7.1.4 试验频率和时间段 T_1

在选定的频率 $f=1/T$，循环试验压力。

注：被试液压元件的疲劳寿命取决于在给定的压力振幅下压力变化的时间段 T_1。因此，在给定的时间段内对元件试验的结果，不能用于预测该元件在不同时间段内能够经受住的循环次数。除非具有在高频率下试验的令人满意的经验，一般对于给定的压力宜采用频率 $f \leqslant 3$ Hz 或时间段 $T_1 \geqslant 100$ ms。

7.2 综述

7.2.1 利用无破坏性的方法检验所有被试元件，以验证其与制造说明书的一致性。

7.2.2 如果需要，可在被试元件内放置金属球或其他非固定的配件，以减少压力油液的体积，但要保证放置的配件不妨碍正确的压力达到所有试验区域，并且不影响该元件的疲劳寿命(例如：对被试元件内表面产生锤击)。

7.2.3 当液压传动元件有多个设计为不同承压能力的内腔时，机械疲劳特性在这些内腔间是不同的。这些内腔应作为承压壳体的不同部分进行试验(见附录 A、附录 B、附录 C 和附录 D)。

8 失效标准

失效标准是：

——由疲劳引起的任何外泄漏(在5.5要求的条件下)；

——由疲劳引起的任何内泄漏(在5.5要求的条件下)；

——材料分离(例如:裂缝)。

9 试验报告

应做出包括下列数据的试验报告：

a) GB/T 19934本部分的编号和所用附录的标识；

b) 试验地点；

c) 试验人员的身份和试验日期；

d) 被试元件描述(制造商,材料)；

e) 被试元件编号；

f) 较高和较低循环试验压力(p_U,p_L)；

g) 循环试验频率(f)和时间段(T_1)；

h) 完成的压力循环次数；

i) 试验液压油液的类型；

j) 典型的循环曲线(压力/时间)；

k) 液压油液和周围环境的温度；

l) 垫片和密封件的更换,它们的循环寿命和重新建立紧固件预紧的方法；

m) 检测仪器系统和传感器的频率响应；

n) 为完成试验,对被试元件所做的任何修改的描述(图形和文字)；

o) 任何其他注释。

10 试验说明

应通过指定第9章中的a)、d)、f)、g)和h)的数据,说明疲劳压力试验的条件。

示例:GB/T 19934.1—2005/ISO 10771-1:2002 D\\溢流阀(×××,钢)\\25/0.5 MPa (250/5 bar)\\3 Hz/120 ms\\$10^7$循环。

11 标注说明(引用本标准)

当选择遵守GB/T 19934的本部分时,建议在试验报告、产品目录和产品销售文件中采用以下说明:“疲劳压力试验的方法符合GB/T 19934.1—2005/ISO 10771-1:2002《液压传动 金属承压壳体的疲劳压力试验 第1部分:试验方法》”。

附　录　A
（规范性附录）
对于液压泵和液压马达的特殊要求

A.1　概述

在 GB/T 19934 的本部分中规定的要求应适合 A.2 和 A.3 中给出的变化。

应使用完整装配的被试元件进行试验。

注 1：在试验期间，进油口、回油口和高压油口可能需要施加不同的循环试验压力。

注 2：当进行这项试验时，一个重要的判断依据是被试元件的驱动机构是否旋转并自身产生高压，或是否它不旋转并通过一个分离的压力源施压。

A.2　试验步骤

如果选择对一个以上的油口增压，应选择循环压力的相位关系，以达到最高疲劳载荷。

如果用一个非旋转轴实施这项试验，在测定承压壳体上的载荷方面该旋转组合的角位置很重要，应加以控制。

在测定施于承压壳体的载荷的过程中，液压泵和液压马达的排量很重要，将会影响到测量结果，宜加以控制。对于变排量的液压泵和液压马达，除记录压力波形外还应记录排量变化的波形。

A.3　试验报告

下列资料应增加到试验报告中[包括第 9 章的 a)～o)]：

a)　主动轴是否旋转；

b)　如果不旋转，描述输出排量元件的角位置；

c)　被试元件是液压泵还是液压马达；

d)　旋转的速度和方向；

e)　对于变量元件的报告，排量波形及其与压力波形的相位关系；

f)　各个加压油口的较高循环压力 p_U 和较低循环压力 p_L，各加压油口的相位关系和施于任何其他油口的压力值。

附　录　B
（规范性附录）
对液压缸的特殊要求

B.1　概述

本附录规定了进行液压缸缸体的疲劳压力试验方法。该方法适用于缸径≤200 mm 的下列类型液压缸：

——拉杆螺栓型；

——螺钉型；

——焊接型；

——其他连接类型。

该方法不适用于：

——在活塞杆上施加侧向载荷；

——活塞杆在载荷/应力作用下产生弯曲。

液压缸的承压壳体包括：

——缸体；

——缸的前、后端盖；

——密封件沟槽；

——活塞；

——活塞与活塞杆的连接；

——任何受压元件，如：缓冲节流阀、单向阀、排气塞、截止塞等；

——前端盖、后端盖、密封沟槽、活塞和保持环的紧固件（例如：弹性挡圈、螺栓、拉杆、螺母等）。

注 1：其他部分，如底板、安装附件和缓冲件，不考虑作为承压壳体的部分。

注 2：虽然底板不是承压件，但可以利用本附录叙述的试验方法对其做耐久性的疲劳试验。

B.2　对于一般液压缸承压壳体的试验装置

液压缸的行程长度应至少为图 B.1 确定的长度。

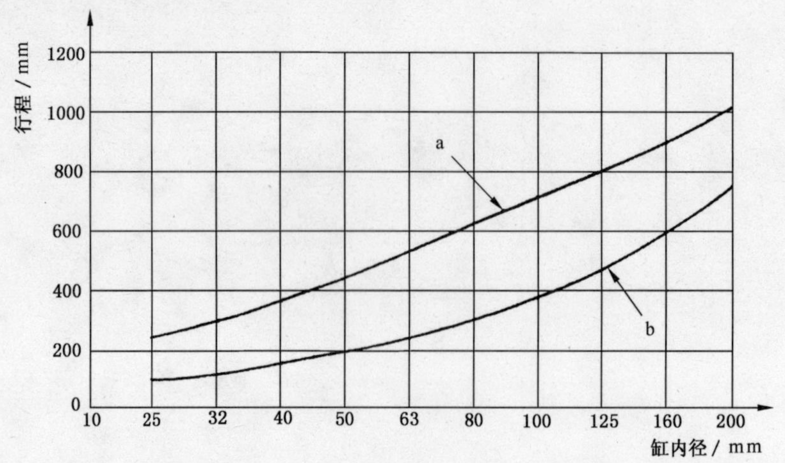

a　拉杆缸；

b　所有其他类型缸。

图 B.1　与液压缸内径对应的最小行程

应提供一个附加在活塞杆伸出端上的试验装置，其与活塞杆端头固定且保持与活塞杆同轴（为达到此要求，允许修改活塞杆伸出端）。该试验装置应确定活塞的大致位置，对于拉杆缸，使活塞距后端盖的距离 L（见图 B.2）在 3 mm～6 mm 之间；对于非拉杆缸，活塞应大致位于缸体长度的中间。

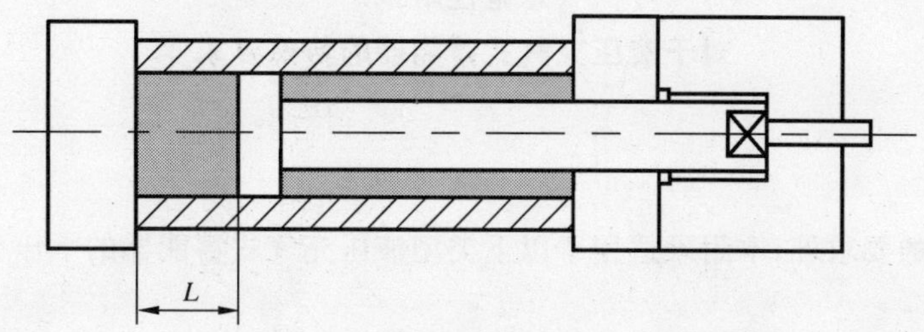

图 B.2　液压缸的试验装置

为了减少壳体内受压油液的体积，可以在承压壳体内放置一些充填材料（例如：钢球、隔板等）。但是，充填材料不应限制对被试元件加压。

B.3　试验压力的施加

液压缸的前、后两端宜有两组油口，一个连接压力源，另一个用于连接测压装置。

首先以高于较高循环试验压力（p_U）的试验压力施加在活塞的一侧，以低于较低循环试验压力（p_L）的试验压力施加在活塞的另一侧。然后颠倒这两个压力，产生一个压力循环，如图 B.3 所示。

对于活塞的增压一侧，时间段 T_2 应比 T_1 长。为此，活塞两侧的时间段 T_1 不应在另一侧压力降低到 p_L 以下之前开始。活塞两侧的时间段 T_1 应在另一侧压力上升到 p_L 以上之前结束。

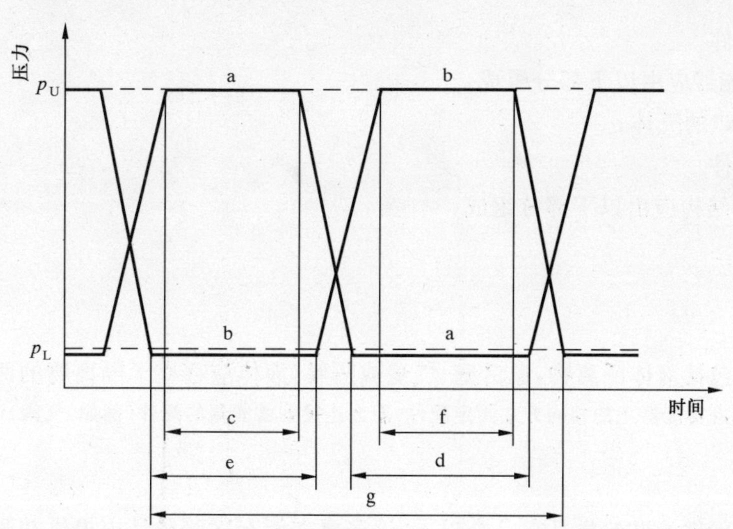

a　侧面 1；

b　侧面 2；

c　侧面 1 的 T_1；

d　侧面 1 的 T_2；

e　侧面 2 的 T_2；

f　侧面 2 的 T_1；

g　一个循环。

图 B.3　试验压力波形

附 录 C
（规范性附录）
对于液压充气式蓄能器的特殊要求

C.1 概述

除在正文中规定的要求外，本附录适用于以下类型液压充气式蓄能器的承压壳体：

——活塞式；

——气囊式；

——隔膜式。

本附录也适用于传输型蓄能器用来增加气体容量的气瓶。

C.2 试验样品

C.2.1 气囊式蓄能器应由以下部分组成：

——外壳；

——液压油口阀组件；

——气口阀组件。

C.2.2 活塞式蓄能器应由以下部分组成：

——蓄能器壳体；

——端盖；

——气口阀组件。

C.2.3 隔膜式蓄能器应由以下部分组成：

——带整体油口的壳体；

——气口阀组件。

C.2.4 气瓶，按其结构应由以下部分组成：

——壳体；

——阀组件；

——端盖。

如果试验样品包括液体隔离物，象活塞、气囊或隔膜，液体应存在于隔离物的两侧。

注：如果能以安装在蓄能器上的相同方式固定配件，那么连接到蓄能器的配件（例如：气阀）可以被分开试验。

C.3 试验步骤

如果要求被试元件的试验样品在一个以上，倘若要在所有试验样品内提供并测量试验压力波形（见5.1和5.2），那么可以将试验样品串联或并联连接。

对于较低循环试验压力 p_L，允许其高于较高循环试验压力 p_U 的 5%，但是试验压力波形应符合图1。

附　录　D
（规范性附录）
对于液压阀的特殊要求

D.1　概述

通常，液压阀包括几个型腔，每个型腔可能承受不同的压力（例如：系统压力、工作油口压力、控制压力和回油口压力）。

D.2　试验步骤指南

液压阀宜以整体进行试验。附件（例如：电磁铁、阀体端盖等）可以作为液压阀的整体部分或作为单独的被试元件进行试验。

如果在工作期间，型腔的内壁或边界可能经受反复的压力载荷（对于方向阀的压力油口和工作油口之间的内部区域，可能是这种情况），那么一个循环应包括交替施加于内部或边界的各侧的最大压差。

注：如果这些压力型腔不邻近，压力脉冲可以同时施加到各个型腔。

参 考 文 献

[1] GB/T 7939—[1],液压软管总成　试验方法

[2] ISO 6803:1994,橡胶或塑料软管和软管总成　无弯曲的液压冲击试验

[3] ISO 8434-5:1995,用于流体传动和一般用途的金属管接头　第5部分:螺纹连接的液压管接头的试验方法

1) 正在修订中(GB/T 7939—1987 的修订版,拟等同采用 ISO 6605:2002)。

ICS 23.100.10
J 20

中华人民共和国国家标准

GB/T 23253—2009/ISO 17559:2003

液压传动　电控液压泵　性能试验方法

**Hydraulic fluid power—
Electrically controlled hydraulic pumps—
Test methods to determine performance characteristics**

(ISO 17559:2003,IDT)

2009-03-16 发布　　2009-11-01 实施

中华人民共和国国家质量监督检验检疫总局
中国国家标准化管理委员会　发布

前　言

本标准等同采用 ISO 17559:2003《液压传动　电控液压泵　性能试验方法》(英文版)。

本标准等同翻译 ISO 17559:2003。

为便于使用,本标准做了下列编辑性修改:

——在“范围”中增加注;

——在“规范性引用文件”中,以对应的国家标准代替国际标准,增加 ISO 1219-2;

——流量单位以 L/min 代替 dm^3/min;

——转速单位以 r/min 代替 min^{-1};

——6.1.3 中将油液污染度等级代号“19/16”改为“—/19/16”。

本标准的附录 A 为规范性附录。

本标准由中国机械工业联合会提出。

本标准由全国液压气动标准化技术委员会(SAC/TC 3)归口。

本标准起草单位:煤炭科学研究总院上海分院、浙江大学流体传动及控制国家重点实验室、贵州力源液压股份公司。

本标准主要起草人:谢吉明、邱敏秀、杨强、胡大邦、罗德刚、王庆丰、赵艳平、吴根茂、曹捷、胡军。

引　　言

本标准旨在统一各种电控液压泵的试验方法，以便对不同液压泵的性能进行比较。本标准规定了试验装置、试验程序和试验结果表达的具体要求。

液压传动　电控液压泵　性能试验方法

1　范围

本标准规定了电控液压泵(以下简称泵)的稳态和动态性能特性的试验方法。

注：本标准仅涉及与电控装置相关的泵特性试验方法。

本标准所涉及的泵都具有与输入电信号成比例地改变输出流量或压力的功能。这些泵可以是负载敏感控制泵、伺服控制泵,也可以是电控变量泵。

测量准确度分为A、B、C三级,详细见附录A。

2　规范性引用文件

下列文件中的条款通过本标准的引用而成为本标准的条款。凡是注日期的引用文件,其随后所有的修改单(不包括勘误的内容)或修订版均不适用于本标准,然而,鼓励根据本标准达成协议的各方研究是否可使用这些文件的最新版本。凡是不注日期的引用文件,其最新版本适用于本标准。

GB/T 786.1　流体传动系统及元件图形符号和回路图　第1部分:用于常规用途和数据处理的图形符号(GB/T 786.1—2009,ISO 1219-1:2006,IDT)

GB/T 3141　工业液体润滑剂　ISO粘度分类(GB/T 3141—1994,eqv ISO 3448:1992)

GB/T 14039—2002　液压传动　油液　固体颗粒污染等级代号(ISO 4406:1999,MOD)

GB/T 17446　流体传动系统及元件　术语(GB/T 17446—1998,idt ISO 5598:1985)

GB/T 17485　液压泵、马达和整体传动装置参数定义和字母符号(GB/T 17485—1998,idt ISO 4391:1983)

GB/T 17491　液压泵、马达和整体传动装置稳态性能的测定(GB/T 17491—1998,idt ISO 4409:1986)

ISO 1219-2　流体传动系统和元件　图形符号和回路图　第2部分:回路图

3　术语和定义

GB/T 17446确立的以及下列术语和定义适用于本标准。

3.1

电控液压泵　electrically controlled hydraulic pump

能根据输入电信号控制泵的输出压力或流量的变量泵。

3.2

最小流量指令　minimum flow command

为维持最高工作压力所需的最小流量的输入指令信号。

3.3

最低可控压力　minimum controllable pressure

当输入压力指令信号的绝对值为零而流量指令信号是最大时泵的最低输出压力。

3.4

死区　dead zone

泵的一个工作区间。在此工作区间内,输入信号的绝对值从零开始增加或将减小到零时,由输入信号控制的输出压力和输出流量不发生变化。

3.5

负载腔容积　load volume

从被试泵的出口到加载阀进口的主管路内,工作油液的总体积。

3.6

压力补偿　pressure compensation

泵的工作状况。这种工况是指当输出压力达到某设定值时，依靠变排量控制机构使输出流量变小。

3.7

截流压力　deadhead pressure

没有流量时的输出压力。

4　符号

4.1　本标准中所有物理量(见表1)的符号以及符号下标符合 GB/T 17485 的规定。

物理量的单位见表1和附录A。

表1　符号和单位

物理量	符　号	量　纲[a]	单　位
功率	P	ML^2T^{-3}	W
压力,压差	$p,\Delta p$	$ML^{-1}T^{-2}$	MPa
流量	q	L^3T^{-1}	L/min
转速	n	T^{-1}	r/min
[a] M=质量,L=长度,T=时间。			

4.2　图1和图2所示试验回路原理图的图形符号符合 GB/T 786.1 和 ISO 1219-2 的规定。

5　试验装置

5.1　总则

5.1.1　除非另有规定，泵安装时，要求伸出轴保持水平，泄漏油口应处在泵的上方。

5.1.2　对装有压力控制阀和流量控制阀的被试泵，应选用图1的试验回路。

5.1.3　对应用电输入信号，在压力补偿工况，采用控制变量装置的位置或角度来改变排量以实现对输出压力控制的变量泵，应选用图2的试验回路。

5.1.4　在实际应用中，当泵是闭环控制系统的一部分时，应进行频率响应试验。8.5 中描述了泵频响特性试验方法。具体试验要求应由用户和制造商协商确定。

5.2　试验装置

5.2.1　根据试验要求，泵试验台系统应符合 5.1.1～5.1.3 的规定。

5.2.2　应保持试验回路中加载阀和节流阀处于空载和非节流状态，除非另有规定。如果用加载阀加载，则将节流阀全部打开并切换方向控制阀到 P 口关闭的位置。如果用节流阀加载，则切换方向控制阀到 P 口和 A 口相通的位置。

5.2.3　调定泵试验系统的手动安全阀，限制最高稳态压力不低于被试泵最高工作压力的125%。

6　试验条件

6.1　试验用油液

6.1.1　液压油液的黏度应符合 GB/T 3141 规定的 ISOVG32 或 ISOVG46。

6.1.2　泵进口的油液温度应维持在 45 ℃～55 ℃的范围内。

6.1.3　油液的污染度等级应不高于 GB/T 14039—2002 中规定的—/19/16。在本条款规定以外的其他条件，应由供应商和用户协商确定。

6.2　环境温度

试验时，应考虑周围环境温度以及来自固定空调装置的影响。

6.3　稳态条件

只有当控制参数值处于表2所列的限制范围内时，才可读取每组测量值。

表 2　控制参数值允许变化范围

控制参数	相对于各控制等级的控制参数允许变化范围[a]		
	A	B	C
温度/℃	±0.5	±1	±2
转速/%	±0.5	±1	±2
输入信号/%	±0.5	±1.5	±2.5

[a] 见附录 A。

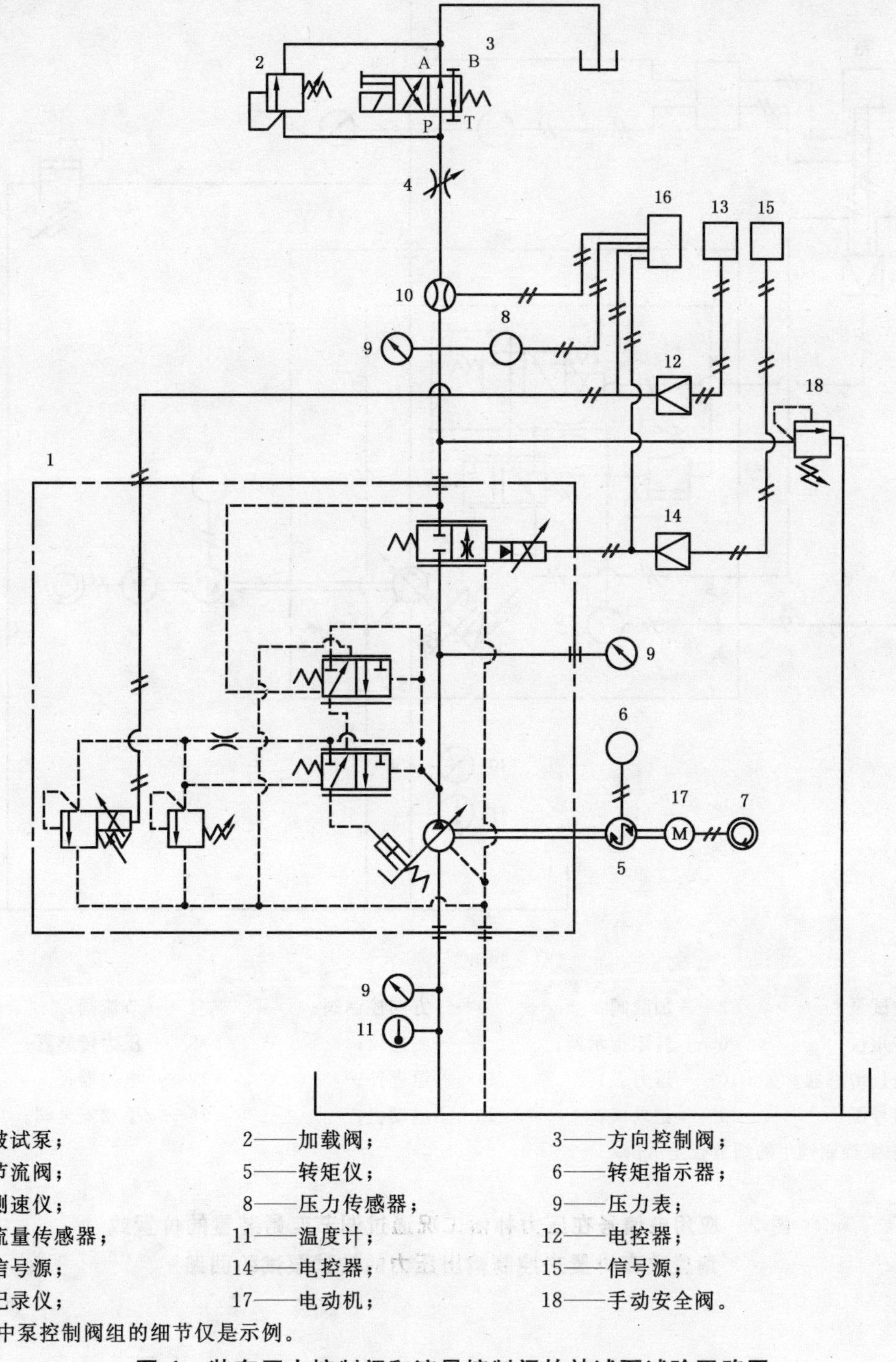

1——被试泵；　2——加载阀；　3——方向控制阀；
4——节流阀；　5——转矩仪；　6——转矩指示器；
7——测速仪；　8——压力传感器；　9——压力表；
10——流量传感器；　11——温度计；　12——电控器；
13——信号源；　14——电控器；　15——信号源；
16——记录仪；　17——电动机；　18——手动安全阀。

注：图中泵控制阀组的细节仅是示例。

图 1　装有压力控制阀和流量控制阀的被试泵试验回路图

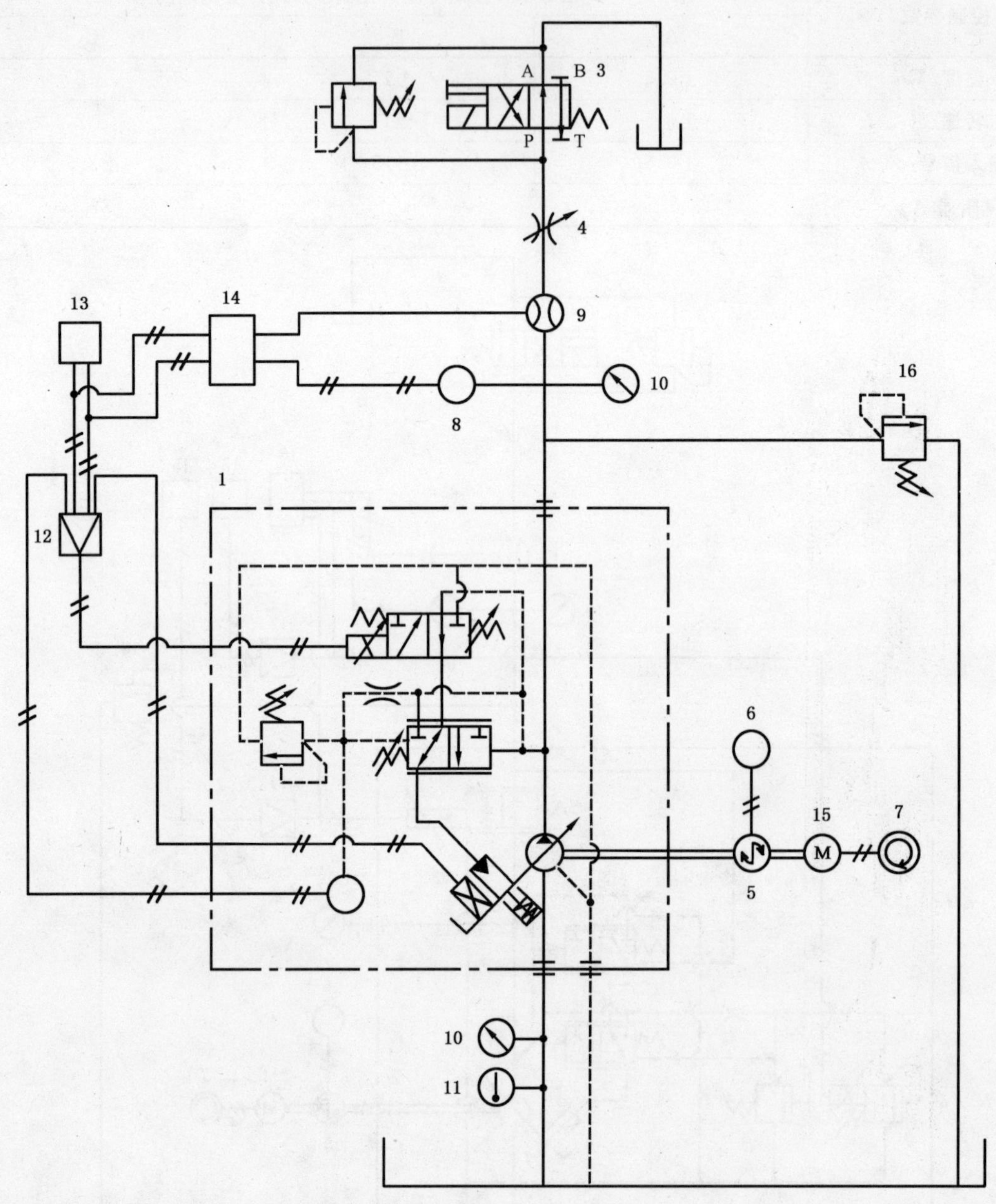

1——被试泵；　2——加载阀；　3——方向控制阀；　4——节流阀；
5——转矩仪；　6——转矩指示器；　7——测速仪；　8——压力传感器；
9——流量传感器；　10——压力表；　11——温度计；　12——电控器；
13——信号源；　14——记录仪；　15——电动机；　16——手动安全阀。

注：图中泵控制阀组的细节仅是示例。

图 2　应用电信号在压力补偿工况通过调节变量装置的位置或角度改变排量来控制输出压力的被试泵试验回路

7 稳态特性试验

7.1 总则

7.1.1 试验回路和测量回路应符合图1或图2的要求。

注：除采用如图2所示的内控压力油外，也可采用外控压力油。

7.1.2 调节电动机到指定的转速。

7.1.3 稳态特性应按GB/T 17491测定。

7.1.4 符合图2所示的泵，可以采用摆角或行程占其最大值的百分比作为判断输出流量的参考数值。

7.2 压力-流量特性

7.2.1 选用具有压力控制和流量控制功能的泵。

7.2.2 根据下列步骤确定最小流量指令信号：

——关闭加载阀，使阀口无输出流量；

——缓慢递减输入流量指令信号，直到截流压力不能再维持为止；

——记录此输入流量指令信号，作为最小流量设定值。

7.2.3 试验应在最高工作压力的100%、75%和50%的工况下进行，试验也应在最大输出流量的90%、75%、50%、25%工况以及最小流量指令下进行。

7.2.4 调节节流阀，逐渐改变输出压力，使泵的输出压力，从最高工作压力，经过75%和50%最高工作压力的工况点，到最高的最低可控压力工况点，直至节流阀完全打开时的输出压力点，然后，按相反方向返回做一遍相应试验。

7.2.5 绘出输出流量相对于输出压力的特性曲线(见图3)。

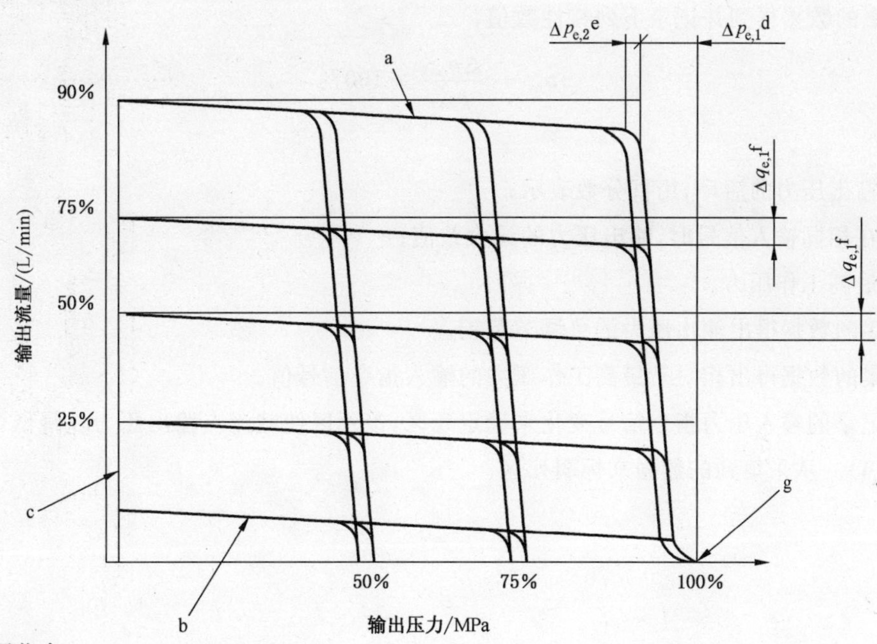

a 最大流量指令。

b 最小流量指令。

c 最低可控压力。

d 从压力补偿工况开始点到截流点之间的压力差范围。

e 压力补偿工况开始点的滞环。

f 输出流量变化的最大范围。

g 最高工作压力。

图3 压力-流量特性曲线

7.2.6　应用公式(1)计算和记录相对于输出压力的可调节流量的变化率：

$$\delta q = \frac{\Delta q_{e,1}}{q_0} \times 100\% \quad \cdots\cdots(1)$$

式中：

δq——可调节流量变化率，以百分数表示；

$\Delta q_{e,1}$——输出流量变化的最大范围(见图 3)；

q_0——压力-流量特性曲线图上，最低可控压力处的输出流量。

分别计算在最大输出流量的 75%、50%及最小流量工况时的可调节流量变化率 δq。对具有压力补偿功能的泵，$\Delta q_{e,1}$(输出流量变化的最大范围)应设定在泵即将进入压力补偿工况时。

7.2.7　对具有压力补偿功能的泵，对每一个设定流量，计算和记录下列特性值：

——实现压力补偿控制时的压力滞环 $\Delta p_{e,2}$；

——从压力补偿工况开始点到截流点的压力范围 $\Delta p_{e,1}$。

7.3　输出压力相对输入压力指令信号的特性试验

7.3.1　如果泵具有压力控制和流量控制功能，调节输入压力指令信号和输入流量指令信号，使其达到最大值。

7.3.2　完全关闭加载阀。增大和减小输入压力指令信号呈一个周期，从泵最低可控压力到最高工作压力。调压速率应避免泵和检测设备受到明显的动态影响。

7.3.3　绘出输出压力相对于输入压力指令信号的特性曲线(见图 4)。

7.3.4　从采集的数据得到并记录下列特性数值：

$$\delta p_{hy} = \frac{\Delta p_{max}}{p_{max}} \times 100\% \quad \cdots\cdots(2)$$

式中：

δp_{hy}——输出压力的滞环，用百分数表示；

Δp_{max}——在相同输入信号时，输出压力的最大差值；

p_{max}——最高工作压力。

7.3.5　从采集的数据得出输出压力的可调节范围。

7.3.6　从采集的数据得出相对于最高工作压力的输入指令信号值。

7.3.7　根据记录的输入压力指令信号变化来确定死区，该死区使截流点输出压力比最低可控压力上升了 10%(见图 4)。从采集到的数据来标明死区。

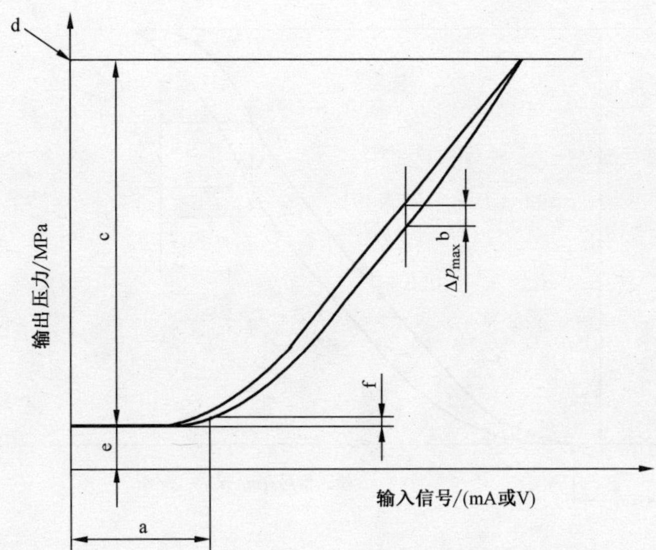

a 死区。

b 压力最大误差。

c 压力调节范围。

d 最高工作压力。

e 最低可控压力。

f 最低可控压力的10%。

图4 输出压力相对输入压力指令信号的特性曲线

7.4 输出流量相对输入流量指令信号的特性试验

7.4.1 如果泵具有压力控制和流量控制功能，调整输入压力指令信号和输入流量指令信号，使其达到最大值，使用加载阀调整输出压力至最高工作压力的75%。

7.4.2 在一个周期内，增大然后减小流量控制输入信号，从零输出流量到最大输出流量，再回到零输出流量。调整速率应避免泵和检测设备受到明显的动态影响。

7.4.3 绘出输出流量相对输入流量指令信号的特性曲线图(见图5)。

7.4.4 从采集的数据得出并记录下述特性数值：

$$\delta q_{hy} = \frac{\Delta q_{max}}{q_{max}} \times 100\% \qquad (3)$$

式中：

δq_{hy}——输出流量的滞环，用百分数表示；

Δq_{max}——在相同输入信号时，输出流量的最大差值；

q_{max}——最大输出流量。

7.4.5 从采集的数据中得出输出流量的可调范围。

7.4.6 从采集的数据中得出相对最大输出流量的输入信号值。

7.4.7 从采集到的数据来标明死区(见图5)。

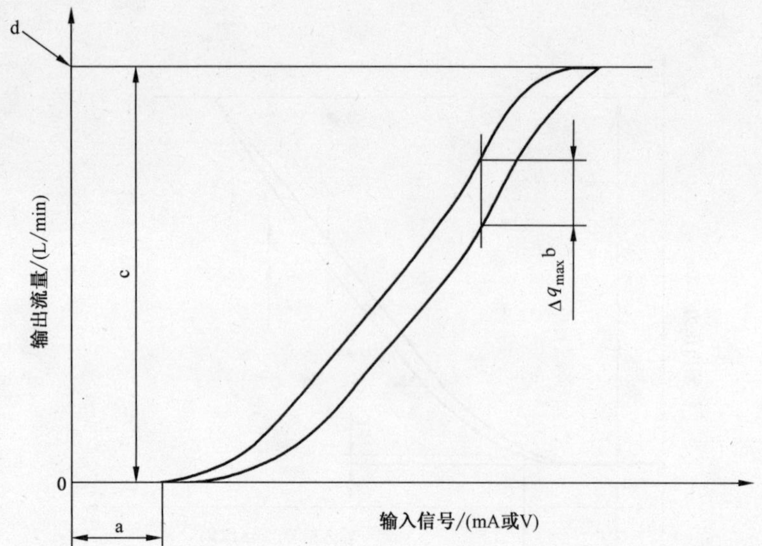

a 死区。

b 输出流量最大误差。

c 输出流量可调整范围。

d 最大输出流量。

图 5 最高工作压力的75%处输出流量相对输入流量指令信号的特性曲线

7.5 重复性试验

7.5.1 输出压力重复性试验

7.5.1.1 如果泵具有压力控制和流量控制功能，调节输入压力指令信号和输入流量指令信号，使其达到最大值。

7.5.1.2 根据7.3.2改变输入压力指令信号，从最高工作压力的50%到最高工作压力，前后做20个循环。所用速率应避免泵和检测设备受到明显的动态影响。

7.5.1.3 根据7.3.2改变输入压力指令信号，从最低工作压力到最高工作压力的50%，前后做20个循环。所用速率应避免泵和检测设备受到明显的动态影响。

7.5.1.4 以图形记录7.5.1.2和7.5.1.3试验的结果，绘出输出压力相对时间的特性图(见图6)。

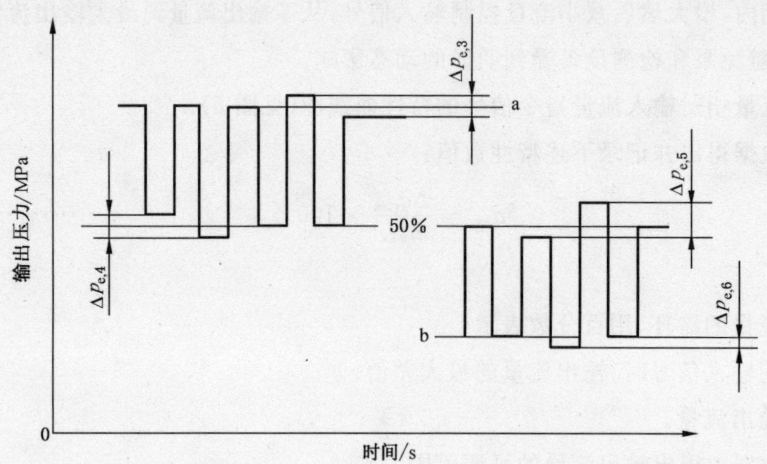

a 信号100%。

b 信号0%，最低可调压力。

图 6 输出压力重复性试验

7.5.1.5 应用公式(4)得出并记录相对于每个设定压力值的误差率(见图 6):

$$\delta p_{re} = \frac{\Delta p_{e,max}}{p_{max}} \times 100\% \quad \cdots\cdots(4)$$

式中:

δp_{re}——输出压力的重复性,用百分数表示;

$\Delta p_{e,max}$——取 $\Delta p_{e,3} \sim \Delta p_{e,6}$ 中的最大值;

p_{max}——最高工作压力(见图 6)。

7.5.2 输出流量的重复性试验

7.5.2.1 如果泵具有压力控制和流量控制功能,调节输入压力指令信号和输入流量指令信号,使其达到最大值,使用加载阀调整输出压力到最高工作压力的 75%。

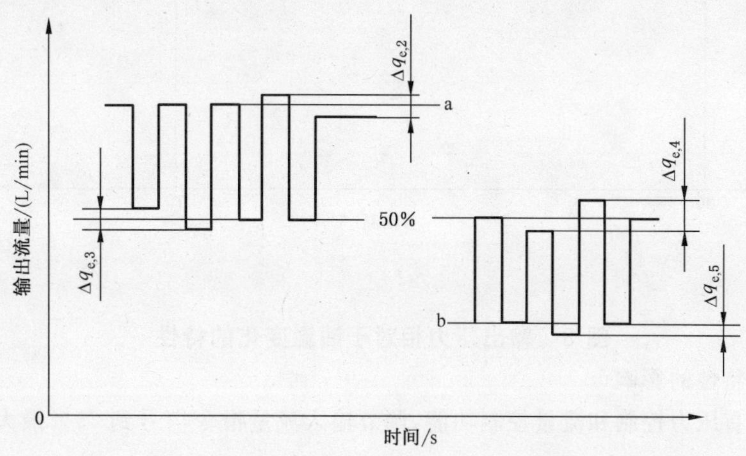

a 信号 90%。

b 信号 0%,最小流量指令。

图 7 输出流量重复性试验

7.5.2.2 泵输出流量为最大值的 90%,调节加载阀使压力为最高工作压力的 75%。改变流量控制输入信号,从最大输出流量的 50%~90%,前后做 20 个循环,所用速率应避免泵和检测设备受到明显的动态影响。

7.5.2.3 泵输出流量为最大值的 50%,调节加载阀使压力为最高工作压力的 75%。根据 7.5.2.2 改变控制流量输入指令信号,从最小流量到最大输出流量的 50%,前后做 20 个循环,调整速率应避免泵和检测设备受到明显的动态影响。

7.5.2.4 以图形记录 7.5.2.2 和 7.5.2.3 试验的结果,绘出输出流量相对时间的特性图(见图 7)。

7.5.2.5 应用公式(5)得出并记录相对每个设定流量值的误差率(见图 7):

$$\delta q_{re} = \frac{\Delta q_{e,max}}{q_{max}} \times 100\% \quad \cdots\cdots(5)$$

式中:

δq_{re}——输出流量的重复性,用百分数表示;

$\Delta q_{e,max}$——取 $\Delta q_{e,2} \sim \Delta q_{e,5}$ 中的最大值;

q_{max}——最大输出流量(见图 5)。

7.6 油温对泵特性影响的试验

7.6.1 油温对压力特性的影响

7.6.1.1 如果泵具有压力控制功能,完全关闭加载阀并控制输入压力指令信号达到最高工作压力。

7.6.1.2 以一个能确保试验设备稳定的温升率将油温从 30 ℃升高到 70 ℃。

如果此温度范围对压力性能影响太小，则可与有关方面协商，另行确定试验温度范围。

7.6.1.3 以图形记录试验结果，绘出输出压力相对于温度的特性图(见图 8)，并记录环境温度。如果不能连续记录温度值，在试验温度范围内，每 10 ℃升温区间至少标出 5 个试验数据点。

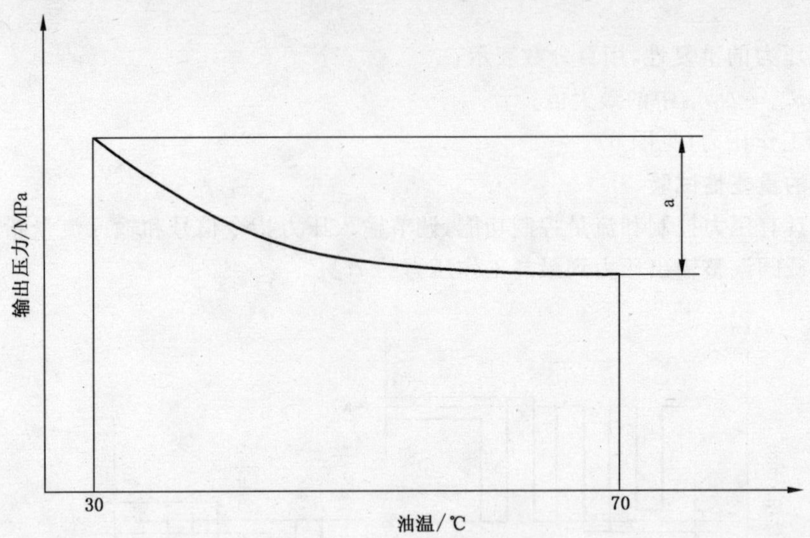

a 输出压力变化。

图 8 输出压力相对于油温变化的特性

7.6.2 油温对流量特性的影响

7.6.2.1 如果泵具有压力控制和流量控制功能，调节输入流量指令信号到 75%最大值，并调节加载阀到 5 MPa。

7.6.2.2 以一个能确保试验设备稳定的温升率将油温从 30 ℃升高到 70 ℃。

如果此温度范围对流量性能影响太小，则可与有关方面协商，另行确定试验温度范围。

7.6.2.3 以图形记录试验结果，绘出输出流量相对于温度的特性图(见图 9)，并记录环境温度。如果不能连续记录温度值，在试验温度范围内，每 10 ℃升温区间至少标出 5 个试验数据点。

注：压力波动可以根据 ISO 10767-1 和 ISO 10767-2 进行检测。

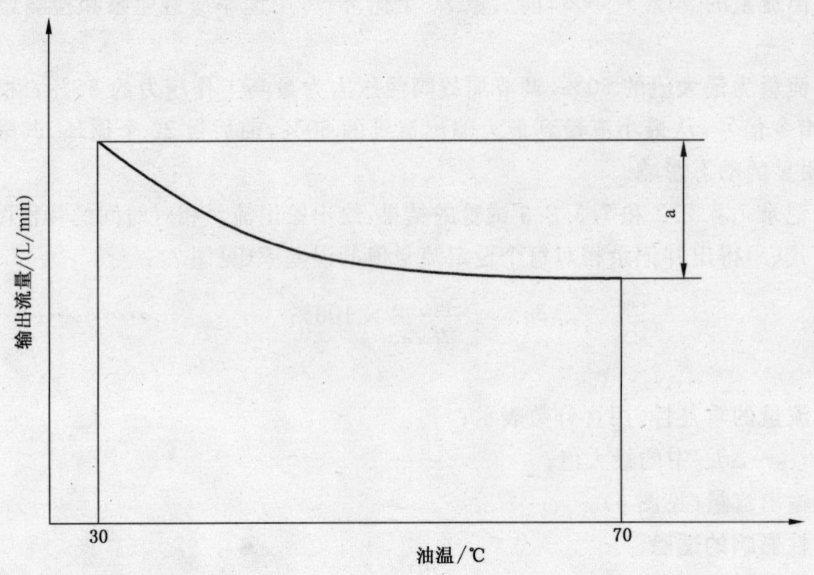

a 输出流量变化。

图 9 输出流量相对于油温变化特性

8 动态特性试验

8.1 总则

8.1.1 试验回路和检测回路应符合图 1 或图 2 的规定。

注：除采用如图 2 所示的内控压力油外，也可以采用外控压力油。

8.1.2 将电动机调整到设定的转速。

8.1.3 对于图 2 所示的泵，可采用摆角或行程占其最大值的百分比作为判断输出流量的参考值。

8.2 负载阶跃变化时的压力响应特性

8.2.1 如果泵具有压力控制和流量控制的功能，调整输入压力指令信号和输入流量指令信号，使其达到最大值。

8.2.2 采用方向控制阀 3 对泵实现快速关闭，同时在泵的输出管路上安装一只压力传感器，以便在示波器上记录瞬时压力变化。

8.2.3 调节回路，使得当方向控制阀关闭时，压力上升率能达到 680 MPa/s～920 MPa/s 的范围。可将 800 MPa/s 作为压力上升率的指标。

8.2.4 打开方向控制阀，调节节流阀，保持在最高工作压力的 75%。

8.2.5 关闭方向控制阀，同时记录瞬时压力与时间的关系。通过采集的数据，确定单位为兆帕/秒的压力上升率、单位为毫秒的阶跃响应时间和调整时间，以及当输出压力达到相关设定压力时的超调值（见图 10）。当压力变化幅度在正常波动范围内时，应认为压力是稳定的。

8.2.6 打开方向控制阀，同时记录瞬时压力与时间的关系。通过采集的数据，确定单位为兆帕/秒的压力下降率、单位为毫秒的阶跃响应时间和调整时间，以及当输出压力达到相关设定压力时的超调值（见图 10）。当压力变化幅度在正常波动范围内时，应认为压力是稳定的。

8.2.7 在额定流量的 50%和 25%重复 8.2.4～8.2.6 的试验。

8.3 输出压力对阶跃输入信号的响应试验

8.3.1 如果泵具有压力控制和流量控制功能，调整输入压力指令信号和输入流量指令信号，使其达到最大值。

8.3.2 完全关闭加载阀，使泵在最低可控压力上运行。

8.3.3 采用信号发生器，为输出压力控制提供阶跃输入信号，从而得到最高工作压力的 100%、75%及 50%。

8.3.4 应使用与泵的动态响应特性相比具有足够高响应性能的记录仪或计算机检测系统，同时记录输入指令信号和输出压力动态响应波形，并以时间函数的形式图示输出压力信号对输入阶跃信号的响应特性（见图 11）。

注：在 10 倍于最大信号频率的频率点，记录仪的幅值比应为－3 dB。

8.3.5 从采集到的数据，得出单位为毫秒的压力阶跃响应时间和调整时间，以及当输出压力达到相关设定值时的超调值。当压力变化幅度在正常波动范围内时，应认为压力是稳定的。

8.3.6 记录负载腔容积、管子长度、内径和管子种类。

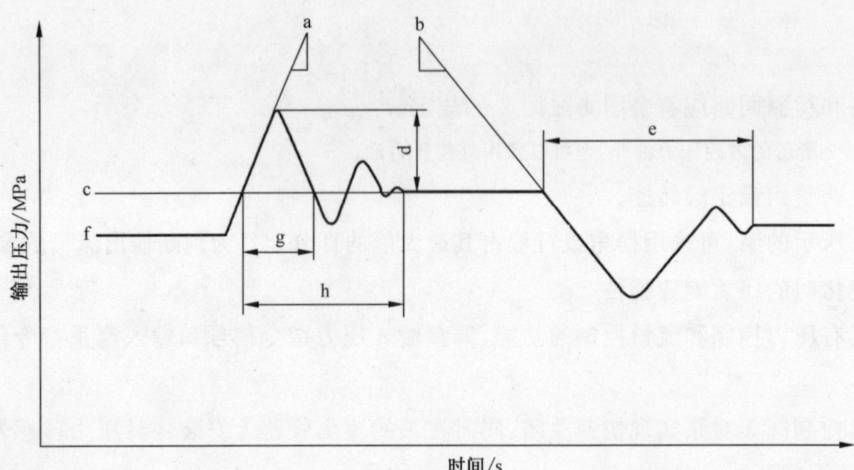

a 压力上升率。

b 压力下降率。

c 截流压力。

d 超调(上升)。

e 调整时间(下降)。

f 75%截流压力。

g 响应时间。

h 调整时间(上升)。

图 10 负载阶跃变化时的压力响应特性

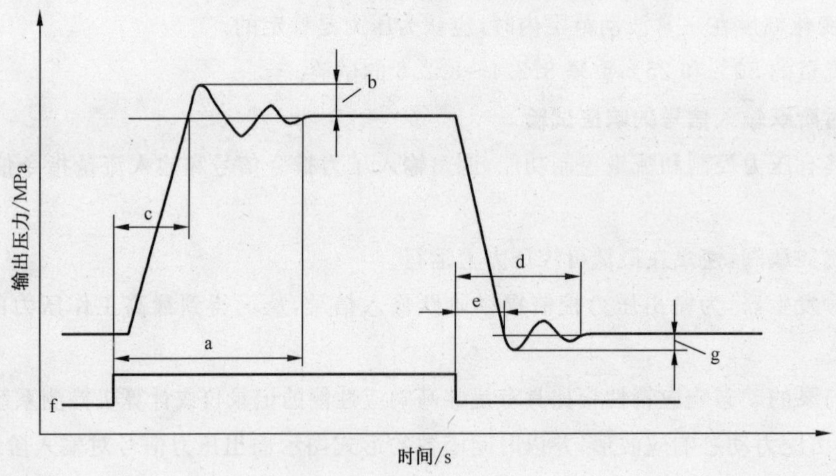

a 调整时间(上升)。

b 超调(上升)。

c 响应时间(上升)。

d 调整时间(下降)。

e 响应时间(下降)。

f 输入信号(mA 或 V)。

g 超调(下降)。

图 11 输出压力的阶跃响应特性

8.4 输出流量对阶跃输入信号的响应试验

8.4.1 如果泵具有压力和流量控制功能，调整输入压力指令信号，使其达到最高工作压力。

8.4.2 应用信号发生器为泵的输出流量控制提供阶跃输入信号，把输出流量从最大输出流量的10%改变到90%、75%、50%和25%。

8.4.3 设定节流阀，针对相应的上限流量，将压力调整到最高工作压力的50%。

注：如果加载阀的动态响应特性和泵的动态响应特性相比是足够高的，此加载阀可以用来替代节流阀。

8.4.4 应使用与泵的动态响应特性相比具有足够高响应性能的记录仪或计算机检测系统，同步地记录输出流量动态响应波形，并以时间函数的形式图示输出流量信号对输入阶跃信号的响应特性(见图12)。

注：在10倍于最大信号频率的频率点，记录仪的幅值比应为－3 dB。

8.4.5 从采集到的数据，得出单位为毫秒的阶跃响应时间和调整时间，以及当输出流量达到相关设定值时的超调值。当流量变化幅度在设定流量的±5%范围内时，应认为流量是稳定的。

8.4.6 记录负载腔容积、管子长度、内径和管子种类。

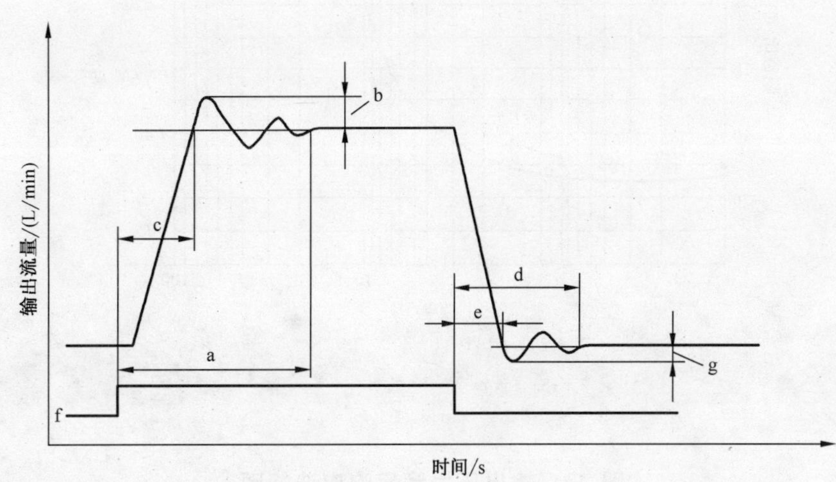

a 调整时间(上升)。

b 超调(上升)。

c 响应时间(上升)。

d 调整时间(下降)。

e 响应时间(下降)。

f 输入信号(mA或V)。

g 超调(下降)。

图12 输出流量的阶跃响应特性

8.5 频率响应

8.5.1 输出压力的频率响应试验

8.5.1.1 对符合8.3.1要求的泵，一种是完全关闭加载阀，调整截流压力到最高工作压力的50%，并以此压力值为中心，应用一个频率足够低、幅值为最高工作压力的±5%和±12.5%的正弦输入信号。另一种是先完全关闭加载阀，调整截流压力到最高工作压力的50%，再打开加载阀，达到最大输出流量的50%，调整压力到最高工作压力的50%，并以此压力值为中心，应用一个频率足够低、幅值为最高工作压力的±5%和±12.5%的正弦输入信号。

试验应在两种不同情况下完成，一种是加载阀完全关闭，另一种是加载阀打开50%。

8.5.1.2 正弦波输入信号的频率范围大约为1/20到10倍于被试泵的穿越频率，扫描速度应与检测装置相匹配。

8.5.1.3 应使用精确的频率响应分析仪或计算机检测系统，与泵的动态响应特性相比，该分析仪应具有足够高的响应特性，能出具以频率为横坐标，输出压力幅值比和相位滞后值为纵坐标的图形。

8.5.1.4 根据采集的数据，得到和频率相关的幅值比(以分贝为单位)和相位滞后值(以度数为单位)，并以波德图表示其关系(见图13)。该图是采用相对于零频率幅值的幅值比，以及相对于对数频率相位滞后值的方法绘制而成。不建议仅使用幅值比衰减为－3 dB和相位滞后为90°的单一试验基准点。

8.5.1.5 记录负载腔容积、管子长度、内径及管子种类。

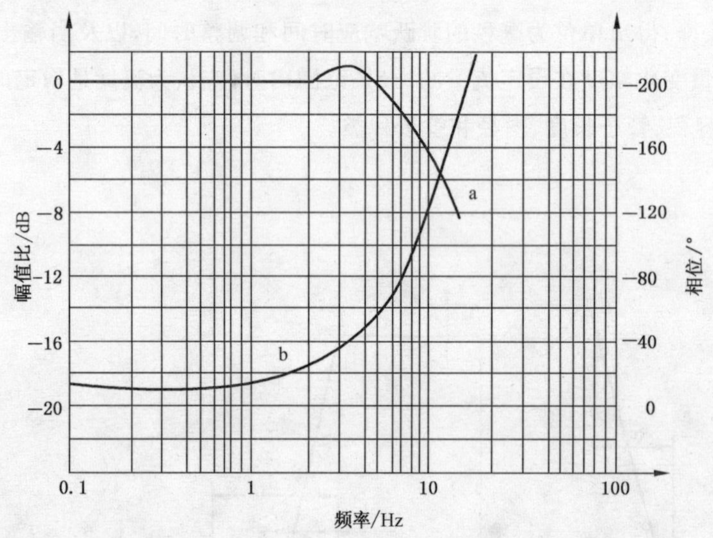

a 幅值曲线。

b 相位曲线。

图13 输出压力频率响应波德图

8.5.2 输出流量的频率响应试验

8.5.2.1 对符合8.4.1要求的泵连接一个简单的被动载荷，该载荷允许瞬时输出压力进行调整，从而使泵的工作压力在任何试验幅值和频率时都不超值。调整压力到最高工作压力的50%，并以此压力为中心，采用与8.5.2.2和8.5.2.3一致的正弦输入信号。

8.5.2.2 调整输出流量到最大输出流量的50%，并且以此输出流量为中心，应用频率足够低，幅值为最大输出流量的±5%和±12.5%的正弦输入信号。

8.5.2.3 首选方法是在合适的位置上应用传感器来测量泵的输出响应，如偏心盘或斜盘的位置。如果确认所用的流量传感器至少比最高频率试验时所要求的快10倍，那么这样的流量传感器可以作为有别于测量偏心盘或斜盘位置的另一种选择。

8.5.2.4 正弦信号的频率范围应符合8.5.1.2的要求。

8.5.2.5 应使用精确的频率响应分析仪或计算机检测系统，与泵的动态响应特性相比，该分析仪应具有足够高的响应特性，能出具以频率为横坐标，输出流量幅值比和相位滞后值为纵坐标的图形。

8.5.2.6 根据8.5.1.4的要求从记录仪采集的数据中得到波德图(见图14)。

8.5.2.7 记录负载腔容积、管子长度、内径和管子种类。

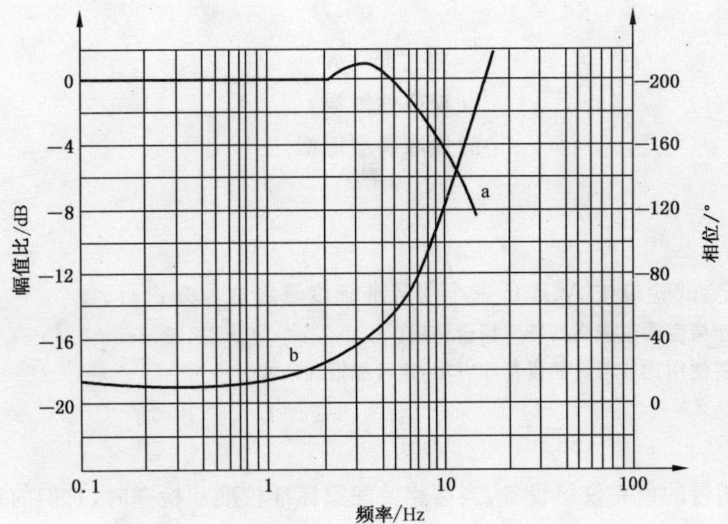

a 幅值曲线。

b 相位曲线。

图 14 输出流量频率响应波德图

附 录 A
（规范性附录）
测量准确度等级

A.1 测量准确等级

根据相关各方商定，试验应按 A、B、C 三个测量准确度等级之一来进行。

注 1：A 级和 B 级适于精度要求较高的特殊场合使用。

注 2：A 级和 B 级需要使用比较精确的设备和方法，这可能增加成本。

A.2 误差

根据本标准进行测量的所有仪器设备，当按相关国家标准校准和检查时，它们的系统误差不应该超过表 A.1 所给出的限制。

表 A.1 在校准时被鉴定检测仪器设备的允许系统误差

测量仪器设备的测量参数	测量准确度的允许系统误差		
	A	B	C
压力/Pa[$p<2\times10^5$ Pa(表压)]	$\pm1\times10^3$	$\pm3\times10^3$	$\pm5\times10^3$
压力/%[$p\geqslant2\times10^5$ Pa(表压)]	±0.5	±1.5	±2.5
温度/℃	±0.5	±1	±2
流量/%	±0.5	±1.5	±2.5
转速/%	±0.5	±1	±2
输入信号/%	±0.5	±1.5	±2.5

参 考 文 献

［1］ ISO 10767-1 液压传动 系统和元件产生压力波动值的测定 第1部分：用于泵的精密方法

［2］ ISO 10767-2 液压传动 系统和元件产生压力波动值的测定 第2部分：用于泵的简化方法

［3］ SAE 推荐性做法 SAEJ745，液压泵试验步骤，1996年9月

ICS 23.100.40
J 20

中华人民共和国国家标准

GB/T 26143—2010/ISO 19879:2010

液压管接头 试验方法

Connectors for hydraulic fluid power—Test methods

(ISO 19879:2010 Metallic tube connections for fluid power and general use—Test methods for hydraulic fluid power connections,IDT)

2011-01-14 发布 2011-10-01 实施

中华人民共和国国家质量监督检验检疫总局
中国国家标准化管理委员会 发布

前　言

本标准依据 GB/T 1.1—2009 给出的规则起草。

本标准使用翻译法等同采用 ISO 19879:2010《用于流体传动和一般用途的管接头　液压传动用管接头的试验方法》。

与本标准中规范性引用的国际文件有一致性对应关系的我国文件如下：

GB/T 230(所有部分)　金属洛氏硬度试验[ISO 6508(所有部分)]

GB/T 3141—1994　工业液体润滑剂　ISO 粘度分类(eqv ISO 3448:1992)

GB/T 3452.2—2007　液压气动用 O 形橡胶密封圈　第 2 部分:外观质量检验规范(ISO 3601-3:2005,IDT)

GB/T 6031—1998　硫化橡胶或热塑性橡胶硬度的测定(10～100 IRHD)(idt ISO 48:1994)

GB/T 7631.2—2003　润滑剂、工业用油和相关产品(L 类)的分类　第 2 部分:H 组(液压系统)(ISO 6743-4:1999,IDT)

GB/T 7939—2008　液压软管总成　试验方法(ISO 6605:2002,MOD)

GB/T 17446—1998　流体传动系统及元件　术语(idt ISO 5598:1985)

本标准做了下列编辑性修改：

——将标准名称简化为《液压管接头　试验方法》；

——在表 5 的"试验持续时间"叙述中增加"或达到规定的试验压力"；

——增加"9.1"、"11.2"、"12.1"和"13.1"的"注"。

本标准由中国机械工业联合会提出。

本标准由全国液压气动标准化技术委员会(SAC/TC 3)归口。

本标准负责起草单位:江苏省机械研究设计院有限责任公司、天津市精研工程机械传动有限公司。

本标准参加起草单位:伊顿(宁波)流体连接件有限公司、海盐管件制造有限公司、浙江苏强格液压有限公司、浙江华夏阀门有限公司、中船重工集团第 704 研究所、上海立新液压有限公司、攀钢集团冶金工程技术有限公司实业开发分公司。

本标准主要起草人:杨永军、冯国勋、周舜华、耿志学、罗学荣、徐长祥、洪超、彭沪海、刘小平。

引　言

在流体传动系统中，功率是通过封闭回路内的受压液体进行传递和控制的。元件设计必须满足那些变化工况的要求。对元件满足性能要求而进行的检测，为确定元件设计是否实用及检验元件是否符合规定要求提供了依据。

液压管接头　试验方法

警告:本标准中所述的一些试验是危险的,因此在进行试验时必须严格地采取各种适合的安全预防措施。对于爆裂、细微喷射(可能会穿透皮肤)和膨胀气体的能量释放等危险应引起注意。为减小能量释放的危险,在压力试验前应排出试件内的空气。试验应由经过培训合格的人员操作和完成。

1　范围

本标准规定了液压传动中使用的各类金属管接头、与油口相配的螺柱端、法兰管接头的试验和性能评价的统一方法。本标准不适用于GB/T 5861所涵盖的液压快换式管接头的试验。

本标准所述的试验是彼此独立的,是各项试验遵循的文件。具体需进行的试验项目和性能标准见相应元件的标准。

对于管接头的合格判定,应以本标准规定的最少试件数量进行试验,但在相关管接头标准中另有规定的或制造商与用户另行商定的情况除外。

2　规范性引用文件

下列文件对于本文件的应用是必不可少的。凡是注日期的引用文件,仅注日期的版本适用于本文件。凡是不注日期的引用文件,其最新版本(包括所有的修改单)适用于本文件。

ISO 48　硫化橡胶或热塑性橡胶　硬度测定(硬度在10 IRHD～100 IRHD之间)(Rubber, vulcanized or thermoplastic—Determination of hardness (hardness between 10 IRHD and 100 IRHD)

ISO 3448　工业液体润滑剂　ISO黏度分类(Industrial liqiud lubricants—ISO viscosity classification)

ISO 3601-3　流体传动　O形圈　第3部分:质量验收准则(Fluid power systems—O-rings—Part 3:Quality acceptance criteria)

ISO 5598　流体传动系统和元件　词汇(Fluid power systems and components—Vocabulary)

ISO 6508(所有部分)　金属材料　洛氏硬度试验(Metallic materials—rockwell hardness test)

ISO 6605　液压传动　软管和软管总成　试验方法(Hydraulic fluid power—Hose and hose assemblies—Test method)

ISO 6743-4　润滑剂、工业油和相关产品(L类)　分类　第4部分:H组(液压系统)(Lubricants, industrial oils and related products (class L)—Classification—Part 4: family H (Hydraulic systems)

3　术语和定义

ISO 5598中确立的术语和定义适用于本文件。

4　一般要求

4.1　试验组件

所有被试元件都应是最终形态,包括已退火的螺母(当铜焊元件需要时)。除非在各类管接头标准中另有说明,1型试验组件应采用如图1所示的管连接(用于重复装配、气密性、耐压、爆破和循环耐久性等试验)。2型试验组件应采用如图2所示的外螺柱端连接(用于气密性,耐压以及指定的爆破和循环耐久性试验)。作为选择,为检测管接头达到的最大能力,对于爆破和循环耐久性试验,可以省略使用金属管,并且可以组合成如图3所示具有相似功能但配置不同的3型试验组件。适用于法兰管接头的4型试验组件应如图4所示。试验组件应符合表1的规定。

表1 试验组件的要求

零件代号	零件名称	说明及补充信息
A	端直通管接头	螺柱端、管连接端和密封方式均可选择,但应记录在试验报告中
B	金属管	应按照各个管接头的最高工作压力选择所需的管壁厚度。管子的长度是5倍管外径再加上50 mm
C	可旋转的异形管接头,也适用于其他形式的管接头	
D	螺堵	
E	带可调节螺柱端的异形管接头	
F	法兰管接头	
G	密封件	例如O形圈

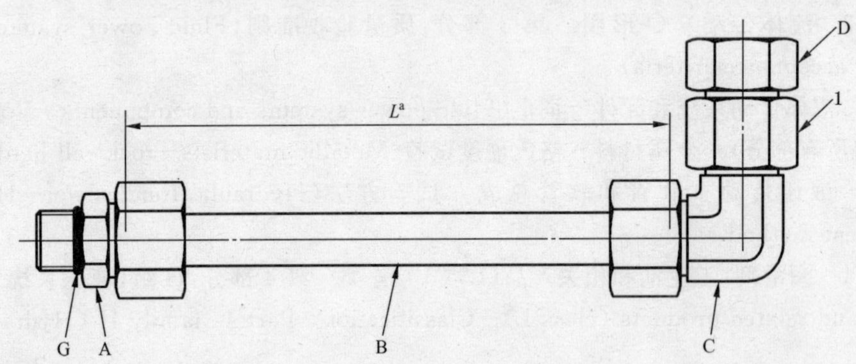

1——旋转螺母;

A——端直通管接头;

B——金属管;

C——可旋转的异形管接头,也适用于其他形式的管接头;

D——螺堵;

G——密封件,例如:O形圈;

L——金属管的长度。

[a] L=5×管外径(mm)+50 mm。

图1 用于测试管连接的1型试验组件

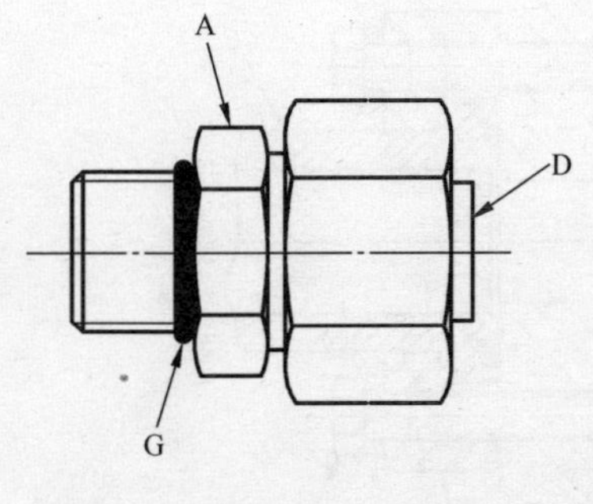

a) 不可调螺柱端连接

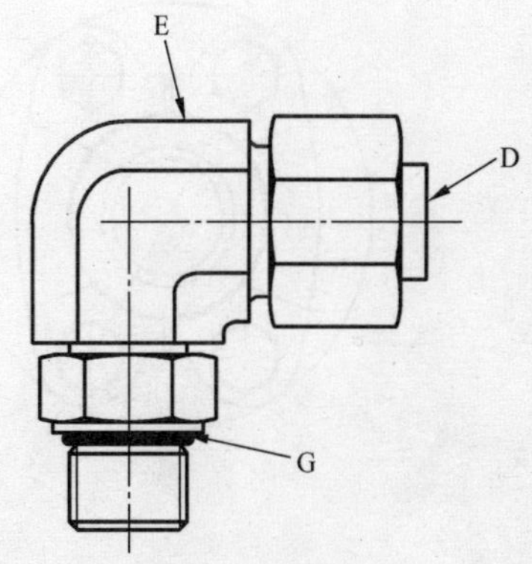

b) 可调螺柱端连接(适用时,可带异形管接头)

A——端直通管接头;
D——螺堵;
E——带可调节螺柱端的异形管接头;
G——密封件,例如:O形圈。

图2 用于测试螺柱端连接的2型试验组件

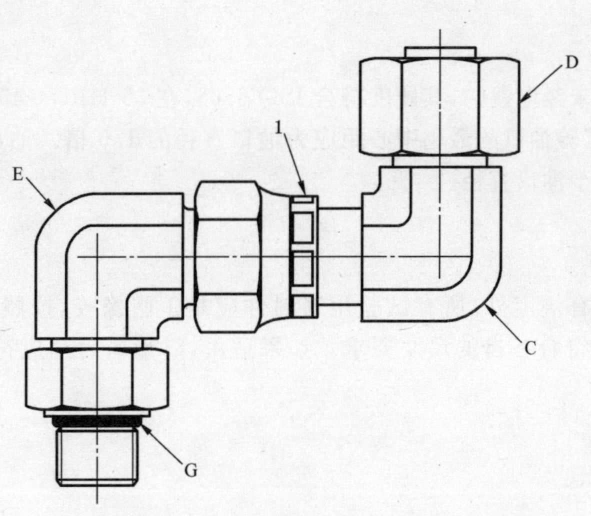

1——旋转螺母;
C——可旋转的异形管接头,也适用于其他形式的管接头;
D——螺堵;
E——带可调节螺柱端的异形管接头;
G——密封件,例如:O形圈。

图3 用于测试无管连接的管接头能力的3型试验组件

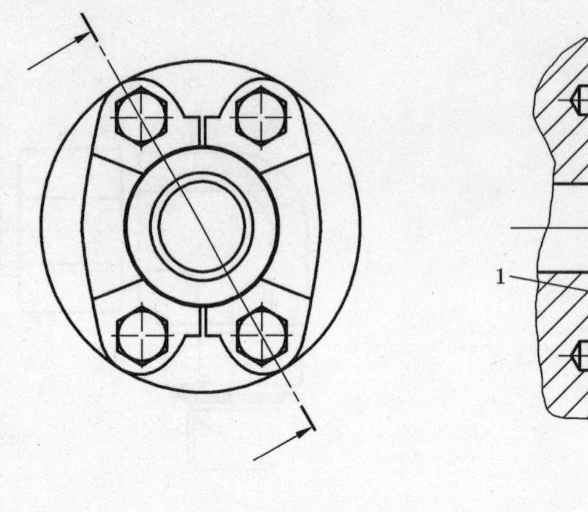

1——O 形密封圈；

2——分离式法兰压板；

3——螺钉；

4——垫圈；

5——试验接口；

F——法兰接头。

[a] 此端盖住或塞住。

图 4　用于测试法兰管接头的 4 型试验组件

4.2　试验装置

4.2.1　试验组件连接块

试验组件连接块应是未经电镀的，其硬度符合 ISO 6508，在 35 HRC～45 HRC 之间。对于有多个油口的试验组件连接块，试验油口的最小中心距应为油口直径的 1.5 倍。油口中心至试验组件连接块边缘的最小距离应大于等于油口直径。

4.2.2　试验密封

除过载拧紧试验和另有规定外，所有试验用密封件应是丁腈橡胶，按照 ISO 48 测定的硬度应为(90±5)IHRD。密封件应符合各自的尺寸要求。如果适用，O 形密封圈应符合或超过 ISO 3601-3 的 N 级质量要求(一般用途)。

4.3　程序

4.3.1　螺纹润滑

在所有试验中，对于被试的碳钢管接头，施加扭矩旋紧之前，应在螺纹和接触表面使用黏度符合 ISO 3448 规定的 ISO VG 32 的液压油进行润滑。对于非碳钢的管接头，应按照制造商对螺纹润滑的建议。

4.3.2　扭矩

在所有试验中，除重复装配和过载拧紧试验外，管接头和螺柱端应按各个管接头标准中规定的最小扭矩或由手指拧紧位置继续旋紧的角度或圈数(如果有规定)进行试验。否则，应以制造商提供的最小扭矩值或由手指拧紧位置继续旋紧的角度或圈数进行试验。对于 2 型和 3 型试验组件，为了恰当地对可能存在的实际最坏的装配条件进行试验，对可调柱端扭矩的施加应在从手指旋紧位置倒退一圈后进行。

4.3.3 温度

在所有试验中，液压油液的温度应在 15 ℃～80 ℃之间，除非在各管接头标准中另有规定。

4.4 试验报告

应在附录 A 所给的试验数据表中报告试验结果和试验条件。

注：ISO/TR 11340 提供了一种报告泄漏的方法。

5 重复装配试验

5.1 总则

除非在各管接头标准中另有规定，否则应对三个 1 型试验组件进行试验，以确定在几次拆解和重装配后，它们仍可满足必要的要求。

5.2 步骤

端直通管接头（图 1 中的件 A）和异形管接头（图 1 中的件 C）应重复拆解和装配 6 次。在每次重装配前，管子应顺时针转动 60°。在重装配时，应采用各管接头标准中给出的或制造商提供的最大扭矩值或旋紧圈数，牢固地拧紧螺母。所有组件，在进行了第一次和第六次重装配后，应按表 2 的规定进行气密性试验（第 6 章）和耐压试验（第 7 章）。

5.3 元件的再利用

经过该项试验的试件，在最小指定装配扭矩或旋紧圈数下，可以用于爆破试验和循环耐久性试验。但不应用于实际使用或返回库存。

表 2 重复装配试验的参数和步骤

试 验 参 量	参数值和试验步骤
试验介质	详述于第 6 章和第 7 章中
试验压力	
试验持续时间	
判定标准	在气密性和耐压试验期间，不得有任何泄漏

6 气密性试验

6.1 总则

除非在各管接头标准中另有规定，经重复装配试验的三个 1 型试验组件，以及当适用时，三个 2 型、3 型和 4 型试验组件应进行气密性试验，以确保在试验压力下这些组件不会泄漏。

6.2 步骤

如图 5 所示和表 3 所述，应在水下对试验组件进行加压。

6.3 元件的再利用

经过该项试验的试件可以用于后续的试验，但不应用于实际使用或返回库存。

表 3 气密性试验的参数和步骤

试验参量	参数值和试验步骤
试验介质	空气、氮气或氦气。试验介质应记录在试验报告中
试验压力	根据各管接头标准，试验压力应连续增加至管接头最高工作压力的15%。不超过6.3 MPa为宜
试验持续时间	在试验组件装配期间挤入管接头螺纹之间的全部空气排出之后，在试验压力下最少保持3 min
判定标准	不得有泄漏(出现气泡)

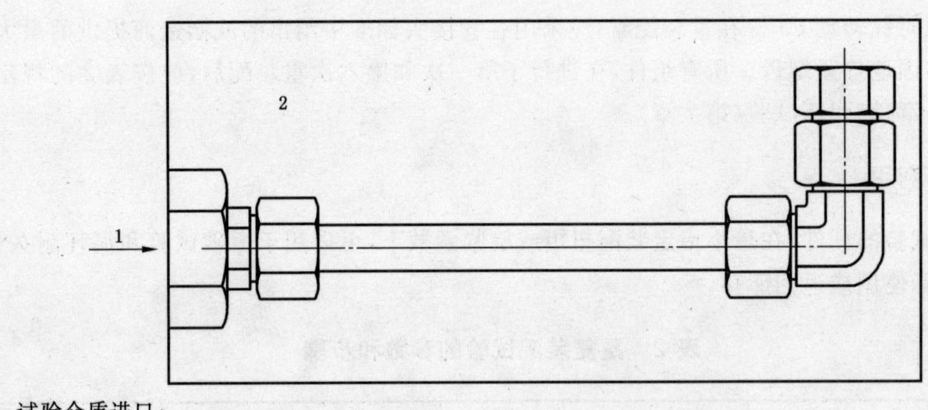

1——试验介质进口；

2——水。

图 5 气密性试验的典型试验装置

7 耐压试验

7.1 总则

除非在各管接头标准中另有规定，应对经重复装配试验的三个1型试验组件，以及当适用时，三个2型、3型和4型试验组件进行试验，以确定指定的管接头能够承受至少2倍的最高工作压力，而没有任何可见的泄漏。

7.2 步骤

如图6所示，试验组件按表4的规定进行加压。在施加静态压力之前，应仔细地排尽试验组件中的空气。

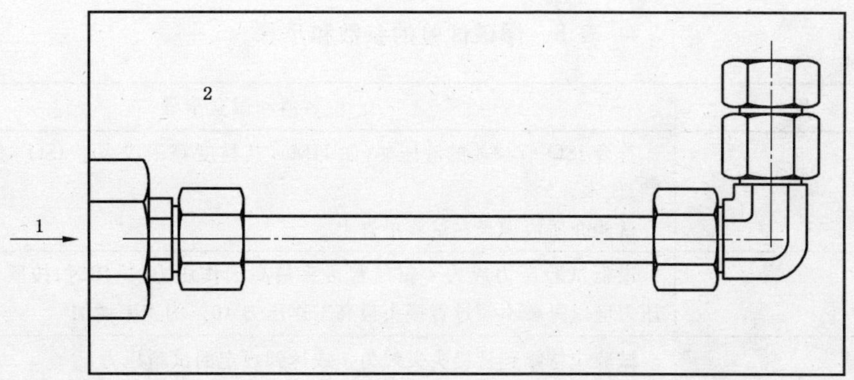

1——试验介质进口；

2——空气。

图 6 耐压试验和爆破试验的典型试验装置

表 4 耐压试验的参数和步骤

试验参量	参数值和试验步骤
试验介质	符合 ISO 6743-4 的液压油(如 HM)，其黏度等于或小于 ISO 3448 的黏度等级 32；或水。 试验介质应记录在试验报告中。
试验压力	2 倍的管接头最高工作压力，适用时，按照各管接头标准的规定。 压力应以每秒不超过管接头最高工作压力 16% 的速率增加，直到达到试验压力。
试验持续时间	试验组件应至少在试验压力下保持 60 s。
判定标准	在试验期间，试验组件不得泄漏。

7.3 元件的再利用

经过该项试验的试件可用于爆破试验，但不应用于实际使用或返回库存。

8 爆破试验

8.1 总则

除非在各管接头标准中另有规定，应对三个 1 型试验组件，以及当适用时，三个 2 型、3 型和 4 型试验组件进行试验，以确定指定的管接头在失效前能够承受最小 4 倍的最高工作压力。

8.2 步骤

如图 6 所示，对试验组件按表 5 的规定进行加压。

8.3 元件的再利用

经过该项试验的试件不应再做其他试验，不得用于实际使用或返回库存。

表 5 爆破试验的参数和步骤

试验参量	参数值和试验步骤
试验介质	符合 ISO 6743-4 的液压油(如 HM),其黏度等于或小于 ISO 3448 的黏度等级 32;或水。 试验介质应记录在试验报告中
试验压力	最低试验压力应为 4 倍的管接头最高工作压力,适用时,按照各管接头标准。压力应以每秒不超过管接头最高工作压力 16%的速率增加
试验持续时间	试验应持续到管接头失效为止或达到规定的试验压力
判定标准	在小于等于最低试验压力下,试验组件不得有可见泄漏

9 循环耐久性试验

9.1 总则

除非在各管接头标准中另有规定,应对三个 1 型或六个 3 型试验组件,以及当适用时,六个 2 型和 4 型的试验组件进行试验,以确定它们在 133%的最高工作压力下循环 100 万次没有泄漏或元件失效。对于通径 51 mm 和更大的法兰组件以及管外径尺寸为 50 mm 和更大的管接头,如果设计经过了计算或有限元分析校核,则对三个试验组件进行试验即可。

注:通过计算或有限元分析校核是指有正式计算书或报告。

9.2 步骤

试验按照表 6 的规定进行。

9.3 元件的再利用

经过该项试验的试件不应再做其他试验,不得用于实际使用或返回库存。

表 6 循环耐久性试验的参数和步骤

试验参量	参数值和试验步骤
试验介质	符合 ISO 6743-4 的液压油(如 HM),其黏度等于或小于 ISO 3448 的黏度等级 32;或水。 试验介质应记录在试验报告中
试验压力	试验压力应按照 ISO 6605 中所示的波形变化,峰值压力应为管接头最高工作压力的 133%,脉冲频率为 0.5 Hz～1.25 Hz
试验持续时间	最少 100 万次压力脉冲循环
判定标准	在试验期间,试验组件没有泄漏或失效

10 真空试验

10.1 总则

除非在各管接头标准中另有规定,应对二个 1 型试验组件,以及当适用时,二个 2 型、4 型试验组件进行试验，以确定它们在承受 6.5 kPa 的绝对真空压力时保持 5 min 不泄漏的能力。

10.2 步骤

试验按照表 7 的规定进行。

10.3 元件的再利用

经过该项试验的试件可以用于其他试验或实际使用。

表 7 真空试验的参数和步骤

试验参量	参数值和试验步骤
试验介质	空气
试验压力	6.5 kPa 的绝对真空压力
试验步骤	试验组件应连接到一个有压力计和截止阀的真空源，关闭截止阀能够切断真空源。抽取到指定的真空试验压力后，关闭截止阀。在此压力下保持试验组件达到指定的试验持续时间。随着绝对压力读数的增加，泄漏将会增加
试验持续时间	至少 5 min
判定标准	对任何试验组件，绝对压力的增加不应超过 3 kPa

11 过载拧紧试验

11.1 总则

除非在各管接头标准中另有规定，应对各种规格的六个试件进行试验，管螺母和 90 度弯旋转螺母(SWE)各试三件，以确定管螺母和旋转螺母能否经受住限定的过载拧紧试验，试验限定的过载拧紧(过载扭矩)值或旋转圈数由各管接头的标准给出。

11.2 试验装置

除非另有规定，应使用与管接头相配的无镀层的钢制螺纹芯轴或试验连接块，芯轴和试验连接块的硬度应等于或高于 ISO 6508 规定的 40 HRC。

注：芯轴用于管接头管连接端的安装；试验连接块用于管接头螺柱端的安装。

11.3 步骤

在试验期间螺纹芯轴或试验连接块应受到约束，并且扳手应靠近被试螺母的螺纹端施力。过载拧紧试验按照表 8 的规定进行。

11.4 元件的再利用

经过该项试验的试件不应再做其他试验，不应用于实际使用或返回库存。

表 8 过载拧紧试验的参数和程序

试 验 参 量	参数值和试验步骤
试验持续时间	连续给螺母施加扭矩，直到指定的扭矩或旋紧圈数。除非另有说明，过载拧紧扭矩至少是各管接头标准规定的试验扭矩的 1.5 倍

表 8（续）

试验参量	参数值和试验步骤
判定标准	如果出现以下情况，则认为元件没有通过试验： —分离后，螺母不能用手拧下； —螺母不能用手自由旋转； —螺母不能用手拧回原始位置； —在密封表面或螺母上出现任何可视裂缝，致使螺母不能再使用

12 振动试验

12.1 总则

除非在各管接头标准中另有规定，应按 12.2 规定的步骤对六个试验组件进行试验，以确定管接头是否能经受规定的振动、没有泄漏或元件失效。对于通径 51 mm 或更大的法兰组件和管外径尺寸为 50 mm 或更大的管接头，如果设计经过了计算或有限元分析校核，则对三个试验组件进行试验即可。

注：通过计算或有限元分析校核是指有正式计算书或报告。

12.2 步骤

12.2.1 振动试验应按照表 9 和 12.2.2～12.2.7 的规定进行。

表 9 振动试验的参数和步骤

试验参量	参数值和试验步骤
试验介质	符合 ISO 6743-4 的液压油(如 HM)，其黏度符合 ISO 3448 的黏度等级 32；或水。 试验介质应记录在试验报告中
试验压力	被试管接头的最高工作压力
‖ 试验弯曲应力水平	管子最小屈服强度的 25%[a]
试验振动频率	10 Hz～50 Hz
试验持续时间	最少 1 000 万次振动循环
判定标准	在试验期间，不得出现任何泄漏或失效
[a] 在确定试验采用的应力水平时，对使用最小屈服强度超过 235 MPa 的管子，需要考虑其动态能力。	

12.2.2 按图 7 所示准备试验组件。应变片应安装在图 7 指定的位置。最小测量长度 L 应符合表 10 的规定。

12.2.3 如图 7 所示，将试验组件安装在能提供旋转或轴平面内振动的试验装置上。

12.2.4 给试验组件加压至管接头最高工作压力。

12.2.5 在与应变片相对的管子末端施加弯曲载荷，直至复合轴向应力达到管子最小屈服强度的 25%。

表 10 振动试验的最小测量长度

单位为毫米

管外径 X	最小测量长度 L
$X \leqslant 20$	250
$20 < X \leqslant 50$	250 或 $8X$，取大值
$X > 50$	400 或 $8X$，取大值

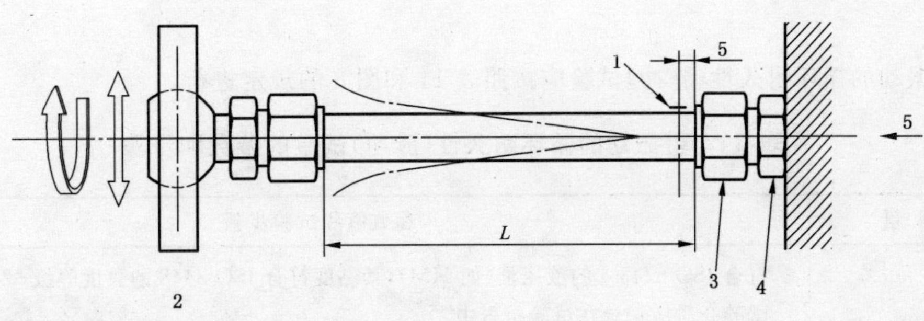

1——应变片；

2——驱动端；

3——试验组件；

4——固定端；

5——液压油或水进口。

a) 旋转或平面振动试验组件和装置

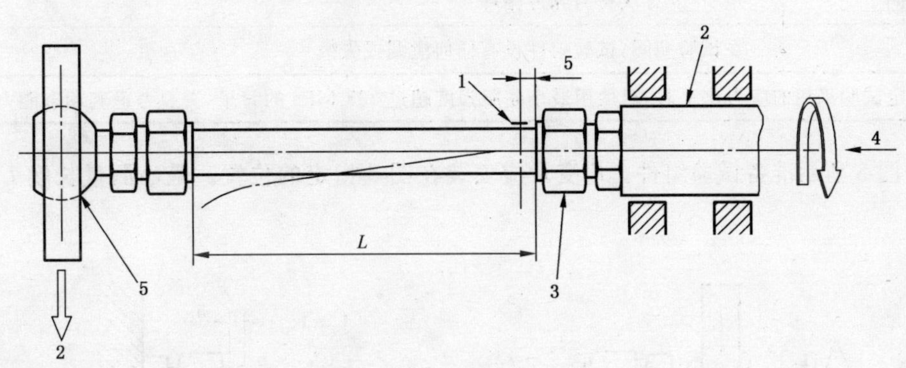

1——应变片；

2——驱动端；

3——试验组件；

4——液压油或水进口；

5——载荷作用位置。

b) 可选择的旋转振动试验组件和装置

图 7 振动试验组件和装置

12.2.6 给试验组件施加 10 Hz～50 Hz 的振动，直至其失效或达到 1 000 万次循环，无论哪种情况先发生。

12.2.7 如果试验组件在达到 1 000 万次循环前出现失效，记录达到的循环次数和失效类型。

12.3 元件再利用

经过该项试验的元件不应再进行其他试验，不得用于实际使用或返回库存。

13 带振动的循环耐久性(脉冲)试验

13.1 总则

除非在各管接头标准中另有规定，应按照图 8 所示对三个试验组件进行试验，以确定他们在 133％最高工作压力下循环 50 万次并同时施加振动无泄漏或元件失效。对于通径 51 mm 或更大的法兰组件和管外径为 50 mm 或更大的管接头，如果设计经过了计算或有限元分析验证，对三个试验组件进行试验即可。

注：通过计算或有限元分析校核是指有正式计算书或报告。

13.2 步骤

13.2.1 带振动的循环耐久性(脉冲)试验应按照表 11 和图 8 的规定进行。

表 11 带振动的循环耐久性(脉冲)试验的参数和步骤

试验参量	参数值和试验步骤
试验介质	符合 ISO 6743-4 的液压油(如 HM),其黏度符合 ISO 3448 的黏度等级 32;或水。 试验介质应记录在试验报告中
试验压力	试验压力应符合 ISO 6605 所示波形,其峰值压力为管接头最高工作压力的 133%,脉冲频率为0.5 Hz～1.25 Hz
试验弯曲应力水平	管子最小屈服强度的 25%[a]
试验振动频率	20 倍脉冲频率
试验持续时间	最少 50 万次压力脉冲循环
判定标准	在试验期间,试验组件没有任何泄漏或失效
[a] 在确定试验采用的应力水平时,对使用最小屈服强度超过 235 MPa 的管子,需要考虑其动态能力。	

13.2.2 按图 8 所示准备试验组件。应变片应安装在图 8 指定的位置。最小测量长度 L 应符合表 10 的规定。

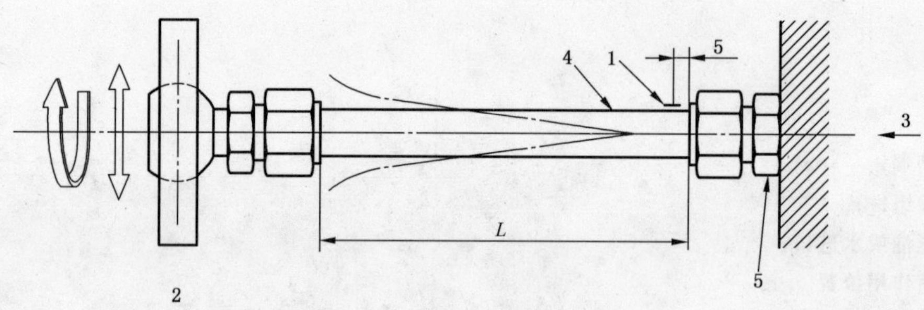

1——应变片;
2——驱动端;
3——液压油或水进口;
4——试验组件;
5——固定端。

图 8 带振动的循环耐久性(脉冲)试验的试验组件和装置

13.3 元件的再利用

经过本项试验的试件不应再进行其他试验,不得用于实际使用或返回库存。

14 标注说明(引用本标准)

当选择遵守本标准时,建议制造商在试验报告、产品目录和销售文件中使用以下说明:"液压管接头的试验方法符合 GB/T 26143—2010《液压管接头 试验方法》"。

附　录　A
（规范性附录）
试验数据表格

被试连接件说明

GB/T 标准号				材料类型		
制造商				试验设备		
螺柱端	类型		尺寸		密封类型	
管连接端	类型		尺寸		密封类型	

重复装配和泄漏试验结果:试验样本的最少数量=3(见第5章和第6章)

样本编号	扭矩(N·m)或旋紧圈数	试验介质	失效类型		
			重复装配	泄漏试验	耐压试验
第一次装配后					
1					
2					
3					
第六次装配后					
1					
2					
3					

耐压试验结果:试验样本最少数量=3(见第7章)

样本编号	扭矩(N·m)或旋紧圈数	试验介质	试验压力	失效类型
1			MPa	
2			MPa	
3			MPa	

爆破试验结果:试验样本最少数量=3(见第8章)

样本编号	扭矩(N·m)或旋转圈数	试验介质	试验压力	失效类型	
			MPa	MPa	
			MPa	MPa	
			MPa	MPa	

循环耐久性试验结果:试验样本最少数量=6(见第9章)

样本编号	扭矩(N·m)或旋紧圈数	试验介质	试验循环次数	失效时的循环次数	失效类型
1					
2					
3					
4					
5					
6					

表（续）

真空试验结果:试验样本最少数量=2(见第10章)

样本编号	扭矩(N·m)或旋紧圈数	绝对压力	失效类型
1		kPa	
2		kPa	

过载拧紧试验结果:试验样本最少数量=6(见第11章)

螺母类型	扭矩(N·m)或旋紧圈数	失效类型
1		
2		
3		
4		
5		
6		

振动试验结果:试验样本最少数量=6(见第12章)

样本编号	试验压力	组合轴向应力	试验循环次数	失效时的循环次数	失效类型
1	MPa				
2	MPa				
3	MPa				
4	MPa				
5	MPa				
6	MPa				

具有振动的循环耐久性试验结果:试验样本最少数量=3或6(见第13章)

样本编号	扭矩(N·m)或旋紧圈数	试验介质	脉冲压力	组合轴向应力	试验循环次数	失效时的循环次数		失效类型
						脉冲	振动	
1								
2								
3								
4								
5								
6								

结论:通过/未通过,失效的原因。

尺寸(列出任何例外的):

报告人姓名(签字):

日期:

参 考 文 献

[1] GB/T 5861 液压快换接头 试验方法

[2] ISO 1179-2 一般用途和流体传动用管接头 带 ISO 228-1 螺纹及橡胶或金属对金属密封的油口和螺柱端 第 2 部分:带橡胶密封的重型(S 系列)和轻型(L 系列)螺柱端(E 型)

[3] ISO 1179-3 一般用途和流体传动用管接头 带 ISO 228-1 螺纹及橡胶或金属对金属密封的油口和螺柱端 第 3 部分:带 O 形圈密封及挡圈的轻型(L 系列)螺柱端(G 型和 H 型)

[4] ISO 1179-4 一般用途和流体传动用管接头 带 ISO 228-1 螺纹及橡胶或金属对金属密封的油口和螺柱端 第 4 部分:仅用于带金属对金属密封的一般用途的螺柱端(B 型)

[5] ISO 6149-2 用于流体传动和一般用途的管接头 带 ISO 261 螺纹和 O 形圈密封的油口和螺柱端 第 2 部分:重型(S 系列)螺柱端的尺寸、型式、试验方法和技术要求

[6] ISO 6149-3 用于流体传动和一般用途的管接头 带 ISO 261 螺纹和 O 形圈密封的油口和螺柱端 第 3 部分:轻型(L 系列)螺柱端的尺寸、型式、试验方法和技术要求

[7] ISO 6162-1 液压传动 带有分体式或整体式法兰以及米制或英制螺栓的法兰管接头 第 1 部分:用于 3.5 MPa(35 bar)至 35 MPa(350 bar)压力下,DN 13 至 DN 127 的法兰管接头

[8] ISO 6162-2 液压传动 带有分体式或整体式法兰以及米制或英制螺栓的法兰管接头 第 2 部分:用于 35 MPa(350 bar)至 40 MPa(400 bar)压力下,DN 13 至 DN 51 的法兰管接头

[9] ISO 6164 液压传动 25 MPa 至 40 MPa(250 bar 至 400 bar)压力下使用的四螺栓整体方法兰

[10] ISO 8434-1 用于流体传动和一般用途的金属管接头 第 1 部分:24°锥形管接头

[11] ISO 8434-2 用于流体传动和一般用途的金属管接头 第 2 部分:37°扩口式管接头

[12] ISO 8434-3 用于流体传动和一般用途的金属管接头 第 3 部分:O 形圈端面密封管接头

[13] ISO 9974-2 用于一般用途和流体传动的管接头 带 ISO 261 螺纹及橡胶或金属对金属密封的油口和螺柱端 第 2 部分:带橡胶密封的螺柱端(E 型)

[14] ISO 9974-3 用于一般用途和流体传动的管接头 带 ISO 261 螺纹用橡胶或金属对金属密封的油口和螺柱端 第 3 部分:带金属对金属密封的螺柱端(B 型)

[15] ISO/TR 11340 橡胶和橡胶制品 液压软管总成 用于液压系统的外泄漏分类

[16] ISO 11926-2 用于一般用途和流体传动的管接头 带 ISO 725 螺纹和 O 形圈密封的油口和螺柱端 第 2 部分:重型(S 系列)螺柱端

[17] ISO 11926-3 用于一般用途和流体传动的管接头 带 ISO 725 螺纹和 O 形圈密封的油口和螺柱端 第 3 部分:轻型(L 系列)螺柱端

ICS 23.100.20
J 20

中华人民共和国国家标准

GB/T 32216—2015

液压传动　比例/伺服控制液压缸的试验方法

Hydraulic fluid power—Test method for the proportional/servo controlled hydraulic cylinder

2015-12-10 发布　　2017-01-01 实施

中华人民共和国国家质量监督检验检疫总局
中国国家标准化管理委员会　发布

前　言

本标准按照 GB/T 1.1—2009 给出的规则起草。

本标准由中国机械工业联合会提出。

本标准由全国液压气动标准化技术委员会(SCA/TC 3)归口。

本标准起草单位:韶关液压件厂有限公司、成都长液机械有限公司、武汉科技大学、江都市永坚有限公司、抚顺天宝重工液压制造有限公司。

本标准主要起草人:黄智武、郑小兵、湛从昌、陈新元、唐建光、白波利、张鸿鹄、郭莲、陈素娟、鲁海石。

液压传动　比例/伺服控制液压缸的试验方法

1　范围

本标准规定了比例/伺服控制液压缸的型式试验和出厂试验的试验方法。

本标准适用于以液压油液为工作介质的比例/伺服控制的活塞式和柱塞式液压缸(以下简称液压缸或活塞缸、柱塞缸)。

2　规范性引用文件

下列文件对于本文件的应用是必不可少的。凡是注日期的引用文件,仅注日期的版本适用于本文件。凡是不注日期的引用文件,其最新版本(包括所有的修改单)适用于本文件。

GB/T 786.1　流体传动系统及元件图形符号和回路图　第1部分:用于常规用途和数据处理的图形符号

GB/T 3766　液压系统通用技术条件

GB/T 14039—2002　液压传动　油液　固体颗粒污染等级代号

GB/T 15622—2005　液压缸试验方法

GB/T 17446　流体传动系统及元件　词汇

GB/T 28782.2—2012　液压传动测量技术　第2部分:密闭回路中平均稳态压力的测量

JB/T 7033—2007　液压传动　测量技术通则

3　术语和定义

在GB/T 17446和GB/T 15622—2005中界定的以及下列术语和定义适用于本标准。

3.1

比例/伺服控制液压缸　proportional/servo controlled hydraulic cylinder

用于比例/伺服控制,有动态特性要求的液压缸。

3.2

阶跃响应　step response

比例/伺服控制液压缸输出信号(对应被测试液压缸活塞杆或缸筒的实际位移)对输入阶跃信号(对应期望的阶跃位移)的跟踪过程。

3.2.1

阶跃响应时间　step response time

阶跃响应曲线的输出信号从达到稳态幅值(或目标值)的10%开始,至初次达到稳态幅值(或目标值)的90%,该过程所用时间。

3.3

频率响应　frequency response

额定压力下,输入的恒幅值正弦电流在一定的频率范围内变化时,输出位移信号对输入电流的复数比,包括幅频特性和相频特性。

3.3.1

幅频特性　amplitude frequency

输出位移信号的幅值与输入电流幅值之比。

注：幅值比为−3 dB时的频率为幅频宽。

3.3.2

相频特性　phase frequency

输出位移信号与输入电流的相位角差。

注：相位角滞后90°的频率为相频宽。

3.4

动摩擦力　kinetic friction force

比例/伺服控制液压缸带负载运动条件下，活塞和活塞杆受到的运动阻力。

3.5

工作行程　working stroke

液压缸在稳态工况下运行，其运动件从一个工作位置到另一个工作位置的最大移动距离。

4　量、符号和单位

量、符号和单位应符合表1的规定。

表1　量、符号和单位

名　称	符　号	单　位
压力	p	MPa
位移	x	mm
速度	v	m/s
力	F	N
响应时间	Δt	ms
频率	f	Hz
动摩擦力	F_d	N
进口压力	P_1	MPa
出口压力	P_2	MPa
进口腔活塞有效面积	A_1	mm^2
出口腔活塞有效面积	A_2	mm^2

5　试验装置和试验条件

5.1　试验装置

5.1.1　试验原理图

比例/伺服控制液压缸的稳态和动态试验原理图见图1～图3，图中所用图形符号符合GB/T 786.1规定。

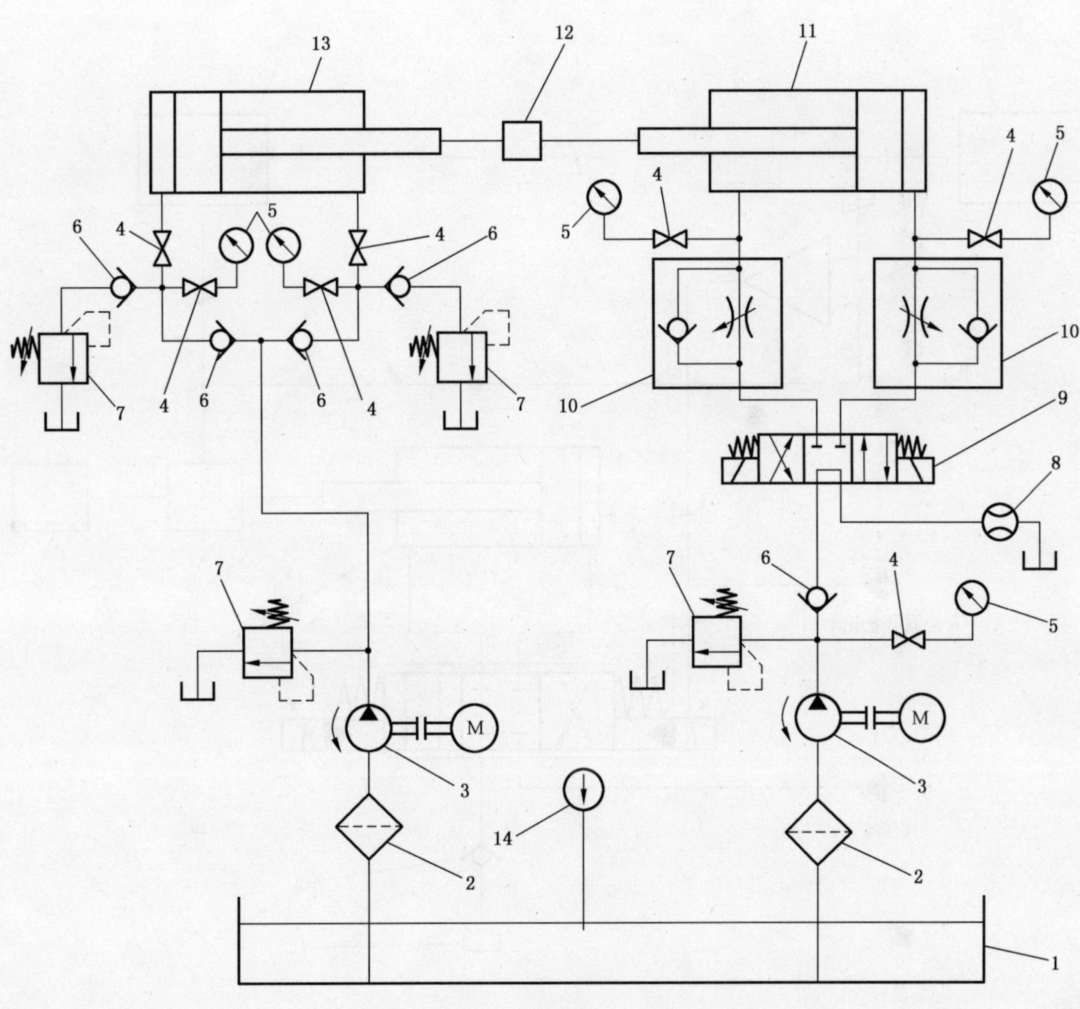

说明：

1——油箱；
2——过滤器；
3——液压泵；
4——截止阀；
5——压力表；
6——单向阀；
7——溢流阀；
8 ——流量计；
9 ——电磁(液)换向阀；
10——单向节流阀；
11——被试液压缸；
12——力传感器；
13——加载缸；
14——温度计。

图 1　液压缸稳态试验液压原理图

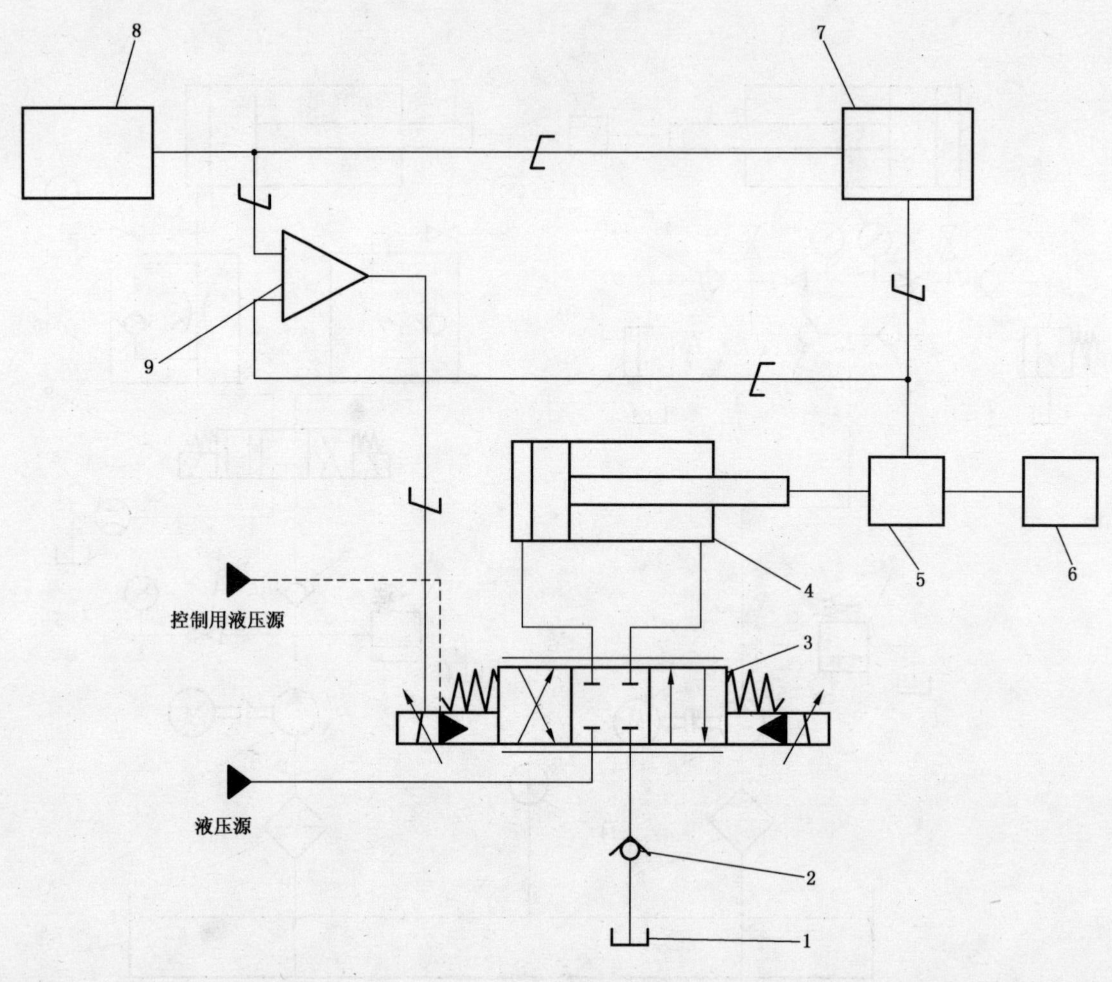

说明：

1——油箱；
2——单向阀；
3——比例/伺服阀；
4——被试比例/伺服控制液压缸；
5——位移传感器；
6——加载装置；
7——自动记录分析仪器；
8——可调振幅和频率的信号发生器；
9——比例/伺服放大器。

图 2 活塞缸动态试验液压原理图

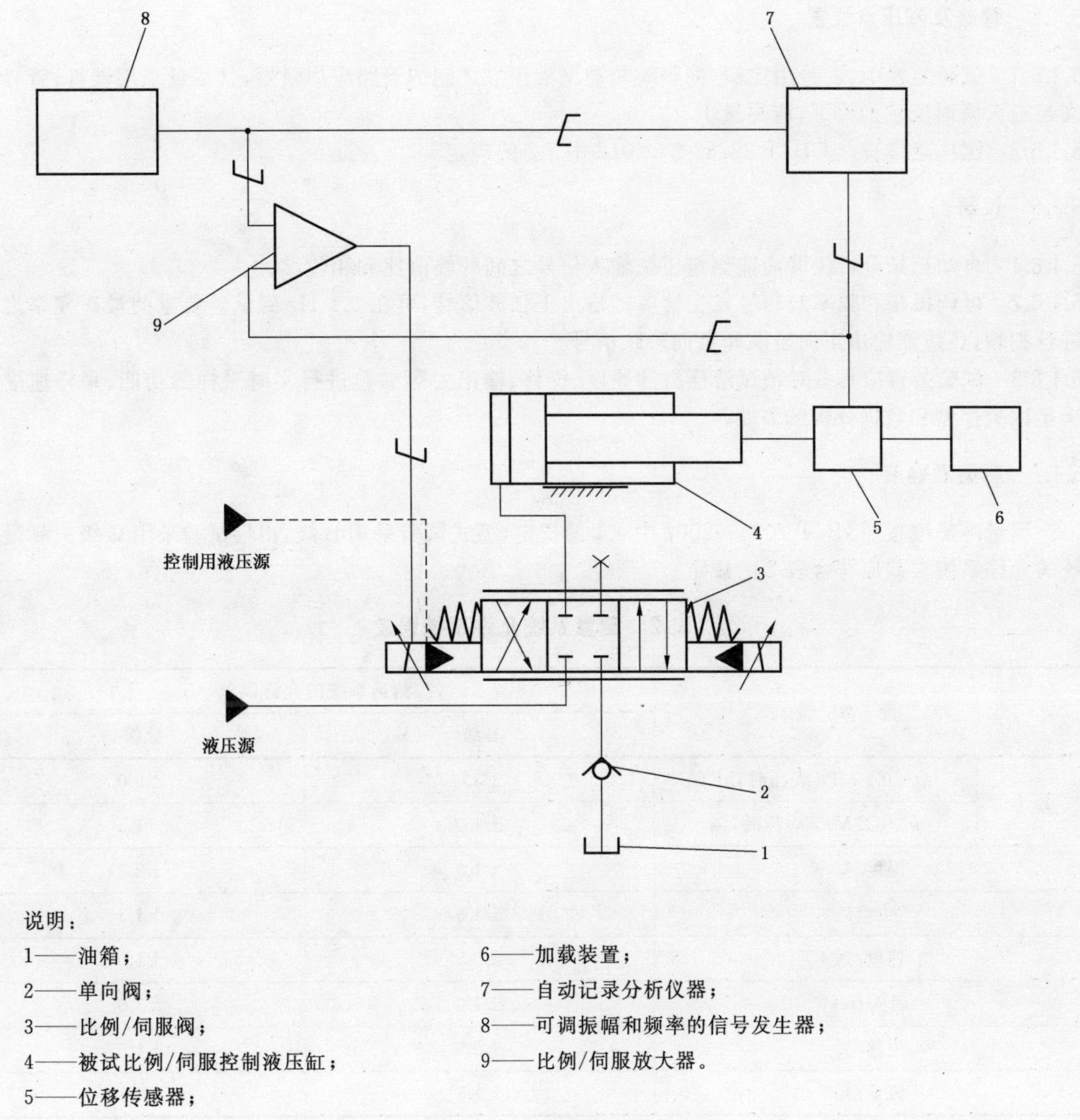

说明：

1——油箱；
2——单向阀；
3——比例/伺服阀；
4——被试比例/伺服控制液压缸；
5——位移传感器；
6——加载装置；
7——自动记录分析仪器；
8——可调振幅和频率的信号发生器；
9——比例/伺服放大器。

图 3　柱塞缸动态试验原理图

5.1.2　安全要求

试验装置应充分考虑试验过程中人员及设备的安全，应符合 GB/T 3766 的相关要求，并有可靠措施，防止在发生故障时，造成电击、机械伤害或高压油射出等伤人事故。

5.1.3　试验用比例/伺服阀

试验用比例/伺服阀响应频率应大于被试液压缸最高试验频率的 3 倍以上。

试验用比例/伺服阀的额定流量应满足被试液压缸的最大运动速度。

5.1.4　液压源

试验装置的液压源应满足试验用的压力，确保比例/伺服阀的供油压力稳定，并满足动态试验的瞬间流量需要；应有温度调节、控制和显示功能；应满足液压油液污染度等级要求，见 5.2.3。

5.1.5 管路及测压点位置

5.1.5.1 试验装置中，试验用比例/伺服阀与被试液压缸之间的管路应尽量短，且尽量采用硬管；管径在满足最大瞬时流量前提下，应尽量小。

5.1.5.2 测压点应符合 GB/T 28782.2—2012 中 7.2 的规定。

5.1.6 仪器

5.1.6.1 自动记录分析仪器应能测量正弦输入信号之间的幅值比和相位移。

5.1.6.2 可调振幅和频率的信号发生器应能输出正弦波信号，可在 0.1 Hz 到试验要求的最高频率之间进行扫频；还应能输出正向阶跃和负向阶跃信号。

5.1.6.3 试验装置应具备对被试液压缸的速度、位移、输出力等参数进行实时采样的功能，采样速度应满足试验控制和数据分析的需要。

5.1.7 测量准确度

测量准确度按照 JB/T 7033—2007 中 4.1 的规定，型式试验采用 B 级，出厂试验采用 C 级。测量系统的允许系统误差应符合表 2 的规定。

表 2 测量系统允许系统误差

测 量 参 量		测量系统的允许误差	
		B 级	C 级
压力	p<0.2 MPa 表压时，kPa	±3.0	±5.0
	p≥0.2 MPa 表压时，%	±1.0	±1.5
温度/℃		±1.0	±2.0
力/%		±1.0	±1.5
速度/%		±0.5	±1.0
时间/ms		±1.0	±2.0
位移/%		±0.5	±1.0
流量/%		±1.5	±2.5

5.2 试验用液压油液

5.2.1 黏度

试验用液压油液在 40 ℃时的运动黏度应为 29 mm^2/s～74 mm^2/s。

5.2.2 温度

除特殊规定外，型式试验应在 50 ℃±2 ℃下进行；出厂试验应在 50 ℃±4 ℃下进行。出厂试验可降低温度，在 15 ℃～45 ℃范围内进行，但检测指标应根据温度变化进行相应调整，保证在 50 ℃±4 ℃时能达到产品标准规定的性能指标。

5.2.3 污染度

对于伺服控制液压缸试验，试验用液压油液的固体颗粒污染度不应高于 GB/T 14039—2002 规定的—/17/14;对于比例控制液压缸试验,试验用液压油液的固体颗粒污染度不应高于 GB/T 14039—2002 规定的—/18/15。

5.2.4 相容性

试验用液压油液应与被试液压缸的密封件以及其他与液压油液接触的零件材料相容。

5.3 稳态工况

试验中,各被控参量平均显示值在表 3 规定的范围内变化时为稳态工况。应在稳态工况下测量并记录各个参量。

表 3 被控参量平均显示值允许变化范围

被控参量		平均显示值允许变化范围	
		B级	C级
压力	$p<0.2$ MPa 表压时,kPa	±3.0	±5.0
	$p\geqslant0.2$ MPa 表压时,%	±1.5	±2.5
温度/℃		±2.0	±4.0
力/%		±1.5	±2.5
速度/%		±1.5	±2.5
位移/%		±1.5	±2.5

6 试验项目和试验方法

6.1 试运行

应按照 GB/T 15622—2005 的 6.1 进行试运行。

6.2 耐压试验

使被试液压缸活塞分别停留在行程的两端(单作用液压缸处于行程的极限位置),分别向工作腔施加 1.5 倍额定压力,型式试验应保压 10 min,出厂试验应保压 5 min。观察被试液压缸有无泄漏和损坏。

6.3 起动压力特性试验

试运行后,在无负载工况下,调整溢流阀的压力,使被试液压缸一腔压力逐渐升高,至液压缸启动时,记录测试过程中的压力变化,其中的最大压力值即为最低起动压力。对于双作用液压缸,此试验正、反方向都应进行。

6.4 动摩擦力试验

在带负载工况下,使被试液压缸一腔压力逐渐升高,至液压缸启动并保持匀速运动时,记录被试液压缸进、出口压力(对于柱塞缸,只记录进口压力)。对于双作用液压缸,此试验正、反方向都应进行。本项试验因负载条件对试验结果会有影响,应在试验报告中记录加载方式和安装方式。动摩擦力按式(1)计算:

$$F_d=(P_1A_1-P_2A_2)-F \quad\cdots\cdots(1)$$

式中：

F_d——动摩擦力，单位为牛(N)；

P_1——进口压力，单位为兆帕(MPa)；

P_2——出口压力，单位为兆帕(MPa)；

A_1——进口腔活塞有效面积，单位为平方毫米(mm^2)；

A_2——出口腔活塞有效面积，单位为平方毫米(mm^2)；

F ——负载力，单位为牛(N)。

6.5 阶跃响应试验

调整油源压力到试验压力，试验压力范围可选定为被试液压缸的额定压力的10%～100%。

在液压缸的行程范围内，距离两端极限行程位置30%缸行程的中间区域任意位置选取测试点；调整信号发生器的振幅和频率，使其输出阶跃信号，根据工作行程给定阶跃幅值(幅值范围可选定为被试液压缸工作行程的5%～100%)；利用自动分析记录仪记录试验数据，绘制阶跃响应特性曲线，根据曲线确定被试液压缸的阶跃响应时间。

对于双作用液压缸，此试验正、反方向都应进行。对于两腔面积不一致的双作用液压缸，应采取补偿措施，确保正、反方向阶跃位移相等。

本项试验因负载条件对试验结果会有影响，应在试验报告中记录加载方式和安装方式。

6.6 频率响应试验

调整油源压力到试验压力，试验压力范围可选定为被试液压缸的额定压力的10%～100%。

在液压缸的行程范围内，距离两端极限行程位置30%缸行程的中间区域任意位置选取测试点，调整信号发生器的振幅和频率，使其输出正弦信号，根据工作行程给定幅值(幅值范围可选定为被试液压缸工作行程的5%～100%)，频率由0.1 Hz逐步增加到被试液压缸响应幅值衰减到－3 dB或相位滞后90°，利用自动分析记录仪记录试验数据，绘制频率响应特性曲线，根据曲线确定被试液压缸的幅频宽及相频宽两项指标，取两项指标中较低值。

对于两腔面积不一致的双作用液压缸，应采取补偿措施，确保正、反方向位移相等。

本项试验因负载条件对试验结果会有影响，应在试验报告中记录加载方式和安装方式。

6.7 耐久性试验

在设计的额定工况下，使被试液压缸以指定的工作行程和设计要求的最高速度连续运行，速度误差为±10%。一次连续运行8 h以上。在试验期间，被试液压缸的零件均不应进行调整。记录累积运行的行程。

6.8 泄漏试验

应按照GB/T 15622—2005的6.5分别进行内泄漏、外泄漏以及低压下的爬行和泄漏试验。

6.9 缓冲试验

当被试液压缸有缓冲装置时，应按照GB/T 15622—2005的6.6进行缓冲试验。

6.10 负载效率试验

应按照GB/T 15622—2005的6.7进行负载效率试验。

6.11 高温试验

应按照GB/T 15622—2005的6.8进行高温试验。

6.12 行程检验

应按照 GB/T 15622—2005 的 6.9 进行行程检验。

7 型式试验

型式试验应包括下列项目：

——试运行(见 6.1)；

——耐压试验(见 6.2)；

——起动压力特性试验(见 6.3)；

——动摩擦力试验(见 6.4)；

——阶跃响应试验(见 6.5)；

——频率响应试验(见 6.6)；

——耐久性试验(见 6.7)；

——泄漏试验(见 6.8)；

——缓冲试验(当对产品有此要求时)(见 6.9)；

——负载效率试验(见 6.10)；

——高温试验(当对产品有此要求时)(见 6.11)；

——行程检验(见 6.12)。

8 出厂试验

出厂试验应包括下列项目：

——试运行(见 6.1)；

——耐压试验(见 6.2)；

——起动压力特性试验(见 6.3)；

——动摩擦力试验(见 6.4)；

——阶跃响应试验(见 6.5)；

——频率响应试验(见 6.6)；

——泄漏试验(见 6.8)；

——缓冲试验(当对产品有此要求时)(见 6.9)；

——行程检验(见 6.12)。

9 试验报告

试验过程应详细记录试验数据并绘制试验曲线。在试验后应填写完整的试验报告，试验报告的格式参见附录 A，特性曲线参见附录 B。

附 录 A
（资料性附录）
试验报告格式

表 A.1 给出了比例/伺服控制液压缸的试验报告格式。

表 A.1 比例/伺服控制液压缸试验报告

<table>
<tr><td colspan="2">试验类别</td><td></td><td>油温</td><td colspan="2"></td><td>试验日期</td><td></td></tr>
<tr><td colspan="2">试验用液压油液类型</td><td></td><td>液压油液污染度</td><td colspan="2"></td><td>试验室名称（盖章）</td><td></td></tr>
<tr><td colspan="2">试验装置名称</td><td></td><td>被试产品编号</td><td colspan="2"></td><td>检验操作人员</td><td></td></tr>
<tr><td colspan="2">打压腔（正反向试验）</td><td colspan="2"></td><td colspan="2">加载方式</td><td colspan="2"></td></tr>
<tr><td rowspan="7">被试液压缸特征</td><td>类型</td><td colspan="2"></td><td>油口尺寸/mm</td><td colspan="3"></td></tr>
<tr><td>额定压力/MPa</td><td colspan="2"></td><td>安装方式</td><td colspan="3"></td></tr>
<tr><td>工作压力/MPa</td><td colspan="2"></td><td>缓冲装置</td><td colspan="3"></td></tr>
<tr><td>缸径/mm</td><td colspan="2"></td><td>密封件材料</td><td colspan="3"></td></tr>
<tr><td>活塞杆直径/mm</td><td colspan="2"></td><td>制造商名称</td><td colspan="3"></td></tr>
<tr><td>缸行程/mm</td><td colspan="2"></td><td>出厂日期</td><td colspan="3"></td></tr>
<tr><td>工作行程/mm</td><td colspan="2"></td><td></td><td colspan="3"></td></tr>
<tr><td>序号</td><td colspan="2">试验项目</td><td>技术要求</td><td>试验测量值</td><td>试验结果</td><td colspan="2">备注</td></tr>
<tr><td>1</td><td colspan="2">试运行</td><td></td><td></td><td></td><td colspan="2"></td></tr>
<tr><td>2</td><td colspan="2">耐压试验</td><td></td><td></td><td></td><td colspan="2"></td></tr>
<tr><td>3</td><td colspan="2">起动压力特性试验</td><td></td><td></td><td></td><td colspan="2"></td></tr>
<tr><td>4</td><td colspan="2">动摩擦力试验</td><td></td><td></td><td></td><td colspan="2"></td></tr>
<tr><td>5</td><td colspan="2">阶跃响应试验</td><td></td><td></td><td></td><td colspan="2"></td></tr>
<tr><td>6</td><td colspan="2">频率响应试验</td><td></td><td></td><td></td><td colspan="2"></td></tr>
<tr><td rowspan="3">7</td><td rowspan="3">泄漏试验</td><td>内泄漏</td><td></td><td></td><td></td><td colspan="2"></td></tr>
<tr><td>外泄漏</td><td></td><td></td><td></td><td colspan="2"></td></tr>
<tr><td>低压下爬行和泄漏</td><td></td><td></td><td></td><td colspan="2"></td></tr>
<tr><td>8</td><td colspan="2">缓冲试验</td><td></td><td></td><td></td><td colspan="2"></td></tr>
<tr><td>9</td><td colspan="2">负载效率试验</td><td></td><td></td><td></td><td colspan="2"></td></tr>
<tr><td>10</td><td colspan="2">高温试验</td><td></td><td></td><td></td><td colspan="2"></td></tr>
<tr><td>11</td><td colspan="2">耐久性试验</td><td></td><td></td><td></td><td colspan="2"></td></tr>
<tr><td>12</td><td colspan="2">行程检验</td><td></td><td></td><td></td><td colspan="2"></td></tr>
</table>

附 录 B
（资料性附录）
特性曲线

图 B.1～图 B.4 给出了比例/伺服控制液压缸试验测试的频率响应特性曲线、阶跃响应特性曲线、动摩擦力特性曲线及起动压力特性曲线。

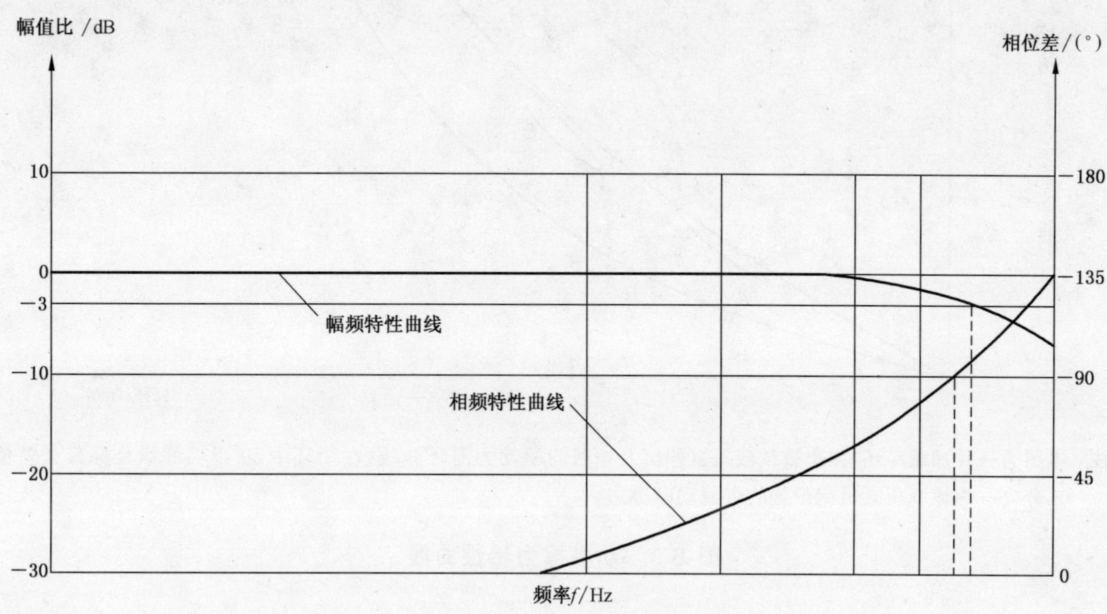

图 B.1 频率响应特性曲线

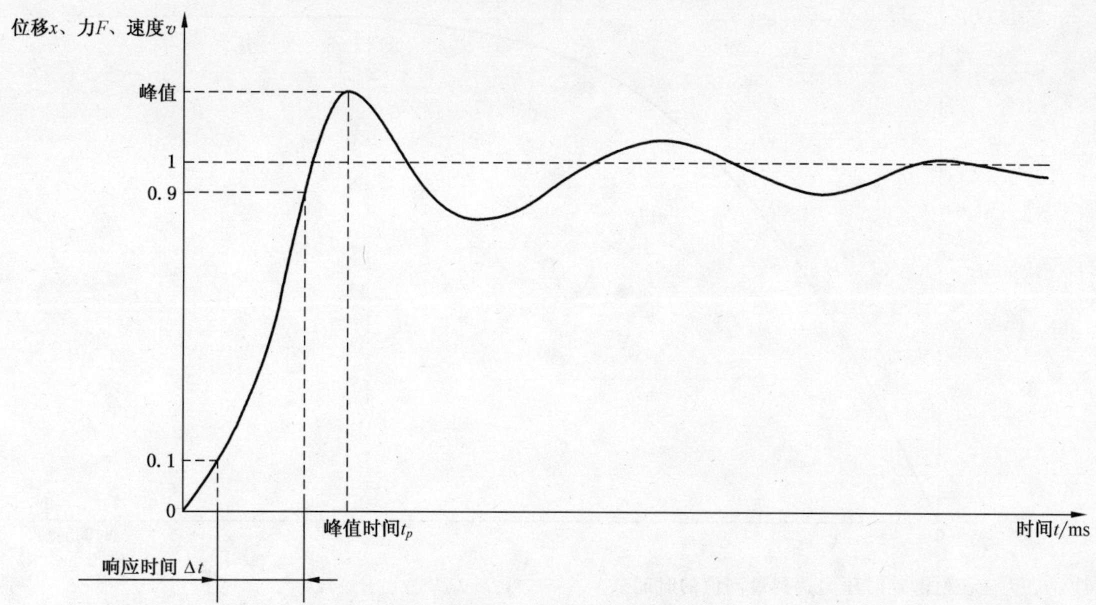

图 B.2 阶跃响应特性曲线

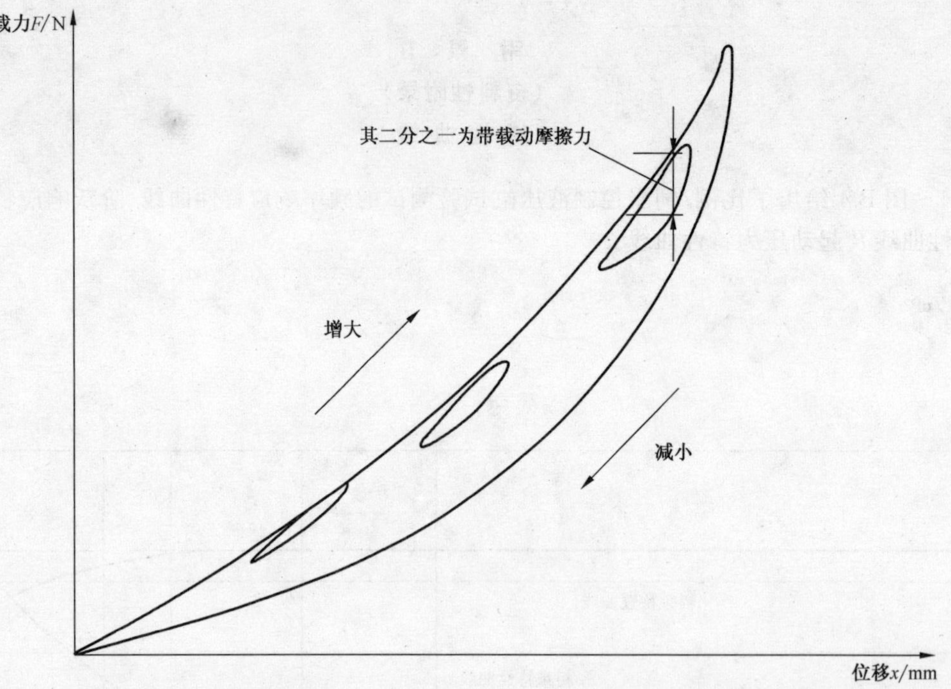

注：本图为一种加载滞环，测出被试液压缸伸出及缩回的驱动力滞环曲线；在闭环中，正反曲线纵坐标最大差值的二分之一为该液压缸所测位置的带载动摩擦力。

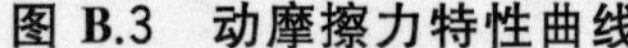

图 B.3　动摩擦力特性曲线

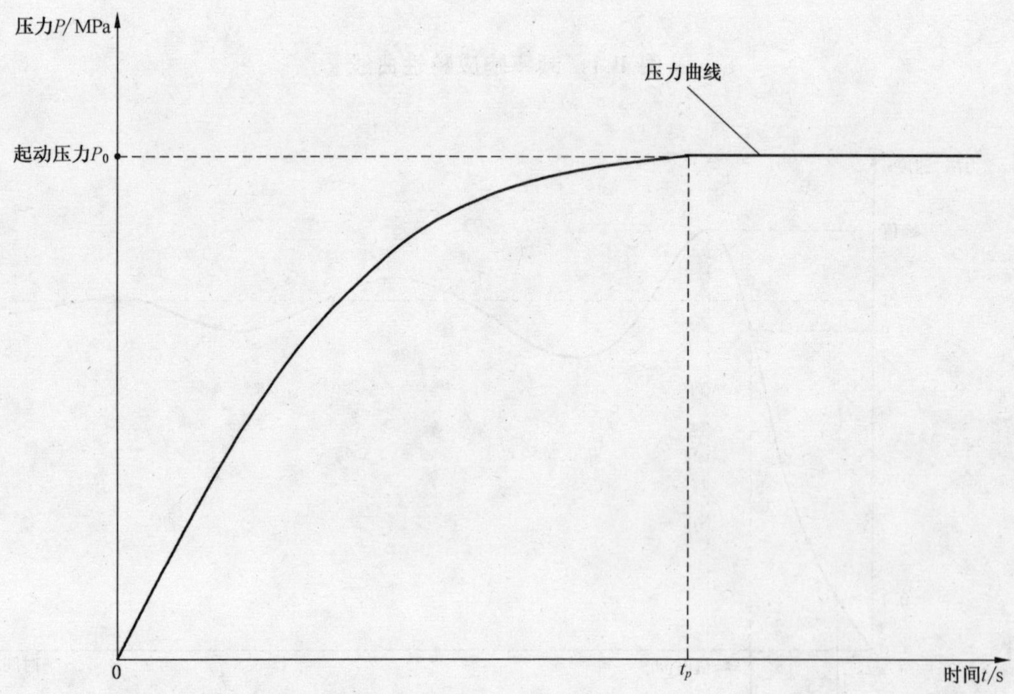

注：t_p 为液压缸起动时压力达到最高值的时间。

图 B.4　起动压力特性曲线

ICS 23.100.01
J 20

中华人民共和国国家标准

GB/T 35023—2018

液压元件可靠性评估方法

Methods to assess the reliability of hydraulic components

2018-05-14 发布

2018-12-01 实施

国家市场监督管理总局
中国国家标准化管理委员会 发布

前　言

本标准按照 GB/T 1.1—2009 给出的规则起草。

本标准由中国机械工业联合会提出。

本标准由全国液压气动标准化技术委员会(SAC/TC 3)归口。

本标准负责起草单位:浙江大学。

本标准参加起草单位:北京机械工业自动化研究所、武汉科技大学、油威力液压科技股份有限公司、江苏省机械研究设计院有限责任公司、北京华德液压工业集团有限责任公司、力源液压(苏州)有限公司、燕山大学、扬州市江都永坚有限公司、中国航天科技集团公司第一研究院第十八研究所、赛克思液压科技股份有限公司、韶关液压件厂有限公司、宁波华液机器制造有限公司、镇江液压股份有限公司。

本标准主要起草人:徐兵、曹巧会、湛从昌、钱新博、林广、杨永军、赵静一、赵静波、焦文瑞、陈东升、谢辉、何友文、徐建江、张时剑、秦海兴、黄智武、韦长峰、张策、叶绍干、夏士奇。

液压元件可靠性评估方法

1 范围

本标准规定了适用于 GB/T 17446 中定义的液压元件的可靠性评估方法：

a) 失效或中止的实验室试验分析；

b) 现场数据分析；

c) 实证性试验分析。

本标准适用于液压元件无维修条件下的首次失效。

2 规范性引用文件

下列文件对于本文件的应用是必不可少的。凡是注日期的引用文件，仅注日期的版本适用于本文件。凡是不注日期的引用文件，其最新版本（包括所有的修改单）适用于本文件。

GB/T 2900.13 电工术语 可信性与服务质量

GB 3100 国际单位制及其应用

GB/T 3358.1 统计学词汇及符号 第1部分：一般统计术语与用于概率的术语

GB/T 4091 常规控制图

GB/T 5080.6 设备可靠性试验 恒定失效率假设的有效性检验

GB/T 17446 流体传动系统及元件 词汇

JB/T 7033 液压传动 测量技术通则

3 术语和定义

GB/T 2900.13、GB/T 3358.1、GB/T 17446 界定的以及下列术语和定义适用于本文件。为了便于使用，以下重复列出了某些术语和定义。

3.1

元件 component

由除配管以外的一个或多个零件组成的实现液压传动系统功能件的独立单元。

注：指缸、泵、马达、阀、过滤器等液压元件。

3.2

可靠性 reliability

产品在给定的条件下和给定的时间区间内能完成要求的功能的能力。

[GB/T 2900.13—2008，定义 191-02-06]

注：这种能力若以概率表示，即称可靠度。

3.3

失效 failure

元件完成要求的功能的能力的中断。

[GB/T 2900.13—2008，定义 191-04-01]

3.4

B_{10}寿命　B_{10} life

当元件投入使用后未经任何维修，可靠度为90%时的平均寿命；或预期有10%发生失效时的平均寿命。

3.5

平均失效前时间　mean time to failure

MTTF

失效前时间的数学期望。

[GB/T 2900.13—2008，定义191-12-07]

注：即元件投产后未经任何维修从投入运行到失效时所统计的平均工作时间。

3.6

平均失效前次数　mean cycles to failure

MCTF

失效前次数的数学期望。

3.7

阈值　threshold level

用于与元件的性能参数(如泄漏量、流量和工作压力等)的试验数据进行比较的值。

注：该值作为性能比较的关键参数，通常是由专家定义的某个值，但不一定表示元件工作终止。

3.8

终止循环计数　termination cycle count

一个样本首次达到某个阈值水平时的循环次数。

3.9

样本　sample

由一个或多个抽样单元构成的总体的子集。

[GB/T 3358.1—2009，定义1.2.17]

4　计量单位与符号

4.1　计量单位应符合GB 3100的规定。

4.2　威布尔参数(Weibull Parameters)的符号：

β ——斜率；

η ——特征寿命；

t_0 ——最小寿命。

5　可靠性的一般要求

5.1　可靠性可通过第6章给出的三种方法求得。

5.2　应使用平均失效前时间(MTTF)和B_{10}寿命来表示。

5.3　应将可靠性结果关联置信区间。

5.4　应给出表示失效分布的可能区间。

5.5　确定可靠性之前，应先定义“失效”，规定元件失效模式。

5.6　分析方法和试验参数应确定阈值水平，通常包括：

a)　动态泄漏(包括内部和外部的动态泄漏)；

b) 静态泄漏(包括内部和外部的静态泄漏);

c) 性能特征的改变(如失稳、最小工作压力增大、流量减少、响应时间增加、电气特征改变、污染和附件故障导致性能衰退等)。

注:除了上述阈值水平,失效也可能源自突发性事件,如:爆炸、破坏或特定功能丧失等。

6 评估可靠性的方法

通过失效或中止的实验室试验分析、现场数据分析和实证性试验分析来评估液压元件的可靠性。而不论采用哪种方法,其环境条件都会对评估结果产生影响。因此,评估时应遵循每种方法对环境条件的规定。

7 失效或中止的实验室试验分析

7.1 概述

7.1.1 进行环境条件和参数高于额定值的加速试验,应明确定义加速试验方法的目的和目标。

7.1.2 元件的失效模式或失效机理不应与非加速试验时的预期结果冲突或不同。

7.1.3 试验台应能在计划的环境条件下可靠地运行,其布局不应对被试元件的试验结果产生影响。可靠性试验过程中,参数的测量误差应在指定范围内。

7.1.4 为使获得的结果能准确预测元件在指定条件下的可靠性,应进行恰当的试验规划。

7.2 试验基本要求

试验应按照本标准适用的被评估元件相关部分的条款进行,并应包括:

a) 使用的统计分析方法;

b) 可靠性试验中应测试的参数及各参数的阈值水平,部分参数适用于所有元件,阈值水平也可按组分类;

c) 测量误差要求按照 JB/T 7033 的规定;

d) 试验的样本数,可根据实用方法(如:经验或成本)或统计方法(如:分析)来确定,样本应具有代表性并应是随机选择的;

e) 具备基准测量所需的所有的初步测量或台架试验条件;

f) 可靠性试验的条件(如:供油压力、周期率、负载、工作周期、油液污染度、环境条件、元件安装定位等);

g) 试验参数测量的频率(如:特定时间间隔或持续监测);

h) 当样本失效与测量参数无关时的应对措施;

i) 达到终止循环计数所需的最小样本比例(如:50%);

j) 试验停止前允许的最大样本中止数,明确是否有必要规定最小周期数(只有规定了最小周期数,才可将样本归类为中止样本或不计数样本);

k) 试验结束后,对样本做最终检查,并检查试验仪器,明确这些检查对试验数据的影响,给出试验通过或失败的结论,确保试验数据的有效性(如:一个失效的电磁铁在循环试验期间可能不会被观测到,只有单独检查时才能发现,或裂纹可能不会被观测到,除非单独检查)。

7.3 数据分析方法

7.3.1 应对试验结果数据进行评估。可采用威布尔分析方法进行统计分析。

7.3.2 应按照下列步骤进行数据分析:

a) 记录样本中任何一个参数首次达到阈值的循环计数，作为该样本的终止循环计数。若需其他参数，该样本可继续试验，但该数据不应用于后续的可靠性分析。

b) 根据试验数据绘制统计分布图。若采用威布尔分析方法，则用中位秩。若试验包含截尾数据，则可用修正的 Johnson 公式和 Bernard 公式确定绘图的位置。数据分析示例参见附录 A。

c) 对试验数据进行曲线拟合，确定概率分布的特征值。若采用威布尔分析方法，则包括最小寿命 t_0、斜率 β 和特征寿命 η。此外，使用 1 型 Fisher 矩阵确定 B_{10} 寿命的置信区间。

注：可使用商业软件绘制曲线。

8 现场数据分析

8.1 概述

8.1.1 对正在运行产品采集现场数据，失效数据是可靠性评估依据。失效发生的原因包括设计缺陷、制造偏差、产品过度使用、累积磨损和退化，以及随机事件。产品误用、运行环境、操作不当、安装和维护情况等因素直接影响产品的寿命。应采集现场数据以评估这些因素的影响，记录产品的详细信息，如批号代码、日期、编码和特定的运行环境等。

8.1.2 数据采集应采用一种正式的结构化流程和格式，以便于分配职能、识别所需数据和制定流程，并进行分析和汇报。可根据事件或检测(监测)的时间间隔采集可靠性数据。

8.1.3 数据采集系统的设计应尽量减小人为偏差。

8.1.4 在开发上述数据采集系统时，应考虑个人的职位、经验和客观性。

8.1.5 应根据用于评估或估计的性能指标类型选择所要收集的数据。数据收集系统至少应提供：

a) 基本的产品识别信息，包括工作单元的总数；
b) 设备环境级别；
c) 环境条件；
d) 运行条件；
e) 性能测量；
f) 维护条件；
g) 失效描述；
h) 系统失效后的变更；
i) 更换或修理的纠正措施和具体细节；
j) 每次失效的日期、时间和(或)周期。

8.1.6 在记录数据前，应检查数据的有效性。在将数据录入数据库之前，数据应通过验证和一致性检查。

8.1.7 为了数据来源的保密性，应将用作检索的数据结构化。

8.1.8 可通过以下三个原则性方法识别数据特定分布类型：

a) 工程判断，根据对生成数据物理过程的分析；
b) 使用特殊图表的绘图法，形成数据图解表(见 GB/T 4091)；
c) 衡量给出样本的统计试验和假定分布之间的偏差；GB/T 5080.6 给出了一个呈指数分布的此类试验。

8.1.9 分析现场可靠性数据的方法可用：

a) 帕累托图；
b) 饼图；
c) 柱状图；
d) 时间序列图；

e） 自定义图表；

f） 非参数统计法；

g） 累计概率图；

h） 统计法和概率分布函数；

i） 威布尔分析法；

j） 极值概率法。

注：许多商业软件包支持现场可靠性数据的分析。

8.2 现场调查数据的可靠性估计方法

计算现场数据平均失效前时间（MTTF）或平均失效前次数（MCTF）的方法，应与处理实验室数据的方法相同。使用7.3给出的方法，示例参见附录A，补充信息参见附录B。

9 实证性试验分析

9.1 概述

9.1.1 实证性试验应采用威布尔法，它是基于统计方法的实证性试验方法，分为零失效和零/单失效试验方案。通过使用有效历史数据定义失效分布，是验证小样本可靠性的一种高效方法。

9.1.2 实证性试验方法可验证与现有样本类似的新样本的最低可靠性水平，但不能给出可靠性的确切值。若新样本通过了实证性试验，则证明该样本的可靠性大于或等于试验目标。

9.1.3 试验过程中，首先选择威布尔法的斜率 β（参考文献[2]介绍了韩国机械与材料研究所提供液压元件的斜率值 β）；然后计算支持实证性试验所需的试验时间（历史数据已表明，对于一种特定的失效模式，β 趋向于一致）；最后对新样本进行小样本试验。如果试验成功，则证实了可靠度的下限。

9.1.4 在零失效试验过程中，若试验期间没有失效发生，则可得到特定的 B_i 寿命。

注：i 表示累计失效率百分比的下标变量，如：对于 B_{10} 寿命，$i=10$。

9.1.5 除了在试验过程中允许一次失效之外，零/单失效试验方案和零失效试验方案类似。零/单失效试验的成本更高（更多试验导致），但可降低设计被驳回的风险。零/单失效试验方案的优势之一在于：当样本进行分组试验时（如：试验容量的限制），若所有样本均没有失效，则最后1个样本无需进行试验。该假设认为当有1个样本发生失效时，仍可验证该设计满足可靠性的要求。

9.2 零失效方法

9.2.1 根据已知的历史数据，对所要试验的元件选择一个威布尔斜率值。

9.2.2 根据式（1）确定试验时间或根据式（2）确定样本数（推导过程参见附录C）：

$$t=t_i\left[\frac{\ln(1-C)}{n\times\ln(R_i)}\right]^{1/\beta}=t_i\left[\left(\frac{1}{n}\right)\frac{\ln(1-C)}{\ln R_i}\right]^{1/\beta}=t_i\left(\frac{A}{n}\right)^{1/\beta} \quad\cdots\cdots(1)$$

$$n=A\left(\frac{t_i}{t}\right)^{\beta} \quad\cdots\cdots(2)$$

式中：

t ——试验的持续时间，以时间、周期或时间间隔表示；

t_i ——可靠性试验指标，以时间、周期或时间间隔表示；

β ——威布尔斜率，从历史数据中获取；

R_i ——可靠度 $(100-i)/100$；

i ——累计失效率百分比的下标变量（如：对于 B_{10} 寿命，$i=10$）；

n ——样本数；

C ——试验的置信度；

A ——查表 1 或根据式(1)计算。

表 1 A 值

C/%	R_i				
	R_1	R_5	R_{10}	R_{20}	R_{30}
95	298.1	58.40	28.43	13.425	8.399
90	229.1	44.89	21.85	10.319	6.456
80	160.1	31.38	15.28	7.213	4.512
70	119.8	23.47	11.43	5.396	3.376
60	91.2	17.86	8.70	4.106	2.569

9.2.3 开展样本试验，试验时间为上述定义的 t，所有样本均应通过试验。

9.2.4 若试验成功，则元件的可靠性可阐述如下：

元件的 B_i 寿命已完成实证性试验，试验表明：根据零失效威布尔方法，在置信度 C 下，该元件的最小寿命至少可达到 t_i(如：循环、小时或公里)。

9.3 零/单失效方法

9.3.1 根据已知的历史数据，确定被试元件的威布尔斜率值 β。

9.3.2 根据式(3)确定试验时间(参见附录 C)。

$$t_1 = t_j \left(\frac{\ln R_0}{\ln R_j}\right)^{1/\beta} \qquad \cdots\cdots(3)$$

式中：

t_1 ——试验的持续时间，以时间、周期或时间间隔表示；

t_j ——可靠性试验指标，以时间、周期或时间间隔表示；

β ——威布尔斜率，从历史数据中获取；

R_j ——可靠度$(100-j)/100$；

R_0 ——零(单)失效的可靠度根值(见表 2)；

j ——累计失效率百分比的下标变量(如：对于 B_{10} 寿命，$j=10$)。

表 2 R_0 值

C/%	n								
	2	3	4	5	6	7	8	9	10
95	0.025 3	0.135 3	0.248 6	0.342 5	0.418 2	0.479 3	0.529 3	0.570 8	0.605 8
90	0.051 3	0.195 8	0.320 5	0.416 1	0.489 7	0.547 4	0.593 8	0.631 6	0.663 1
80	0.105 6	0.287 1	0.417 6	0.509 8	0.577 5	0.629 1	0.669 6	0.702 2	0.729 0
70	0.163 4	0.363 2	0.491 6	0.578 0	0.639 7	0.685 7	0.721 4	0.749 8	0.773 0
60	0.225 4	0.432 9	0.555 5	0.635 0	0.690 5	0.731 5	0.762 9	0.787 7	0.807 9

9.3.3 样本试验的试验时间 t_1 由式(3)确定，在试验中最多只能有 1 个样本失效。当不能同时对所有样本进行试验时，若除了最后 1 个样本以外的所有样本均试验成功，则最后 1 个样本无需试验。

9.3.4 若试验成功，则元件的可靠性可阐述如下：

元件的 B_i 寿命已完成实证性试验，试验表明：根据零/单失效威布尔方法，在置信度 C 下，该元件的最小寿命至少可达到 t_j（单位为循环、小时或公里）。

10 试验报告

试验报告应包含以下数据：

a) 相关元件的定义；

b) 试验报告时间；

c) 元件描述(制造商、型号、名称、序列号)；

d) 样本数量；

e) 测试条件(工作压力、额定流量、温度、油液污染度、频率、负载等)；

f) 阈值水平；

g) 各样本的失效类型；

h) 中位秩和 95％单侧置信区间下的 B_{10} 寿命；

i) 特征寿命 η；

j) 失效数量；

k) 威布尔分布计算方法(如：极大似然法、回归分析、Fisher 矩阵)；

l) 其他备注。

11 标注说明

当遵循本标准时，在试验报告、产品样本和销售文件中作下述说明：

“液压元件可靠性测试和试验符合 GB/T 35023《液压元件可靠性评估方法》的规定”。

附 录 A
（资料性附录）
失效或中止的实验室试验分析计算示例

A.1 概述

失效数据的潜在分布是未知的。通常应用的威布尔分布属于参数分布，包括一个分布簇，其他分布如指数分布或正态分布都是威布尔分布的子集，可作为各类寿命数据的分析模型。

威布尔分布由三个参数定义：

a) 特征寿命值 η；

b) 斜率 β；

c) 最小寿命参数 t_0。

注：当 $\beta<1$ 时，失效率递减；当 $\beta=1$ 时，失效率为常数；当 $\beta>1$ 时，失效率递增。

A.2 无中止型失效数据分析示例

假设在一次可靠性试验中，样本数为 7 个，在试验中测量 5 个参数（a、b、c、d 和 e）。随着试验的进行，采集在不同循环次数下各个参数的原始数据。在某些时候，其中某个参数达到其阈值水平，记录下此时的循环次数，参见表 A.1。样本的终止循环计数（表格中阴影部分所示）是该样本的任何一个参数首次达到阈值时的循环次数。当至少有超过一半的样本（本示例中为 4 个样本）达到其终止循环计数时，则试验完成。本示例说明，在试验超出样本的终止循环计数时，若继续试验时，样本的其他参数达到阈值的情况。

表 A.1 试验样本的阈值和数据

终止循环计数	阈值				
	参数 a：×××	参数 b：×××	参数 c：×××	参数 d：×××	参数 e：×××
11.8×10^6			样本 5		
21.5×10^6		样本 1			
30.2×10^6					样本 2
31.6×10^6	样本 2			样本 5	
39.8×10^6					样本 1
41.1×10^6		样本 5			
42.9×10^6	样本 6				
42.9×10^6	试验结束——样本 3、4、7 终止试验				

注：部分样本未达到其阈值，它们是在试验结束时终止的。

由表 A.2 所示的数据绘制威布尔图。

表 A.2 威布尔图数据

序列	循环数	中位秩
1	11.8×10^6	0.094 6
2	21.5×10^6	0.229 7
3	30.2×10^6	0.364 9
4	42.9×10^6	0.500 0

注:中位秩的值与样本数(本示例中为 7 个样本)有关。本示例中,中位秩的值用 Beta 二项式(A.1)计算。

$$r_{\mathrm{M}}=\frac{P_{\mathrm{r}}-0.3}{N_{\mathrm{test}}+0.4} \qquad \cdots\cdots(\mathrm{A.1})$$

式中:

P_{r} ——序列;

N_{test} ——试验样本数(本示例中为 7 个样本)。

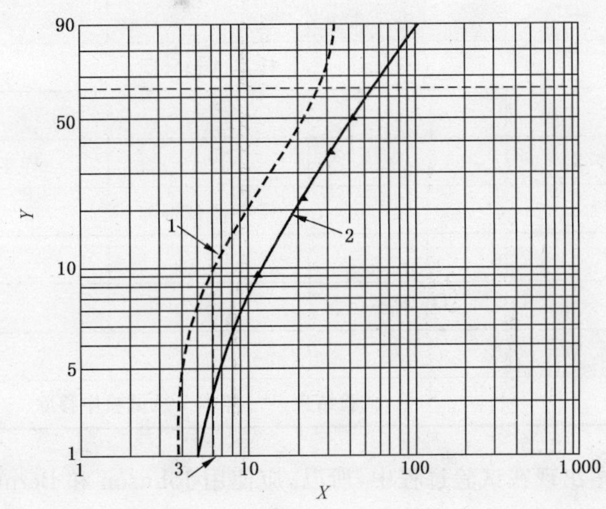

说明:

X ——记录周期,单位为 10^6 次;

Y ——累积失效概率,%;

1 ——95%单侧置信区间的上限;

2 ——三参数威布尔分布的中位秩;

3 ——95%置信度下的 B_{10} 寿命。

注:最小寿命为 3.76×10^6 次,特征寿命为 51.7×10^6 次,斜率为 1.24,MTTF 为 52.0×10^6 次。

图 A.1 示例 1 的威布尔图

95%置信区间根据 1 型 Fisher 矩阵法计算。

当 $F(t)=0.1$,由图 A.1 所示的数值,使用三参数威布尔公式计算 t 的值[见式(A.2)]。根据中位秩曲线,可得出 B_{10} 寿命如下:

$$F(t)=1-\mathrm{e}^{-\left(\frac{t-t_0}{\eta-t_0}\right)^{\beta}} \qquad \cdots\cdots(\mathrm{A.2})$$

$$0.1=1-\mathrm{e}^{-\left(\frac{t-3.76\times10^6}{51.7\times10^6-3.76\times10^6}\right)^{1.24}}$$

$$t=(51.7\times10^6-3.76\times10^6)\times[\ln(1/0.9)]^{1/1.24}+3.76\times10^6$$

50%置信度(中位秩曲线)下的 B_{10} 寿命:$t=11.5\times10^6$ 次。

由威布尔图分析得到:95%置信度下,B_{10} 寿命是 6.2×10^6 次(循环次数)。

注：威布尔曲线在其底部是弯曲的，表明最小寿命值是可能存在的。这说明三参数威布尔公式是合理的。

A.3 截尾数据分析示例

在一些情况下，某些样本在其失效之前就被移除掉，而其他样本继续试验。样本移除的原因可包括设备失效、外部损坏（如：火、停电）、由于检查而移除等与试验目的无关情况。被移除的样本不能返回试验项目，应被归入截尾样本中。本示例说明如何评估这种情况下元件的可靠性。

参见表 A.3，其阴影部分表示样本首次达到阈值时的循环次数。

表 A.3 试验样本的阈值和数据

终止循环计数	阈值				
	参数 *a*：×××	参数 *b*：×××	参数 *c*：×××	参数 *d*：×××	参数 *e*：×××
11.8×10^6			样本 5		
21.5×10^6		样本 1			
25.0×10^6	样本 4 被移除				
30.2×10^6					样本 2
31.6×10^6	样本 2			样本 5	
35.0×10^6	样本 3 被移除				
39.8×10^6					样本 1
41.1×10^6		样本 5			
42.9×10^6	样本 6				
42.9×10^6	试验结束——样本 7 从试验中移除				

在本示例中，由于截尾出现在试验过程中，所以，应使用 Johnson 和 Bernard 公式计算终止试验样本的中位秩。图形位置使用 Johnson 公式［见式(A.3)］计算：

$$P_{\text{plot}}=\frac{S_{\text{r}}P_{\text{p-1}}+(N_{\text{test}}+1)}{S_{\text{r}}+1} \qquad \cdots\cdots\cdots\cdots\cdots\cdots (\text{A.3})$$

式中：

P_{plot} ——图形位置；

S_{r} ——反向序列；

$P_{\text{p-1}}$ ——前一个图形位置；

N_{test} ——试验样本数(本示例中为 7 个样本)。

使用 Bernard 近似公式［见式(A.4)］计算中位秩 r_{M}：

$$r_{\text{M}}=\frac{P_{\text{plot}}-0.3}{N_{\text{test}}+0.4} \qquad \cdots\cdots\cdots\cdots\cdots\cdots (\text{A.4})$$

表 A.4 描述了上述计算。

表 A.4　含中止的试验结果的图形位置与中位秩

终止循环计数	样本编号	序列	反向序列	状态	图形位置	中位秩
11.8×10^6	5	1	7	失效	1	0.094 6[a]
21.5×10^6	1	2	6	失效	2	0.229 7[a]
25.0×10^6	4	3	5	中止	—	—
30.2×10^6	2	4	4	失效	3.2	0.391 0
35.0×10^6	3	5	3	中止	—	—
42.9×10^6	6	6	2	失效	4.8	0.608 1
42.9×10^6	7	7	1	终止	—	—

[a] 前两个条目的图形位置无需根据 Johnson 公式计算，其中位秩可由标准值表或 Bernard 近似公式得出。为保证一致性，本示例中使用的是 Bernard 近似公式。

使用计算出的图形位置和中位秩，可得到威布尔图，其结果如图 A.2 所示。

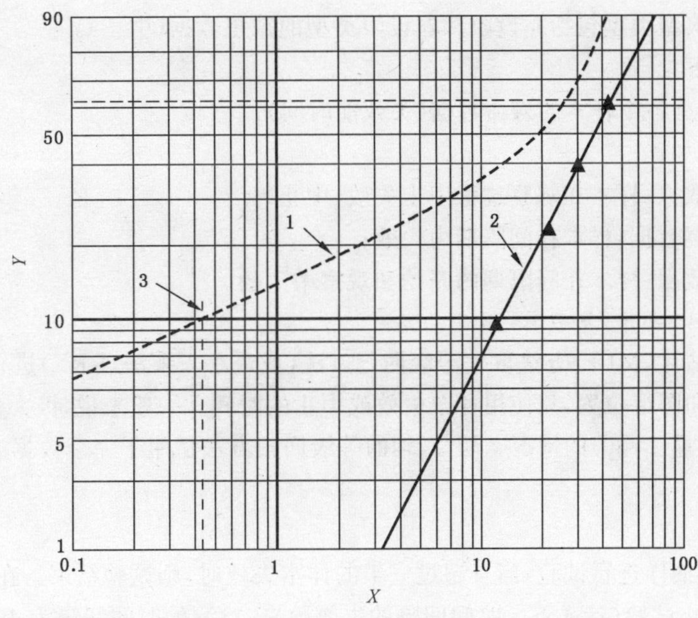

说明：

X ——记录周期，单位为 10^6 次；

Y ——累计失效概率，%；

1 ——95%单侧置信区间的上限；

2 ——二参数威布尔分布的中位秩；

3 ——95%置信度下的 B_{10} 寿命。

注：最小寿命为 0 次，特征寿命为 45.1×10^6 次，斜率为 1.74，MTTF 为 40.2×10^6 次。

图 A.2　示例 2 的威布尔图

95%置信度根据 1 型 Fisher 矩阵法计算。

当 $F(t)=0.1$，使用二参数威布尔公式[见式(A.5)]计算 x 的值，根据中位秩曲线，得出 B_{10} 寿命如下：

$$F(t)=1-e^{-(t/\eta)^{\beta}} \qquad \cdots\cdots\cdots\cdots\cdots\cdots\cdots(A.5)$$

$$0.1=1-e^{-[t/(45.1\times10^{6})]^{1.74}}$$

$$t=45.1\times10^{6}\times[\ln(1/0.9)]^{1/1.74}$$

50%置信度(中位秩曲线)下的 B_{10} 寿命：

$t=12.4\times10^{6}$ 次。

由威布尔图分析得到：95%置信度下，B_{10} 寿命是 4.8×10^{6} 次(循环次数)。

注：威布尔曲线在其底部是直线型的，说明其最小值趋向于 0。这说明二参数威布尔公式是合理的。

A.4 间歇试验示例

A.4.1 概述

在可靠性试验中，通常不可能持续监测样本的状态(是否超过阈值)。因此，需要在定义的试验时间间隔内检测样本的状态(是否失效)。当元件在一个时间间隔内失效，由于失效的准确时间是未知的(如：该元件可能在间隔期的开始或结束时失效)，会在一定程度上造成信息缺失。因此，需要选择一个合适的试验时间间隔。

间隔试验数据的典型类型包括左设限和右设限类型的截尾数据(中止)。

寿命数据类型如下：

a) 完全数据：拥有各个样本的寿命数据(失效前时间)；

b) 截尾数据，例如：

——右截尾数据：样本在观察过程中未失效(中止)；

——间隔截尾数据：样本在间隔期内失效；

——左截尾数据：样本在间隔期的开始和观察中失效。

注：一个数据集可能包含不止一种截尾类型。

可使用极大似然估计(MLE)方法取代等级回归方法(或最小二乘法，RRX)进行数据分析。极大似然估计法不考虑序列和图形位置，只使用各个失效或中止的时间。一般来说，极大似然估计法适用于复杂混合截尾，或大样本量(>30)的情况。而 X 轴的等级回归方法适用于完全数据或小样本量的情况。

A.4.2 示例

对有 30 个样本的抽样进行试验，当有超过一半的样本失效时，则试验结束。在试验过程中，由于操作错误，1 个样本被中止试验(计入下一时间间隔的失效数)。检测的时间间隔为 400 h。在这些检测过程中，可发现由于功能障碍或超过阈值水平而导致的失效，结果见表 A.5。

表 A.5 试验结果

该状态的样本数	最后检测时间/h	状态 F 或 S	状态结束时间/h	截尾	抽样编号
1	0	F	400	左截尾	3
2	400	F	800	间隔截尾	21,24
1	800	F	1 200	间隔截尾	5
2	1 200	F	1 600	间隔截尾	9,13
2	1 600	F	2 000	间隔截尾	27,10
1	2 000	S	2 400	右截尾	22[a]

表 A.5（续）

该状态的样本数	最后检测时间/h	状态 F或S	状态结束时间/h	截尾	抽样编号
1	2 400	F	2 800	间隔截尾	17
3	2 800	F	3 200	间隔截尾	6,11,19
2	3 200	F	3 600	间隔截尾	1,24
15	3 600	S	3 600	右截尾	2,4,7,8,12,15,16,18; 20,23,25,26,28,29,30[b]
[a] 操作错误。 [b] 试验中这些样本全部被移除。					

由于失效的准确时间未知，将时间间隔的平均值作为失效前时间。

用改进的 Johnson 公式[见式(A.3)]计算图形位置，用 Bernard 近似公式[见式(A.4)]计算中位秩，进而可绘制威布尔图，见图 A.3(可由商业软件绘制)。

使用二参数威布尔分布，并使用极大似然法分析截尾数据。

分析结果如图 A.3 所示。斜率值 β 为 1.34，表明元件已损耗($\beta>1$)。在累积失效概率为 10%和 63.2%时，B_{10} 寿命和特征寿命 η，可由曲线读出。

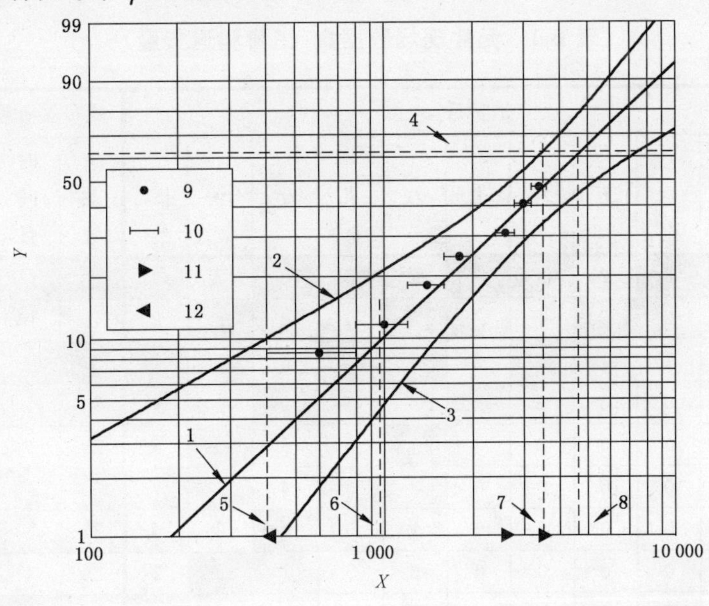

说明：

X ——时间，单位为小时(h)；

Y ——累计失效概率，%；

1 ——二参数型威布尔分布的中位秩；

2 ——95%置信区间的上限；

3 ——5%置信区间的下限；

4 ——特征寿命；

5 ——95%置信度下的 B_{10} 寿命值(555 h)；

6 ——中位秩下的 B_{10} 寿命值(982 h)；

7 ——95%置信度下的特征寿命值(3 410 h)；

8 ——中位秩下的特征寿命值(5 070 h)；

9 ——数据点；

10——间隔；

11——右截尾数据；

12——左截尾数据。

图 A.3 间隔数据的威布尔图

从试验得出的结论是：在 95%置信度下，元件的 B_{10} 寿命为 555 h，特征寿命为 3 410 h，MTTF=3 131 h。

附 录 B
（资料性附录）
现场数据分析计算示例

B.1 现场调查数据的示例

附录 A 中的方法和式(A.1)～式(A.5)可用于现场采集到的数据。

不是所有元件在使用过程中都发生失效，所以现场数据通常为右截尾数据。为了评估元件总体的可靠性，需要掌握达到其失效和中止的时间信息。本示例给出一种使用销售和退货数据计算可靠性的方法。

表 B.1 统计了一个特定时间段内的销售和退货数据。“退货量”中的各行给出从最左列的销售月份起，接下来几个月的退货量。表格对角线上的阴影单元表示从销售月份起，在相同时间间隔内的退货量。这些数据在“威布尔所需数据”的“失效数”列中相加，(如：在所有销售月份中，经两个月使用后，共有 19 个退货，对应“失效数”列的最后一个阴影单元)。左边第二列表示每个月的“销售量”，右边第二列表示每个月的“净退回量”，将“销售量”减去“净退货量“，可得到“截尾数”。“威布尔所需数据”的“时间”列为对角单元的退货(失效)对应的间隔月数。如果可获得销售和退货的准确日期(即更为准确的实际失效前时间)。在这种情况下，计算元件失效和中止的准确时间，并使用标准图表分析数据(参见示例 A.3)。

表 B.1 元件现场数据集(销售和退货量)

销售量		退货量											威布尔所需数据			净退货量	
		二	三	四	五	六	七	八	九	十	十一	十二	失效数	时间月	截尾数		
一	815	1	1	2	2	3	0	2	5	8	7	7	7	11	777	38	一
二	879	0	2	2	3	4	2	3	4	4	6	8	15	10	841	38	二
三	891	0	0	1	1	4	2	5	4	5	7	8	22	9	854	37	三
四	867	0	0	0	0	2	3	5	4	7	6	4	20	8	836	31	四
五	826	0	0	0	0	2	3	1	2	6	5	8	25	7	799	27	五
六	879	0	0	0	0	0	0	3	3	4	5	7	26	6	857	22	六
七	827	0	0	0	0	0	0	1	3	2	2	4	29	5	815	12	七
八	879	0	0	0	0	0	0	0	0	1	2	2	23	4	874	5	八
九	854	0	0	0	0	0	0	0	0	1	1	3	23	3	849	5	九
十	855	0	0	0	0	0	0	0	0	0	0	2	19	2	853	2	十
十一	847	0	0	0	0	0	0	0	0	0	0	1	9	1	846	1	十一
十二	825	0	0	0	0	0	0	0	0	0	0	0	0	0	825	0	十二

用改进的 Johnson 公式[见式(A.3)]计算图形位置，用 Bernard 近似公式[见式(A.4)]计算中位秩，进而可绘制威布尔图。根据 Nevada 表中的数据，绘制图 B.1(可用商业软件)。如果调查的现场数据包括总体样本，则置信区间没有意义。如果只调查总体一部分样本，则使用较低的置信区间以考虑随机数据。同时，使用在较低置信区间下的 B_{10} 寿命来声明元件的可靠性。当所求得的寿命超过最终数据点的失效或中止时间的两倍时，则不宜使用该推断结果，因为进一步的失效时间是不确定的。

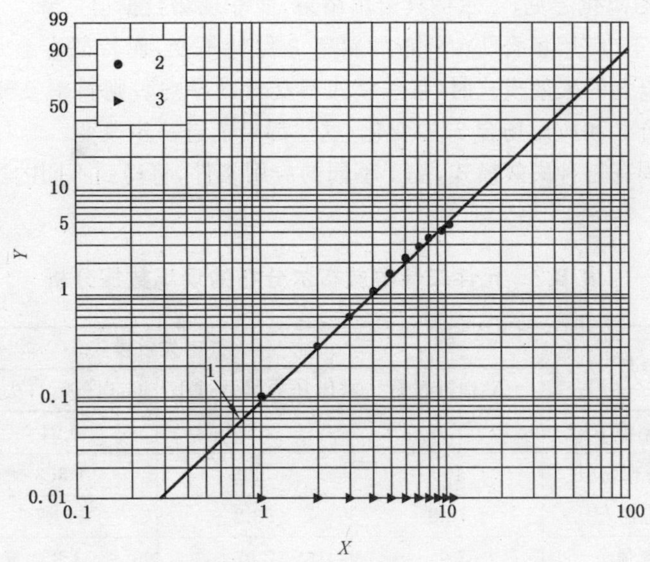

说明：

X ——时间，单位为月；

Y ——累计失效概率，单位%；

1 ——二参数威布尔分布的中位秩；

2 ——数据点；

3 ——截尾数据。

注：特征寿命为 58.75，斜率为 1.72。

图 B.1 元件现场数据集的威布尔图

附录 A 的公式可用于现场采集到的数据。B_{10} 寿命可根据式(A.2)来计算。由二参数威布尔性质，$t_0=0$，式(A.2)简化为式(B.1)：

$$F(x)=1-e^{-(x/\eta)^{\beta}} \quad \cdots\cdots(B.1)$$

当斜率 $\beta=1.72$，位置参数 $\eta=58.75$ 时，可根据式(B.2)计算 B_{10} 寿命：

$$0.1=1-e^{-(x/58.75)^{1.72}} \quad \cdots\cdots(B.2)$$

可得：

$x=15.83$。

因此，被调查总体的 B_{10} 寿命为 15.83 个月。

B.2 现场数据处理的可靠性特性

B.2.1 概述

由于可靠性受多个参数和失效模式的影响，如果得到的可靠性只是根据对一种数据的分析，则需要谨慎考虑是否采纳该可靠性结果。如果元件可能会在多种不同的失效模式下失效，则该元件有不同的斜率值 β，元件的可靠性将取决于失效模式。应用条件(如：压力、污染物、流体、振动和温度)也将影响位置参数。由于以上原因，可能得到同一元件的不同可靠性值。所以，未指定前提的通用的元件可靠性声明将是不准确的。因此，当声明单个可靠性值时，需要使用从试验评估或现场数据得来的最保守的可靠性值。

B.2.2 不同失效模式的示例

假设元件应用在多种不同的场合，且每种应用场合的环境条件也不同。对采集到的现场数据进行统计分析，参见表 B.2(为简化起见，本示例只给出结果，而非现场数据值)。

在正常的应用条件下(应用场合 1)，分布的斜率 β 保持不变，而特征寿命 η 会随负载的变化而变化。但是，当发生一个以上的失效模式时(某些模式不受负载影响)，则斜率 β 和特征寿命 η 都将改变。随着应用条件(应用场合 2 和应用场合 3)的变化，这些都可能进一步改变。

下列示例中，方向阀有三种失效模式，基于不同的应用条件，将得到不同的可靠性值，其威布尔图见图 B.2、图 B.3 和图 B.4。

表 B.2　元件二参数威布尔分布的现场数据分析

应用场合	参数	失效模式			
		A:泄漏过量	B:压力增益过小	C:电气元件失效	D:整个液压元件失效
1:正常使用	斜率值 β	3.92	2.49	0.94	1.85
	特征寿命 η/月	140	230	1 363	180
	B_{10}寿命/月	78.8	93.3	123.7	53.5
2:高压及污染物	斜率值 β	3.94	2.07	1.35	1.74
	特征寿命 η/月	67	154	362	119
	B_{10}寿命/月	37.8	51.8	68.4	32.6
3:高温及振动	斜率值 β	4.65	2.28	1.00	1.17
	特征寿命 η/月	101	126	335	189
	B_{10}寿命/月	62.1	47.0	35.4	27.6

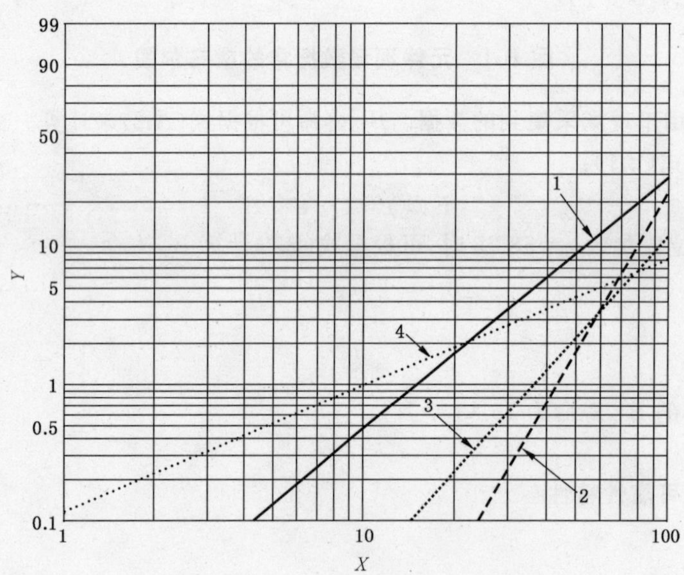

说明：

X ——时间，单位为月；

Y ——累计失效概率，%；

1 ——整个元件可靠度的中位秩：特征寿命 η=180，β=1.85；

2 ——失效模式 A 下元件可靠度的中位秩：特征寿命 η=140，β=3.92；

3 ——失效模式 B 下元件可靠度的中位秩：特征寿命 η=230，β=2.49；

4 ——失效模式 C 下元件可靠度的中位秩：特征寿命 η=1 363，β=0.94。

图 B.2　应用场合 1——正常使用条件下的威布尔图

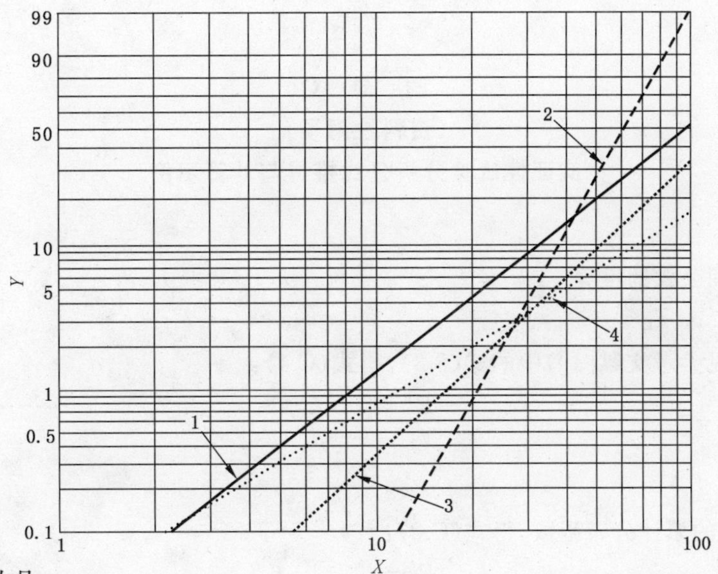

说明：

X ——时间，单位为月；

Y ——累计失效概率，%；

1 ——整个元件可靠度的中位秩：特征寿命 $\eta=119$，$\beta=1.74$；

2 ——失效模式 A 下元件可靠度的中位秩：特征寿命 $\eta=67$，$\beta=3.94$；

3 ——失效模式 B 下元件可靠度的中位秩：特征寿命 $\eta=154$，$\beta=2.07$；

4 ——失效模式 C 下元件可靠度的中位秩：特征寿命 $\eta=362$，$\beta=1.35$。

图 B.3　应用场合 2——高压及污染物使用条件下的威布尔图

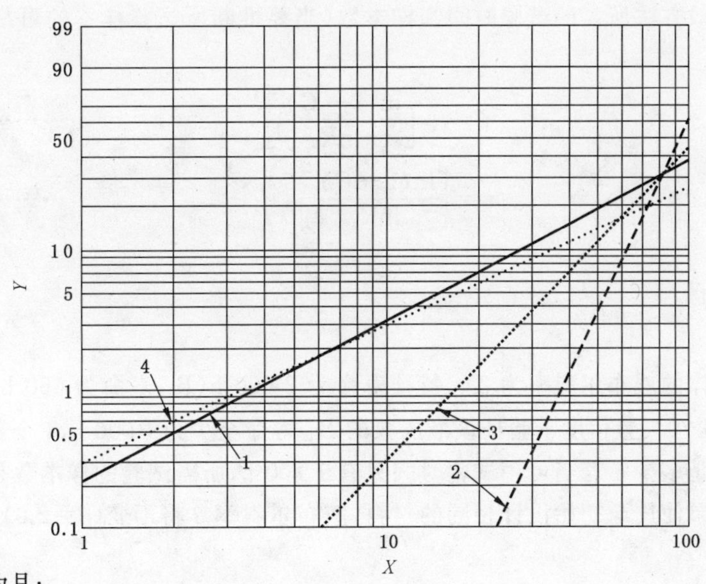

说明：

X ——时间，单位为月；

Y ——累计失效概率，%；

1 ——整个元件可靠度的中位秩：特征寿命 $\eta=189$，$\beta=1.17$；

2 ——失效模式 A 下元件可靠度的中位秩：特征寿命 $\eta=101$，$\beta=4.65$；

3 ——失效模式 B 下元件可靠度的中位秩：特征寿命 $\eta=126$，$\beta=2.28$；

4 ——失效模式 C 下元件可靠度的中位秩：特征寿命 $\eta=335$，$\beta=1.00$。

图 B.4　应用场合 3——高温及振动使用条件下的威布尔图

在正常使用条件下，整个元件的平均 B_{10} 寿命是 53.5 个月，当其他应用场合的应力大于正常使用条件的应力时，由于单元的单个失效模式，整个元件的平均 B_{10} 寿命减小。

附　录　C
（资料性附录）
实证性试验分析公式推导与计算示例

C.1　零失效试验时间公式的推导

由威布尔手册（见参考文献[1]）中的式（6-3），得式（C.1）：

$$R^n = 1 - C \tag{C.1}$$

式中：

C——置信度。

由二参数威布尔的累计分布函数，得式（C.2）：

$$R = e^{-(t/\eta_0)^\beta} \tag{C.2}$$

分布函数上的特定值，见式（C.3）：

$$R_i = e^{-(t_i/\eta_0)^\beta} \tag{C.3}$$

式中：

t　——R 对应的试验时间；

η_0——零失效分布曲线的特征寿命。

通过替换表达式中的 R 和 η_0，可用式（C.4）求解 t（试验时间），或用式（C.5）求解 n（样本数）。以上两个公式可得到零失效方法所需的试验时间和样本数（当要推断所试验样本的可靠性是否等于或大于已提出的分布时）。

$$t = t_i \left[\frac{\ln(1-C)}{n\ln R_i}\right]^{1/\beta} \tag{C.4}$$

$$n = \left[\frac{\ln(1-C)}{\ln R_i}\right]\left(\frac{t_i}{t}\right)^\beta \tag{C.5}$$

C.2　零失效试验示例

假设某液压泵总体的威布尔斜率为 2.0，特征寿命为 2 000 h（B_{10} 寿命为 650 h）。当重新设计该泵后（所用材料不变），在 70% 置信度下验证该液压泵的 B_{10} 寿命至少为 1 000 h，4 个新样本应试验多长时间？新的特征寿命又是多少？若当可用试验时间只有 1 200 h，所需试验的样本数是多少？

由于重新设计的泵使用与初始设计相同的材料，威布尔斜率 β 将不变（β=2.0）。

通过描述，可得：

10%时，$B_i = B_{10}$；

$R_i = R_{10} = 1 - 0.10 = 0.90$；

$t_i = 1\,000$ h，$n = 4$；

或者 $t_i = 1\,000$ h，$t = 1\,200$ h。

由表 1 可知，当 $C = 70\%$，$B_i = B_{10}$ 时，$A = 11.43$。

由式（1）（见 9.2.2），得：

$$t = t_i \left(\frac{A}{n}\right)^{1/\beta} = 1\,000 \times \left(\frac{11.43}{4}\right)^{1/2} = 1\,690(\text{h})$$

或由式（2）（见 9.2.2），得：

$$n = 11.43 \times \left(\frac{1\ 000}{1\ 200}\right)^2 = 7.9 \approx 8$$

上述为零失效试验所需的试验时间或为时间缩减试验所需的样本数。

当已知 B_{10} 寿命时，威布尔累计分布函数的新特征寿命可用式(C.3)确定，并用式(C.6)解出：

$$\eta_0 = \frac{t_i}{(-\ln R_i)^{1/\beta}} = \frac{1\ 000}{(-\ln 0.9)^{1/2}} = 3\ 080.78(\mathrm{h}) \quad \cdots\cdots\cdots\cdots(\mathrm{C.6})$$

满足 4 个样本在 1 690 h 的试验过程中均未失效或 8 个样本在 1 200 h 的试验过程中均未失效，在 70％置信度下，该液压泵的 B_{10} 寿命至少为 1 000 h，新的特征寿命为 3 081 h。

为了确定相同的可靠性和置信度，采用 4 个样本进行标准试验，确定其威布尔图所需的试验时间如下[用第四次失效时的 R_i 值重新求解式(C.5)]：

$$3\ 081 \times (-\ln 0.159\ 1)^{1/2} = 4\ 177(\mathrm{h})$$

因此，与在威布尔分布未知的标准失效试验的试验时间相比，零失效试验节省的试验时间为：

$$4\ 177 - 1\ 690 = 2\ 487(\mathrm{h})$$

应指出的是，本示例中假设时间缩减试验和标准试验的威布尔曲线是相同的，且第四次失效的可靠性值(4 个样本的)取自中位秩曲线。由于时间缩减试验曲线是 70％置信度曲线，所以计算结果不是完全正确的，只是对比计算。

C.3 零/单失效时间公式的推导

由威布尔手册(见参考文献[1])中式(6-5)，得：

$$(1-C) = R^n + nR^{n-1}(1-R) \quad \cdots\cdots\cdots\cdots(\mathrm{C.7})$$

上式描述了零/单失效的二项式概率。

确定满足上式的 R 值(在[0,1]区间上)，计算过程如下：

$$X = R^n + nR^{n-1}(1-R) - (1-C)$$

对于选定的 C 和 n 的值，能推出公式 $X=0$ 的根。这些根可通过绘制 C 的表格得到，该表的列为样本数 n ($2 \leqslant n \leqslant 10$)，行为 R ($0 \leqslant R \leqslant 1$)。该表的单元格为 C 值表中 n 值对应的 X 的值和 $X=0$ 时 R 的根值。C 值的其他表可得出相似的结果。

将 R 的根值用于二参数威布尔累计分布公式，如式(C.8)所示：

$$R_0 = \mathrm{e}^{-(t_1/\eta_{01})^\beta} \quad \cdots\cdots\cdots\cdots(\mathrm{C.8})$$

式中：

R_0 ——特定的 C 和 n 对应的 R 值；

η_{01} ——零/单失效分布曲线的特征寿命；

t_1 ——与 R_0 值对应的试验时间。

零/单失效分布曲线上的其他值可根据式(C.9)求出：

$$R_j = \mathrm{e}^{-(t_j/\eta_{01})^\beta} \quad \cdots\cdots\cdots\cdots(\mathrm{C.9})$$

综合式(C.8)和式(C.9)，可得到式(C.10)：

$$t_1 = t_j \left(\frac{\ln R_0}{\ln R_j}\right)^{1/\beta} \quad \cdots\cdots\cdots\cdots(\mathrm{C.10})$$

上式给出了零/单失效试验方法中，当要推断所试验样本的可靠性是等于或大于已提出的分布时，所需的试验时间 t_1。

C.4 零单失效试验示例

使用与 C.2 中相同的示例，假设有威布尔斜率为 2.0，特征寿命为 2 000 h(B_{10} 寿命为 650 h)的叶片泵总体样本。当重新设计该泵(所用材料不变),4 个新样本应试验多长时间,才能验证在 70%置信度下,B_{10}寿命至少为 1 000 h? 该情况下新的特征寿命又是多少?

由于重新设计的泵使用与初始设计相同的材料,威布尔斜率 β 将不变($\beta=2.0$)。在本示例中,选择与零失效试验示例中相同的 B_{10}寿命,则 $j=i$。

通过描述,可得:

10%时,$B_j = B_{10}$;

$R_j=R_{10}=1-0.10=0.90$;

$t_j=1\ 000$ h,$n=4$。

由表 2 可知,当 $C=70\%$,$n=4$ 时,$R_0=0.491\ 6$。

然后,由式(C.10)可得零/单失效试验所需的试验时间为:

$$t_0=t_j\left(\frac{\ln R_0}{\ln R_j}\right)^{1/\beta}=1\ 000\times\left(\frac{\ln 0.491\ 6}{\ln 0.90}\right)^{1/2}=2\ 596.4(\text{h})$$

使用已知的 B_{10}寿命和式(C.9),新特征寿命可由威布尔累计分布函数确定,并用式(C.11)解出:

$$\eta_{01}=\frac{t_j}{(-\ln R_j)^{1/\beta}}=\frac{1\ 000}{(-\ln 0.9)^{1/2}}=3\ 080.78(\text{h}) \quad\cdots\cdots\cdots\cdots (\text{C.11})$$

此结果与零失效方法相同。当两种情况使用相同的 B_{10}寿命时,该结果是符合预期的。但是,因为零/单失效方法允许发生一次失效,所以其要求的试验时间更长。因此,与威布尔分布参数未知的标准失效试验方法相比,零/单失效试验方法节省的试验时间为:

$$4\ 177-2\ 597=1\ 580(\text{h})。$$

当不能同时对全部泵的样本进行试验时(可能每次只能试验一个),若在最后 1 个样本之前试验的其他样本均通过试验,则最后 1 个样本无需试验。这就是零/单失效试验的含义。

零失效和零/单失效试验方法的威布尔图如图 C.1 所示。

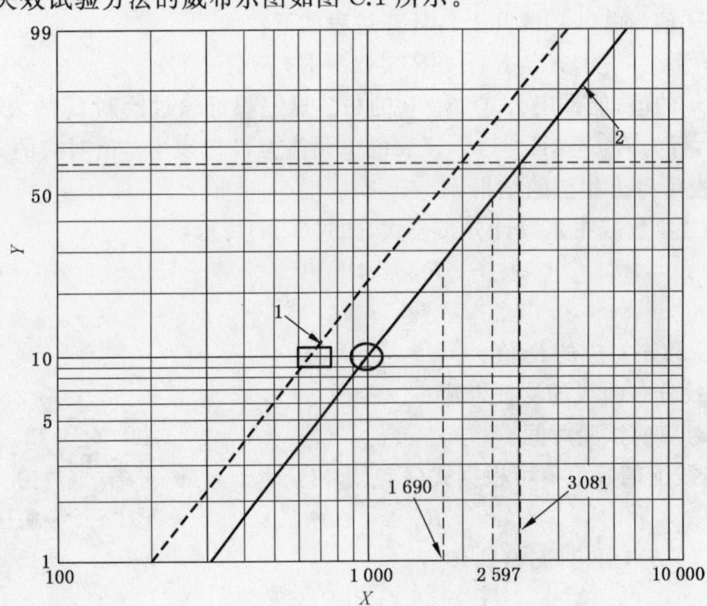

说明:

X ——时间,单位为小时(h);

Y ——累计失效概率,%;

1 ——现有液压泵;

2 ——目标可靠性 B_{10}寿命为 1 000 h 的新液压泵。

图 C.1 零失效试验和零/单失效试验的威布尔图

参 考 文 献

[1] ABERNATHY, R. The New Weibull Handbook: Reliability and Statistical Analysis for Predicting Life, Safety, Survivability, Risk, Cost and Warranty Claims, 4th ed., November 2000, Gulf Publishing Co. Houston, Texas.

[2] Barringer and Associates, Inc., Texas, available at: http://www.barringer1.com.

[3] ISO/TR 19972-1:2009 Hydraulic fluid power—Methods to assess the reliability of hydraulic components—General procedures and calculation method

ICS 23.100.99
J 20
备案号：18360—2006

中华人民共和国机械行业标准

JB/T 7037—2006
代替JB/T 7037—1993

液压隔离式蓄能器　试验方法

Hydraulic fluid power — Accumulators with separator — Test methods

2006-08-16 发布　　2007-02-01 实施

中华人民共和国国家发展和改革委员会 发布

前　言

本标准代替 JB/T 7037—1993《液压隔离式蓄能器　试验方法》

本标准与 JB/T 7037—1993 相比，主要变化如下：

——更新引用标准并修改相应条款；

——增加引用 GB/T 14039 标准及引用内容；

——修改附录 A 及液压试验原理图。

本标准附录 A 为资料性附录。

本标准由中国机械工业联合会提出。

本标准由全国液压气动标准化技术委员会（SAC/TC3）归口。

本标准起草单位：西安重型机械研究所。

本标准主要起草人：赵艳、聂延红、祝懋田。

本标准所代替标准的历次版本发布情况：

——JB/T 7037—1993。

液压隔离式蓄能器　试验方法

1　范围

本标准规定了液压隔离式蓄能器（以下简称蓄能器）的试验装置及条件、试验项目及方法。

本标准适用于公称压力不大于63MPa、公称容积不大于250L，工作温度为-10℃～70℃，以氮气/石油基液压油或乳化液为工作介质的蓄能器。

2　规范性引用文件

下列文件中的条款通过本标准的引用而成为本标准的条款。凡是注日期的引用文件，其随后所有的修改单（不包括勘误的内容）或修订版均不适用于本标准，然而，鼓励根据本标准达成协议的各方研究是否可使用这些文件的最新版本。凡是不注日期的引用文件，其最新版本适用于本标准。

GB/T 14039—2002　液压传动　油液　固体颗粒污染等级代号（ISO 4406：1999，MOD）

HG 2331　液压隔离式蓄能器用胶囊

JB/T 7038　液压隔离式蓄能器壳体　技术条件

JB/T 7858　液压元件清洁度评定方法及液压元件清洁度指标。

《压力容器安全技术监察规程》

《在用压力容器检验规程》

3　符号和单位

d——管路通径，单位为mm。

p——公称压力，单位为MPa。

4　试验装置和条件

4.1　试验回路

液压试验回路原理图参见图A.1。

4.2　测量点位置

4.2.1　压力测量点应设置在被试件之外，距被试件输入口（或输出口）的（2～4）*d*处。

4.2.2　温度测量点应设置在被试件之外，距压力测量点（更远离被试件）的（2～4）*d*处。

4.3　试验用油液

4.3.1　黏度：40℃时，运动黏度为42mm^2/s～74mm^2/s（特殊要求按合同规定）。

4.3.2　油温：被试件进口处的油液温度为 50℃左右。型式试验应在50℃±2℃下进行；出厂试验应在50℃±4℃下进行。

4.3.3　污染度：试验用油液的固体颗粒污染等级不应高于GB/T 14039—2002规定的—/19/16。

4.4　测量准确度

4.4.1　测量准确度等级分为A、B、C三级。型式检验的测量准确度不得低于B级，出厂试验的测量准确度不得低于C级。

4.4.2　测量准确度等级指标应符合表1的规定。

4.5　稳态工况

被控参量的平均指示值变化范围在表2规定范围内为稳态工况。只有在稳态工况下测量各设定点的各个参量才有效。

表1 测量准确度等级

<table>
<tr><td rowspan="2">测 量 参 量</td><td colspan="2">测量准确度等级</td></tr>
<tr><td>B</td><td>C</td></tr>
<tr><td>压力 %</td><td>±1.5</td><td>±2.5</td></tr>
<tr><td>温度 ℃</td><td>±1.0</td><td>±2.0</td></tr>
<tr><td colspan="3">注：表中所列数值系指测量值的允许极限，而不是试验测量的最大值或仪器仪表最大读数允许极限。</td></tr>
</table>

表2 稳态工况参量波动指标

<table>
<tr><td rowspan="2">测 量 参 量</td><td colspan="2">测量准确度等级</td></tr>
<tr><td>B</td><td>C</td></tr>
<tr><td>压力 %</td><td>±1.5</td><td>±2.5</td></tr>
<tr><td>温度 ℃</td><td>±2.0</td><td>±4.0</td></tr>
</table>

5 试验项目和方法

5.1 型式试验项目和方法应符合表3的规定。

表3 型式试验项目和方法

<table>
<tr><td>序号</td><td>试验项目</td><td>试 验 方 法</td></tr>
<tr><td>1</td><td>气密性试验</td><td>将蓄能器油口通大气，从充气阀口向蓄能器气室内充入0.85倍公称压力的氮气，在环境温度下记录压力表数值，保压12h后检查是否漏气</td></tr>
<tr><td>2</td><td>密封性和耐压试验</td><td>将蓄能器安装在试验系统中，按以下规定进行试验，在保压时间内检查各密封处的漏气、渗油现象
<table>
<tr><td>类 型</td><td>公称压力
MPa</td><td>充气压力
MPa</td><td>试验压力
MPa</td><td>保压时间
min</td></tr>
<tr><td>囊式蓄能器B型隔膜式蓄能器</td><td>p</td><td>0.35p</td><td>1.25p</td><td>10</td></tr>
<tr><td>A、C型隔膜式蓄能器</td><td>p</td><td>0.35p</td><td>1.5p</td><td>10</td></tr>
</table></td></tr>
<tr><td>3</td><td>反复动作试验</td><td>将蓄能器安装在试验系统中，按以下各试验阶段进行试验，在第1、2阶段结束后和第3阶段每动作2万次后，应用充气工具测量充气压力值，并经常检查各密封处的渗油情况
<table>
<tr><td>试验阶段</td><td>公称压力
MPa</td><td>反复动作次数</td><td colspan="2">充气压力
MPa</td><td>动作压力
MPa</td><td>油温
℃</td><td>充放频率
1/min</td></tr>
<tr><td>1</td><td>p</td><td>≥1000</td><td>0.35p</td><td rowspan="3">$^{+5\%}_{0}$</td><td>（0.5～1）p</td><td>70～80</td><td>3～12</td></tr>
<tr><td>2</td><td>p</td><td>≥500</td><td>0.17p</td><td>（0.1～1）p</td><td>5～70</td><td>3～8</td></tr>
<tr><td>3</td><td>p</td><td>≥10000</td><td>0.35p</td><td>（0.5～1）p</td><td>5～70</td><td>3～12</td></tr>
</table></td></tr>
<tr><td>4</td><td>漏气检查</td><td>反复动作试验后，给囊式蓄能器的胶囊或隔膜式蓄能器的气室充入0.85倍公称压力的氮气。浸入水中，保压时间不少于1h，检查漏气情况</td></tr>
<tr><td>5</td><td>渗油检查</td><td>漏气检查后，放掉蓄能器胶囊中的气体，拆去充气阀，从油口施加压力为公称压力的压力油，保压时间不少于1h，观察充气阀座处是否渗油</td></tr>
<tr><td>6</td><td>解体检查</td><td>上述试验后，解体蓄能器，检查各零件</td></tr>
<tr><td>7</td><td>内部清洁度检查</td><td>按JB/T 7858规定进行</td></tr>
</table>

5.2 出厂试验项目和方法应按表4的规定。

表 4 出厂试验项目和方法

<table>
<tr><th>序号</th><th>试验项目</th><th colspan="6">试 验 方 法</th></tr>
<tr><td rowspan="4">1</td><td rowspan="4">密封性和耐压试验</td><td colspan="6">将蓄能器安装在试验系统中，按以下规定进行试验，在保压时间内检查各密封处的漏气、渗油现象</td></tr>
<tr><td colspan="2">类　别</td><td>公称压力
MPa</td><td>充气压力
MPa</td><td>试验压力
MPa</td><td>保压时间
min</td></tr>
<tr><td colspan="2">囊式蓄能器B型隔膜式蓄能器</td><td>p</td><td>$0.35p$</td><td>$1.25p$</td><td>3</td></tr>
<tr><td colspan="2">A、C型隔膜式蓄能器</td><td>p</td><td>$0.35p$</td><td>$1.5p$</td><td>3</td></tr>
<tr><td rowspan="3">2</td><td rowspan="3">反复动作试验</td><td colspan="6">密封性试验后，按以下规定进行动作试验。动作试验过程中检查各密封处的漏气、渗油情况和进油阀有无卡死现象</td></tr>
<tr><td>公称压力
MPa</td><td>充气压力
MPa</td><td>动作次数</td><td>动作压力
MPa</td><td>油温
℃</td><td>充放频率
1/min</td></tr>
<tr><td>p</td><td>$0.35p$</td><td>≥60</td><td>（0.5～1）p</td><td>5～70</td><td>3～12</td></tr>
</table>

5.3　胶囊的试验项目和方法应符合HG2331的规定。

5.4　壳体的试验项目和方法应符合JB/T 7038的规定。

5.5　所有试验项目和方法应同时符合《压力容器安全技术监察规程》和《在用压力容器检验规程》的规定。

附 录 A
（资料性附录）
蓄能器液压试验原理图

蓄能器的液压试验原理图见图A.1。

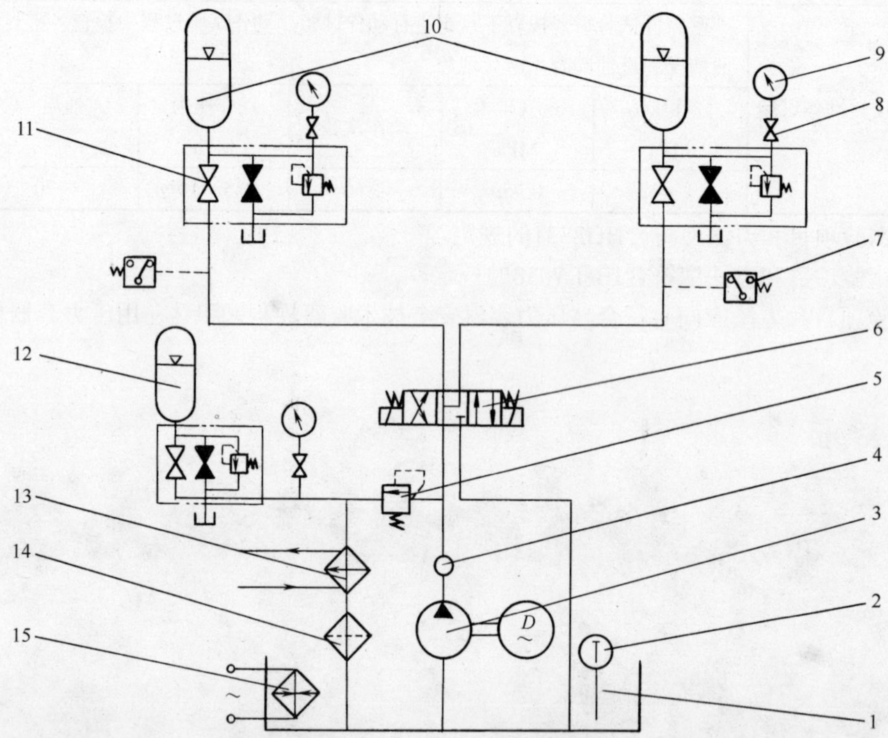

1——油箱；2——温度计；3——泵装置；4——单向阀；5——溢流阀；6——电磁换向阀；7——压力继电器；8——压力表开关；9——压力表；10——被试蓄能器；11——蓄能器阀组；12——蓄能器；13——冷却器；14——过滤器；15——电加热器。

图 A.1　液压试验原理图

ICS 23.100.30
J 20
备案号：14737—2005

中华人民共和国机械行业标准

JB/T 10414—2004

液压二通插装阀　试验方法

Hydraulic two-port slip-cartridge valve—Test methods

2004-10-20 发布　　2005-04-01 实施

中华人民共和国国家发展和改革委员会 发布

前　言

本标准是首次制定。

本标准的附录 A 是规范性附录。

本标准由中国机械工业联合会提出。

本标准由全国液压气动标准化技术委员会（SAC/TC3）归口。

本标准起草单位：济南铸造锻压机械研究所。

本标准主要起草人：李文钧、彭力。

液压二通插装阀　试验方法

1　范围

本标准规定了液压二通插装阀的试验方法。

本标准适用于以液压油或性能相当的其他流体为工作介质的液压二通插装阀。

2　规范性引用文件

下列文件中的条款通过本标准的引用而成为本标准的条款。凡是注日期的引用文件，其随后所有的修改单（不包括勘误的内容）或修订版均不适用于本标准，然而，鼓励根据本标准达成协议的各方研究是否可使用这些文件的最新版本。凡是不注日期的引用文件，其最新版本适用于本标准。

GB/T 14039—2002　液压传动　油液　固体颗粒污染等级代号（eqv ISO4406:1999）

GB/T 17446　流体传动系统及元件　术语（GB/T 17446—1998，idt ISO 5598：1985）

3　术语和定义

GB/T 17446中确立的以及下列术语和定义适用于本标准。

3.1

公称流量　nominal flow

液压二通插装阀名义上规定的流量。

3.2

额定流量　rated flow

在压力损失0.3MPa时，通过液压二通插装阀的流量。

3.3

试验流量　test flow

测试被试阀时规定的流量。

4　量、单位和符号

量、单位和符号见表1。

表1　量、单位和符号

名　称	符　号	量　纲	单　位
阀的公称通径	D	L	mm
压力、压差	p、Δp	$ML^{-1}T^{-2}$	Pa
体积流量	q_V	L^3T^{-1}	m^3/s
力　矩	M	ML^2T^{-2}	N·m
时　间	t	T	s(min)
运动黏度	ν	L^2T^{-1}	m^2/s
温　度	θ	Θ	℃
管道内径	d	L	mm
油液质量密度	ρ	ML^{-3}	kg/m^3
等熵体积弹性模量	K_s	$ML^{-1}T^{-2}$	Pa
体积	V	L^3	m^3

注：M——质量；L——长度；T——时间；Θ——温度。

5 试验装置与试验条件

5.1 试验装置

5.1.1 试验装置是应具有符合附录A中图A.1至图A.4所示试验回路的试验台。

5.1.2 油源的流量及压力：

油源流量应大于被试阀的公称流量，并可调节。

油源的压力应能短时间超过被试阀公称压力 20%～30%。

5.1.3 允许在给定的试验回路中增设调节压力、流量或保证试验系统安全工作的元件，但不应影响到被试阀的性能。

5.1.4 与被试阀连接的管道和管接头的内径应与被试阀的实际通径相一致。

5.1.5 压力测量点的位置：

5.1.5.1 进口测压点应设置在扰动源（如阀、弯头）的下游和被试阀上游之间，距扰动源的距离应大于 10*d*（*d* 为管道内径）,与被试阀的距离为 5*d*。

5.1.5.2 出口测压点应设置在被试阀下游 10*d* 处。

5.1.5.3 按 C 级精度测试时，若测压点的位置与上述要求不符，应给出相应的修正值。

5.1.6 测压孔：

5.1.6.1 测压孔直径应不小于 1mm，不大于 6mm。

5.1.6.2 测压孔长度应不小于测压孔实际直径的 2 倍。

5.1.6.3 测压孔轴线和管道轴线垂直。管道内表面与测压孔交角处应保持锐边，不得有毛刺。

5.1.6.4 测压点与测量仪表之间连接管道的内径不得小于 3mm。

5.1.6.5 测压点与测量仪表连接时，应排除连接管道中的空气。

5.1.7 温度测量点的位置：

温度测量点应设置在被试阀进口侧，位于测压点的上游 15*d* 处。

5.2 试验条件

5.2.1 试验介质

5.2.1.1 试验介质为一般液压油。

5.2.1.2 试验介质的温度：除明确规定外，型式试验应在 50℃±2℃下进行，出厂试验应在 50℃±4℃下进行。

5.2.1.3 试验介质的黏度：

试验介质 40℃时的运动黏度为 42mm^2/s～74mm^2/s（特殊要求另行规定）。

5.2.1.4 试验介质的清洁度：

试验系统用油液的固体颗粒污染等级不得高于 GB/T 14039—2002 中规定的等级－/19/16。

5.2.2 稳态工况

被控参量平均显示值的变化范围不超过表 2 的规定值时为稳态工况。在稳态工况下记录试验参数的测量值。

表 2 被控参量平均显示值允许变化范围

测 量 参 量	测量准确度等级		
	A	B	C
流量%	±0.5	±1.5	±2.5
压力%	±0.5	±1.5	±2.5
温度℃	±1.0	±2.0	±4.0
黏度%	±5	±10	±15
注：型式试验不得低于 B 级测量准确度，出厂试验不得低于 C 级测量准确度。			

5.2.3 瞬态工况

5.2.3.1 被试阀和试验回路相关部分组成油腔的表观容积刚度，应保证被试阀进口压力变化率在600MPa/s～800MPa/s范围内。

注：进口压力变化率系指进口压力从最终稳态压力值与起始压力值之差的10%上升到90%的压力变化量与相应时间之比。

5.2.3.2 阶跃加载阀与被试阀之间的相对位置，可用控制其间的压力梯度，限制油液可压缩性的影响来确定。其间的压力梯度可用公式估算。算得的压力梯度至少应为被试阀实测的进口压力梯度的10倍。式中q_v取设定被试阀的稳态流量；K_s是油液的等熵体积弹性模量；V分别是图A3、A4中被试阀与阶跃加载阀之间的油路连通容积。

$$压力梯度=\frac{\mathrm{d}p}{\mathrm{d}t}=\frac{q_V \cdot K_s}{V}$$

5.2.3.3 试验系统中，阶跃加载阀的动作时间不应超过被试阀响应时间的10%，最大不应超过10ms。

5.2.4 测量准确度

测量准确度等级分为A、B、C三级，型式试验不应低于B级，出厂试验不应低于C级。测量系统误差应符合表3的规定。

表3 测量系统的允许系统误差

测 量 参 量	测量准确度等级		
	A	B	C
流 量 %	±0.5	±1.5	±2.5
压力（表压力 p<0.2MPa）kPa	±2.0	±6.0	±10.0
压力（表压力 p≥0.2MPa）%	±0.5	±1.5	±2.5
温 度 ℃	±0.5	±1.0	±2.0

5.2.5 被试阀的电磁铁

出厂试验时，电磁铁的工作电压应为其额定电压的85%。

型式试验时，应在电磁铁的额定电压下，对电磁铁进行连续激磁至其规定的最高稳定温度之后将电磁铁降至其额定电压的85%，再对被试阀进行试验。

5.2.6 试验流量

5.2.6.1 当规定的被试阀额定流量小于或等于200L/min时，试验流量应为额定流量。

5.2.6.2 当规定的被试阀额定流量大于200L/min时，允许试验流量按200L/min进行试验。但必须经工况考核，被试阀的性能指标必须满足工况的要求。

5.2.6.3 出厂试验允许降流量进行。但对测得的性能指标，应进行修正。

6 试验项目与试验方法

6.1 耐压试验

6.1.1 耐压试验时，对各承压油口施加耐压试验压力。耐压试验的压力应为该油口最高工作压力的1.5倍，试验压力以不大于每秒2%耐压试验压力的速率递增，至耐压试验压力时保持5min，不得有外渗漏及零件损坏等现象。

6.1.2 耐压试验时，各泄油口与油箱连通。

6.2 出厂试验

6.2.1 二通插装阀先导阀的出厂试验项目与试验方法。

6.2.1.1 梭阀的出厂试验项目与试验方法按表4的规定。

试验回路见图A.1。

表 4 梭阀出厂试验项目和方法

序号	试验项目	试验方法	试验类型	备注
1	内泄漏	打开截止阀 5-1，调节溢流阀 3 至被试阀 9 的公称压力，打开截止阀 5-5、关闭截止阀 5-3，用量杯 8-2 测量被试阀 9 的 X 油口的泄漏量 关闭截止阀 5-1、5-5。打开截止阀 5-2，将电磁换向阀 4 换向，使压力油作用在 X 口，打开截止阀 5-4，用量杯 8-1 测量被试阀 9 的 Y 油口的泄漏量	必试	
2	压力损失	打开截止阀 5-1、5-3，调节溢流阀 3 和节流阀 6，使通过被试阀 9 的 Y-C 油口的流量从零至公称流量范围内变化，用压力表 2-2、2-4 测量被试阀 9 的 Y-C 油口之间的压力损失 关闭截止阀 5-1，打开截止阀 5-2。将电磁换向阀 4 换向，然后调节溢流阀 3 和节流阀 6，使通过被试阀 9 的 X-C 油口的流量从零至公称流量范围内变化，用压力表 2-3、2-4 测量被试阀 9 的 X-C 油口之间的压力损失。 绘制 q_v-Δp 特性曲线	抽试	

6.2.1.2 液控单向阀的出厂试验项目与试验方法按表 5 的规定。

试验回路见图 A.2。

表 5 液控单向阀出厂试验项目和方法

序号	试验项目		试验方法	试验类型	备注
1	内泄漏	先导控制腔的内泄漏	启动液压泵 1-1。电磁换向阀 5-1 换向,调节溢流阀 2-1 至被试阀 8 的公称压力，打开截止阀 6-1，用量杯 4 测量被试阀 8 的 X_1-Y 油口之间的泄漏量	必试	
		$X-Y$ 油口之间的内泄漏	启动泵 1-2。调节溢流阀 2-2 至被试阀 8 的公称压力。打开截止阀 6-1，用量杯 4 测量被试阀 8 的 $X-Y$ 油口之间的泄漏量	必试	
2	压力损失		启动液压泵 1-1、1-2。打开截止阀 6-2。电磁换向阀 5-1 换向，使通过被试阀 8 的流量从零至公称流量范围内变化，用压力表 7-2、7-3 测量被试阀 8 的压力损失 绘制 q_v-Δp 特性曲线	抽试	
3	最小控制压力		启动液压泵 1-2。调节溢流阀 2-2 至被试阀 8 的公称压力 启动液压泵 1-1。电磁换向阀 5-1 换向，调节溢流阀 2-1，使被试阀 8 的 X_1 腔压力从零逐渐升高，并使通过被试阀 8 的流量为公称流量，用压力表 7-1 测量被试阀 8 的最小控制压力	必试	

6.2.2 二通插装式压力阀的出厂试验项目与试验方法按表 6 的规定。不带先导电磁阀的二通插装式压力阀，除卸荷压力不做试验外，其余均按表 6 项目要求进行试验。

注：不含减压阀。

试验回路见图A.3。

6.2.3 二通插装式减压阀的出厂试验项目与试验方法按表 7 的规定。

试验回路见图A.3。

表6 压力阀出厂试验项目和方法

序号	试验项目	试验方法	试验类型	备注
1	调压范围及压力稳定性	电液换向阀5换向至左位置。调节电磁溢流阀2，将系统压力调到比被试阀7的最高调节压力高10%，并使被试阀7通过试验流量 调节被试阀7的控制盖板手柄，使其从全开至全闭，再从全闭至全开，通过压力表4-3观察压力的上升或下降情况，记录调压范围 调节被试阀7的控制盖板手柄，将压力调至调压范围最高值。用压力表4-3测量压力振摆值。同时，测量1min内的压力偏移值	必试	
2	内泄漏	电液换向阀5换至左边位置。调节电磁溢流阀2，将系统压力调到被试阀7的调压范围内各压力值。然后调节被试阀7的控制盖板手柄，使被试阀7关闭，通过试验流量，电磁阀13通电3min后，打开截止阀8，关闭节流阀10，用量杯9测量被试阀7的泄漏量。 绘制p-Δq_v特性曲线	必试	
3	压力损失	电液换向阀5换至左边位置，调节被试阀7的控制盖板手柄至全开位置，调节电磁溢流阀2，节流阀10，使通过被试阀7的流量在零至试验流量范围内变化。用压力表4-3、4-4测量被试阀7的压力损失。 绘制q_v-Δp特性曲线	抽试	
4	卸荷压力	电液换向阀5换至左边位置，通过被试阀7的先导控制电磁阀或引入外控油，使被试阀7卸荷，调节电磁溢流阀2，节流阀10，使通过被试阀10的流量在零至试验流量范围内变化，用压力表4-3、4-4测量被试阀7的卸荷压力。 绘制q_v-Δp特性曲线	抽试	

表7 减压阀出厂试验项目和方法

序号	试验项目	试验方法	试验类型	备注
1	调压范围及压力稳定性	电液换向阀5换向至左边位置。调节电磁溢流阀2和节流阀10，使被试阀7的进口压力为公称压力，并使通过被试阀7的流量为试验流量 调节被试阀7的控制盖板手柄使之从全开至全闭。再从全闭至全开，通过压力表4-4观察压力的上升或下降情况，并记录调压范围 调节被试阀7的控制盖板手柄，使被试阀7的出口压力为调压范围最高值，用压力表4-4测量压力摆振值 调节被试阀7的控制盖板手柄，使被试阀.7的出口压力为调压范围最低值（调压范围为0.6MPa～8MPa时，其出口压力调至1.5MPa），用压力表4-4测量1min内的压力偏移值	必试	
2	进口压力变化引起出口压力的变化	电液换向阀5换至左边位置，调节被试阀7的控制盖板手柄和节流阀10，使被试阀7的压力为调压范围最低值（调压范围为0.6MPa～8MPa时，其出口压力调至1.5MPa），并使通过被试阀7的流量为试验流量 调节电磁溢流阀2，使被试阀7的进口压力在比调压范围最低值高2MPa至公称压力的范围内变化，用压力表4-4测量被试阀7出口压力的变化量 绘制p_1-p_2特性曲线	必试	
3	外泄漏	电液换向阀5换至左边位置。调节被试阀7的控制盖板手柄。使被试阀7的出口压力为调压范围最低值（调节范围为0.6MPa～8MPa时，其出口压力调至1.5MPa）。调节电磁溢流阀2，使被试阀7的进口压力为公称压力范围内各压力值。由被试阀7的控制盖板的泄漏口测量外泄漏量 绘制$p_1-p_2\sim\Delta q_v$特性曲线	抽试	

6.2.4 二通插装式节流阀的出厂试验项目与试验方法按表8的规定。

试验回路见图A.3。

表8 节流阀出厂试验项目和方法

序号	试验项目	试验方法	试验类型	备注
1	流量调节范围及流量变化率	电液换向阀5换至左边位置，调节电磁溢流阀2和节流阀10，使被试阀7的进、出口压差为最低工作压力 调节被试阀7，使其从全闭至全开，随着开度大小变化，用流量计11观察流量的变化情况，并记录流量调节范围及手柄转动圈数的对应的流量值 每隔5min测量一次流量，试验半小时内的流量变化率： $流量变化率=\frac{流量最大值-流量最小值}{流量平均值}\times 100\%$	必试	
2	内泄漏	电液换向阀5换至左边位置，电磁阀13通电，调节被试阀7至全闭位置 调节电磁溢流阀2至被试阀7的公称压力，打开截止阀8，用量杯9测量被试阀7的泄漏量	必试	
3	压力损失	电液换向阀5换至左位置，调节被试阀7至全开位置，使通过被试阀7的流量为试验流量。用压力表4-3、4-4测量被试阀的压力损失	抽试	

6.2.5 二通插装式方向阀、单向阀的出厂试验项目与试验方法按表9的规定。

试验回路见图A.4。

表9 方向阀、单向阀的出厂试验项目和方法

序号	试验项目	试验方法	试验类型	备注
1	内泄漏	（1）A→B时： 关闭被试阀9，关闭截止阀7-3，调节溢流阀2-1，使系统压力从零至公称压力范围内变化 打开截止阀7-2，用量杯5-2测量被试阀9的出口处的泄漏量 （2）B→A时： 电液换向阀6换向，打开截止阀7-1，关闭截止阀7-4，用量杯测量被试阀9的进口处的泄漏量或把被试阀9的插入零件装入试验块体内。用盖板紧固后，在B口通以0.3MPa的压缩空气，然后浸入水中，观察1min，在A口不得发生冒泡现象 绘制p-Δq特性曲线	必试	
2	压力损失	操作被试阀9的先导控制电磁阀，使被试阀9完全开启，通过的流量从零至试验流量，用压力表3-2、3-3测量被试阀9的压力损失 绘制q_v-Δp特性曲线	抽试	
3	开启压力	调节溢流阀2-2的手柄至全松位置，再调节溢流阀2-1，使被试阀9的进口压力从零逐渐升高，当被试阀9的出口有油液流出时，用压力表3-2测量被试阀9的开启压力	必试	只对单向阀进行试验

6.3 型式试验

6.3.1 二通插装阀先导阀的型式试验项目与试验方法。

6.3.1.1 梭阀的型式试验项目与试验方法除按6.2.1.1完成出厂试验项目外，还应进行表10的试验。

表 10 梭阀型式试验项目和方法

试验项目	试验方法	备注
耐久性	打开截止阀 5-1、5-2、5-3，调节溢流阀 3 和节流阀 6。使系统压力调至被试阀 9 的公称压力，并使通过被试阀 9 的流量为公称流量 使电磁换向阀 4 反复换向，记录被试阀 9 的动作次数，并检查其主要零件和内泄漏 每个换向周期内，在公称压力下保压时间应大于或等于 1/3 周期	

6.3.1.2 液控单向阀的型式试验项目与试验方法除按 6.2.1.2 的规定完成出厂试验项目外，还应进行表 11 规定的试验。

表 11 液控单向阀型式试验项目和方法

序号	试验项目	试验方法	备注
1	开启压力	启动液压泵 1-2。打开截止阀 6-2，电磁换向阀 5-2 换向，调节溢流阀 2-2 使系统压力从零逐渐升高，并观察被试阀 8 有流量通过时，用压力表 7-2 和流量计 3 测量被试阀 8 的开启压力	
2	耐久性	启动液压泵 1-1、1-2。调节溢流阀 2-1 至被试阀 8 的控制压力、调节溢流阀 2-2 至被试阀 8 的公称压力，电磁换向阀 5-1 通电，使通过被试阀 8 的流量为公称流量 使电磁换向阀 5-1 反复换向，记录被试阀 8 的动作次数，并检查其主要零件和内泄漏 每换向周期内，在公称压力下保压时间应大于或等于 1/3 周期，电磁换向阀 5-1 断电时，X 口压力应低于公称压力的 10%	

6.3.2 二通插装式压力阀的型式试验项目与试验方法除按6.2.2的规定完成出厂试验项目外，还应进行表12规定的试验。

表 12 压力阀型式试验项目和方法

序号	试验项目	试验方法	备注
1	稳态压力-流量特性	电液换向阀 5 换至右边位置，电磁溢流阀 2 通电，将系统压力调至被试阀 7 公称压力的 1.3 倍 电液换向阀 5 换至左边位置，调节被试阀 7 的控制盖板手柄，将其压力调至调压范围各测压值，调节节流阀 14，使通过被试阀 7 的流量为试验流量 调节电磁溢流阀 2 或节流阀 14，使系统压力降至零压，再从零调至各测压值。从而使通过被试阀 7 的流量从零至试验流量范围内变化,用压力传感器 6-1、流量计 11 和 X-Y 记录仪测量被试阀 7 的稳态压力与流量特性 绘制稳态压力-流量特性曲线	
2	响应特性	电液换向阀 5 换至左边位置，调节被试阀 7 的控制盖板手柄至被试阀 7 公称压力，并通过试验流量。电磁溢流阀 2 调至被试阀 7 公称压力的 1.3 倍，分别进行下列试验： （1）流量阶跃压力响应特性 电磁溢流阀 2 断电，使试验系统压力下降到起始压力（被试阀进口处的起始压力值不得大于最终稳态压力值的 10%）。然后迅速关闭电磁溢流阀 2，使被试阀进口处产生一个满足瞬态条件的压力梯度 用压力传感器、记录仪记录被试阀 7 进口的压力变化过程和压力超调量 （2）建压、卸压特性 操作被试阀 7 的先导电磁阀使之回路建压、卸压，在被试阀进口处用压力传感器、记录仪记录建成压、卸压过程	
3	耐久性试验	电液换向阀 5 换至左边位置，调节被试阀 7 的控制盖板手柄至被试阀 7 的公称压力，并使该阀通过试验流量 将被试阀 7 的先导控制电磁阀反复换向，记录被试阀 7 的动作次数，并检查其主要零件和主要性能 每换向周期内，在公称压力下被试阀保压时间应大于或等于 1/3 周期。卸荷压力应低于公称压力的 10%	

6.3.3 二通插装式减压阀的型式试验项目与试验方法除按 6.2.3 的规定完成出厂试验项目外，还应进行表 13 规定的试验。

表 13 减压阀型式试验项目和方法

序号	试验项目	试 验 方 法	备 注
1	稳态压力-流量特性	电液换向阀 5 换至左边位置，调节被试阀 7 的控制盖板手柄。使被试阀 7 的出口压力为调压范围各压力值（调压范围为 0.6MPa～8MPa 时。其出口压力调至 1.5MPa），调节电磁溢流阀 2 和节流阀 10，使被试阀 7 的进口压力为公称压力，并使通过被试阀 7 的流量在零至试验流量范围内变化。用压力传感器 6-2、流量计 11 和 X-Y 记录仪测量被试阀 7 的稳态压力与流量特性 绘制稳态压力-流量特性曲线	
2	响应特性	调节电磁溢流阀 2 至被试阀 7 的公称压力。调节被试阀 7 和节流阀 10。使被试阀 7 的出口压力为调压范围最低值(调压范围 0.6MPa～8MPa 时，其出口压力调至 1.5MPa)。并使通过被试阀 7 的流量为试验流量，分别进行下列试验： （1）进口压力阶跃响应特性试验 电磁溢流阀 2 断电，使被试阀的进口压力下降到起始压力（不得超过被试阀 7 出口调定压力的 50%，用以保证被试阀 7 的主阀芯在全开度位置），并不得超过被试阀 7 进口调定压力的 20%。然后操纵电磁溢流阀 2 通、断电。使被试阀 7 的进口产生一个满足瞬态条件的压力梯度，通过压力传感器 6-1、6-2，用记录仪记录被试阀 7 的出口压力变化的过程，测出被试阀 7 的出口调定压力瞬态恢复时间和压力超调量 （2）流量阶跃变化时出口压力响应特性 电磁阀 13 通电。操作液控单向阀 12，被试阀 7 的油路切断，使被试阀 7 出口流量为零，从而使被试阀 7 的进口产生一个满足瞬态条件的压力梯度，通过压力传感器、记录仪记录被试阀 7 出口压力的变化过程，得出被试阀 7 出口压力的瞬态恢复时间、响应时间及压力超调量	
3	耐久性	调节电磁溢流阀 2，使被试阀 7 的进口压力为公称压力。调节被试阀 7 和节流阀 10，使被试阀 7 的出口压力为调压范围最低值（调压范围为 0.6MPa～8MPa 时其出口压力调至 1.5MPa）。并使通过被试阀 7 的流量为试验流量 将电液换向阀 5 反复换向，记录被试阀 7 的动作次数，并检查其主要零件和主要性能 在公称压力下保压时间应大于或等于 1/3 周期，卸荷压力不应大于公称压力的 10%	

6.3.4 二通插装式节流阀的型式试验项目与试验方法除按 6.2.4 的规定完成出厂试验项目外，还应进行表 14 规定的试验。

表 14 节流阀型式试验项目和方法

序号	试验项目	试 验 方 法	备 注
1	调节力矩（操纵力）	电液换向阀 5 换至左边位置。调节电磁溢流阀 2 至被试阀 7 公称压力的 10%，用测力计测量被试阀 7 的调节力矩（操纵力）	
2	稳态流量-压差特性	调节被试阀 7 至各流量指示点（阀的开度包括最大开度和最小开度）调节电磁溢流阀 2，节流阀 10，使被试阀 7 的出口流量从零到试验流量，然后再从试验流量至零变化。用压力表 4-3 和 4-4 测出在每一开度下，压差随流量变化的相关特性。 绘制稳态流量-压差特性曲线	

6.3.5 二通插装阀式方向阀、单向阀的型式试验项目与试验方法除按 6.2.5 的规定完成出厂试验项目外，还应进行表 15 规定的试验。

表 15　方向阀、单向阀型式试验项目和方法

序号	试验项目	试 验 方 法	备 注
1	反向压力损失	电液换向阀 6 换向。使被试阀 9 完全开启，并使反向通过被试阀 9 的流量从零至试验流量。用压力表 3-3、3-2 测量被试阀 9 的反向压力损失。 绘制 q_v-Δp 特性曲线	
2	响应特性	调节溢流阀 2-1 至被试阀 9 的公称压力，使通过被试阀 9 的流量为试验流量，调节溢流阀 2-2 使被试阀 9 的背压为零或比公称压力低 2MPa 将被试阀 9 的先导控制电磁阀换向。使被试阀 9 开启和关闭。用压力传感器 8（压力法）或位移传感器（位移法）和记录仪记录被试阀 9 的开启和关闭过程，测出被试阀 9 的开启时间和关闭时间、开启滞后时间和关闭滞后时间	只对方向阀进行试验
3	耐久性	调节溢流阀 2-1 至被试阀 9 的公称压力。使被试阀 9 通过试验流量 将被试阀 9 的先导控制电磁阀（试验单向阀时用电液换向阀 6）反复换向。记录被试阀 9 的动作次数，并检查主要零件和主要性能 在公称压力下保压时间应大于或等于 1/3 周期,卸荷压力不应大于公称压力的 10%	

附 录 A
（规范性附录）
试验回路和特性曲线

A.1 试验回路

A.1.1 梭阀试验回路原理图见图A.1。

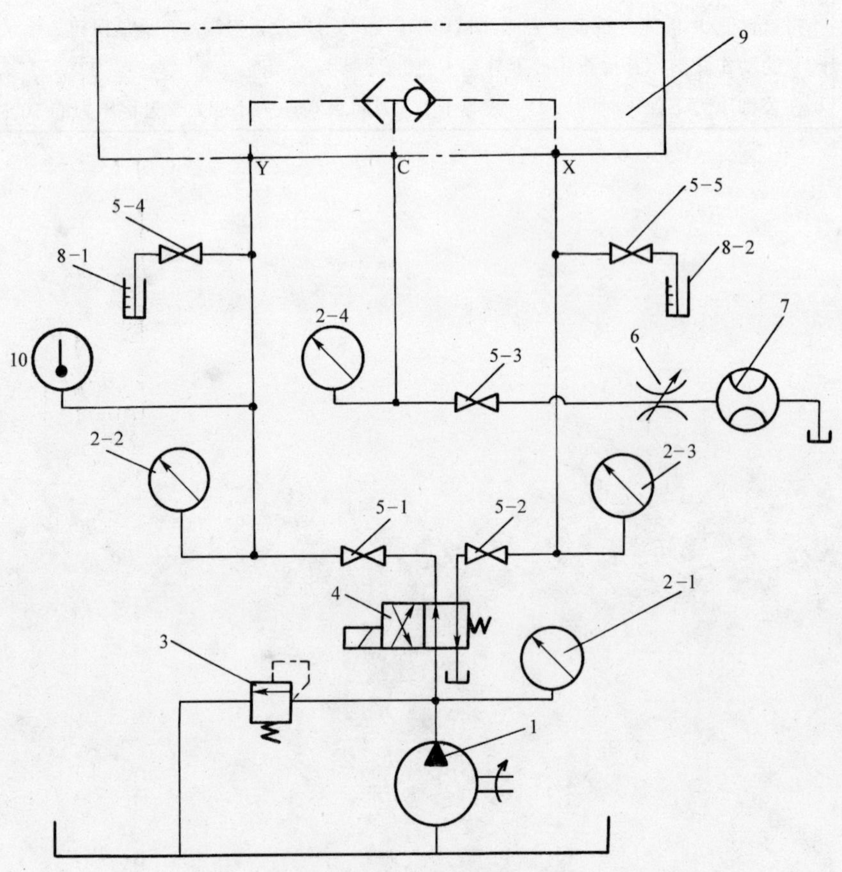

1——液压泵；2-1、2-2、2-3、2-4——压力表；3——溢流阀；4——电磁换向阀；

5-1、5-2、5-3、5-4、5-5——截止阀；6——节流阀；7——流量计；8-1、8-2——量杯；

9——被试阀；10——温度计。

图 A.1 梭阀试验回路原理图

A.1.2 液控单向阀试验回路原理图见图A.2。

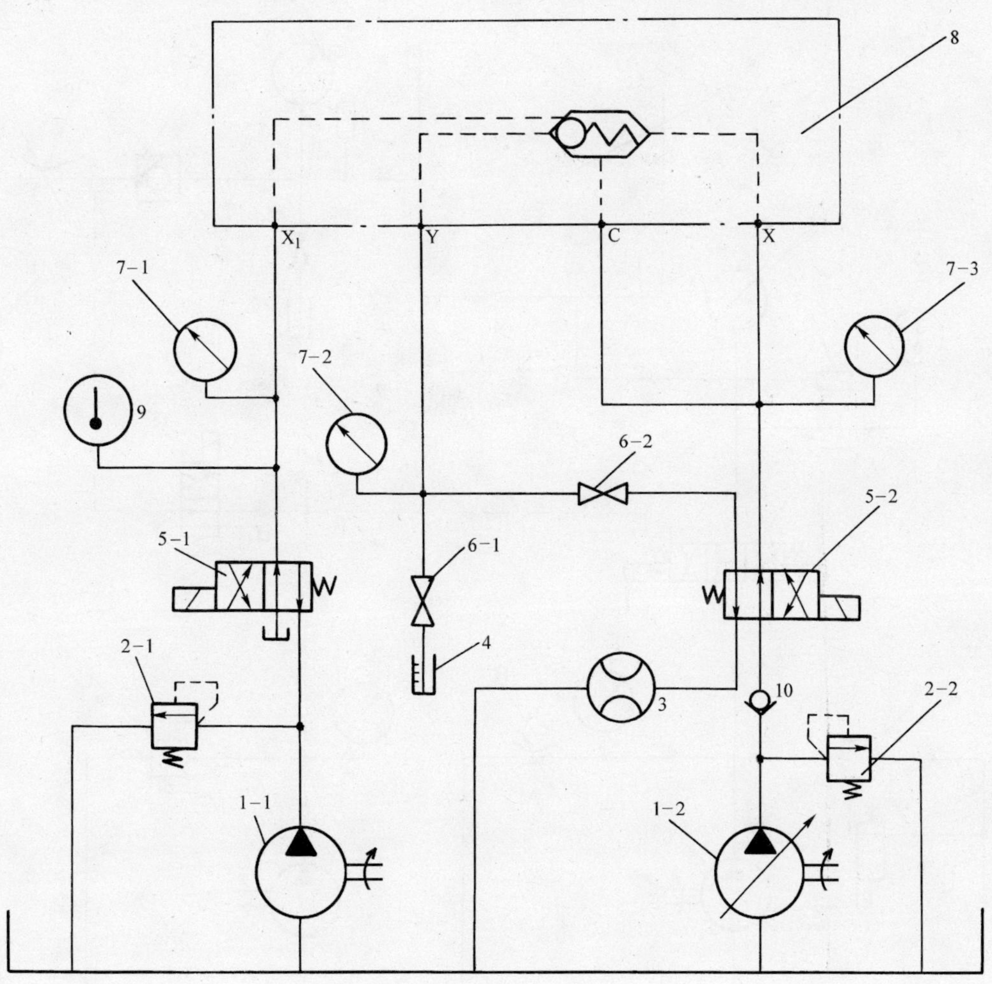

1-1、1-2——液压泵；2-1、2-2——溢流阀；3——流量计；4——量杯；

5-1、5-2——电磁换向阀；6-1、6-2——截止阀；7-1、7-2、7-3——压力表；

8——被试阀；9——温度计；10——单向阀。

图 A.2 液控单向阀阀试验回路原理图

A.1.3 压力阀、减压阀、节流阀试验回路见图A.3。

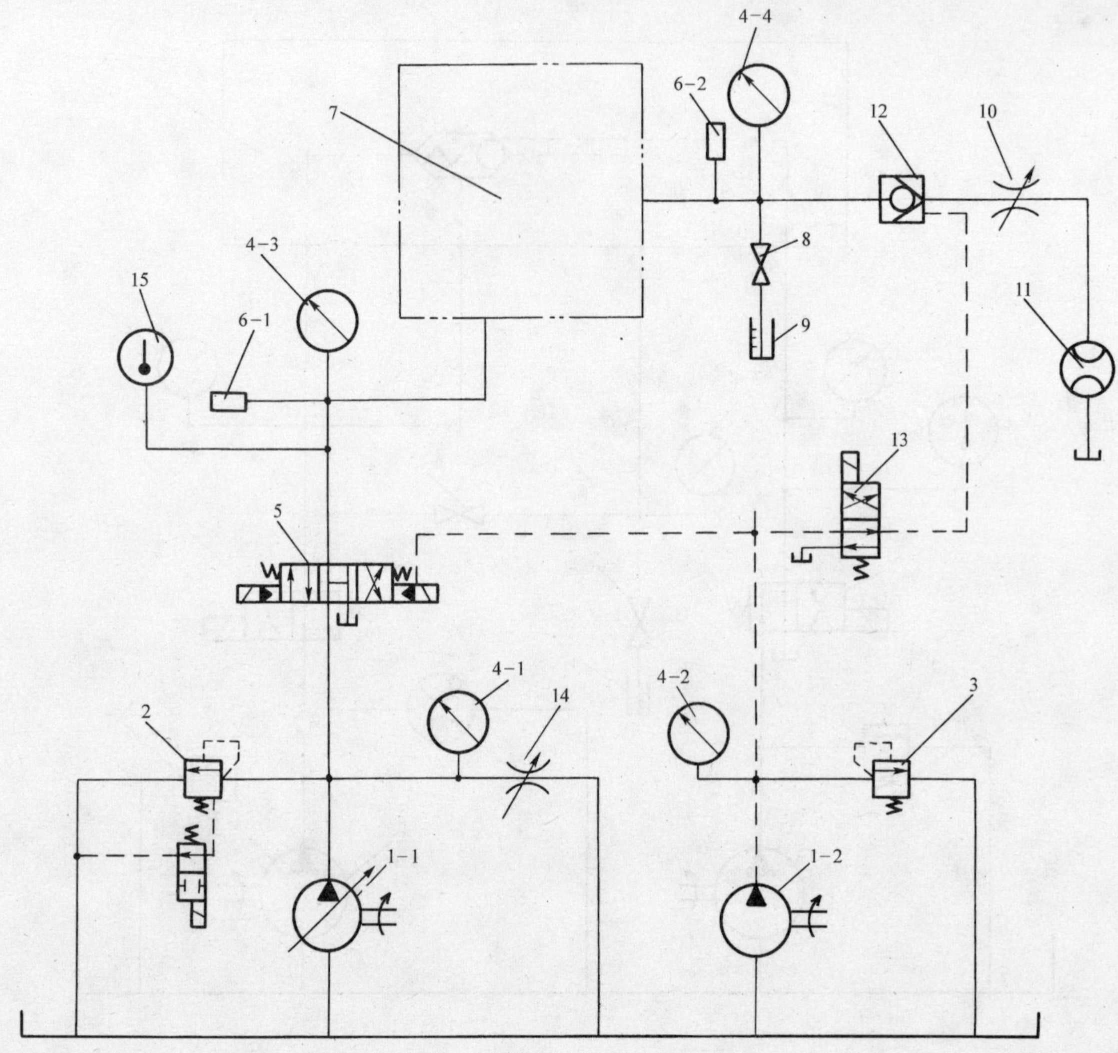

1-1、1-2——液压泵；2——电磁溢流阀（压力阶跃加载阀）；3——溢流阀；

4-1、4-2、4-3、4-4——压力表；5——电液换向阀；6-1、6-2——压力传感器；7——被试阀；

8——截止阀；9——量杯；10——节流阀；11——流量计；12——液控单向阀；

13——电磁阀（流量阶跃加载阀）；14——节流阀；15——温度计。

图 A.3 压力阀、减压阀、节流阀试验回路原理图

A.1.4 方向阀、单向阀试验回路原理图见图A.4。

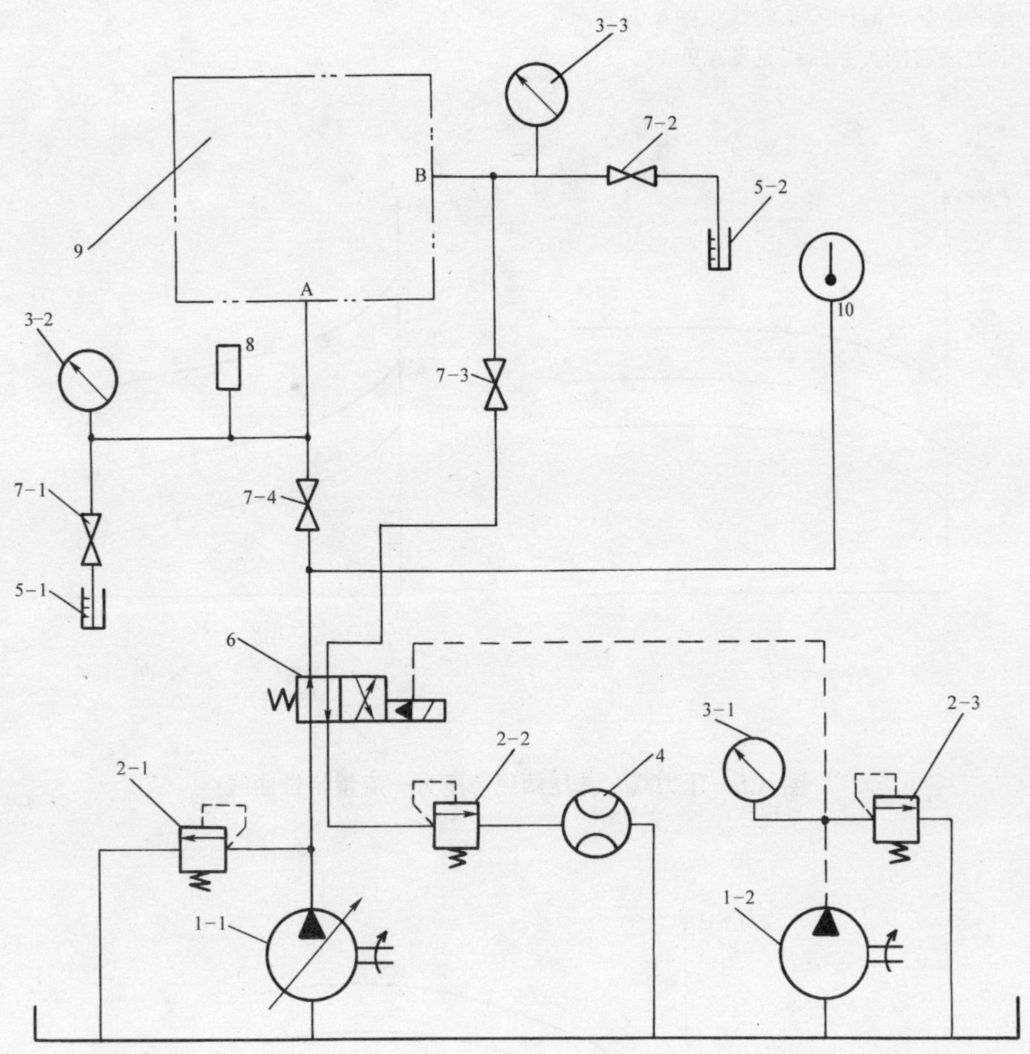

1-1、1-2——液压泵；2-1、2-2、2-3——溢流阀；3-1、3-2、3-3——压力表；4——流量计；

5-1、5-2——量杯；6——电液换向阀；7-1、7-2、7-3、7-4——截止阀；

8——压力传感器；9——被试阀（先导阀为阶跃加载阀）；

10——温度计。

图 A.4 方向阀、单向阀阀试验回路原理图

A.2 特性曲线

A.2.1 压力阀稳态压力—流量特性曲线见图A.5a）。

A.2.2 减压阀稳态压力—流量特性曲线见图A.5b）。

A.2.3 节流阀稳态压力—流量特性曲线见图A.6）。

A.2.4 瞬态响应特性曲线见图A.7。

A.2.5 建压、卸压特性曲线见图A.8。

A.2.6 阀芯位移—时间关系曲线见图A.9a）。

A.2.7 压力—时间关系曲线见图A.9b）。

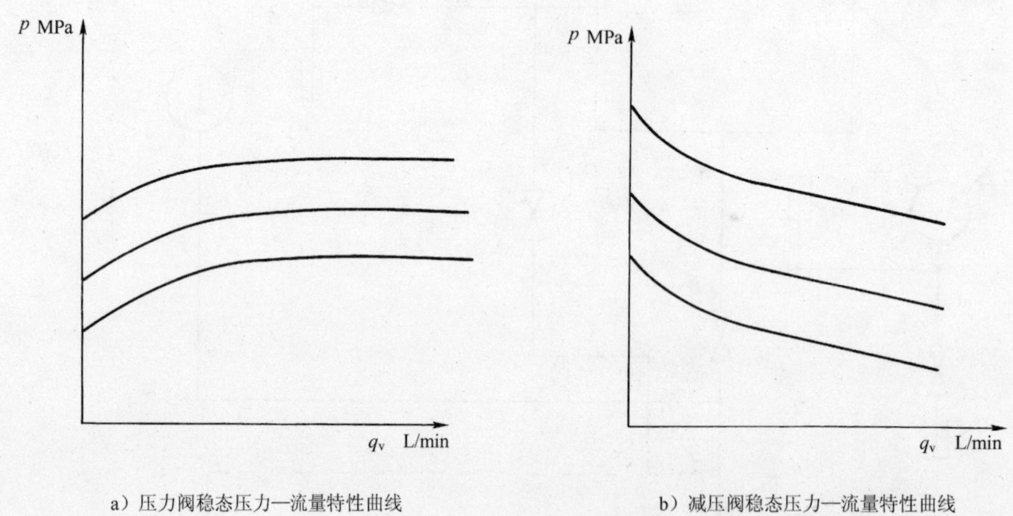

图 A.5 压力阀、减压阀稳态压力—流量特性曲线

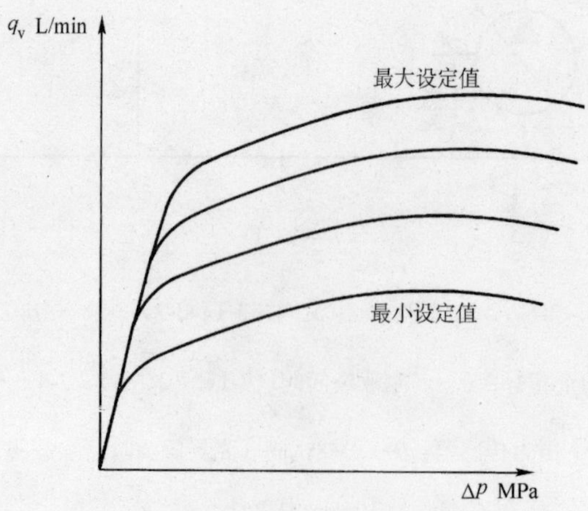

图 A.6 节流阀稳态流量—压力特性曲线

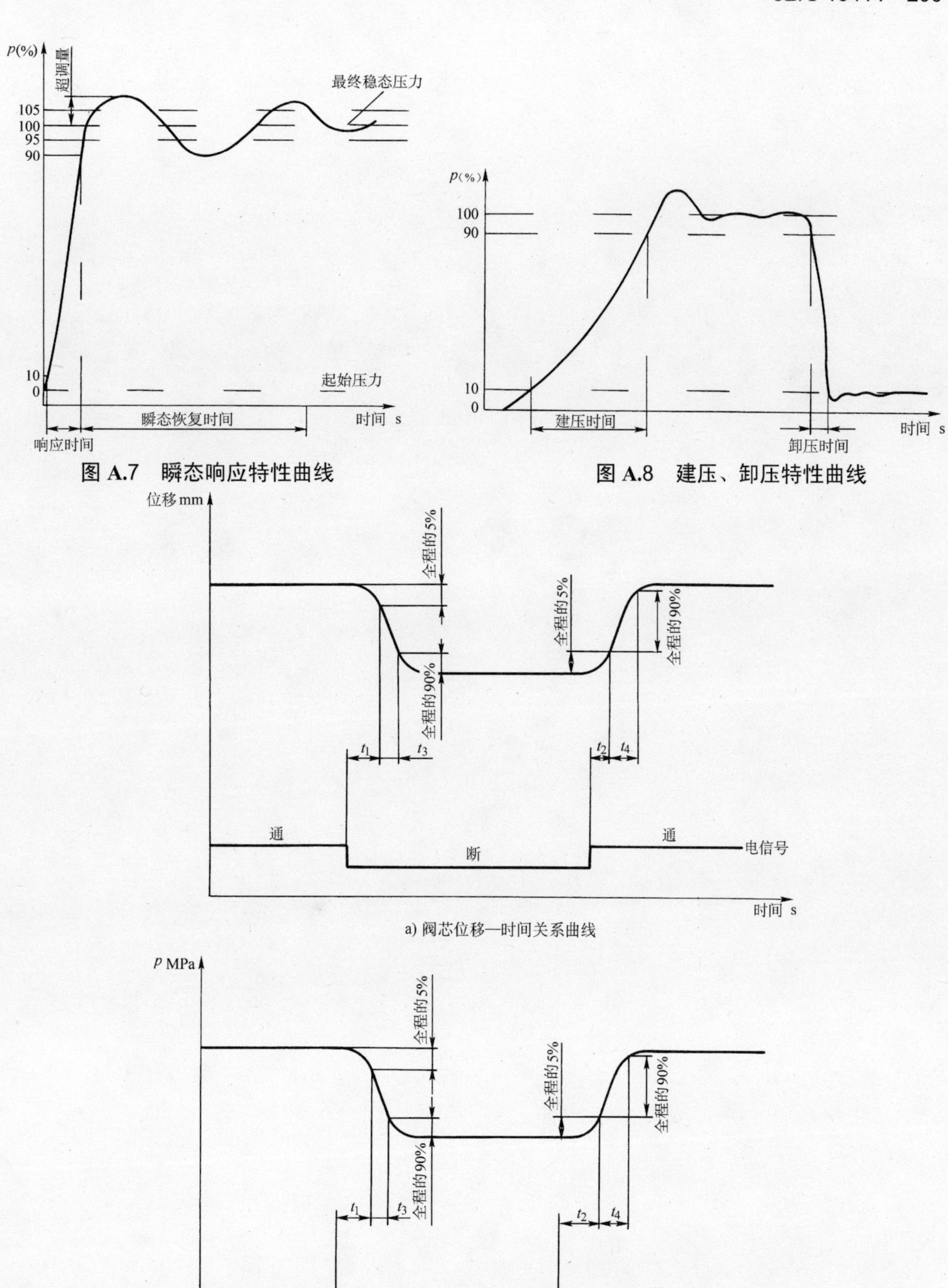

图 A.7 瞬态响应特性曲线

图 A.8 建压、卸压特性曲线

a) 阀芯位移—时间关系曲线

b) 阀芯压力—时间关系曲线

图 A.9 阀芯位移、压力—时间关系曲线

其　他

ICS 23.100.01
J 20

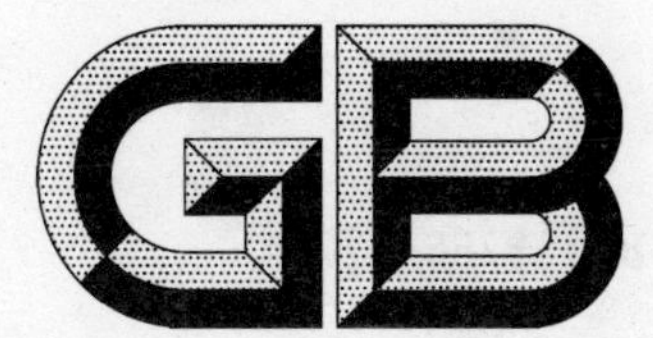

中华人民共和国国家标准

GB/T 3766—2015
代替 GB/T 3766—2001

液压传动 系统及其元件的通用规则和安全要求

Hydraulic fluid power—
General rules and safety requirements for systems and their components

(ISO 4413:2010,MOD)

2015-12-31 发布　　　　2016-07-01 实施

中华人民共和国国家质量监督检验检疫总局
中国国家标准化管理委员会　发布

前 言

本标准按照 GB/T 1.1—2009 给出的规则起草。

本标准代替 GB/T 3766—2001《液压系统通用技术条件》。与 GB/T 3766—2001 相比,主要技术变化如下:

——新增引用标准 GB/T 2878.1、GB/T 2878.2、GB/T 14048.14、GB/T 15706、GB 16754、GB/T 19671、GB/T 25133、ISO 1219-2、ISO 6149-3、ISO 16874、ISO 17165-1(见第 2 章);

——删除引用标准 GB/T 2514、GB/T 2877、GB 4208、GB/T 5226.1、GB/T 8098、GB/T 8010、GB/T 8101、JB/T 5244、JB/T 5963、ISO 4400、ISO 6149-1、ISO 6952、ISO 7790、ISO 8434-1、ISO 8434-2、ISO 8434-3、ISO 8434-4、ISO/TR 11688-1、ISO 12151-1、ISO 12151-2、ISO 12151-3、ISO 12151-4、ISO 12151-5(见 2001 年版第 2 章);

——增加阀选择要考虑的内容和对"隔离阀"的要求(见 5.4.4.1);

——调整了阀安装的部分要求(见 5.4.4.2);

——增加"油路块"的标识要求(见 5.4.4.3.5);

——增加"液压油液的污染度"要求(见 5.4.5.1.3);

——增加对油箱设计提供"接油盘"的要求(见 5.4.5.2.1);

——增加对油箱"结构完整性"的要求(见 5.4.5.2.2.6);

——增加油箱的"防腐蚀"要求(见 5.4.5.2.2.7);

——增加油箱"接地"要求(见 5.4.5.2.2.8);

——增加对控制器的防"电磁干扰"要求(见 5.4.7.6.1);

——增加"诊断和监测"的"污染控制"要求(见 5.4.8.5);

——增加管子的连接标记要求(见 7.4.3.2)。

本标准使用重新起草法修改采用 ISO 4413:2010《液压传动　系统及其元件的通用规则和安全要求》(英文版)。

本标准与 ISO 4413:2010 的技术性差异及其原因如下:

——关于规范性引用文件,本标准做了具有技术性差异的调整,以适应我国的技术条件,调整情况集中反映在第 2 章"规范性引用文件"中,具体调整如下:

- 用等同采用国际标准的 GB/T 786.1 代替了 ISO 1219-1(见 7.4.1.1);
- 用等同采用国际标准的 GB/T 2878.1 代替了 ISO 6149-1(见 5.3.2.5.2);
- 用修改采用国际标准的 GB/T 2878.2 代替了 ISO 6149-2(见 5.3.2.5.2);
- 用修改采用国际标准的 GB/T 14039 代替了 ISO 4406(见 5.4.5.1.3、7.3.1.1);
- 用等同采用国际标准的 GB/T 14048.14 代替了 IEC 60947-5-5(见 5.4.7.7.2);
- 用等同采用国际标准的 GB/T 15706 代替了 ISO 12100(见第 1 章、第 3 章、5.1.1、7.1、表 A.1);
- 用等同采用国际标准的 GB/T 16754 代替了 ISO 13850(见 5.4.7.7.2);
- 用等同采用国际标准的 GB/T 17446 代替了 ISO 5598(见第 3 章);
- 用等同采用国际标准的 GB/T 17489 代替了 ISO 4021(见 5.4.8.3);
- 用修改采用国际标准的 GB/T 19671 代替了 ISO 13851(见 5.4.7.3.6);
- 用等同采用国际标准的 GB/T 25133 代替了 ISO 23309(见 5.4.7.4.4);

——5.4.1.7,增加 e),涵盖更多应用的产品;

——5.4.2.1,删除 ISO/TS 13725,此文件已废止;

——5.4.5.1.2 的 b)，将“难燃液压油液”改为“液压油液”；

——5.4.5.2.1 的 g)，增加叙述，使要求更全面；

——5.4.5.2.2.4 的 g)，增加叙述，体现实际应用要求；

——7.3.1.1 的 O)，增加“见 5.4.3”。

本标准做了以下编辑性修改：

——5.2.7f)在“能量隔离”后面补充“(如断开电、液连接)”，便于理解；

——重新编排 5.3.2 的分条款，使之与标题叙述顺序一致；简化 5.3.2.3.2 的“注”；

——修改 5.4.2.12 的“注”；

——删除 5.4.5.3.1 中“按 ISO 4406 表示”的叙述；

——增加 5.4.6.5.3.3，将 5.4.6.5.3.1 和 5.4.6.5.3.2 中相同的叙述合并于此并做补充；

——附录 B 中，部分单位改为本专业常用的表达形式。

本标准由中国机械工业联合会提出。

本标准由全国液压气动标准化技术委员会(SAC/TC 3)归口。

本标准起草单位：北京机械工业自动化研究所、海门市油威力液压工业有限责任公司、合肥长源液压股份有限公司、北京华德液压工业集团有限责任公司、广州机械科学研究院有限公司液压所、中航力源液压股份有限公司、宁波广天赛克思液压有限公司、扬州市江都永坚有限公司、中国船舶重工集团第七零七研究所九江分部、四川长江液压件有限责任公司、沈阳东北电力调节技术有限公司、山东中川液压有限公司、太重榆液系统分公司、博世力士乐(常州)有限公司。

本标准主要起草人：刘新德、林广、徐其俊、赵静波、林本宏、张琛、梁勇、郭莲、朱爱华、王德华、郑学明、郇庆祥、崔永红、周卫东。

本标准所代替标准的历次版本发布情况：

——GB/T 3766—1983、GB/T 3766—2001。

引　言

本标准是 GB/T 15706 规定的 B 类标准。本标准的条款可通过 GB/T 15706 规定的 C 类标准补充或修改。对于 C 类标准范围所覆盖的机械和按本标准的条款设计、制造的机械，C 类标准的条款优先于 B 类标准的条款。

在液压传动系统中，功率是通过在封闭回路内的受压液体来传递和控制的。液压传动系统的应用需要供应商（制造商）和用户之间有透彻的理解和准确的沟通。本标准的制定是基于对液压系统应用经验的总结，旨在为供、需双方的理解和沟通提供帮助。

GB/T 3766 的当前版本包括对于液压系统工程的通用要求和维持系统良好运行状态的安全要求，尤其结合并纳入了机器安全方面的国家标准和欧盟机械指令中的相关安全要求。使用本标准有助于：

——对液压系统和元件要求的确认和规定；

——对液压系统安全性要求的重视和理解；

——使系统及其元件的设计符合规定的要求；

——对供、需双方各自责任范围的认定。

使用本标准时应注意，与本标准内容不一致的要求需要由供、需双方商定；本标准内容与国家或地方的法律、法规冲突时，要以法律、法规为准。

本标准中包含动词“应”的一般规则是良好工程做法的建议，具有普遍的适用性；使用动词“宜”的条款表示推荐的工程做法，它可能会由于某种过程、环境条件或设备规格的特殊性而不得不加以修正。

液压传动
系统及其元件的通用规则和安全要求

1 范围

本标准规定了用于GB/T 15706—2012中3.1定义的机械上的液压系统及其元件的通用规则和安全要求。本标准涉及与液压系统相关的所有重大危险,并规定了当系统安置在其预定使用的场合时避免这些危险的原则。

注1:与重大危险相关的内容参见第4章和附录A。

本标准中未完全涉及重大噪声危害。

注2:噪声传播主要取决于液压元件或系统在机械中的安装。

本标准适用于液压系统及其元件的设计、制造、安装和维护,并涉及以下方面:

a) 装配;

b) 安装;

c) 调整;

d) 运行;

e) 维护和净化;

f) 可靠性;

g) 能量效率;

h) 环境。

2 规范性引用文件

下列文件对于本文件的应用是必不可少的。凡是注日期的引用文件,仅注日期的版本适用于本文件。凡是不注日期的引用文件,其最新版本(包括所有的修改单)适用于本文件。

GB/T 786.1 流体传动系统及元件图形符号和回路图 第1部分:用于常规用途和数据处理的图形符号(GB/T 786.1—2009,ISO 1219-1:2006,IDT)

GB/T 2878.1 液压传动连接 带米制螺纹和O形圈密封的油口和螺柱端 第1部分:油口(GB/T 2878.1—2011,ISO 6149-1:2006,IDT)

GB/T 2878.2 液压传动连接 带米制螺纹和O形圈密封的油口和螺柱端 第2部分:重型螺柱端(S系列)(GB/T 2878.2—2011,ISO 6149-2:2006,MOD)

GB/T 14039 液压传动 油液 固体颗粒污染等级代号(GB/T 14039—2002,ISO 4406:1999,MOD)

GB/T 14048.14 低压开关设备和控制设备 第5-5部分:控制电路电器和开关元件 具有机械锁闩功能的电气紧急制动装置(GB/T 14048.14—2006,IEC 60947-5-5:1997,IDT)

GB/T 15706—2012 机械安全 设计通则 风险评估与风险减小(ISO 12100:2010,IDT)

GB 16754 机械安全 急停 设计原则(GB 16754—2008,ISO 13850:2006,IDT)

GB/T 17446 流体传动系统及元件 词汇(GB/T 17446—2012,ISO 5598:2008,IDT)

GB/T 17489 液压颗粒污染分析 从工作系统管路中提取液样(GB/T 17489—1998,idt ISO 4021:1992)

GB/T 19671 机械安全 双手操纵装置 功能状况及设计原则(GB/T 19671—2005,ISO 13851:2002,MOD)

GB/T 25133 液压系统总成 管路冲洗方法(GB/T 25133—2010,ISO 23309:2007,IDT)

ISO 1219-2 流体传动系统和元件 图形符号和回路图 第2部分:回路图(Fluid power systems and components—Graphic symbols and circuit diagrams—Part 2:Circuit diagrams)

ISO 6149-3 用于液压传动和一般用途的连接 带ISO 261米制螺纹及O形圈密封的油口和螺柱端 第3部分:轻型(L系列)螺柱端的尺寸、型式、试验方法和技术要求[Connections for hydraulic fluid power and general use—Ports and stud ends with ISO 261 metric threads and O-ring sealing—Part 3:Dimensions,design,test methods and requirements for light-duty (L series) stud ends]

ISO 6162-1 液压传动 带有分体式或整体式法兰以及米制或英制螺栓的法兰管接头 第1部分:用于3.5 MPa(35 bar)至35 MPa(350 bar)压力下,DN 13至DN 127的法兰管接头、油口和安装面[Hydraulic fluid power—Flange connections with split or one-piece flange clamps and metric or inch screws—Part 1:Flange connectors ,ports and mounting surfaces for use at pressures of 3.5 MPa (35 bar) to 35 MPa(350 bar) ,DN 13 to DN 127]

ISO 6162-2 液压传动 带有分体式或整体式法兰以及米制或英制螺栓的法兰管接头 第2部分:用于42 MPa(420 bar)压力下,DN 13至DN 76的法兰管接头、油口和安装面[Hydraulic fluid power—Flange connections with split or one-piece flange clamps and metric or inch screws—Part 2:Flange connectors ,ports and mounting surfaces for use at pressures of 42 MPa (420 bar),DN 13 to DN 76]

ISO 6164 液压传动 25 MPa至40 MPa(250 bar至400 bar)压力下使用的四螺栓整体方法兰(Hydraulic fluid power—Four-screw, one-piece square-flange connections for use at pressures of 25 MPa and 40 MPa (250 bar and 400 bar)]

ISO 10763 液压传动 端面平齐的无缝和焊接型精密钢管 尺寸及标称压力(Hydraulic fluid power—Plain-end,seamless and welded precision steel tubes—Dimensions and nominal working pressures)

ISO 16874 液压传动 油路块总成及其元件的标识(Hydraulic fluid power—Identification of manifold assemblies and their components)

ISO 17165-1 液压传动 软管总成 第1部分:尺寸和要求(Hydraulic fluid power—Hose assemblies—Part 1:Dimensions and requirements)

3 术语和定义

GB/T 17446、GB/T 15706—2012界定的以及下列术语和定义适用于本文件。

3.1

功能标牌 function plate

包含描述手动操作装置每一项功能(例如,开/关、前进/后退、左/右、上升/下降)或系统执行功能的状态(例如,夹紧、提升和前进)信息的标识牌。

4 重大危险一览表

表A.1列出了在机器中与液压传动应用相关的重大危险。

5 通用规则和安全要求

5.1 概述

5.1.1 当为机械设计液压系统时，应考虑系统所有预定的操作和使用；应完成风险评估（例如：按GB/T 15706—2012 进行）以确定当系统按预定使用时与系统相关的可预测的风险。可预见的误用不应导致危险发生。通过设计应排除已识别出的风险，当不能做到时，对于这种风险应按 GB/T 15706—2012 规定的级别采取防护措施（首选）或警告。

注：本标准对液压元件提出了要求，其中一些要求依据安装液压系统的机器的危险而定。因此，所需的液压系统最终技术规格和结构将取决于对风险的评估和用户与制造商之间的协议。

5.1.2 控制系统应按风险评估设计。当采用 GB/T 16855.1 时，可满足此要求。

5.1.3 应考虑避免对机器、液压系统和环境造成危害的预防措施。

5.2 对液压系统设计和技术规范的基本要求

5.2.1 元件和配管的选择

5.2.1.1 为保证使用的安全性，应对液压系统中的所有元件和配管进行选择或指定。选择或指定元件和配管，应保证当系统投入预定的使用时它们能在其额定极限内可靠地运行。尤其应注意那些因其失效或失灵可能引起危险的元件和配管的可靠性。

5.2.1.2 应按供应商的使用说明和建议选择、安装和使用元件及配管，除非其他元件、应用或安装经测试或现场经验证实是可行的。

5.2.1.3 在可行的情况下，宜使用符合国家标准或行业标准的元件和配管。

5.2.2 意外压力

5.2.2.1 如果压力过高会引起危险，系统所有相关部分应在设计上或以其他方式采取保护，以防止可预见的压力超过系统最高工作压力或系统任何部分的额定压力。

任何系统或系统的某一部分可能被断开和封闭，其所截留液体的压力会出现增高或降低（例如：由于负载或液体温度的变化），如果这种变化会引起危险，则这类系统或系统的某一部分应具有限制压力的措施。

5.2.2.2 对压力过载保护的首选方法是设置一个或多个起安全作用的溢流阀（卸压阀），以限制系统所有相关部分的压力。也可采用其他方法，如采用压力补偿式泵控制来限制主系统的工作压力，只要这些方法能保证在所有工况下安全。

5.2.2.3 系统的设计、制造和调整应限制压力冲击和变动。压力冲击和变动不应引起危险。

5.2.2.4 压力丧失或下降不应让人员面临危险和损坏机械。

5.2.2.5 应采取措施，防止因外部大负载作用于执行器而产生的不可接受的压力。

5.2.3 机械运动

在固定式工业机械中，无论是预定的或意外的机械运动（例如，加速、减速或提升和夹持物体的作用）都不应使人员面临危险的处境。

5.2.4 噪声

在液压系统设计中，应考虑预计的噪声，并使噪声源产生的噪声降至最低。应根据实际应用采取措施，将噪声引起的风险降至最低。应考虑由空气、结构和液体传播的噪声。

注：关于低噪声机械和系统的设计，参见 GB/T 25078.1。

5.2.5 泄漏

如果产生泄漏(内泄漏或外泄漏)，不应引起危险。

5.2.6 温度

5.2.6.1 工作温度

对于系统或任何元件，其工作温度范围不应超出规定的安全使用极限。

5.2.6.2 表面温度

液压系统的设计应通过布置或安装防护装置来保护人员免受超过触摸极限的表面温度的伤害，参见 ISO 13732-1。当无法采取这些保护时，应提供适当的警告标志。

5.2.7 液压系统操作和功能的要求

应规定下列操作和功能的技术规范：

a) 工作压力范围；
b) 工作温度范围；
c) 使用液压油液的类型；
d) 工作流量范围；
e) 吊装规定；
f) 应急、安全和能量隔离(例如，断开电源、液压源)的要求；
g) 涂漆或保护涂层。

附录 B 提供了便于搜集和记录固定机械上液压系统这些信息的表格和清单。这些表格和清单同样可用于记录行走机械使用的液压系统的相同信息。

5.3 附加要求

5.3.1 现场条件和工作环境

应对影响固定式工业机械上液压系统使用要求的现场条件和工作环境做出规定。附录 B 提供了便于搜集和记录此类信息的表格和清单，可包括以下内容：

a) 设备的环境温度范围；
b) 设备的环境湿度范围；
c) 可用的公共设施，例如，电、水、废物处理；
d) 电网的详细资料，例如，电压及其容限；频率、可用的功率(如果受限制)；
e) 对电路和装置的保护；
f) 大气压力；
g) 污染源；
h) 振动源；
i) 火灾、爆炸或其他危险的可能严重程度，以及相关应急资源的可用性；
j) 需要的其他资源储备，例如，气源的流量和压力；
k) 通道、维修和使用所需的空间，以及为保证液压元件和系统在使用中的稳定性和安全性而确定的位置及安装；
l) 可用的冷却、加热介质和容量；

m) 对于保护人身和液压系统及元件的要求；

n) 法律和环境的限制因素；

o) 其他安全性要求。

附录B也适用于记录行走机械使用的液压系统技术规范的环境条件。附录B中的各个表格也可采用单独的可修改的电子版形式。

5.3.2 元件、配管和总成的安装、使用和维修

5.3.2.1 安装

元件宜安装在便于从安全工作位置(例如,地面或工作台)接近之处。

5.3.2.2 起吊装置

质量大于15 kg的所有元件、总成或配管,宜具有用于起重设备吊装的起吊装置。

5.3.2.3 标准件的使用

5.3.2.3.1 宜选择商品化的,并符合相应国家标准的零件(键、轴承、填料、密封件、垫圈、插头、紧固件等)和零件结构(轴和键槽尺寸、油口尺寸、底板、安装面或安装孔等)。

5.3.2.3.2 在液压系统内部,宜将油口、螺柱端和管接头限制在尽可能少的标准系列内。对于螺纹油口连接,宜符合GB/T 2878.1、GB/T 2878.2和ISO 6149-3的规定;对于四螺钉法兰油口连接,宜符合ISO 6162-1、ISO 6162-2或ISO 6164的规定。

注:当在系统中使用一种以上标准类型的螺纹油口连接时,某些螺柱端系列与不同连接系列的油口之间可能不匹配,会引起泄漏和连接失效,使用时可依据油口和螺柱端的标记确认是否匹配。

5.3.2.4 密封件和密封装置

5.3.2.4.1 材料

密封件和密封装置的材料应与所用的液压油液、相邻材料以及工作条件和环境条件相容。

5.3.2.4.2 更换

如果预定要维修和更换,元件的设计应便于密封件和密封装置的维修和更换。

5.3.2.5 维修要求

系统的设计和制造应使需要调整或维修的元件和配管位于易接近的位置,以便能安全地调整和维修。在这些要求不能实现的场合,应提供必要的维修和维护信息,见7.3.1.1的g)和n)。

5.3.2.6 更换

为便于维修,宜提供相应的方法或采用合适的安装方式,使元件和配管从系统拆除时做到:

a) 使液压油液损失最少;

b) 不必排空油箱,仅对于固定机械;

c) 尽量不拆卸其他相邻部分。

5.3.3 清洗和涂漆

5.3.3.1 在对机械进行外部清洗和涂漆时,应对敏感材料加以保护,以避免其接触不相容的液体。

5.3.3.2 在涂漆时,应遮盖住不宜涂漆的区域(例如,活塞杆、指示灯)。在涂漆后,应除去遮盖物,所有

警告和有关安全的标志应清晰、醒目。

5.3.4 运输准备

5.3.4.1 配管的标识

当运输需要拆卸液压系统时，以及错误的重新连接可能引起危险的情况下，配管和相应连接应被清楚地识别；其标识应与所有适用文件上的资料相符。

5.3.4.2 包装

为运输，液压系统的所有部分应以能保护其标识及防止其损坏、变形、污染和腐蚀的方式包装。

5.3.4.3 孔口的密封和保护

在运输期间，液压系统和元件暴露的孔口，尤其是硬管和软管，应通过密封或放在相应清洁和封闭的包装箱内加以保护；应对外螺纹采取保护。使用的任何保护装置应在重新组装时再除去。

5.3.4.4 搬运设施

运输尺寸和质量应与买方提供的可利用的搬运设施(例如，起重工具、出入通道、地面承载)相适合，参见 B.1.5。如必要，液压系统的设计应使其易于拆解为部件。

5.4 对于元件和控制的特定要求

5.4.1 液压泵和马达

5.4.1.1 安装

液压泵和马达的固定或安装应做到：

a) 易于维修时接近；

b) 不会因负载循环、温度变化或施加重载引起轴线错位；

c) 泵、马达和任何驱动元件在使用时所引起的轴向和径向载荷均在额定极限内；

d) 所有油路均正确连接，所有泵的联接轴以标记的和预定的正确方向旋转，所有泵从进口吸油至出口排出，所有马达的轴被液压油液驱动以正确方向旋转；

e) 充分地抑制振动。

5.4.1.2 联轴器和安装件

5.4.1.2.1 在所有预定使用的工况下，联轴器和安装件应能持续地承受泵或马达产生的最大转矩。

5.4.1.2.2 当泵或马达的联接区域在运转期间可接近时，应为联轴器提供合适的保护罩。

5.4.1.3 转速

转速不应超过规定极限。

5.4.1.4 泄油口、放气口和辅助油口

泄油口、放气口和类似的辅助油口的设置应不准许空气进入系统，其设计和安装应使背压不超过泵或马达制造商推荐的值。如果采用高压排气，其设置应能避免对人员造成危害。

5.4.1.5 壳体的预先注油

当液压泵和马达需要在起动之前预先注油时，应提供易于接近的和有记号的注油点，并将其设置在

能保证空气不会被封闭在壳体内的位置上。

5.4.1.6 工作压力范围

如果对使用的泵或马达的工作压力范围有任何限制，应在技术资料中做出规定，见第7章。

5.4.1.7 液压连接

液压泵和马达的液压连接应做到：

a) 通过配管连接的布置和选择防止外泄漏；不使用锥管螺纹或需要密封填料的连接结构；

b) 在不工作期间，防止失去已有的液压油液或壳体的润滑；

c) 泵的进口压力不低于其供应商针对运行工况和系统用液压油液所规定的最低值；

d) 防止可预见的外部损害，或尽量预防可能产生的危险结果；

e) 如果液压泵和马达壳体上带有测压点，安装后应便于连接、测压。

5.4.2 液压缸

5.4.2.1 抗失稳

为避免液压缸的活塞杆在任何位置产生弯曲或失稳，应注意缸的行程长度、负载和安装型式。

5.4.2.2 结构设计

液压缸的设计应考虑预定的最大负载和压力峰值。

5.4.2.3 安装额定值

确定液压缸的所有额定负载时，应考虑其安装型式。

注：液压缸的额定压力仅反映缸体的承压能力，而不能反映安装结构的力传递能力。

5.4.2.4 限位产生的负载

当液压缸被作为限位器使用时，应根据被限制机件所引起的最大负载确定液压缸的尺寸和选择其安装型式。

5.4.2.5 抗冲击和振动

安装在液压缸上或与液压缸连接的任何元件和附件，其安装或连接应能防止使用时由冲击和振动等引起的松动。

5.4.2.6 意外增压

在液压系统中应采取措施，防止由于有效活塞面积差引起的压力意外增高超过额定压力。

5.4.2.7 安装和调整

液压缸宜采取的最佳安装方式是使负载产生的反作用力沿液压缸的中心线作用。液压缸的安装应尽量减少(小)下列情况：

a) 由于负载推力或拉力导致液压缸结构过度变形；

b) 引起侧向或弯曲载荷；

c) 铰接安装型式的转动速度(其可能迫使采用连续的外部润滑)。

5.4.2.8 **安装位置**

安装面不应使液压缸变形，并应留出热膨胀的余量。液压缸安装位置应易于接近，以便于维修、调整缓冲装置和更换全套部件。

5.4.2.9 **安装用紧固件**

液压缸及其附件安装用的紧固件的选用和安装，应能使之承受所有可预见的力。脚架安装的液压缸可能对其安装螺栓施加剪切力。如果涉及剪切载荷，宜考虑使用具有承受剪切载荷机构的液压缸。安装用的紧固件应足以承受倾覆力矩。

5.4.2.10 **缓冲器和减速装置**

当使用内部缓冲时，液压缸的设计应考虑负载减速带来压力升高的影响。

5.4.2.11 **可调节行程终端挡块**

应采取措施，防止外部或内部的可调节行程终端挡块松动。

5.4.2.12 **活塞行程**

行程长度（包括公差）如果在相关标准中没有规定，应根据液压系统的应用做出规定。

注：行程长度的公差参见 JB/T 10205。

5.4.2.13 **活塞杆**

5.4.2.13.1 **材料、表面处理和保护**

应选择合适的活塞杆材料和表面处理方式，使磨损、腐蚀和可预见的碰撞损伤降至最低程度。

宜保护活塞杆免受来自压痕、刮伤和腐蚀等可预见的损伤，可使用保护罩。

5.4.2.13.2 **装配**

为了装配，带有螺纹端的活塞杆应具有可用扳手施加反向力的结构，参见 ISO 4395。活塞应可靠地固定在活塞杆上。

5.4.2.14 **密封装置和易损件的维护**

密封装置和其他预定维护的易损件宜便于更换。

5.4.2.15 **气体排放**

5.4.2.15.1 **放气位置**

在固定式工业机械上安装液压缸，应使其能自动放气或提供易于接近的外部放气口。安装时，应使液压缸的放气口处于最高位置。当这些要求不能满足时，应提供相关的维修和使用资料，见 7.3.1.1 的 g)、n) 和 r)。

5.4.2.15.2 **排气口**

有充气腔的液压缸应设计或配置排气口，以避免危险。液压缸利用排气口应能无危险地排出空气。

5.4.3 充气式蓄能器

5.4.3.1 信息

5.4.3.1.1 在蓄能器上永久性标注的信息

下列信息应永久地和明显地标注在蓄能器上：

a) 制造商的名称和/或标识；

b) 生产日期(年、月)；

c) 制造商的序列号；

d) 壳体总容积，单位为升(L)；

e) 允许温度范围 T_S，单位为摄氏度(℃)；

f) 允许的最高压力 p_S，单位为兆帕(MPa)；

g) 试验压力 p_T，单位为兆帕(MPa)；

h) 认证机构的编号(如适用)。

打印标记的位置和方法不应使蓄能器强度降低。如果在蓄能器上提供所有这些信息的空间不够，应将其制作在标签上，并永久地附在蓄能器上。

注：根据地方性法规，可能需要附加信息。

5.4.3.1.2 在蓄能器上或在附带标签上的信息

应在蓄能器或蓄能器的标签上给出以下信息：

a) 制造商或供应商的名称和简明地址；

b) 制造商或供应商的产品标识；

c) 警示语"**警告：压力容器，拆卸前先卸压！**"；

d) 充气压力；

e) 警示语"仅使用 X！"，X 是充入的介质，如氮气。

5.4.3.2 有充气式蓄能器的液压系统的要求

当系统关闭时，有充气式蓄能器的液压系统应自动卸掉蓄能器的液体压力或彻底隔离蓄能器(见 5.4.7.2.1)。在机器关闭后仍需要压力或液压蓄能器的潜在能量不会再产生任何危险(如夹紧装置)的特殊情况下，不必遵守卸压或隔离的要求。充气式蓄能器和任何配套的受压元件应在压力、温度和环境条件的额定极限内应用。在特殊情况下，可能需要保护措施防止气体侧超压。

5.4.3.3 安装

5.4.3.3.1 安装位置

如果在充气式蓄能器系统内的元件和管接头损坏会引起危险，应对它们采取适当保护。

5.4.3.3.2 支撑

应按蓄能器供应商的说明对充气式蓄能器和所有配套的受压元件做出支撑。

5.4.3.3.3 未授权的变更

不应以加工、焊接或任何其他方式修改充气式蓄能器。

5.4.3.4 输出流量

充气式蓄能器的输出流量应与预定的工作需要相关，且不应超过制造商的额定值。

5.4.4 阀

5.4.4.1 选择

选择阀的类型应考虑正确的功能、密封性、维护和调整要求，以及抗御可预见的机械或环境影响的能力。在固定式工业机械中使用的系统宜首选板式安装阀和/或插装阀。当需要隔离阀时(例如，满足5.4.3.2 和 5.4.7.2.1 的要求)，应使用其制造商认可适用于此类安全应用的阀。

5.4.4.2 安装

当安装阀时，应考虑以下方面：

a) 独立支撑，不依附相连接的配管或管接头；
b) 便于拆卸、修理或调整；
c) 重力、冲击和振动对阀的影响；
d) 使用扳手、装拆螺栓和电气连接所需的足够空间；
e) 避免错误安装的方法；
f) 防止被机械操作装置损坏；
g) 当适用时，其安装方位能防止空气聚积或允许空气排出。

5.4.4.3 油路块

5.4.4.3.1 表面粗糙度和平面度

在油路块上，阀安装面的粗糙度和平面度应符合阀制造商的推荐。

5.4.4.3.2 变形

在预定的工作压力和温度范围内工作时，油路块或油路块总成不应因变形产生故障。

5.4.4.3.3 安装

应牢固地安装油路块。

5.4.4.3.4 内部流道

内部流道在交叉流动区域宜有足够大的横截面积，以尽量减小额外的压降。铸造和机加工的内部流道应无有害异物，如氧化皮、毛刺和切屑等。有害异物会阻碍流动或随液压油液移动而引起其他元件(包括密封件和密封填料)发生故障和/或损坏。

5.4.4.3.5 标识

油路块总成及其元件应按 ISO 16874 规定附上标签，以作标记。当不可行时，应以其他方式提供标识。

5.4.4.4 电控阀

5.4.4.4.1 电气连接和电磁铁

5.4.4.4.1.1 电气连接

电气连接应符合相应的标准(如 GB 5226.1 或制造商的标准)，并按适当保护等级设计(如符合GB 4208)。

5.4.4.4.1.2 电磁铁

应选择适用的电磁铁(例如,切换频率、温度额定值和电压容差),以便其能在指定条件下操作阀。

5.4.4.4.1.3 手动或其他越权控制

当电力不可用时,如果必需操作电控阀,应提供越权控制方式。设计或选择越权控制方式时,应使误操作的风险降至最低;并且当越权控制解除后宜自动复位,除非另有规定。

5.4.4.5 调整

当允许调整一个或多个阀参数时,宜酌情纳入下列规定:

a) 安全调整的方法;

b) 锁定调整的方法,如果不准许擅自改变;

c) 防止调整超出安全范围的方法。

5.4.5 液压油液和调节元件

5.4.5.1 液压油液

5.4.5.1.1 规格

5.4.5.1.1.1 宜按现行的国家标准描述液压油液。元件或系统制造商应依据类型和技术数据确定适用的液压油液;否则应以液压油液制造商的商品名称确定液压油液。

5.4.5.1.1.2 当选择液压油液时,应考虑其电导率。

5.4.5.1.1.3 在存在火灾危险处,应考虑使用难燃液压油液。

5.4.5.1.2 相容性

所有与液压油液接触使用的元件应与该液压油液相容。应采取附加的预防措施,防止液压油液与下列物质不相容产生问题:

a) 防护涂料和与系统有关的其他液体,如油漆、加工和(或)保养用的液体;

b) 可能与溢出或泄漏的液压油液接触的结构或安装材料,如电缆、其他维修供应品和产品;

c) 其他液压油液。

5.4.5.1.3 液压油液的污染度

液压油液的污染度(按 GB/T 14039 表示)应适合于系统中对污染最敏感的元件。

注 1:商品液压油液在交付时可能未注明必要的污染度。

注 2:液压油液的污染可能影响其电导率。

5.4.5.2 油箱

5.4.5.2.1 设计

油箱或连通的储液罐按以下要求设计:

a) 按预定用途,在正常工作或维修过程中应能容纳所有来自于系统的油液。

b) 在所有工作循环和工作状态期间,应保持液面在安全的工作高度并有足够的液压油液进入供油管路。

c) 应留有足够的空间用于液压油液的热膨胀和空气分离。

d) 对于固定式工业机械上的液压系统,应安装接油盘或有适当容量和结构的类似装置,以便有效收集主要从油箱[同样见 5.2.5 和 5.3.1n)]或所有不准许渗漏区域意外溢出的液压油液。

注：在此情况下的设计要求可依据国家法规。

e) 宜采取被动冷却方式控制系统液压油液的温度。当被动冷却不够时，应提供主动冷却，见 5.4.5.4。
f) 宜使油箱内的液压油液低速循环，以允许夹带的气体释放和重的污染物沉淀。
g) 应利用隔板或其他方法将回流液压油液与泵的吸油口分隔开；如果使用隔板，隔板不应妨碍对油箱的彻底清扫，并在液压系统正常运行时不会造成吸油区与回油区的液位差。
h) 对于固定式工业机械上的液压系统，宜提供底部支架或构件，使油箱的底部高于地面至少 150 mm，以便于搬运、排放和散热。油箱的四脚或支撑构件宜提供足够的面积，以用于地脚固定和调平。

如果是压力油箱，则应考虑这种型式的特殊要求。

5.4.5.2.2 结构

5.4.5.2.2.1 溢出

应采取措施，防止溢出的液压油液直接返回油箱。

5.4.5.2.2.2 振动和噪声

应注意防止过度的结构振动和空气传播噪声，尤其当元件被安装在油箱内或直接装在油箱上时。

5.4.5.2.2.3 顶盖

油箱顶盖的要求：

a) 应牢固地固定在油箱体上；
b) 如果是可拆卸的，应设计成能防止污染物进入的结构；
c) 其设计和制造宜避免形成聚集和存留外部固体颗粒、液压油液污染物和废弃物的区域。

5.4.5.2.2.4 配置

油箱配置按下列要求实施：

a) 应按规定尺寸制作吸油管，以使泵的吸油性能符合设计要求；
b) 如果没有其他要求，吸油管所处位置应能在最低工作液面时保持足够的供油，并能消除液压油液中的夹带空气和涡流；
c) 进入油箱的回油管宜在最低工作液面以下排油；
d) 进入油箱的回油管应以最低的可行流速排油，并促进油箱内形成所希望的液压油液循环方式。油箱内的液压油液循环不应促进夹带空气；
e) 穿出油箱的任何管路都应有效地密封；
f) 油箱设计宜尽量减少系统液压油液中沉淀污染物的泛起；
g) 宜避免在油箱内侧使用可拆卸的紧固件，如不能避免，应确保可靠紧固，防止其意外松动；且当紧固件位于液面上部时，应采取防锈措施。

5.4.5.2.2.5 维护

维护措施遵从下列规定：

a) 在固定式工业机械上的油箱应设置检修孔，可供进入油箱内部各处进行清洗和检查。检修孔盖可由一人拆下或重新装上。允许选择其他检查方式，例如：内窥镜。

b) 吸油过滤器、回油扩散装置及其他可更换的油箱内部元件应便于拆卸或清洗。

c) 油箱应具有在安装位置易于排空液压油液的排放装置。

d) 在固定式工业机械上的油箱宜具有可在安装位置完全排出液压油液的结构。

5.4.5.2.2.6 结构完整性

油箱设计应提供足够的结构完整性,以适应以下情况:

a) 充满到系统所需液压油液的最大容量;

b) 在所有可预见条件下,承受系统以所需流速吸油或回油而引起的正压力、负压力;

c) 支撑安装的元件;

d) 运输。

如果油箱上提供了运输用的起吊点,其支撑结构及附加装置应足以承受预料的最大装卸力,包括可预见的碰撞和拉扯,并且没有不利影响。为保持被安装或附加在油箱上的系统部件在装卸和运输期间被安全约束及无损坏或永久变形,附加装置应具有足够的强度和弹性。

加压油箱的设计应充分满足其预定使用的最高内部压力要求。

5.4.5.2.2.7 防腐蚀

任何内部或外部的防腐蚀保护,应考虑到有害的外来污染物,如冷凝水(另见 5.4.5.1.2)。

5.4.5.2.2.8 等电位连接

如果需要,应提供等电位连接(如接地)。

5.4.5.2.3 辅件

5.4.5.2.3.1 液位指示器

油箱应配备液位指示器(例如,目视液位计、液位继电器和液位传感器),并符合以下要求:

a) 应做出系统液压油液高、低液位的永久性标记;

b) 应具有合适的尺寸,以便注油时可清楚地观察到;

c) 对特殊系统宜做出适当的附加标记;

d) 液位传感器应能显示实际液位和规定的极限。

5.4.5.2.3.2 注油点

所有注油点应易于接近并做出明显和永久的标记。注油点宜配备带密封且不可脱离的盖子,当盖上时可防止污染物进入。在注油期间,应通过过滤或其他方式防止污染。当此要求不可行时,应提供维护和维修资料,见 7.3.1.1i)。

5.4.5.2.3.3 通气口

考虑到环境条件,应提供一种方法(如使用空气滤清器)保证进入油箱的空气具有与系统要求相适合的清洁度。如果使用的空气滤清器可更换滤芯,宜配备指示滤清器需要维护的装置。

5.4.5.2.3.4 水分离器

如果提供了水分离器,应安装当需要维护时能发讯的指示器,见 5.4.8.5。

5.4.5.3 液压油液的过滤

5.4.5.3.1 过滤

为保持所要求的液压油液污染度(见 5.4.5.1.3),应提供过滤。如果使用主过滤系统(如供油或回油管路过滤器)不能达到要求的液压油液污染度或有更高过滤要求时,可使用旁路过滤系统。

5.4.5.3.2 过滤器的布置和选型

5.4.5.3.2.1 布置

过滤器应根据需要设置在压力管路、回油管路和/或辅助循环回路中,以达到系统要求的油液污染度。

5.4.5.3.2.2 维护

所有过滤器均应配备指示器,当过滤器需要维护时发出指示。指示器应易于让操作人员或维护人员观察,见 5.4.8.5。当不能满足此要求时,在操作人员手册中应说明定期更换过滤器,见 7.3.1.1 的 i)和 q)。

5.4.5.3.2.3 可达性

过滤器应安装在易于接近处,并应留出足够的空间以便更换滤芯。

5.4.5.3.2.4 选型

选择过滤器应满足,在预定流量和最高液压油液黏度时不超过制造商推荐的初始压差。由于液压缸的面积比和减压的影响,通过回油管路过滤器的最大流量可能大于泵的最大流量。

5.4.5.3.2.5 压差

系统在过滤器两端产生的最大压差会导致滤芯损坏的情况下,应配备过滤器旁通阀。在压力回路内,污染物经过滤器由旁路流向下游不应造成危害。

5.4.5.3.3 吸油管路

不推荐在泵的吸油管路安装过滤器,并且不宜将其作为主系统的过滤,参见 B.2.11。可使用吸油口滤网或粗过滤器。

5.4.5.4 热交换器

5.4.5.4.1 应用

当自然冷却不能将系统油液温度控制在允许极限内时,或要求精确控制液压油液温度时,应使用热交换器。

5.4.5.4.2 液体对液体的热交换器

5.4.5.4.2.1 应用

使用液体对液体的热交换器时,液压油液循环路径和流速应在制造商推荐的范围内。

5.4.5.4.2.2 固定式工业机械上的温度控制装置

为保持所需的液压油液温度和使所需冷却介质的流量减到最小,温度控制装置应设置在热交换器的冷却介质一侧。

冷却介质的控制阀宜位于输入管路上。为了维护，在冷却回路中应提供截止阀。

5.4.5.4.2.3 **冷却介质**

应对冷却介质及其特性做出规定。应防止热交换器被冷却介质腐蚀。

5.4.5.4.2.4 **排放**

对于热交换器两个回路的介质排放应做出规定。

5.4.5.4.2.5 **温度测量点**

对于液压油液和冷却介质，宜设置温度测量点。测量点宜设有传感器的固定接口，并保证可在不损失流体的情况下进行检修。

5.4.5.4.3 **液体对空气的热交换器**

5.4.5.4.3.1 **应用**

使用液体对空气的热交换器时，两者的流速应在制造商推荐的范围内。

5.4.5.4.3.2 **供气**

应考虑空气的充足供给和清洁度，参见 B.1.5。

5.4.5.4.3.3 **排气**

空气排放不应引起危险。

5.4.5.5 **加热器**

5.4.5.5.1 当使用加热器时，加热功率不应超过制造商推荐的值。如果加热器直接接触液压油液，宜提供低液位联锁装置。

5.4.5.5.2 为保持所需的液压油液温度，宜使用温度控制器。

5.4.6 **管路系统**

5.4.6.1 **一般要求**

5.4.6.1.1 **确定尺寸**

管路系统的配管尺寸和路线的设计，应考虑在所有预定的工况下系统内各部分预计的液压油液流速、压降和冷却要求。应确保，在所有预定的使用期间通过系统的液压油液流速、压力和温度能保持在设计范围内。

5.4.6.1.2 **管接头的应用**

宜尽量减少管路系统内管接头的数量，如利用弯管代替弯头。

5.4.6.1.3 **管路布置**

5.4.6.1.3.1 宜使用硬管(如刚性管)。如果为适应部件的运动、减振或降低噪声等需要，可使用软管。

5.4.6.1.3.2 宜通过设计或防护，阻止管路被当作踏板或梯子使用。在管路上不宜施加外负载。

5.4.6.1.3.3 管路不应用来支承会对其施加过度载荷的元件。过度载荷可由元件质量、撞击、振动和压力冲击引起。

5.4.6.1.3.4 管路的任何连接宜便于使用扭矩扳手拧紧而尽量不与相邻管路或装置发生干涉。当管路终端连接于一组管接头时,设计尤其需要注意。

5.4.6.1.4 管路安装和标识

应通过硬管和软管的标识或一些其他方法,避免可能引起危险的错误连接。

5.4.6.1.5 管接头密封

宜使用弹性密封的管接头和软管接头。

5.4.6.1.6 管接头压力等级

管接头的额定压力应不低于其所在系统部位的最高工作压力。

5.4.6.2 硬管要求

硬管宜用钢材制造,除非以书面形式约定使用其他材料,参见 B.2.14。外径≤50 mm 的米制钢管的标称工作压力可按 ISO 10763 计算。

5.4.6.3 管子支撑

5.4.6.3.1 应安全地支撑管子。

5.4.6.3.2 支撑不应损坏管子。

5.4.6.3.3 应考虑压力、振动、壁厚、噪声传播和布管方式。

5.4.6.3.4 在图 1 和表 1 中给出了推荐的管子支撑的大概间距。

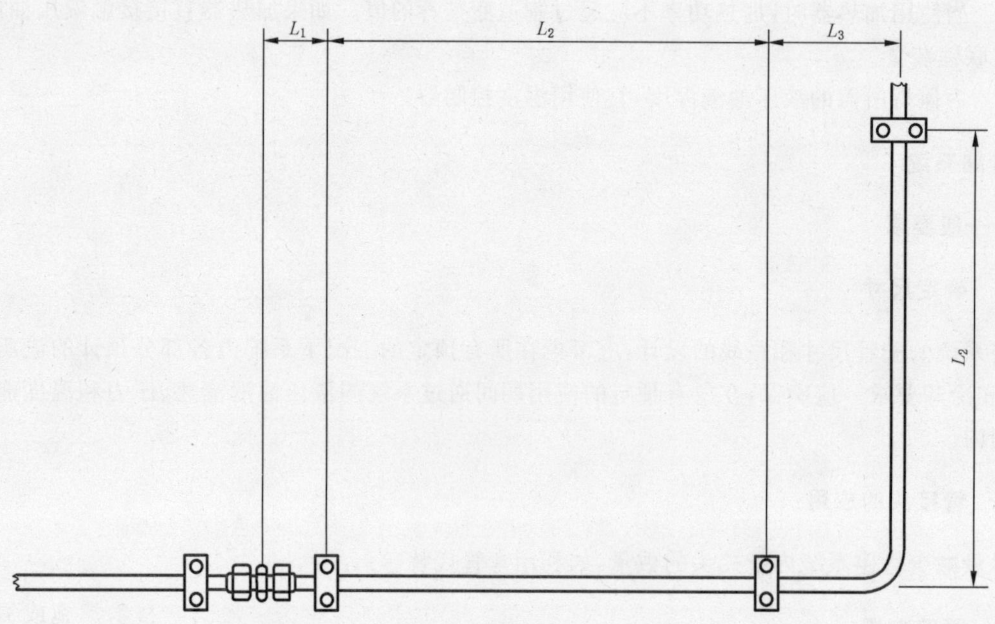

图 1 与管子支撑间距相关的尺寸

表 1　推荐的管子支撑的大概间距

单位为毫米

管子外径 d	推荐的管子支撑的大概间距		
	至管接头连接处 L_1	直管段支撑间距 L_2	至管路弯曲处 L_3
$d \leqslant 10$	50	600	100
$10 < d \leqslant 25$	100	900	200
$25 < d \leqslant 50$	150	1 200	300
$d > 50$	200	1 500	400

5.4.6.4　异物

在安装前，配管的内表面和密封表面应没有任何可见的有害异物，例如：氧化皮、焊渣、切屑等。对于某些应用，为提高系统工作的安全性和可靠性，可对异物（包括软管总成内的微观异物）采取严格限制。在这种情况下，应对可接受的内部污染物最高限度的详细技术要求和评定程序做出规定。

5.4.6.5　软管总成

5.4.6.5.1　一般要求

软管总成应符合以下要求：

a)　以未经使用过的并满足相应标准要求的软管制成；

b)　按 ISO 17165-1 做出标记；

c)　在交货时提供软管制造商推荐的最长储存时间信息；

d)　工作压力不超过软管总成制造商推荐的最高工作压力；

e)　考虑振动、压力冲击和软管两端节流做出相应规定，以避免对软管造成损伤，如损伤软管内层。

注：在 ISO/TR 17165-2 中给出了软管总成安装和保护的指导。

5.4.6.5.2　安装

软管总成按下列要求安装：

a)　采用所需的最小长度，以避免软管在装配和工作期间急剧地挠曲和变形；软管被弯曲不宜小于推荐的最小弯曲半径；

b)　在安装和使用期间，尽量减小软管的扭曲度；

c)　通过定位或保护措施，尽量减少软管外皮的磨擦损伤；

d)　如果软管总成的重量能引起过度的张力，应加以支撑。

5.4.6.5.3　失效保护

5.4.6.5.3.1　如果软管总成失效可能构成击打危险，应以适当方式对软管总成加以约束或遮挡。

5.4.6.5.3.2　如果软管总成失效可能构成液压油液喷射或着火危险，应以适当方式加以遮挡。

5.4.6.5.3.3　如果因为预定的机械运动不能做到上述防护，应给出残留风险信息。机械制造商可利用残留风险信息进行风险分析和确定必要的防护措施，如采取加装管路防爆阀等技术措施或提供操作指南。

5.4.6.6 快换接头

5.4.6.6.1 宜避免快换接头在压力下连接或断开。当这种应用不可避免时，应使用专用于压力下连接或断开的快换接头，并应为操作者提供详细的使用说明，见 5.2.2.1。

5.4.6.6.2 在有压力的情况下，系统中拆开的快换接头应能自动封闭两端并保持住系统压力。

5.4.7 控制系统

5.4.7.1 意外动作

控制系统的设计应能防止执行机构在所有工作阶段出现意外的危险动作和不正确的动作顺序。

5.4.7.2 系统保护

5.4.7.2.1 意外起动

为防止意外起动，固定式工业机械上的液压系统设计应考虑便于与动力源完全隔离和便于卸掉系统中的液压油液压力。在液压系统中可采取以下做法：

——将隔离阀机械锁定在关闭位置，并且当隔离阀被关闭时卸掉液压系统的压力；

——隔离供电(参见 GB 5226.1)。

5.4.7.2.2 控制或能源供给

应正确选择和使用电控、气控和/或液控的液压元件，以避免因控制或能源供给的失效引起危险。无论使用哪一种控制或能源供给类型(例如，电、液、气或机械)，下列动作或事件(无论意外的或有意的)不应产生危险：

a) 切换供给的开关；

b) 减少供给；

c) 切断供给；

d) 恢复供给(意外的或有意的)。

5.4.7.2.3 内部液压油液的回流

当系统关闭时，如果内部液压油液的回流会引起危险，应提供防止系统液压油液流回油箱的方法。

5.4.7.3 控制系统的元件

5.4.7.3.1 可调整的控制机构

可调整的控制机构应保持其设定值在规定的范围内，直至重新调整。

5.4.7.3.2 稳定性

应选择合适的压力控制阀和流量控制阀，以保证实际压力、温度或负载的变化不会引起危险或失灵。

5.4.7.3.3 防止违章调整

5.4.7.3.3.1 如果擅自改变压力和流量会引起危险或失灵，压力控制阀和流量控制阀或其附件应安装阻止这种操作的装置。

5.4.7.3.3.2 如果改变或调整会引起危险或失灵，应提供锁定可调节元件设定值或锁定其附件的方法。

5.4.7.3.4 操作手柄

操作手柄的动作方向应与最终效应一致，如上推手柄宜使被控装置向上运动，参见 GB 18209.3。

5.4.7.3.5 手动控制

如果设置了手动控制，此控制在设计上应保证安全，其设置应优先于自动控制方式。

5.4.7.3.6 双手控制

双手控制应符合 GB/T 19671 的要求，并应避免操作者处于机器运动引起的危险中。

5.4.7.3.7 安全位置

在控制系统失效的情况下，为了安全任何需要保持其位置或采取特定位置的执行器应由阀控制，可靠地移动至或保持在限定的位置(如利用偏置弹簧或棘爪)。

5.4.7.4 在开环和闭环控制回路内的控制系统

5.4.7.4.1 越权控制系统

在执行器受开环或闭环控制并且控制系统的失灵可能导致执行器发生危险的场合，应提供保持或恢复控制或停止执行器动作的手段。

5.4.7.4.2 附加装置

如果无指令的动作会引起危险，则在固定式工业机械上受开环或闭环控制的执行器应具有保持或移动其到安全状态的附加装置。

5.4.7.4.3 过滤器

如果由污染引起的阀失灵会产生危险，则在供油管路内接近伺服阀或比例阀之处宜另安装无旁通的并带有易察看的堵塞指示器的全流量过滤器。该滤芯的压溃额定压力应超过系统最高工作压力。流经无旁通过滤器的液流堵塞不应产生危险。

5.4.7.4.4 系统冲洗

带有以开环或闭环控制的执行器的系统被交付使用之前，系统和液压油液宜被净化，达到制造商在技术条件中规定的稳定清洁度。除非另有协议，装配后系统的冲洗应符合 GB/T 25133 的规定。

5.4.7.5 其他设计考虑

5.4.7.5.1 系统参数监测

在系统工作参数变化能发出危险信号之处，这些参量的清晰标识连同其信号值或数值变化一起均应包括在使用信息中。在系统中应提供监测这些参量的可靠方法。

5.4.7.5.2 测试点

为了充分地监控系统性能，宜提供足够的、适当的测试点。安装在液压系统中检查压力的测试点应符合以下要求：

a) 易于接近；
b) 有永久附带的安全帽，最大程度地减少污染物侵入；

c) 在最高工作压力下，确保测量仪器能安全、快速接合。

5.4.7.5.3 系统交互作用

一个系统或系统部件的工况，不应以可能引起危险的方式影响任何其他系统或部件的工作。

5.4.7.5.4 复杂装置的控制

在系统有一个以上相关联的自动和/或手动控制装置且其中任何一个失效可能引起危险之处，应提供保护联锁装置或其他安全手段。这些联锁装置应以设计的安全顺序和时间中断所有相关操作，只要这种中断本身不会造成伤害或危险；且应重置每个相关操作装置。重置装置宜要求在重新启动前检查安全位置和条件。

5.4.7.5.5 靠位置检测的顺序控制

只要可行，应使用靠位置检测的顺序控制，且当压力或延时控制的顺序失灵可能引起危险时，应始终使用靠位置检测的顺序控制。

5.4.7.6 控制机构的位置

5.4.7.6.1 保护

设计或安装控制机构时，应对下列情况采取适当保护措施：

a) 失灵或可预见的损坏；

b) 高温；

c) 腐蚀性环境；

d) 电磁干扰。

5.4.7.6.2 可达性

控制机构应容易和安全地接近。控制机构调整的效果宜显而易见。固定式工业机械上的控制机构宜在工作地板之上至少 0.6 m，最高 1.8 m，除非尺寸、功能或配管方式要求另选位置。

5.4.7.6.3 手动控制机构

手动控制机构的位置和安装应符合以下要求：

a) 将控制器安装在操作者正常工作位置或姿态所及范围内；

b) 操作者不必越过旋转或运动的装置来操作控制器；

c) 不妨碍操作者必需的工作动作。

5.4.7.7 固定式工业机械的急停装置

5.4.7.7.1 概述

5.4.7.7.1.1 当存在可能影响成套机械装置或包括液压系统的整个区域的危险(如火灾危险)时，应提供一个或多个急停装置(如急停按钮)。至少有一个急停装置应是远程控制的。

5.4.7.7.1.2 液压系统的设计应使急停装置的操作不会导致危险。

5.4.7.7.2 急停装置的特征

急停装置应符合 GB 16754(功能)和 GB/T 14048.14(装置)中规定的要求。

5.4.7.7.3　急停后重新起动系统

在急停或应急恢复之后，重新起动系统不应引起损害或危险。

5.4.8　诊断和监测

5.4.8.1　一般要求

为便于进行预防性维护和查找故障，宜采取诊断测试和状态监测的措施。在系统工作参数变化能发出报警信号之处，这些参数的明确标识连同其报警信号值或变化值应包括在使用信息中。相关信息见5.4.7.5.1和5.4.7.5.2。

5.4.8.2　压力测量和确认

应使用合适的压力表测量压力。应考虑压力峰值和衰减，如果必要，宜对压力表采取保护。安装在液压系统中用以核实压力的测量点应符合以下要求：

a)　易于接近；

b)　有永久附带的安全帽，最大程度地减少污染物侵入；

c)　在最高工作压力下，确保测量仪器能安全、快速接合。

5.4.8.3　液压油液取样

为检查液压油液污染度状况，宜提供符合GB/T 17489规定的提取具有代表性油样的方法。如果在高压管路中提供取样阀，应安放高压喷射危险的警告标志，使其在取样点清晰可见，并应遮护取样阀。

5.4.8.4　温度传感器

温度传感器宜安装在油箱内。在某些应用中，在系统最热的部位再附加安装一个温度传感器是有益的。

5.4.8.5　污染控制

宜提供显示过滤器或分离器需要维护的方法，见5.4.5.2.3.4和5.4.5.3.2.2。另一种选择是定期、定时维护，如操作人员手册中所述。

6　安全要求的验证和验收测试

应以检查和测试相结合，对液压系统进行下列检验：

a)　系统和元件的标识与系统说明书一致；

b)　系统内元件的连接符合回路图；

c)　系统，包括所有安全元件，功能正确；

d)　除液压缸活塞杆在多次循环后有不足以成滴的微量渗油外，其他任何元件均无意外泄漏。

注：因为液压系统可能不是一个完整的设备，许多验证程序在该液压系统装入设备之前是不能完成的。因而，功能测试将由供应商和买方安排在装入设备后完成。

通过检查和测试取得的验证结果应形成报告文件，下列信息也应包括在文件中：

——所用液压油液的类型和黏度；

——在温度稳定后，油箱内液压油液的温度。

7 使用信息

7.1 一般要求

只要可行，使用信息应符合 GB/T 15706—2012 中 6.4 的规定，并应以商定的形式提供。

7.2 在固定式工业机械中液压系统的最终信息

应提供与最终验收系统相符的下列文件：

a) 符合 ISO 1219-2 的最终回路图；

注：ISO 1219-2 提供了创建唯一标识代号的方法，参见 7.4.2.1。

b) 零件清单；

c) 总体布置图；

d) 维护和操作说明数据和指南，见 7.3；

e) 证书，如果需要；

f) 将系统或所有分系统安装到设备中的说明；

g) 液压油液的材料安全数据表，如果制造商提供注满液压油液的系统。

7.3 维护和操作数据

7.3.1 常规数据

7.3.1.1 所有液压系统应以商定的形式提供必要的维修和操作数据（包括试运行和调试的相关数据），包括下列所有适用的信息：

a) 工作压力范围；

b) 工作温度范围；

c) 使用液压油液的类型；

d) 流量；

e) 起动和关闭步骤；

f) 系统中不靠正常卸压装置减压的那些部分所需的所有减压指示和标识；

g) 调整步骤；

h) 外部润滑点、所需润滑剂的类型和观察的时间间隔；

i) 观察镜的位置或液位指示器（或传感器）的显示位置，注油点、排放点、过滤器、测试点、滤网、磁铁等等需要定期维护的部位；

j) 液压油液的类型、技术数据和要求的污染度等级（按 GB/T 14039 表示的）；

k) 液压油液维护和灌注量的说明；

l) 对安全处理和操作液压油液、润滑剂的建议；

m) 为足够冷却所需的冷却介质的流量、最高温度和允许压力范围，以及维护时的排放说明；

n) 特殊部件的维护步骤；

o) 对于液压蓄能器和软管的测试和更换时间间隔的观察资料，见 5.4.3 和 5.4.6.5；

p) 推荐备件的明细表；

q) 对于要求定期维护的元件，推荐的维护或检修的时间间隔；

r) 从元件中排除空气的步骤。

7.3.1.2 在液压传动元件中所用的标准件（如紧固件或密封件），可用元件供应商指定的零件编号识别或用该零件在国家标准中使用的标准件名称识别。

7.3.2 对有充气式蓄能器系统的要求

7.3.2.1 警告标签

7.3.2.1.1 对包含一个或多个蓄能器的液压系统，当机器上设置的警告标签不明显时，应在系统上的明显位置放置一个附加警告标签（如 B.1.6 所述），标明**“警告：系统包含蓄能器”**。在回路图中应提供完全相同的信息。

7.3.2.1.2 如果设计要求系统关闭时隔离充气式蓄能器中的油液压力，则应对所有仍受压的元件或总成注明安全维护信息，并将这些信息放置在元件或总成上的明显位置。

7.3.2.1.3 在机器与其动力源隔离后，应给所有保持在压力下的分系统提供可明显识别的卸荷阀和提醒在对机器进行任何设置或维护前使这些分系统减压的警告标签。

7.3.2.2 维护信息

应给出下列信息：

a) 预充气：充气式蓄能器的主要日常保养通常需要检查和调节预充气压力。应采用蓄能器制造商推荐的方法和仪器完成压力检查和调节，并根据气体温度考虑充气压力。在检查和调节期间，应注意不超过蓄能器的额定压力。在任何检查和调节之后，不应有气体泄漏。

b) 从系统拆除：在拆除蓄能器之前，蓄能器内的油液压力应降低到大气压力，即卸压状态。

c) 充气式蓄能器维护数据：维护、检修和/或更换零部件，仅应由适合的专业人员按照书面的维修步骤并使用被证明是按现行设计规范制造的零件和材料来完成。

在开始拆卸充气式蓄能器之前，蓄能器在液体和气体两侧均应完全卸压。

7.3.3 与控制系统相关的安全要求

对于保养或更换控制系统内与安全相关部分的元件，应提供与工作寿命和任务期限相关的资料。

注：如果采用 GB/T 16855.1，这些资料对于保持设计的性能水平可能是必要的。

7.4 标志和识别

7.4.1 元件

7.4.1.1 供应商应提供下列详细资料，如果可行，应在所有元件上以永久的和明显易见的形式标明：

a) 制造商或供应商的名称或商标；

b) 制造商或供应商的产品标识；

c) 额定压力；

d) 符合 GB/T 786.1 规定的图形符号，其所示位置和控制机构与操作装置的运动方向一致并带有所有油口的正确标识。

7.4.1.2 在可用空间不足而导致文字太小不易阅读之处，可用辅助文献提供资料，例如：说明书和/或维修清单、目录单或附属标签。

7.4.2 系统内的元件和软管总成

7.4.2.1 应给液压系统内的每个元件和软管总成一个唯一的标识代号，见 7.2a)。在所有零件表、总布置图和/或回路图中，应以此标识代号识别元件和软管总成。在设备上邻近（不在其上）元件或软管总成之处，宜做出清晰、永久的标记。

7.4.2.2 在邻近（不在其上）叠加阀组件处，宜清晰标明叠加阀的顺序和方向。

7.4.3 油口和管子

7.4.3.1 应对元件的油口、动力输出点、检测点、排气和排液口做出明显、清晰的标志。所有标识符应与回路图上的相匹配。

7.4.3.2 如果以任何其他手段不能避免不匹配,应对该液压系统与其他系统连接的管子做出明显、清晰的标志,并且符合相关文件中的数据。

根据回路图上的信息,管子的标识可采用下列方式之一:

a) 利用管子识别号的标记。

b) 利用元件和油口标识中下列管子末端标记的任何一个:

——本端连接标记;

——两端连接标记。

c) 以 a)和 b)两种方式组合的所有管子及其末端的标记。

7.4.4 阀控装置

7.4.4.1 宜以与回路图上相同的标识符对阀控装置及其功能做出明显、永久的标志。

7.4.4.2 当在液压回路图和相关电气回路图中表示相同的阀电控装置(如电磁铁及其插头或电线)时,应以相同方式在两个回路图中做出标志。

7.4.5 内部装置

对位于油路块、安装底板、垫或管接头内的插装阀和其他功能装置(节流塞、通道、梭阀、单向阀等),应在邻近其插入孔处做出标志。当插入孔位于一个或几个元件下面时,如可能,应在靠近被隐藏元件附近做出标志并注明"内装";如不可能,应以其他方法做出标志。

7.4.6 功能标牌

对每个控制台都宜提供一块功能标牌,并将其放置在易读到的位置。功能标牌应易于理解,并提供每个系统控制功能的明确标识。如做不到,应以其他方式提供标识。

7.4.7 泵和马达的轴旋转方向

如果错误的旋转方向会引起危险,应对泵和马达的正确旋转方向做出明显、清楚的标志。

8 标注说明

建议选择遵守本标准的制造商在试验报告、产品目录和销售文件中使用以下说明:"液压系统及其元件符合 GB/T 3766—2015《液压传动 系统及其元件的通用规则和安全要求》的规定"。

附 录 A
(资料性附录)
重大危险一览表

表 A.1 在机器中与使用液压传动相关的重大危险一览表

危险		标准中的相关条款		其他相关标准
编号	类型	GB/T 15706—2012	本标准	
A.1	机械危险 ——形状； ——运动零件的相对位置； ——质量和稳定性(元件的势能)； ——质量和速度(元件的动能)； ——机械强度不足； ——下列方式的势能聚积： ● 弹性元件； ● 液体或气体； ● 真空	见表 B.1;1	5.2.1;5.2.2;5.2.3;5.2.5;5.3.1;5.3.2.1;5.3.2.2;5.3.4;5.4.1;5.4.2;5.4.3;5.4.4;5.4.6;5.4.5.2;7.3;7.4.1	—
A.2	电气危险	见表 B.1;2	5.3.1;5.4.4.4.1;5.4.5.2.2.8;5.4.7.2.1;5.4.7.2.2	IEC 60204-1
A.3	热危险,由于可能的身体接触,火焰或爆炸以及热源辐射导致的人员烧伤和烫伤	见表 B.1;3	5.2.6.1;5.2.6.2;5.3.1;5.2.7;5.4.5.4.2	ISO 13732-1
A.4	噪声产生的危险	见表 B.1;4	5.2.4;5.3.1;5.4.5.2.2.2	ISO/TR 11688-1
A.5	振动产生的危险	见表 B.1;5	5.2.3,5.3.1,5.4.5.2.2.2	—
A.6	辐射/电磁场产生的危险	见表 B.1;6	5.3.1	IEC 61000-6-2; IEC 61000-6-4
A.7	材料和物质产生的危险	见表 B.1;7	5.4.2.15.2;5.4.5.1.2;7.2;7.3.1	—
A.8	在机器设计中因忽略环境要素产生的危险	见表 B.1;8	5.3.1;5.3.2.1;5.3.2.2;5.3.2.3;5.3.2.4	—
A.9	打滑、脱离和坠落危险	见表 B.1;1;9	5.2.5;5.3.1;5.3.2.2;5.3.2.6;5.4.6.1.4;5.4.7.6.2	—
A.10	火灾或爆炸危险	见表 B.1;3	5.2.5;5.3.1;5.3.2.6;5.4.5.1.1;5.4.6.5.3	—
A.11	由能量供给失效、机械零件破坏及其他功能失控引起的危险	5.4b);6.2.11	5.3.1;5.4.7	—

表 A.1（续）

危险		标准中的相关条款		其他相关标准
编号	类型	GB/T 15706—2012	本标准	
A.11.1	能量供给失效〔能量和/或控制回路〕： ——能量变化； ——意外起动； ——停机指令无响应； ——由机械夹持的运动零件或部件坠落或射出； ——阻止自动或手动停机； ——保护装置仍未完全生效	5.4b)；6.2.11	5.4.4.4.1；5.4.7	—
A.11.2	机械零件或流体意外射出	见表 B.1.1；6.2.10；6.2.11.1；6.2.11.5；6.3.2.1	5.2.2；5.2.5；5.2.7；5.4.1.3；5.4.2.6；5.4.6.5.3；5.4.6.6	ISO/TR 17165-2
A.11.3	控制系统的失效和失灵（意外起动、意外超限）	见表 B.1.1；6.2.11.1；6.2.11.2；6.2.11.4；5.4	5.4.7	GB/T 16855.1
A.11.4	安装错误	6.4.5	5.3.1；5.3.2；5.3.4；5.4.1.1；5.4.3.3；5.4.4.2；5.4.6；7.4	—
A.12	由于暂时缺失和/或以错误的手段或方法安置保险装置所引起的危险。例如以下方面：	6.3		—
A.12.1	起动或停止装置	6.2.11	5.4.7.2	—
A.12.2	安全标志和信号	6.2.8g)；6.4.3	5.4.3.1；7.3；7.4	—
A.12.3	各种信息或警告装置	6.4.3；6.4.4	5.4.5.2.3；5.4.5.3.2.2；5.4.7.5.1；7.4	—
A.12.4	能源供给切断装置	6.3.5.4	5.4.3.2；5.4.7.2.1；7.3	—
A.12.5	应急装置	6.3.5；6.2.11	5.4.4.4.1；5.4.7.7	ISO 13850
A.12.6	对于安全调整和/或维修的必要设备和配件	6.2.15；6.3	5.3.2.2；5.4.2.11；5.4.7.3	—

附 录 B
（资料性附录）
用于收集液压系统和元件数据的表格

B.1 一般要求

B.1.1 设备说明

____

____

____

B.1.2 试运行

地点：__________________________________

日期：__________________________________

B.1.3 有关人员的姓名和联系方式

买方

公司名称：______________________________

主要联系人：____________________________

地址：__________________________________

电话：__________________________________

传真：__________________________________

电子信箱：______________________________

卖方

公司名称：______________________________

主要联系人：____________________________

地址：__________________________________

电话：__________________________________

传真：__________________________________

电子信箱：______________________________

B.1.4 适用的标准、规范和法规

文件编号	文件标题	版本	来源

B.1.5　现场或工作环境的条件(见 5.3.1)

最低环境温度：____________℃。

最高环境温度：____________℃。

安装地点的相对湿度范围：______________%(如果知道)。

空气污染等级：________________________。

正常大气压力(对于固定机械上的液压系统)：____________kPa。

电网的详细信息(对于固定机械上的液压系统)：

　　电压：________V±________V；

　　频率：________________Hz；

　　可用功率(如果有限制)：__________W；

　　相位：________________。

可用气源(对于固定机械上的液压系统)：

　　流量：________m^3/min；

　　压力：________MPa。

冷却水源(对于固定机械上的液压系统)：

　　流量：________L/min；进口温度：________℃；

　　压力：________MPa。

可用加热介质和能力：____。

可用蒸汽源(对于固定机械上的液压系统)：

　　输出流量：______kg/h，在________℃温度下，在________MPa 压力下；

　　品质：____________%。

其他有用的(对于固定机械上的液压系统)：________________________________。

电气装置的保护：________________IP(符合 GB 4208)。

振动风险：________________。

最大振动等级和频率(如已知)：

　　等级 1：________________；

　　频率 1：________________Hz；

　　等级 2：________________；

　　频率 2：________________Hz；

　　等级 3：________________；

　　频率 3：________________Hz。

燃烧或爆炸危险：____。

可用的搬运设施(例如，举升用具、通道、地面荷载)：____。

专用通道或安装要求：____。

对人员和液压系统及元件的保护要求：____。

其他特殊的法律和/或安全要求：____。

B.1.6　系统要求(见 5.2.7)

最高工作压力：________________MPa；

最高流体工作温度：____________________℃；

最低流体工作温度：____________________℃；

极限温度范围(起动或间歇运转)：__________至__________℃；

人体接触到的最高表面温度：____________________℃；

所用流体类型：____；

最高流体污染度：____/____/____(按 GB/T 14039 表示)；

泵最大流量：__________________________L/min；

工作循环：____；

系统使用寿命(如时间、循环等)：______________________________；

系统可靠性要求(如平均无故障时间)：__________________________；

润滑要求：____；

元件和/或系统的起重装置：________________________________；

应急、安全和能量隔离要求：________________________________；

喷漆或保护涂层要求：____________________________________；

标签：____；

最高噪声等级要求：______________________________________。

B.2 元件要求

B.2.1 泵(见 5.4.1)

项目编号	类型	轴转速 r/min	排量 mL/r	额定压力 MPa	适用标准	供应商

B.2.2 马达(见 5.4.1)

项目编号	类型	轴转速 r/min	排量 mL/r	额定压力 MPa	适用标准	供应商

B.2.3 缸(见 5.4.2)

项目编号	类型	额定压力 MPa	缸径 mm	活塞杆直径 mm	行程 mm	速度 m/s		适用标准	供应商
						min	max		

B.2.4 旋转执行器(见 5.4.2)

项目编号	额定压力 MPa	额定转矩 N·m	适用标准	供应商

B.2.5 蓄能器(见 5.4.3)

项目编号	类型	额定压力 MPa	气体腔容积 L	卸荷流量 L/min	适用标准	供应商

B.2.6 阀组件或阀集成块总成(见 5.4.4)

项目编号	类型	额定压力 MPa	额定流量 L/min	适用标准	供应商

B.2.7 换向阀(见 5.4.4)

项目编号	类型	额定压力 MPa	额定流量 L/min	允许的最高背压 MPa	适用标准	供应商

B.2.8 比例阀和/或伺服阀(见 5.4.4)

项目编号	类型	额定压力 MPa	额定流量 L/min	滞环 %	频率 Hz	适用标准	供应商

B.2.9 流量控制阀(见 5.4.4)

项目编号	类型	额定压力 MPa	额定流量 L/min	适用标准	供应商

B.2.10 压力控制阀(见 5.4.4)

项目编号	类型	额定压力 MPa	控制压力范围 MPa	额定流量 L/min	适用标准	供应商

B.2.11 过滤器和进口滤网(见 5.4.5)

项目编号	类型	额定流量 L/min	额定压力 MPa	过滤比	适用标准	供应商

B.2.12 压力表和压力开关(见 5.4.8)

项目编号	类型	额定压力 MPa	可调节压力范围 MPa	适用标准	供应商

B.2.13 热交换器和加热器(见 5.4.5)

项目编号	类型	热交换能力 kJ/h	适用标准	供应商

B.2.14 用于压力等于或高于 7 MPa 的管路(见 5.4.6)

项目编号	材料	额定压力 MPa	适用标准	供应商

B.2.15 用于压力低于 7 MPa 的管路(见 5.4.6)

项目编号	材料	额定压力 MPa	适用标准	供应商

B.2.16 油箱(见 5.4.5)

项目编号	类型、材料及说明	容积 L	适用标准	供应商

B.2.17 附件(见 5.4.5)

此类可包括:油箱用空气滤清器、排气阀、快换接头、压力表保护装置、液位指示器、磁铁、压力/真空限制装置等。

项目编号	类型及说明	适用标准	供应商

B.2.18 其他元件,见 5.4.5。

项目编号	类型及说明	适用标准	供应商

参 考 文 献

[1] GB/T 2350 液压气动系统及元件 活塞杆螺纹型式和尺寸系列

[2] GB/T 3767 声学 声压法测定噪声源声功率级 反射面上方近似自由场的工程法

[3] GB/T 3768 声学 声压法测定噪声源 声功率级 反射面上方采用包络测量表面的简易法

[4] GB 4208 外壳防护等级(IP 代码)

[5] GB 5226.1 机械电气安全 机械电气设备 第 1 部分:通用技术条件

[6] GB/T 14367 声学 噪声源声功率级的测定 基础标准使用指南

[7] GB/T 16855.1 机械安全 控制系统有关安全部件 第 1 部分:设计通则

[8] GB/T 17799.2 电磁兼容 通用标准 工业环境中的抗扰度试验

[9] GB 17799.4 电磁兼容 通用标准 工业环境中的发射

[10] GB 18209.3 机械电气安全 指示、标志和操作 第 3 部分:操动器的位置和操作的要求

[11] GB/T 25078.1 声学 低噪声机器和设备设计实施建议 第 1 部分:规划

[12] JB/T 10205 液压缸

[13] ISO 1179(all parts) Connections for general use and fluid power—Ports and stud ends with ISO 228-1 threads with elastomeric or metal-to-metal sealing

[14] ISO 4395 Fluid power systems and components—Cylinders piston rod end types and dimensions

[15] ISO 6020-1 Hydraulic fluid power—Mounting dimensions for single rod cylinders, 16 MPa (160 bar) series—Part 1:Medium series

[16] ISO 6020-2 Hydraulic fluid power—Mounting dimensions for single rod cylinders, 16 MPa (160 bar) series—Part 2:Compact series

[17] ISO 6020-3 Hydraulic fluid power—Mounting dimensions for single rod cylinders, 16 MPa (160 bar) series—Part 3:Compact series with bores from 250 mm to 500 mm

[18] ISO 6022 Hydraulic fluid power—Mounting dimensions for single rod cylinders,25 MPa (250 bar) series

[19] ISO 9974(all parts) Connections for general use and fluid power—Ports and stud ends with ISO 261 threads with elastomeric or metal-to-metal sealing

[20] ISO 11926(all parts) Connections for general use and fluid power—Ports and stud ends with ISO 725 threads and O-ring sealing—Part 1:Ports with O-ring seal in truncated housing

[21] ISO 13732-1 Ergonomics of the thermal environment—Methods for the assessment of human responses to contact with surfaces—Part 1:Hot surfaces

[22] ISO 16656 Hydraulic fluid power—Single rod,short-stroke cylinders with bores from 32 mm to 100 mm for use at 10 MPa (100 bar)—Mounting dimensions

[23] ISO/TR 17165-2 Hydraulic fluid power—Hose assemblies—Part 2:Practices for hydraulic hose assemblies

ICS 23.100.60
J 20

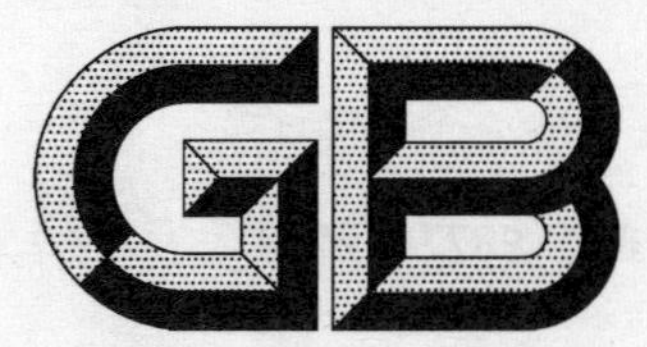

中华人民共和国国家标准

GB/T 9877—2008
代替 GB/T 9877.1～9877.3—1988

液压传动 旋转轴唇形密封圈设计规范

Hydraulic fluid power—Guide specifications for designing rotary shaft lip type seals

2008-07-01 发布　　2009-02-01 实施

中华人民共和国国家质量监督检验检疫总局
中国国家标准化管理委员会　发布

前言

本标准是对 GB/T 9877.1—1988、GB/T 9877.2—1988 和 GB/T 9877.3—1988《旋转轴唇形密封圈结构尺寸系列》的整合修订。

本标准与 GB/T 9877.1—1988、GB/T 9877.2—1988 和 GB/T 9877.3—1988 相比，主要变化如下：

——标准名称改为“液压传动　旋转轴唇形密封圈设计规范”；

——将标准结构由 3 个部分合并为 1 个整体；

——结构设计技术内容做了较大修改，侧重设计指导，补充了如“回流油封设计”等技术内容，并在标准结构及编排顺序有较大变动。

本标准的附录 A 和附录 B 为资料性附录。

本标准由中国机械工业联合会提出。

本标准由全国液压气动标准化技术委员会(SAC/TC 3)归口。

本标准起草单位：广州机械科学研究院、青岛开世密封工业有限公司、中鼎密封件有限公司。

本标准主要起草人：蔡琦、曹启清、王勇、王庆利、朱宝宁、阁明宽。

本标准所代替标准的历次版本发布情况为：

——GB/T 9877.1—1988；GB/T 9877.2—1988；GB/T 9877.3—1988。

液压传动 旋转轴唇形密封圈设计规范

1 范围

本标准规定了旋转轴唇形密封圈结构设计的基本要求，包括基本尺寸符合 GB/T 13871.1 的旋转轴唇形密封圈的装配支撑部、主唇、副唇、骨架、弹簧等的设计要求及尺寸系列。此外，本标准还给出了常规设计的主要参数和特殊设计参数(如唇口回流形式设计等)。

本标准适用于安装在设备中的旋转轴端，对液体或润滑脂起密封作用的旋转轴唇形密封圈，其密封腔压力不大于 0.05 MPa。

2 规范性引用文件

下列文件中的条款通过本标准的引用而成为本标准的条款。凡是注日期的引用文件，其随后所有的修改单(不包括勘误的内容)或修订版均不适用于本标准，然而，鼓励根据本标准达成协议的各方研究是否可使用这些文件的最新版本。凡是不注日期的引用文件，其最新版本适用于本标准。

GB/T 13871.1　密封元件为弹性体材料的旋转轴唇形密封圈　第 1 部分：基本尺寸和公差(GB/T 13871.1—2007，ISO 6194-1:1982，MOD)

GB/T 4357　碳素弹簧钢丝

3 基本结构及代号

3.1 基本结构

3.1.1 基本结构由装配支撑部、骨架、弹簧、主唇、副唇(无防尘要求可无副唇)组成，如图 1 所示。

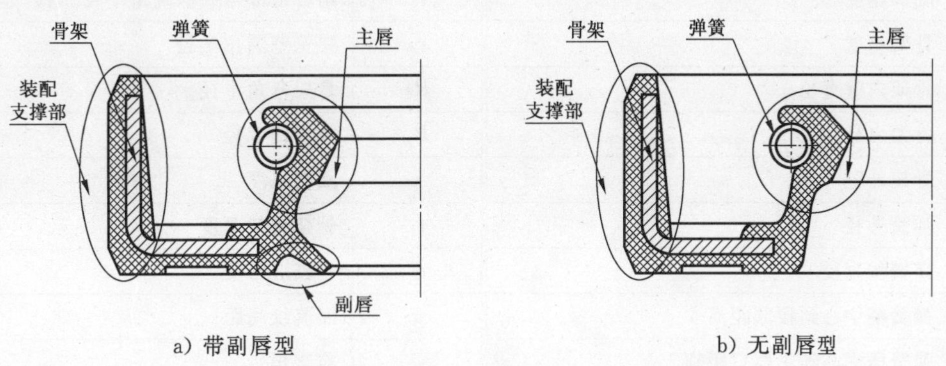

a) 带副唇型　　b) 无副唇型

图 1　基本结构

3.1.2 基本结构分类有六种基本类型，如图 2 所示。

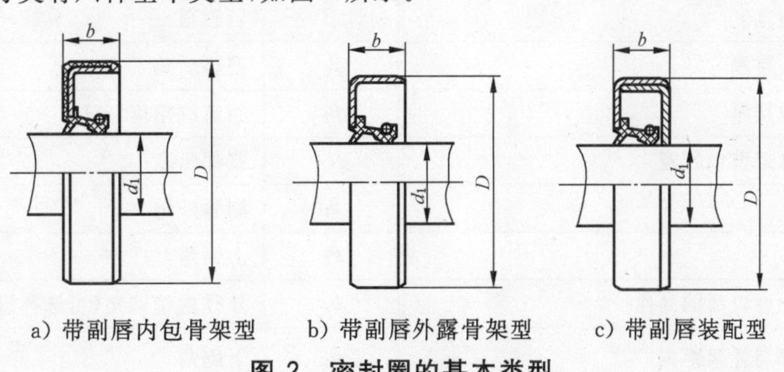

a) 带副唇内包骨架型　　b) 带副唇外露骨架型　　c) 带副唇装配型

图 2　密封圈的基本类型

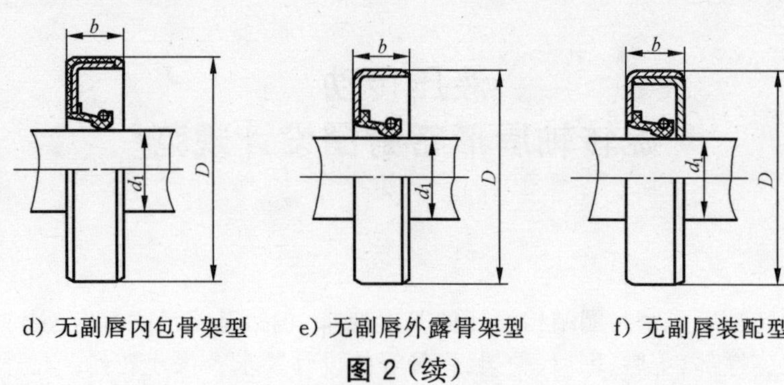

d) 无副唇内包骨架型　　e) 无副唇外露骨架型　　f) 无副唇装配型

图 2（续）

3.2 代号

密封圈采用表 1 和图 3～图 10 给出的字母代号表示各部位尺寸参数及名称。

表 1 密封圈各部位字母代号及名称

字母代号	说　明	字母代号	说　明
d_1	轴的基本直径	L	R_1 与 R_2 的中心距
D	密封圈支承基本直径(腔体内孔基本直径)	l_1	上倒角宽度
b	密封圈基本宽度	l_2	下倒角宽度
δ	圆度公差	l_s	弹簧接头长度
i	主唇口过盈量	L_s	弹簧有效长度
i_1	副唇口过盈量	R	弹簧中心相对主唇口位置
e_1	弹簧壁厚度	R_1	唇冠部与腰部过渡圆角半径
a	唇口到弹簧槽底部距离	r_1	副唇根部与腰部圆角半径
a_1	弹簧包箍壁宽度	R_2	腰部与底部过渡圆角半径
b_1	底部厚度	r_2	副唇根部与底部圆角半径
b_2	骨架宽度	r_3	弹簧壁圆角半径
D_1	骨架内壁直径	R_3	骨架弯角半径
D_2	骨架内径	R_s	弹簧槽半径
D_3	骨架外径	s	腰部厚度
D_s	弹簧外径	t_1	骨架材料厚度
d_s	弹簧丝直径	t_2	包胶层厚度
e_2	弹簧槽中心到腰部距离	w	回流纹间距
e_3	弹簧槽中心到主唇口距离	α	前唇角
e_4	主唇口下倾角与腰部距离	α_1	副唇前角
e_p	模压前唇宽度	β	后唇角
f_1	底部上胶层厚	β_1	副唇后角
f_2	底部下胶层厚	β_2	回流纹角度
h	半外露骨架型包胶宽	ε	腰部角度
h_1	唇口宽	θ_1	副唇外角
h_2	副唇宽	θ_2	上倒角
h_a	回流纹在唇口部的高度	θ_3	外径内壁倾角(可选择设计)
k	副唇根部与骨架距离	θ_4	下倒角

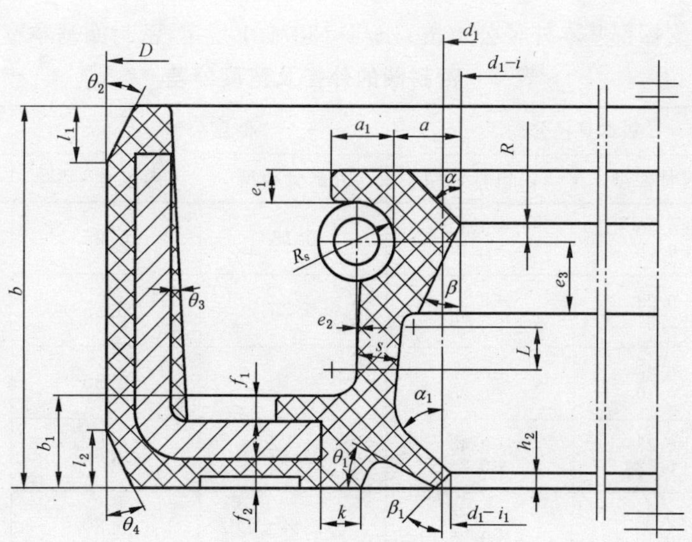

图 3 各部位参数代号

4 设计

4.1 装配支撑部

4.1.1 装配支撑部典型结构有四种基本类型，如图 4 所示。

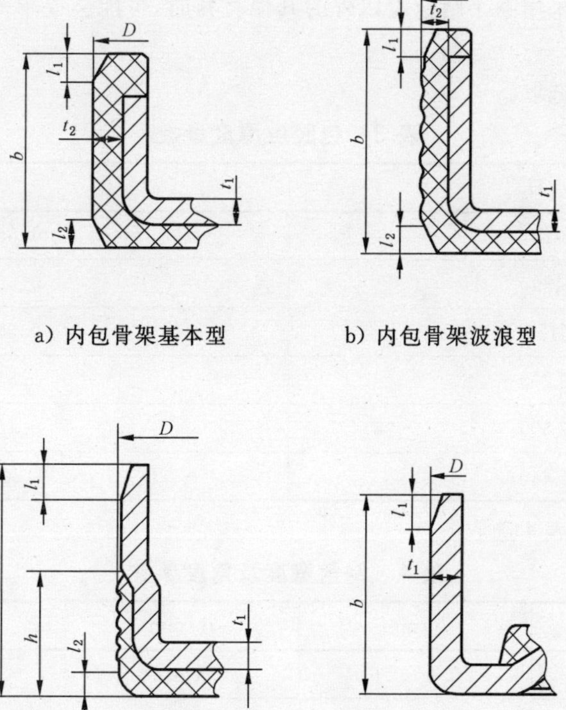

a) 内包骨架基本型　　b) 内包骨架波浪型

c) 半外露骨架型　　d) 外露骨架型

图 4 装配支撑部典型结构

4.1.2 密封圈公差

4.1.2.1 密封圈装配支撑部基本外径公差按 GB/T 13871.1 规定，密封圈基本宽度公差见表 2。

表 2 密封圈的外径及宽度公差

单位为毫米

基本直径 D	基本直径公差		圆度公差 δ		宽度 b	
	外露骨架型	内包骨架型	外露骨架型	内包骨架型	$b<10$	$b\geqslant10$
$D\leqslant50$	$^{+0.20}_{+0.08}$	$^{+0.30}_{+0.15}$	0.18	0.25	±0.3	±0.4
$50<D\leqslant80$	$^{+0.23}_{+0.09}$	$^{+0.35}_{+0.20}$	0.25	0.35		
$80<D\leqslant120$	$^{+0.25}_{+0.10}$	$^{+0.35}_{+0.20}$	0.30	0.50		
$120<D\leqslant180$	$^{+0.28}_{+0.12}$	$^{+0.45}_{+0.25}$	0.40	0.65		
$180<D\leqslant300$	$^{+0.35}_{+0.15}$	$^{+0.45}_{+0.25}$	$0.25\%\times D$	0.80		
$300<D\leqslant440$	$^{+0.45}_{+0.20}$	$^{+0.55}_{+0.30}$	$0.25\%\times D$	1.00		

注 1：圆度等于间距相同的 3 处或 3 处以上测得的最大直径和最小直径之差。

注 2：外径等于在相互垂直的二个方向上测得的尺寸的平均值。

4.1.2.2 内包骨架密封圈的基本外径表面允许为波浪形及半外露骨架型式，其外径公差可由需方与制造商商定。

4.1.2.3 内包骨架密封圈采用除丁腈橡胶以外的其他材料时，可能会要求不同的公差，可由需方与制造商商定。

4.1.3 包胶层厚度按表 3 选取。

表 3 包胶层厚度参数

单位为毫米

基本直径 D	t_2
$D\leqslant50$	0.55～1.0
$50<D\leqslant80$	0.55～1.3
$80<D\leqslant120$	0.55～1.3
$120<D\leqslant200$	0.55～1.5
$200<D\leqslant300$	0.75～1.5
$300<D\leqslant440$	1.20～1.50

4.1.4 倒角宽度及角度按表 4 选取。

表 4 倒角宽度及角度参数

密封圈基本宽度 b/mm	l_1/mm	l_2/mm	θ_2	θ_4
$b\leqslant4$	0.4～0.6	0.4～0.6	15°～30°	15°～30°
$4<b\leqslant8$	0.6～1.2	0.6～1.2		
$8<b\leqslant11$	1.0～2.0	1.0～2.0		
$11<b\leqslant13$	1.5～2.5	1.5～2.5		
$13<b\leqslant15$	2.0～3.0	2.0～3.0		
$b>15$	2.5～3.5	2.5～3.5		

4.2 主唇

4.2.1 主唇结构有两种基本型式，如图5所示。

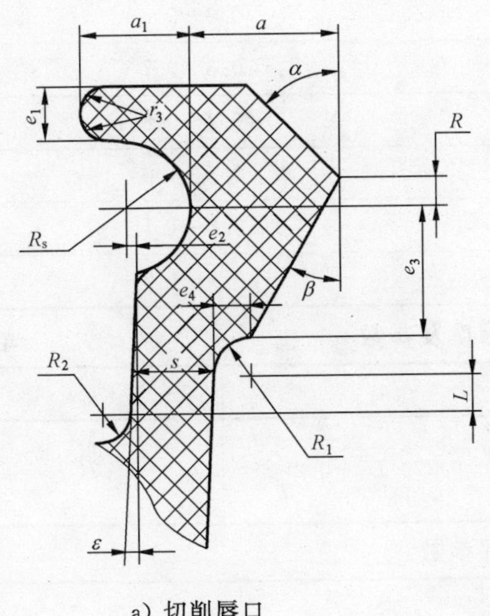

a）切削唇口

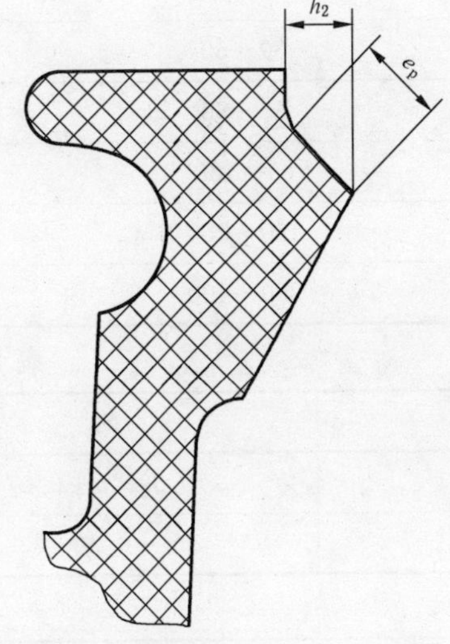

b）模压唇口

图5 主唇型式

4.2.2 弹簧槽半径 R_s 按表5选取。

表5 弹簧槽参数

单位为毫米

轴径 d_1	$R_s=D_s/2$ 或 $R_s=D_s/2+0.05$
＞5～30	0.6～0.8
＞30～60	0.6～1.0
＞60～80	0.8～1.5
＞80～130	0.9～1.5
＞130～250	1.0～1.8
＞250～400	1.5～3.0

4.2.3 主唇部位参数按表6、表7、表8、表9、表10、表11选取。

表6 主唇口参数

<table>
<tr><th>轴径 d_1/
mm</th><th>h_1/
mm</th><th>a/
mm</th><th>e_p/
mm</th><th>e_3</th><th>α</th><th>β</th></tr>
<tr><td colspan="4">橡胶种类：氟橡胶(FPM)</td><td rowspan="9">$e_3=0.51\times$
$(D_s+a+0.05)$
倒角到0.05</td><td rowspan="9">45°±5°</td><td rowspan="9">25°±5°</td></tr>
<tr><td>$d_1\leqslant70$</td><td>0.45</td><td>1.5</td><td>0.5</td></tr>
<tr><td>$d_1>70$</td><td>0.60</td><td>2.0</td><td>0.7</td></tr>
<tr><td colspan="4">橡胶种类：丙稀酸酯胶(ACM)，硅橡胶(MVQ)，丁腈橡胶(NBR)</td></tr>
<tr><td>$d_1\leqslant30$</td><td>0.60</td><td>2.0</td><td>0.7</td></tr>
<tr><td>$30<d_1\leqslant50$</td><td>0.70</td><td>2.35</td><td>0.8</td></tr>
<tr><td>$50<d_1\leqslant120$</td><td>0.75</td><td>2.5</td><td>0.9</td></tr>
<tr><td>$d_1>120$</td><td>0.80</td><td>2.7</td><td>1.0</td></tr>
</table>

表 7 弹簧中心相对主唇口位置 R 参数

单位为毫米

轴径 d_1	R
5～30	0.3～0.6
30～60	0.3～0.7
60～80	0.4～0.8
80～130	0.5～1.0
130～250	0.6～1.1
250～400	0.7～1.2

表 8 弹簧壁厚度及参数

单位为毫米

a	e_1	a_1	r_3
$a \geqslant 1$	$0.39 \times a + 0.07$	$0.72 \times D_s + 0.2$	$0 \sim e_1/2$（$r_3 = 0$ 为直角）
$a < 1$	0.45		

表 9 腰部参数

唇口到弹簧槽底部距离 a/mm	s/mm	L/mm		e_2/mm	半径/mm		ε
		正常	柔韧		R_2	R_1	
$a < 1.3$	0.8	0.5～0.8	1.05	0.1	0.5～0.8	$\leqslant 1.2e_4$	$\leqslant 10°$
$1.3 \leqslant a < 1.6$	0.9	0.6～0.9	1.15				
$1.6 \leqslant a < 1.9$	1.0	0.7～1	1.3				
$1.9 \leqslant a < 2.2$	1.1	0.8～1.1	1.45				
$2.2 \leqslant a < 2.5$	1.2	0.9～1.2	1.55				
$2.5 \leqslant a < 2.8$	1.4	1.1～1.4	1.8	0.2	0.8～1.2		
$2.8 \leqslant a < 3.3$	1.6	1.3～1.6	2.1				
$3.3 \leqslant a < 3.8$	1.8	1.5～1.8	2.35	0.3	1.0～1.5		
$3.8 \leqslant a < 4.3$	2.0	1.7～2	2.6	0.4			
$a \geqslant 4.3$	2.2	1.9～2.2	2.85	0.5			

注：正常指较小的径向轴运动，$L \geqslant 1.3S$；柔韧指较大的径向轴运动，$L \geqslant 1.8S$。

表 10 唇口过盈量及极限偏差

单位为毫米

轴径 d_1	i	极限偏差
5～30	0.7～1.0	$^{+0.2}_{-0.3}$
30～60	1.0～1.2	$^{+0.2}_{-0.6}$
60～80	1.2～1.4	$^{+0.2}_{-0.6}$
80～130	1.4～1.8	$^{+0.2}_{-0.8}$
130～250	1.8～2.4	$^{+0.3}_{-0.9}$
250～400	2.4～3.0	$^{+0.4}_{-1.0}$

表 11　底部厚度参数

单位为毫米

f_1	0.4～0.8
f_2	0.6～1
b_1	$t_1+f_1+f_2$

4.2.4　回流纹

在主唇口的后表面加工成螺纹线、波纹、三角凸块等有规则花纹，使流体产生动压回流效应，改善密封性能。

4.2.4.1　回流纹型式

单向回流纹，如图 6 的 A 型、B 型所示，但不局限于此。

双向回流纹，如图 6 的 C 型、D 型、E 型所示，但不局限于此。

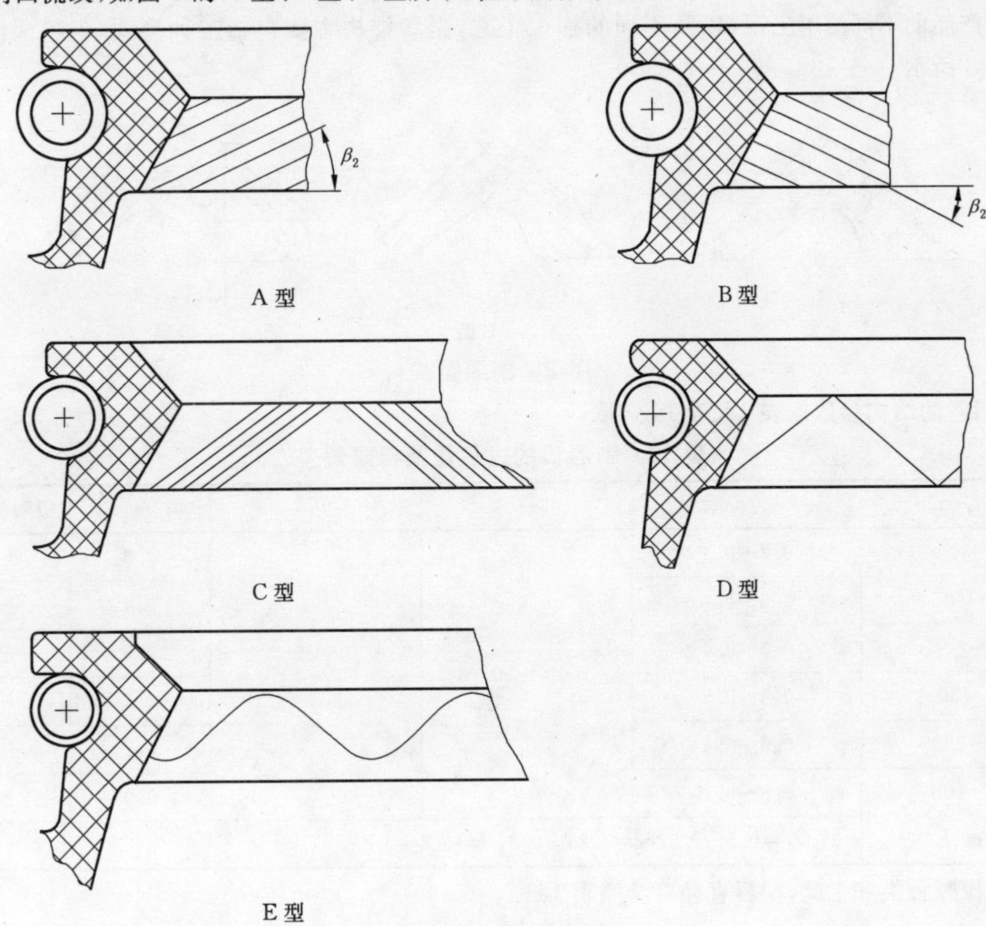

图 6　回流纹型式

4.2.4.2　单向回流纹参数按图 7 及表 12 选取。

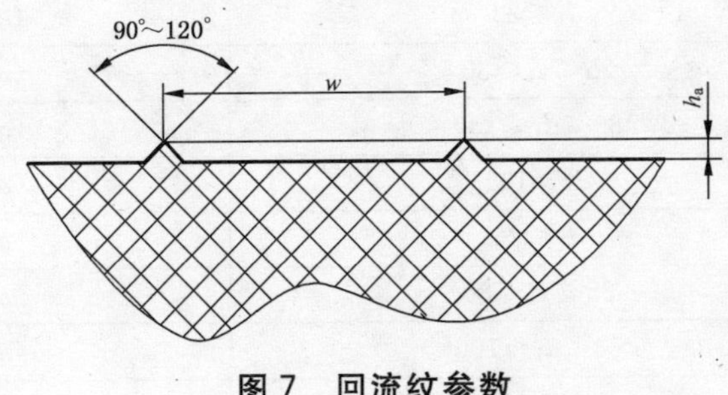

图 7　回流纹参数

表 12 回流纹参数

w/mm	0.5～2.5
h_a/mm	0.03～0.25
β_2	18°～30°

4.3 副唇

副唇是防尘唇，防止外部的杂质(如：灰尘、泥浆和水)进入油封动密封区域。保证油封主唇得到更好的工作条件和延长油封的使用寿命。

副唇的过盈量设计应考虑产品的工作环境和转速等条件，在高速和大的轴跳动情况下，可以设计间隙配合来保证产品工作的可靠性。

4.3.1 副唇的型式

根据产品的不同使用工况，以及不同的加工工艺，副唇结构主要包括三种型式(但不局限于此 3 种)，如图 8 所示。

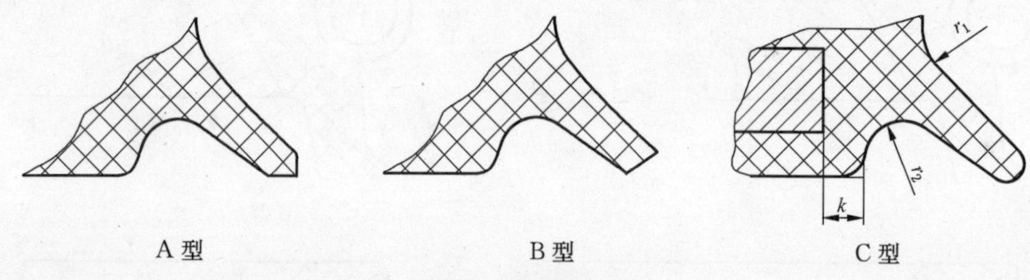

图 8 副唇型式

4.3.2 副唇的结构参数按表 13、表 14 选取。

表 13 副唇口的过盈量及极限偏差

轴径 d_1/mm	h_2/mm	α_1	θ_1	i_1/mm	极限偏差/mm
5～30	0.2～0.3	40°～50°	30°～40°	0.3	±0.15
30～60	0.3～0.4			0.4	±0.20
60～80	0.3～0.4			0.5	±0.25
80～130	0.4～0.5			0.6	±0.30
130～250	0.5～0.6			0.7	±0.35
250～400	0.6～0.7			0.9	±0.40
r_1、r_2、k	r_1=0.5～2.5，r_2=0.25～0.8，k=0.3～0.8				

根据橡胶种类和工况，副唇直径可参照表 14。

表 14 副唇直径参考值

单位为毫米

橡胶种类	轴 径 d_1	副唇直径
ACM	$d_1 \leqslant 25$	$(d_1+0.25)\pm0.20$
	$25<d_1\leqslant 80$	$(d_1+0.35)\pm0.30$
	$80<d_1\leqslant 100$	$(d_1+0.40)\pm0.35$
	$d_1>100$	$(d_1+0.45)\pm0.40$
FPM	$d_1 \leqslant 25$	$(d_1+0.30)\pm0.20$
	$25<d_1\leqslant 80$	$(d_1+0.40)\pm0.30$
	$80<d_1\leqslant 100$	$(d_1+0.45)\pm0.35$
	$d_1>100$	$(d_1+0.50)\pm0.40$

4.4 骨架

4.4.1 骨架有三种基本结构型式，如图9所示。

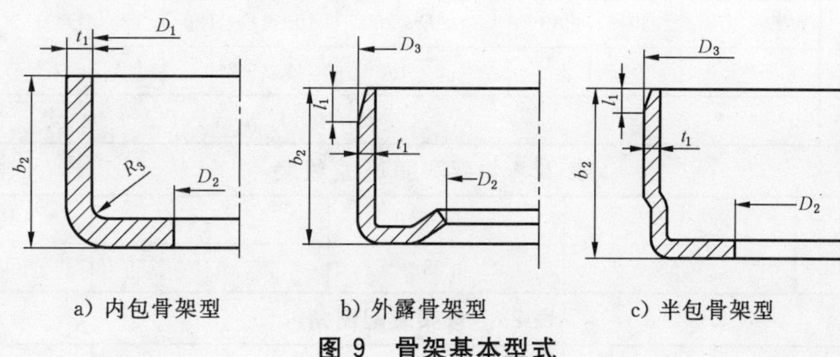

图9 骨架基本型式

4.4.2 参数

4.4.2.1 内包骨架型参数按表15、表16、表17、表18、表19、表20选取。

表15 骨架材料厚度 t_1

单位为毫米

基本直径 D	$D \leqslant 30$	$30 < D \leqslant 60$	$60 < D \leqslant 120$	$120 < D \leqslant 180$	$180 < D \leqslant 250$	$D > 250$
材料厚度 t_1	0.5～0.8	0.8～1.0	1.0～1.2	1.2～1.5	1.5～1.8	2～2.2
厚度公差	$\pm t_1 \times 0.1$					
弯角 $R_3=0.3$～0.5						

表16 骨架内径 D_1 尺寸

单位为毫米

基本直径 D	$D \leqslant 19$	$19 < D \leqslant 30$	$30 < D \leqslant 60$	$60 < D \leqslant 120$	$120 < D \leqslant 180$	$D > 180$
骨架内壁直径 D_1	$D-2.5$	$D-3.0$	$D-3.5$	$D-4.0$	$D-5.0$	$D-6.0$

表17 骨架内径 D_1 尺寸公差

单位为毫米

内径 D_1	$D_1 \leqslant 10$	$10 < D_1 \leqslant 50$	$50 < D_1 \leqslant 180$	$D_1 > 180$
公差	$^{+0.05}_{0}$	$^{+0.1}_{0}$	$^{+0.15}_{0}$	$^{+0.2}_{0}$

表18 骨架 D_2 尺寸

单位为毫米

轴径 d_1	$d_1 \leqslant 7$	$7 < d_1 \leqslant 25$	$25 < d_1 \leqslant 64$	$64 < d_1 \leqslant 100$	$100 < d_1 \leqslant 150$	$d_1 > 150$
内径 D_2	$d_1+3.5$	d_1+4	d_1+5	$d_1+5.5$	$d_1+6.5$	$d_1+7.5$

表19 骨架 D_2 尺寸公差

单位为毫米

内径 D_2	$D_2 \leqslant 10$	$10 < D_2 \leqslant 50$	$50 < D_2 \leqslant 180$	$D_2 > 180$
公差	$^{+0.10}_{-0.05}$	$^{+0.2}_{-0.1}$	$^{+0.30}_{-0.15}$	$^{+0.4}_{-0.2}$

表20 骨架宽度 b_2 尺寸及公差

单位为毫米

密封圈基本宽度 b	4	5	6	7	8	9	10	11	12	13	14	15～20	>20
骨架宽度 b_2	2.5	3.5	4.0	5.0	6.0	7.0	8.0	8.5	9.5	10.5	11.5	$b-3$	$b-4$
直线度允差	0.08					0.10				0.12			
骨架宽度公差	$^{0}_{-0.2}$		$^{0}_{-0.3}$					$^{0}_{-0.4}$					

4.4.2.2 外露骨架型参数按表21、表22、表23、表24、表25选取。

表21 骨架材料厚度 t_1 单位为毫米

基本直径 D	$D\leqslant 30$	$30<D\leqslant 80$	$80<D\leqslant 100$	$100<D\leqslant 120$	$120<D\leqslant 150$	$150<D\leqslant 200$
材料厚度 t_1	0.8～1.0	1～1.2	1.2～1.8	1.2～2.0	1.5～2.5	2.0～3.0
材料厚度公差	$\pm t_1\times 0.1$					

表22 骨架宽度 b_2 直线度 单位为毫米

骨架宽度 b_2	$b_2\leqslant 8$	$8<b_2\leqslant 10$	$10<b_2\leqslant 16$	$16<b_2\leqslant 20$
直线度允差	0.05	0.08	0.1	0.12

表23 骨架装配倒角 单位为毫米

骨架宽度 b_2	$b_2\leqslant 6$	$6<b_2\leqslant 8$	$8<b_2\leqslant 12$	$b_2>12$
倒角 l_1	1.35～1.5	1.5～1.8	2～2.5	2.5～3.0

表24 骨架宽度 b_2 公差 单位为毫米

骨架宽度 b_2	$b_2\leqslant 10$	$b_2>10$
公差	$^{+0.3}_{0}$	$^{+0.4}_{0}$

表25 骨架内径 D_2、外径 D_3 的圆度及同轴度 单位为毫米

基本直径 D	圆　度	同　轴　度
$D<18$	0.08	0.1
$18\leqslant D<30$		
$30\leqslant D<50$	0.1	0.15
$50\leqslant D<80$		
$80\leqslant D<120$	0.2	0.2
$120\leqslant D<180$		
$180\leqslant D<250$	0.3	0.25
$250\leqslant D<315$		
$315\leqslant D<400$	0.4	0.3
$400\leqslant D<500$		

4.4.2.3 半包骨架型参数

半包骨架型参数可根据工况，由制造商与用户协商确定。

4.5 弹簧

4.5.1 弹簧结构有三种基本型式，如图10所示。

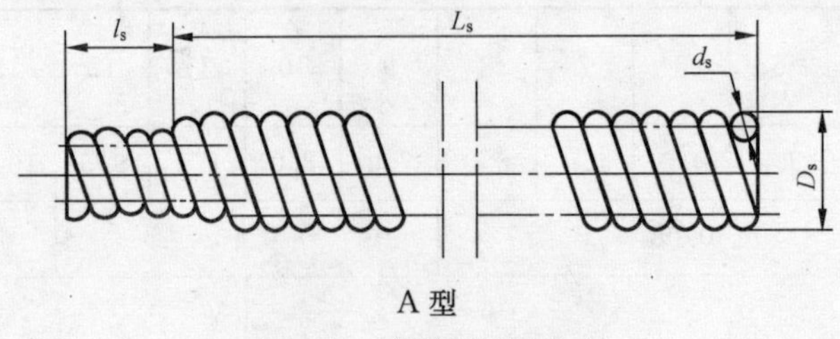

A型

图10 弹簧结构型式

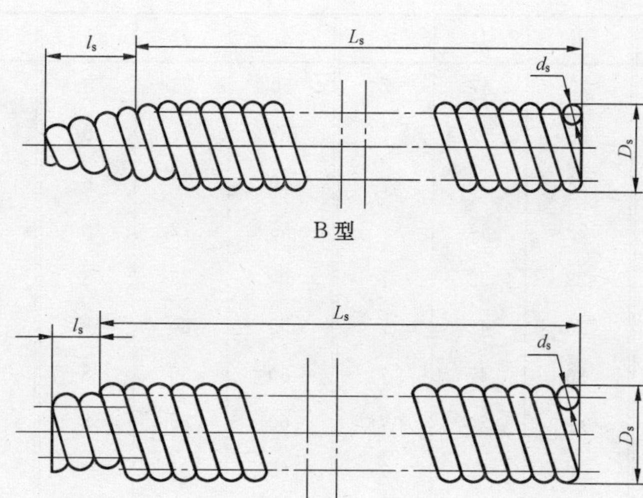

B型

l_s L_s d_s D_s

C型

图 10（续）

4.5.2 弹簧各参数按表26、表27选取。

表 26 紧箍弹簧基本尺寸

d_1/mm	d_s/mm	D_s/mm	L_s/mm	拉伸5%负荷/N
>5～30	0.2～0.25	1.2～1.6	$L_s≈π$(2a+主唇口装弹簧后尺寸设计中值)	0.5～1.0
>30～60	0.3～0.4	1.5～2.0		1.5～2.0
>60～80	0.35～0.45	2.0～2.5		2.0～3.0
>80～130	0.4～0.50	2.5～3.0		2.0～3.0
>130～250	0.45～0.60	3.0～3.5		2.0～3.5
>250～400	0.55～0.80	3.5～4.0		9.0～12.0

表 27 弹簧有效长度 L_s 公差

单位为毫米

弹簧丝直径	≤0.2	>0.2～0.3	>0.3～0.4	>0.4～0.5	>0.5～0.6	0.6	0.8
L_s 公差	±0.2	±0.3	±0.4	±0.5	±0.6	±0.8	±1

4.5.3 弹簧的设计和制造应符合以下规定：

a) 弹簧丝直径 d_s 依照密封圈唇部弹簧槽半径 R_s 大小而变化，一般弹簧的 D_s 与 d_s 之比应在5～6范围内。

b) 弹簧外径 D_s 应与旋转轴唇型密封圈弹簧槽直径相一致。

c) 弹簧材料应符合GB/T 4357要求，绕制成的弹簧应进行低温回火和防锈处理。

d) 将绕制成规定长度的弹簧首尾相连接，搭接部分 l_s 拧入尾部，要求连接牢固，不允许松动。

e) 需要时，可采用其他材料的紧箍弹簧，其要求由需方与制造商商定。

5 基本尺寸与技术要求

5.1 密封圈的基本尺寸应符合GB/T 13871.1，见表28规定，非表内基本尺寸可由需方与制造商商定。

5.2 密封圈的技术要求可参照附录A，由需方与制造商商定。

5.3 橡胶种类的选择与轴径和转速的关系可参照附录B。

表 28 基本尺寸

单位为毫米

d_1	D	b	d_1	D	b	d_1	D	b	d_1	D	b
6	16	7	25	47	7	50	68	8	130	160	12
6	22	7	25	52	7	50[a]	70	8	140	170	15
7	22	7	28	40	7	50	72	8	150	180	15
8	22	7	28	47	7	55	72	8	160	190	15
8	24	7	28	52	7	55[a]	75	8	170	200	15
9	22	7	30	42	7	55	80	8	180	210	15
10	22	7	30	47	7	60	80	8	190	220	15
10	25	7	30[a]	50	7	60	85	8	200	230	15
12	24	7	30	52	7	65	85	10	220	250	15
12	25	7	32	45	8	65	90	10	240	270	15
12	30	7	32	47	8	70	90	10	250[a]	290	15
15	26	7	32	52	8	70	95	10	260	300	20
15	30	7	35	50	8	75	95	10	280	320	20
15	35	7	35	52	8	75	100	10	300	340	20
16	30	7	35	55	8	80	100	10	320	360	20
16[a]	35	7	38	55	8	80	110	10	340	380	20
18	30	7	38	58	8	85	110	12	360	400	20
18	35	7	38	62	8	85	120	12	380	420	20
20	35	7	40	55	8	90[a]	115	12	400	440	20
20	40	7	40[a]	60	8	90	120	12			
20[a]	45	7	40	62	8	95	120	12			
22	35	7	42	55	8	100	125	12			
22	40	7	42	62	8	105[a]	130	12			
22	47	7	45	62	8	110	140	12			
25	40	7	45	65	8	120	150	12			

[a] 为国内用而 ISO 6194/1:1982 中没有的规格，亦即 GB/T 13871.1 中增加的规格。

附 录 A
（资料性附录）
密封圈的技术要求

A.1 为用户和制造商的方便，建议用户按照表A.1的格式向制造商提供必要的信息，以确保制造商生产的密封圈满足用户的使用要求。

A.2 建议制造商按照表A.2的格式向用户提供必要的信息，以保证密封圈符合用户的设备设计和使用要求，同时也便于用户对制造商提供的密封圈进行验收。

表A.1 用户信息

用户名称	标准号
用途	装配图
1 轴 a) 直径(d_1) 最大____mm，最小____mm b) 材料 c) 表面粗糙度 Ra ____μm，Ra_{max}____μm d) 精加工方式__________ e) 硬度__________ f) 倒角数据____ g) 旋转 ① 旋转方向(从图中的箭头方向观察) 顺时针__________ 逆时针__________ 双向__________ ② 转速________ ③ 周期(起始时间____；停止时间____) h) 其他运动(如果存在) ① 往复运动 行程长度______mm 每分钟往复次数____ 周期(起始时间____；停止时间____) ② 振动 振幅________ 每分钟振动次数________ 周期(起始时间____；停止时间____) i) 其他情况(花键、孔、键槽、轴导程等)	
2 腔体 a) 内孔直径(D) 最大____mm，最小____mm b) 内孔深度 最大______mm，最小____mm c) 材料 d) 表面粗糙度 Ra ____μm，Ra_{max}____μm e) 倒角数据 f) 腔体旋转(如有的话) ① 旋转方向(从图例箭头指示的方向观察) 顺时针________ 逆时针________ 双向________ ② 转速______r/min	

表 A.1（续）

用户名称	标准号
用途	装配图
3 工作液 a) 类型_____；等级_____；标准号_____ b) 工作温度，常规_____℃，最高_____℃，最低_____℃ c) 温度周期 d) 液面 e) 工作压力_____MPa f) 压力周期	
4 同心度 a) 腔体内孔偏心率 b) 轴跳动(FIR)	
5 外部条件 a) 外部压力____MPa b) 应排除的物质(如灰尘、泥土、水等)	

表 A.2 制造商信息

制造商名称	零件号
日期	更改号
1 密封圈说明 型式 外径 D 最大_____mm，最小_____mm 宽度 b 最大_____mm，最小_____mm 骨架内径 最大_____mm，最小_____mm 密封唇(非下述运用可删去此项) 普通 流体动力 单向旋转 双向旋转	
2 密封唇材料 ① 材料类型 ② 规范号	
3 骨架 ① 骨架材料 ② 内骨架材料 ③ 骨架厚度 ④ 内骨架厚度	

附 录 B
(资料性附录)
不同胶种制作的旋转轴唇形密封圈适应的轴径和旋转速度关系图

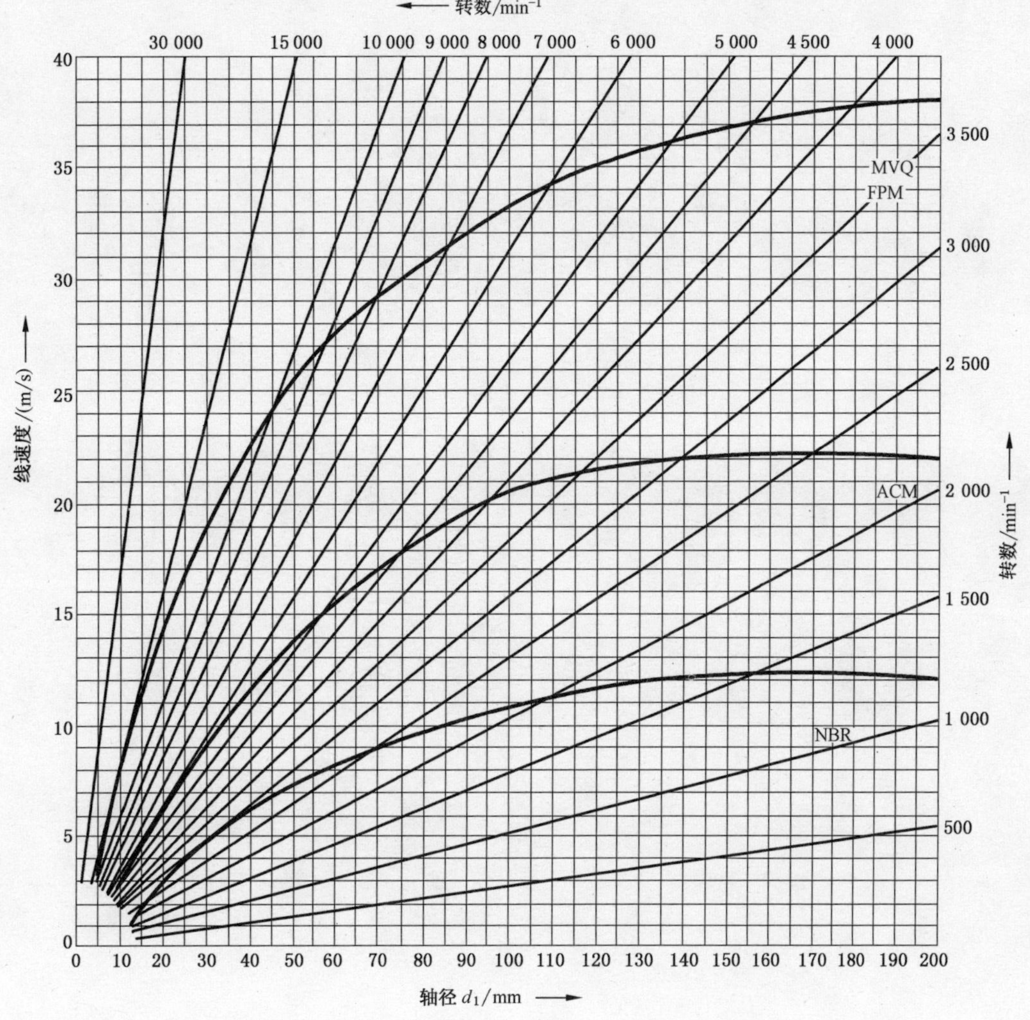

胶种代号规定:

D为丁腈胶(BNR);B为丙烯酸酯橡胶(ACM);F为氟橡胶(FPM);G为硅橡胶(MVQ)。

图 B.1 胶种-轴径-转速关系

大连优创液压股份有限公司

Dalian UNITROL Hydraulic Co., Ltd.

简介

大连优创液压股份有限公司成立于2004年4月，注册资金4500万元，厂址位于大连市甘井子区辛寨子由家工业园区，同时在长兴岛工业园区也建有生产基地。大连优创是国内专业从事液压、润滑元件及成套液压系统、润滑系统、液压油缸、非标机电设备设计、研发、生产制造的企业之一，并于2015年2月“新三板”成功上市(股票代码:831904)。

质量体系

质量管理体系认证证书

大连优创液压股份有限公司

GB/T19001-2016/ISO9001:2015 标准

CERTIFICATE OF CONFORMITY OF QUALITY MANAGEMENT SYSTEM CERTIFICATION

DALIAN UNITROL HYDRAULIC CO., LTD.

Quality Management System Complies With:

GB/T19001-2016/ISO9001:2015 Standard

Date of issue: 2016-5-6

Change date: 2018-5-9

Expiry date: 2019-5-5

大连优创具有完善的组织结构和严谨的质量管理体系，2004年即通过了质量体系认证，从而保证了企业内部健康向上和持续发展的正确方向。

企业荣誉

多年来一直被评为大连市“重合同守信用”单位，获得过大连市颁发的各种荣誉证书，这和公司“以信誉求发展”的经营宗旨是分不开的。大连优创在液压及制造领域拥有20余项国家级专利技术，并因此获得了大连市“高新技术企业”的称号!

信用证书

CREDIBILITY CERTIFICATE

证书编号：201807230012

大连优创液压股份有限公司：

Dalian YouChuang Hydraulic Pressure Co.,Ltd.:

通过对贵单位的信用状况及信用能力的综合调查，经专家评级委员会评审，其信用为：

Through integrate investigation and evaluation of your company's credit and credit ability by Credit Evaluation Committee,the credit grate of your company is:

AAA级信用企业

AAA Credit Enterprise

有效期至：2019年7月23日

发证日期：2018年7月23日

高新技术企业

证书

企业名称：大连优创液压股份有限公司　证书编号：GR201621200050

发证时间：2016年11月23日　有效期：三年

批准机关：

实用新型专利证书

实用新型专利证书

股票代码：831904

主营业务　液压油缸

大连优创以先进的技术设备和成熟的生产管理经验为用户提供各类标准油缸，同时提供非标油缸的设计制造，产品涵盖于工程、车辆、磨机、冶金等领域。

企业愿景

为实现"为国内外客户提供最优质液压产品"的企业愿景，面对市场竞争激烈、有效需求减少、经营风险加大等状况，公司坚持"创优质品牌，造优秀人才"的企业宗旨，恪守"诚实守信，追求卓越"的经营理念，发扬"团结奋斗，求实务新"的企业精神，保持了企业的良好运行。继续努力，争取在未来发展中扮演更重要的角色！

液压铸件首选远景　共铸民族液压品牌

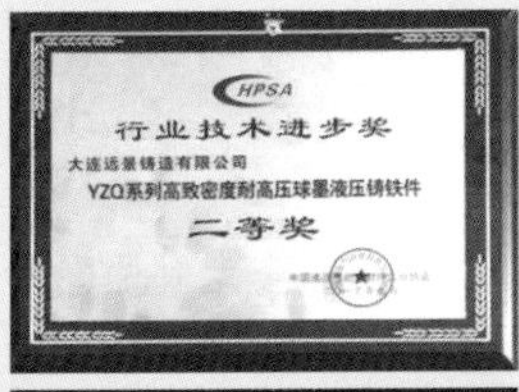

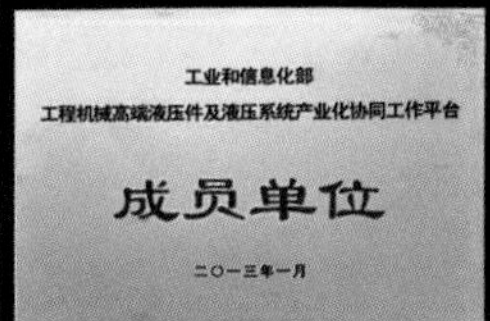

技术·创新·服务·发展

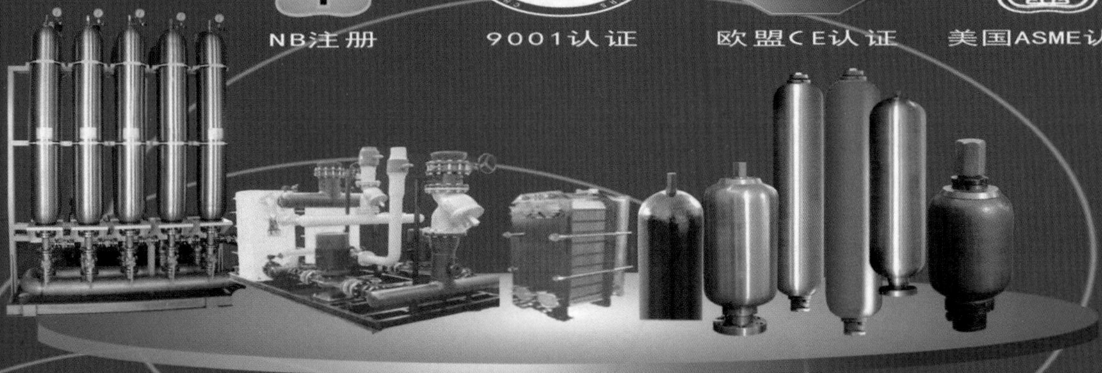

《液压气动标准汇编》

液压传动和控制卷（下）广告目录

海盐县海管管件制造有限公司
抚顺天宝重工液压制造有限公司
建湖县特佳液压管件有限公司
昆山金发液压机械有限公司
镇江液压股份有限公司
山推股份传动分公司
邢台中卓伟特压科技有限公司
海盐管件制造有限公司
大连优创液压股份有限公司
浙江高宇液压机电有限公司
大连远景铸造有限公司
邹城市安泰铸造业有限公司
江苏力源金河铸造有限公司
玉林市富山液压件制造有限公司
四平市万荣蓄能器有限公司
浙江华昌液压机械有限公司
广州市华欣液压有限公司
杭州弹簧有限公司
目录

鸣谢单位

海盐县海管管件制造有限公司	张志良
建湖县特佳液压管件有限公司	左伟伟
山推股份传动分公司	张晋刚
抚顺天宝重工液压制造有限公司	李　钢　鲁海石
昆山金发液压机械有限公司	刘金山
镇江液压股份有限公司	潘正东
海盐管件制造有限公司	耿志学
江苏力源金河铸造有限公司	毛进学
大连远景铸造有限公司	董远景　梁德金
浙江高宇液压机电有限公司	蔡　铮
四平市万荣蓄能器有限公司	胡　满
邹城市安泰铸造业有限公司	郭允麒
杭州弹簧有限公司	李和平